人机交互之道
研究方法与实例

[美] 朱迪思·S.奥尔森 编
温蒂·A·凯洛格

付志勇　王大阔

清华大学出版社
北京

内 容 简 介

本书详细解读了人机交互领域中的一些研究方法，其中既有偏社会学和定性研究的，也有偏技术与工程的。此外，本书还介绍了一些用于记录和获取新型数据的技术和设备，如各种传感器系统、眼动追踪设备和各种日志系统等。最后，本书介绍了人机交互中三种较新的数据分析方法：回溯分析法、智能体建模法和社会网络分析法。

本书适合人机交互相关专业的学生、教师及从业者阅读。

First published in English under the title

Ways of Knowing in HCI (1st Ed.)

by Judith S. Olson, Wendy A. Kellogg

Copyright © Springer Science+Business Media New York 2014

This edition has been translated and published under licence from Springer. All Rights Reserved.

北京市版权局著作权合同登记号 图字：01-2021-4078

图书在版编目（CIP）数据

人机交互之道：研究方法与实例 / （美）朱迪思·S. 奥尔森，（美）温蒂·A. 凯洛格编；付志勇，王大阔译 . —北京：清华大学出版社，2022.5

书名原文：Ways of Knowing in HCI

ISBN 978-7-302-60159-3

Ⅰ．①人… Ⅱ．①朱… ②温… ③付… ④王… Ⅲ．①人 - 机系统－研究方法 Ⅳ．① TB18-3

中国版本图书馆 CIP 数据核字 (2022) 第 030436 号

责任编辑：杜 杨
封面设计：杨玉兰
责任校对：胡伟民
责任印制：朱雨萌

出版发行：清华大学出版社
　　　　网　　　址：http://www.tup.com.cn，http://www.wqbook.com
　　　　地　　　址：北京清华大学学研大厦 A 座　　　　邮　　编：100084
　　　　社 总 机：010-83470000　　　　邮　　购：010-62786544
　　　　投稿与读者服务：010-62776969，c-service@tup.tsinghua.edu.cn
　　　　质 量 反 馈：010-62772015，zhiliang@tup.tsinghua.edu.cn
印 装 者：大厂回族自治县彩虹印刷有限公司
经　　　销：全国新华书店
开　　　本：170mm×240mm　　　印　　张：24　　　字　　数：575 千字
版　　　次：2022 年 6 月第 1 版　　　印　　次：2022 年 6 月第 1 次印刷
定　　　价：99.00 元

产品编号：086292-01

推荐语

本书的内容非常多样化且发人深省。尽管人们与计算机进行交互已经有大约80年了，但我们还远未理解如何确保在广泛的应用程序和条件下进行富有成效的交互。例如自本书编写以来，我们促进语音交互的能力有了显著提高，但面对残疾人的无障碍设计仍然只有有限的见解。我们发现，单纯通过以人为本的思路来开展计算机交互设计，常会将努力放到一些不值得的系统上。因此，我们还有很多东西要学。本书所涵盖的知识使我们在开展人机交互工作时可以在更自然、更有用的道路上走得更远。

Vint Cerf
互联网之父，TCP/IP协议发明者

本书讨论了人机交互的重要研究领域：从第一篇的"民族志"，即对人们行为和生活方式的研究；到最后一篇的"伦理"，即确保技术公平和公正设计。这本书是所有对人机交互研究感兴趣的人的必备读物，作者Olson和Kellogg博士是国际上经验丰富的知名设计师，他们召集了一群令人印象深刻的人机交互研究人员，对这些重要概念进行权威性的介绍。

Don Norman
《设计心理学》作者

本书对任何将人机交互作为严谨学科的人来说是必不可少的。它能帮助我们了解什么是基于证据的研究和设计方法，而不是依靠着我们的直觉和预感。这本书涵盖了由产业界和学术界各位专家编写的各种不同的研究方法。我认为它对我所教的研究生来说是必不可少的参考书籍，因此我也想将它推荐给所有愿意以证据为基础开展人机交互研究的进阶实践者。

Joseph A. Konstan
明尼苏达大学计算机科学与工程系教授

人机交互作为一门交叉学科，正受到计算机科学、设计学、数字媒体、心理学、社会学等领域研究人员的关注。本书是一本非常成功的人机交互专业图书，它汇集了不同领域专家的理论和方法，从多学科的角度解读了人机交互的丰富内容。它帮助人机交互研究者从不同学科的角度丰富他们的知识，拓宽他们的学习范围。我相信这本书会对人机交互研究者和学生提供很大的支持，成为他们学术之旅的良好起点。

James A. Landay
斯坦福大学计算机科学系教授

人机交互是将信息技术、人和社会的关系作为主要研究对象的特殊学科，是促进当代社会进步的重要学科。目前，人机交互理论体系和方法学的研究严重影响了学科的应用发展，而技术进步也让人机交互研究方法层出不穷。本书是一本人机交互研究方法学的好书，内容丰富，其中多种方法在国内学术界很少涉及。本书也是一本有助于人机交互学者素质培养的参考书。期待本书尽早出版，它将有利于人机交互更系统、更健康地发展。

戴国忠
中国科学院软件研究所人机交互技术与智能信息处理实验室首席研究员

在人机交互领域，采用社会科学相关的定性方法进行研究，一直是该领域的一类主流方法。如何将这类方法和交互技术、协同技术、普适技术相结合，探索一些新的方法，是该书的一个特点。该书值得国内在人机交互、协同计算、普适计算领域从事技术研究的学者研读，相信会从中得到很好的启迪。

顾宁
复旦大学计算机科学技术学院教授

本书介绍了多学科交叉与融合在人机交互领域的应用，给人机交互领域的研究人员提供了崭新的研究视角。面临日趋复杂的实际需求，人机交互领域的学者和从业人员如何敢于并善于跳出自己擅长和熟悉的领域，看看其他学科是如何解决相关或者类似问题的，能帮助我们启发灵感，找到解决难题的思路。本书对于人机交互领域的教师、学生、从业者、研究员或者其他任何感兴趣的人员来说，都是一本非常有价值的参考书。

徐迎庆
清华大学美术学院教授

　　我常这样简要地介绍人机交互的研究：面向人的性能的计算优化。这是个典型的学科交叉的研究领域，面向人的性能和计算优化两个大的方面的研究贯穿大大小小的项目。相应地，研究方法也主要从人因（生理、心理、人机工学以及社会学）和计算机两大学科领域继承和发展起来。本书内容来自2010年以来人机交互研讨会(Human Computer Interaction Consortium，HCIC) 中人机交互研究方法的系列会议讲座，每个讲座的研究方法的主题明确，从典型的控制实验、多种观察记录和分析方法，到传感及眼动等接口技术，再到社会学的方法，涉及人机交互研究中"人、机、应用、开发"的各个方面，是一本很有用的研究方法参考书。

史元春

青海大学校长，清华大学计算机系教授

推荐序

　　人机交互是一个新兴领域，特别是近年来随着数字化变革的浪潮，人机交互不断加速扩张，并深入到了各个领域。我们经常能够看到有关"交互""体验""设计"等词汇作为产品特性和媒体报道的宣传，甚至经常能在街头巷尾听到人们对于数字产品使用体验的议论和观点，而人们在此直接表达的不是技术参数，不是算法，而是对于他们所能触及的人机交互的观感。除了一些人机交互所谓的主流会议和期刊以外，涉及人使用或利用计算机的诸多领域里也不断涌现出优秀的讨论和科研成果。无论从研究学术领域还是工业领域，人机交互与人类的现代生活深深绑定，每一位人机交互的研究者都值得为此骄傲。

　　人机交互近年在中国得到了巨大发展，但其深刻的价值还没有被广泛理解和认知（大众像使用空气和水一样使用各种人机交互的产品而往往忘记它们的存在），特别是远不如人工智能领域那样拥有众多学者和翻译书籍，很多英语词汇不太容易找到对应的中文。基于这些原因，将国际同行的新的方法论翻译成中文的工作需要付出艰辛的努力。在此向两位翻译者，也是我的同行和同事(付志勇博士是世界华人华侨人机交互协会会长，王大阔博士是协会理事)，对他们在中国布施人机交互知识的精神与所作贡献致意。

　　本书从编辑风格到内容都独具特色。它首先是讲习班教材，又包含了各篇文章作者们做人机交互研究的亲身经历，广泛又系统地总结了自身所在领域的研究方法（论），相关参考文献也十分齐全，对于各方面、各阶段的研究者都会产生帮助。在浩瀚的文献书籍资料库里，其阅读价值单从编者和作者们的履历就可窥见一斑，他们几乎都是活跃在人机交互重要会议的学者，也有很多都是现任或曾担任过人机交互领域知名期刊 ACM's Transactions on Computer-Human Interaction（TOCHI）的副主编（associate editor），由此也可知晓为何翻译者要选定此书。

　　人机交互发展从1982年第一次人机交互国际会议(HCI International)算起到现在已有40年。如果说第一个10年的论文主要集中于单人和单一计算机硬件,第二个10年关注人(的认知)和计算机处理相配合，那么，本书也可以看成是第三个10年的关于人机交互研究方法（论）的一些成果的展现和总结。

正如原书编者们在结语里阐述的那样，人机交互的未来方兴未艾。在如何设计使用计算机的过程中，越来越多的领域成了人机交互的考量，而各个领域在人机交互的背景里都能找到或扩大其意义。我们从本书的内容也能窥见编者们隐含的一个意图，就是对传统人机交互研究方法（论）的反思。从英文原著出版到现在的近十年里，人机交互领域又衍生了诸如游戏交互、老年人机交互等众多横向领域，包括我在内的一些本领域的研究者对人和计算机(技术)的关系也进行了重新思考，提出了新的概念(例如Human-Engaged Computing，人机共协计算)，以及思考"体验"之后的下一个范式"共协"等。不管从学术角度还是产品角度，如何进一步理解人的意义和存在，对于推进下一代人机交互范式、研究方法（论）的诞生至关重要。

读书是为了继承和学习，更是为了受到启迪进而超越。期待以本书出版为契机，促进各学科领域里人机交互研究者的交流融合，在人机交互的下一个10年里，在人机交互社群满50年的时候，在中国能够出现更多从事人机交互的同行，我们一起为人机交互赋予新的目标和评估准则，形成我们自己的具有东方文化色彩的新的概念和方法论。

任向实

日本高知工科大学信息学院教授

2022年3月31日

译者序

　　人机交互是一门研究并设计系统与用户之间的交互关系的学科。系统可以是各种各样的机器，也可以是计算机化的系统和软件。人机交互的本质不仅仅是在技术上进行创新或在界面设计上进行美化，更重要的是如何运用已有的技术，更好地去解决实际的问题；了解人在使用技术当中的行为和心理；以及分析一项技术对人类社会的发展产生怎样的影响。因此，人机交互学科对于我国乃至世界范围内的高等教育发展及科技产业竞争力影响巨大。如今，我国的教育界、产业界已经充分认知到人机交互的重要性，催生了相应的学科、专业、职位、公司等，许多不同背景的研究人员都在积极投身于人机交互领域的研究与发展。

　　在这样的背景下，人们对于人机交互的研究范围逐渐变得更广泛，不仅研究各种设备的界面设计、流程设计，还更深入地分析人机互动中人类参与者的心理学、社会学、行为学等原理，同时开始运用各种技术手段来对学术问题和新颖设计进行验证。随着相关的其他学科的先验原理与研究方法逐渐被研究者运用到人机交互研究中，我们也看到了新的挑战：如何帮助人机交互研究者拓展知识和方法论的边界，以达到其可以博采众长的目的？

　　《人机交互之道》是在国外出版的非常成功的一本讨论人机交互研究方法的教科书。它囊括了一系列人机交互研究中会运用到的各式各样的学科介绍与研究方法。通过本书的阅读，研究者能够拓宽对于人机交互领域的知识边界，学会去判断某一研究方法是否可靠，并通过案例分析，让研究者初步入门如何运用某一方法进行人机交互研究。

　　本书由来自不同学科背景和不同单位的34位作者共同完成，他们都是当今世界的顶级人机交互学者或者交互设计从业者。本书以"人机交互学科"为主轴，从各个学科的角度来讨论人机交互研究在该学科侧重方向下的研究方法。这些不同文章既有偏社会学的研究方法介绍，例如与社会学、人类学相关探讨人类行为因素的民族志、扎根理论、行动研究方法；也有从心理学出发讨论众包、问卷调查的具体研究实践方法；还有偏技术与工程方向的讨论，讨论了技术型研究、实地部署等偏重于实践的研究方法；并介绍了用户实验研究中较常见的眼动追踪、传感器研究的实际数据获取与运用方法。本书还讨论了结合互联网环境催生出的社区网络、日志数据、回溯分析、智能体建模这类较新的分析案例与研究方法。最后，本书还专门设置了一篇文章探讨了人机交互研究者的研究伦理与道德规范。

本书涵盖的内容如此广泛，涉及的领域也各有专长，对于人机交互研究者来说不仅具有启迪作用，更具有很强的实用价值。我们相信，通过本书的阅读，读者能够在进行人机交互论文阅读时判断该论文所用的研究方法是否可靠、是否真的有创新，并且能够了解更多的工具跟手段去进行不同类型的人机交互研究，在人机交互这条道路上拥有更多的"装备"。

本书的每篇文章除了研究方法的历史背景、步骤介绍、案例分析以外，作者还给出了指导建议，用浅显易懂的方式让读者了解某一学科的知识如何运用于人机交互领域中。部分文章更是针对如何进行数据分析、如何撰写论文开展了大量探讨。此外，每篇文章都附有练习，帮助读者检验自己是否对该文章所介绍的研究方法完全理解。

本书的出版将弥补人机交互领域中文图书市场上几乎没有相关教辅与工具书籍的缺憾。对于行业研究者、开设相关课程的教师、学习相关领域知识的学生，本书也提供了更多参考书籍的选择。

在本书的翻译过程中，我们还邀请到了多位华人人机交互学者和同学协助进行了各篇文章的校对工作，在此一并感谢：郭嘉婧、郭姝男、侯悠扬、姜嘉伦、康若谷、李健楠、李明哲、林轶伦、陆志聪、毛垚力、饶曦、佟馨、吴语、王玎、徐栩海、夏晴、肖子昂、姚亚星、赵季儒、郑塞菁。他们有的是中外名校的教授，有的是科技公司的中坚骨干，有的是马上毕业的博士生。每位学者都有着丰富的一线科研经历与产品经验，为本书中文版的出版做出了不可或缺的贡献。其中，侯悠扬进行了大量的校对协调工作，特别致谢。本书的原作者朱迪思·S.奥尔森（Judith S.Olson）和温蒂·A.凯洛格（Wendy A.Kellogg）对本书中文版的出版提供了无私的支持。还要感谢清华大学出版社的杜杨编辑，我们能够感受到她为本书付出的辛勤劳动。

在这个团队的帮助下，本书的每篇文章都进行了至少三人的多遍阅读、翻译和修订。尽管我们在翻译过程中尽力做到按照中文习惯来叙述，力求通顺、准确，但是由于本书覆盖范围广阔，有些领域和术语在国内并没有相应对照，所以在翻译过程中难免有误，请读者谅解与指正。衷心希望我们的工作对读者有所帮助。

最后，我们要向两位最重要的人表示感谢：张柏萌和桑易斯。感谢你们的爱、耐心与在过去两年中承担的本属于我们的家庭责任。谢谢你们。

付志勇　王大阔

2022年5月30日

序言

　　人机交互是将人体工程学（或人因学）应用到计算领域，并扎根于深厚的认知心理学理论而发展起来的。斯图尔特·卡德（Stuart Card）、托马斯·莫兰（Thomas Moran）和艾伦·纽厄尔（Allen Newell）在开创性著作《人机交互心理学》（*The Psychology of Human Computer Interaction*, 1983）中融汇了已知的认知心理学理论，并将其应用于计算机界面的设计中——例如界面操控动作满足费茨法则（Fitts' Law），对感知的定义依照格式塔原则（Gestalt Principle），人更习惯于回想刚刚见到的而不是识别新的，以及针对这一习惯设计出了优于命令行界面的图形菜单界面，等等。该书中的研究方法主要包括实验和调查研究。

　　与那时相比，如今人机交互这个领域已经发展得大不一样了。尽管心理学的理论基础还在，如人的感知能力、运动能力和记忆能力等依旧指导着或是限制着我们如何设计普适计算、谷歌眼镜或各种嵌入式设备，但今天的研究关注点更为广泛，我们不仅研究各种计算设备的界面设计，还研究某一计算活动是在怎样的情境下发生的、用户在那些情境下有什么样的需求，以及他们在进行各种计算活动时究竟有怎样的行为。1987年，露西·萨绮曼（Lucy Suchman）在其开创性著作《计划与情境行动》（*Plans and Situated Action*）中介绍了民族志方法，该方法主要用来了解各色人群如何在不同情境中生活。后来，一些研究者将设计本身作为一种研究方法——侧重设计研究的同行可以通过新的设计方法来突破现实世界已有的边界，通过观察该设计产生的成果来促使我们更好地了解这个世界。同时，醉心于技术研究的同行们每天都在创造各种令人惊叹的新产品，新功能以满足用户不断增长的需求，又或者他们通过实现一些开发工具和平台来帮助其他技术工程人员搭建新产品和新功能。

　　随着各种新的研究方法层出不穷，人机交互研究领域也面临着新的挑战。针对某一个使用了新兴方法的研究，论文审稿人以及普通读者都会问：这算不算是一个好的研究？所谓的创新点可靠吗？该不该相信这个研究的结果？这篇文章真的为我们拓展了知识边界吗？

　　为解决这一挑战，本书应运而生。受2010年度人机交互研讨会（Human

Computer Interaction Consortium——HCIC）与会者讨论的启发，我们决定在接下来的年度研讨会中举办一系列关于人机交互研究中会用到的各式各样的研究方法的讲座。这些讲座的目的不是要参与者成为每一种方法的专家，而是希望听众们通过这些讲座能够在阅读论文时有能力去判断该研究所使用的方法是否可靠，以及该研究是否真的有新的创新点和对此领域有新的贡献。我们今天需要通过阅读大量文献来获取知识，或者成为论文审稿人，而这些文献中所使用的研究方法也许我们当初在学校完全没有学到过。在人机交互研讨会上，这一系列的论坛获得了空前的成功，以至于我们不得不连续举办了两年，并且与会者一致同意将我们所学到的知识和所感悟到的收获推广给更多研讨会以外的人群。因此，我们决定编写本书——《人机交互之道：研究方法与实例》。

本书内容是如此的多样化！这些文章中既有偏社会学和定性研究的民族志研究方法（Ethnography）、扎根理论方法（Grounded Theory Method）和行动研究（Action Research），又有偏技术与工程的，主要讲解如何开发实现计算机系统，包括技术性研究方法、开发在线社区作为研究平台，以及系统实地部署。有两篇是关于设计研究的，其中一篇讨论设计与传统科学的异同，另外一篇阐述了设计即研究。还有两篇涵盖了实验心理学和问卷调查方法，以及新兴的众包技术如何继承和发展传统心理学实验方法论和问卷调查方法。此外，还有三篇介绍了一些记录和获取新型数据的技术和设备，如各种传感器系统、眼动追踪设备和各种日志系统等。在这些文章之后，本书还介绍了人机交互中的三种较新的数据分析方法：回溯分析法、智能体建模法和社会网络分析法。由于其中许多方法都应用于用户的线上行为研究，可能对现实世界以及研究对象产生不可逆的负面影响，因此对研究人员提出了新的伦理挑战，我们在一篇文章中专门讨论了伦理与道德规范。

尽管本书已经囊括了非常多的研究方法，但并没有穷尽所有的方法。正如书名"之道"所示，修行之道永无止境。譬如，我们没有专门的文章讲解质性研究访谈方法以及如何分析访谈所收集的数据；尽管民族志方法和访谈法有交集，但后者对研究者有着更严格的要求，因为民族志研究者是参与研究对象的活动的观察者和访谈者，从而从中了解研究对象的生命体验，而不仅仅像一个质性访谈方法研究者那样只是试图客观记录研究对象的活动。如果有兴趣了解更多质性研究访谈方法，我们推荐Sage出版的《访谈》一书，由斯丹纳•苛费尔（Steinar Kvale）所著。

同样，我们也没有介绍现场调查法。这是一种研究复杂状况时可以采用的方法，可以在现场随机应变将复杂状况简单化。对此方法，我们为读者推荐拜尔（Beyer）和霍尔茨布拉特（Holtzblatt）合著的两本书。

本书还缺少关于认知模型理论的文章。该模型是从《人机交互心理学》（*The Psychology of Human Computer Interaction*）一书中发展起来的，并广泛用于交互设计，特别是对一些日复一日的重复性交互行为建模效果非常好。此外，一些专门针对一个较长历史时期的研究方法文中也没有，譬如，爱德华兹（Edwards）关于全球变暖的研究就是这样一个例子，还有在鲍克（Bowker）和斯塔尔（Star）关于医学分类的研究一书中也有这样的例子。

尽管上述这些研究方法没有包含在内，但我们认为本书中的所有文章都是非常有实用价值的，并且这些文章一起构成了一个有机的整体，给读者以启迪。我们有幸编辑阅读了这些文章，并且对于把不同的方法放在一起进行比较，以及将它们结合起来使用等提出了个人的见解。我们建议读者在阅读本书时，可以从以下角度思考本书中提到的研究方法：

- 该种研究方法适用于在什么情境下收集数据？
- 所收集的数据是哪种类型的？又包含哪些信息？
- 针对该数据，又有什么合适的分析方法去得到研究结果？
- 该方法可以回答哪些类型的研究问题（以及不能回答哪些类型的研究问题）？

在本书的结语中，我们会试着依照上面提出的四个维度对各种方法进行一个简单的比较，以帮助读者能够"见木又见林"地了解人机交互这个领域中的研究方法，以及这些研究方法未来可能的走向。

本书中的各位作者所提供的并不是一个个教程，他们更多的是给出经验和指导建议：使用某一种研究方法需要如何做，需要特别注意什么，以及在撰写发表论文时需要呈现哪些内容来帮助审稿人和读者去判断该研究工作的可信度和价值。我们两位编辑要求作者都要在他们各自的文章中涵盖以下这些方面，当然不是说生硬地套这个模板去写，而是希望能使各篇文章最大限度地保持一致性。这些方面包括：

- 开头一小段简述该研究方法是什么；
- 该研究方法的历史起源以及演变过程；
- 该方法能够回答和不能回答哪些种类的研究问题；
- 如何做：如何去实践该研究方法才算是一个高质量的研究工作。

本书最有价值的资源之一是参考文献。为进一步提高本书的实用价值，我们要求作者为读者列出一些参考文献，来进一步帮助读者成为该研究方法的专家。而且我们还要求作者从这些文献中为读者指出具体是哪里写得好或者是实践该方法的范例。最后，我们还邀请各位作者为读者谈谈他们的亲身经历，是什么吸引他们入行人机交互研究的，以及他们最初是如何学习、认识该研究方法的，也算是对他们每个人研究经历的一点历史回顾。

献词

我们将本书献给加里·奥尔森（Gary Olson）和约翰·托马斯（John Thomas）。你们不仅是对这些研究方法造诣颇深的同事，也是我们学术与人生中的伴侣和支持者。我们衷心地感谢你们对本书的贡献、耐心和鼓励。

特别献词

在本书出版前的最后一年里，我们的一位非常重要的同事也是本书的作者之一——约翰·雷德尔（John Reidl）——坚持工作，坚持微笑，并与我们像多年故友那样交流，尽管他忍受着罹患黑色素瘤的痛苦折磨。在2013年7月15日，我们永远地失去了约翰（John），但他将永远被我们铭记。

朱迪思·S. 奥尔森

温蒂·A. 凯洛格

目录

解读民族志

Paul Dourish

民族志的简单定义

本文从一个简单的定义开始。民族志是一种理解文化生活的方法，该方法不是基于见证而是基于参与，其目的不仅仅是了解人们在做什么，而是理解他们在做事情时的体验。这种观点具有很多方面的意义，本文将阐述这些意义。

概述

虽然在某种程度上，民族志方法仍然被认为是人机交互研究实践的新领域，但该方法自人机交互研究之初就成为了该研究的一部分，而且确定始于20世纪80年代初，即与人机交互会议开始的时间基本一致。那么，是什么导致了这种新奇感和随之而来的神秘感呢？第一个原因是，民族志方法通常与我们所谓人机交互认知科学基础有关的非传统环境有关，最初始于协作的组织研究[计算机支持协同工作（CSCW）领域]，随后应用于普适计算的替代交互模式研究，后来仍然与家庭生活、体验设计、文化分析等领域相关，而这些领域都是最近才兴起的。另一个原因是，民族志方法通常与人类行为的分析和理论化相联系[例如民族方法论（ethnomethodology）]，这些方法本身与人机交互的传统知识有所不同，而且常常没有得到明确的解释。事实上，这一领域内部的争论也常常源于这些困惑，以至于在社会理论家之间的内部争论中，民族志方法受到了牵连[如，克拉布特里、罗登、托尔米和巴顿（Crabtree, Rodden, Tolmie & Button），2009年]。最后，在一个经常以混合搭配方式发展、自由且创造性地借鉴不同思想和元素的学科中，民族志常被用作了解技术实践的一种工具性方法，而它本身的认识论的承诺却始终处于模糊状态。

本文着重于最后一个方面，即从人类学和社会学的角度考察人机交互与民族志工作主流思想的基本联系。因此，本文的目的并不是指导读者开展民族志研究。在如此小的篇幅中，任何描述都不可避免地带有片面性，容易造成误导，而且已经有一些比较好的概述可以参考（见本文末尾的"推荐阅读"部分）。此外，在人机交互领域，并不是每位接触民族志的研究者都想开展此项研究。本文的目的并不在此，而是希望对更多人有参考价值。本文将阐述如何阅读、解释和理解民族志工作，重点阐述民族志是做什么的和如何做的，以便为那些阅读、评论和消费民族志研究的人提供一个合理的基础，使他们了解民族志研究的目的和方法。我将采取一个历史框架来阐述当代民族志工作的背景。通过阐述民族志的起源和要解决的问题，并追踪形成不同时期民族志研究的争论和思潮，希望能够在民族志实践的基本原理方面提供一些见解。

可以说，这种方法的风险不亚于指导性方法，也无法免于片面和修正主义，不过，希望疏漏不会那么严重，并能够使众人受益。在这里采用的方法受到最近被称为"第三浪潮"[苏珊·伯德克（Susanne Bødker），2006年]或"第三范式"[克里斯·哈里森、森格斯和塔塔尔（Chris Harrison, Sengers & Tatar），2011年]人机交互思潮的影响，该方法主要侧重于体验式而非实用主义的技术。第三范式人机交互的认识论引发我们要重新评价人机交互研究中的民族志方法、理论和数据的挑战，并复原民族志的背景。

研究评述

在讲授民族志时，我常常从著名人类学家关于民族志实践的两句评论开始，他们都强调了民族志工作中的参与和兴起问题。

第一位是玛丽琳·斯特拉森（Marilyn Strathern，2003年），她评论民族志为"在收集数据时刻意产生比调查者所意识到的更多的数据"。民族志作为了解人机交互的一种手段，这一评论在两个方面特别重要。第一个是民族志的数据是生成的，而不是简单的积累；这些数据是民族志研究者参与到场景中获得的，而不仅是周游一圈就可以收获的现场的某个特征或方面。第二个也是更直接相关的观点，是这里所表达的基本概念。为什么会产生比调查者所意识到的更多的数据呢？从传统的人机交互分析的角度来看，这似乎是荒谬的；数据不仅仅是记录在笔记本上、收录在电子表格中或记录在磁带或数字资料中的信息，这一想法已经超越了定义—测量—记录—分析—报告的循环。相反，数据所表达的是一个不可预测的过程，一个解释和重新解释的过程，一个不断反思的过程。数据所表达的还是一个临时的、开放的过程，在这一过程中（引用斯特拉森的说法）"人类学家开启了一项参与性的活动，所产生材料的分析方案往往是事后设计的，而不是预设计好的提炼数据的研究方案"。因此，民族志是数据生产而不是数据收集。只有民族志研究者出现在现场，并通过行动和互动参与现场产生的数据，才是分析的基础。

第二位是谢里·奥特纳（Sherry Ortner，2006年），她将民族志描述为"试图用自我或尽可能多的自我来理解另外一个生命世界"。在这句贴切的话语中，有几个重要的考虑因素。

一是强调把生活世界作为民族志研究的中心话题。这意味着对存在和经验形式的整体关注，这种视角似乎与更场景化、以任务为导向的已有的人机交互研究视角不一致。这些研究更着重于较小的经验片段，例如写文件、与孙子孙女视频聊天、去银行、分享照片或在城市空间导航。事实上，这种整体角度往往是造成跨学科人机交互团队紧张的原因，例如，民族志研究更广泛地把人们嵌入金融资本的逻辑来构建"去银行"这种行为，或试图从亲属关系责任的角度来理解视频聊天。

二是对自我的关注。如何理解将自我作为一种认识工具？它要求我们想象民族志实地研究的过程（去现场查看发生了什么），不仅仅是去到事发地点观察，而更多的是民族志研究者参与到实际场景中。也就是说，如果把民族志的主要方法看作参与者的观察，那么参与的重要性就不仅仅是去到某个地方的自然而不可避免的结果，而是一个重要目的。这反过来又表明，跨学科研究经常遇到的问题，即"民族志研究者去到现场不会改变当时的情况吗？"明显是毫无根据的。民族志研究者去到现场绝对改变了当时的情况，就像现场的其他参与者改变了场景的情况一样；事实上，如果没有各色人群的参与，就不存在"现场"，从鸡尾酒会到论文答辩都是如此。民族志研究者只是现场的又一当事人而已。

第三是"尽可能多的"这句话所强调的这种参与方式的侧重点。该说法强调，这种参与的各个方面都不可或缺。不仅是民族志研究者看到的或听到的东西，更有可能是研究者感觉到的东西；也就是说，民族志研究者的不安、担忧、喜悦和期待与其他人的陈述一样，都是民族志的数据，因为它们揭示了该场景的一些信息（例如，场景是否引发了与主角同样的情感反应，或者某个人的参与从某些方面减轻或降低了这种反应，又或者这些情感反应才是重点）。

奥特纳的民族志方法精辟地触及了问题的核心，即定义了建立民族志记事（ethnographic accounts）基础的参与形式。接下来的简要历史概述会将民族志放在特定的历史背景中，帮我们更好地理解它。

20世纪10年代：起源

民族志的历史起源于人类学，虽然人类学本身并不是从民族志开始的。这种文化的系统研究是在探索欧洲，特别是殖民扩张的结果下产生的一门学科，它创造了一种文化相遇的背景，进而在学术上造就了人类学。不过，早期的人类学通常是一种"扶手椅"学科，在伦敦和巴黎等大都市的图书馆和博物馆里进行，在那里收集、整理和比较来自世界各地的文物、报告和材料。即使人类学家冒险到其研究对象的居住地去，他们通常还是作为军事、科学和探索的大型探险队的成员，在栅栏和走廊这种安全、阴凉而舒适的环境中开展工作。

民族志方法发展的传统（尽管部分）历史始于波兰学者布罗尼斯拉夫·马林诺夫斯基（Bronislaw Malinowski），他在英国度过了大部分的职业生涯。1914年，马林诺夫斯基在伦敦经济学院学习期间，加入了由其导师查尔斯·塞里格曼（Charles Seligman）率领的巴布亚探险队。探险队出发后不久，第一次世界大战就爆发了，作为奥匈帝国的臣民，马林诺夫斯基也成为了盟国的敌人，在抵达时他发现自己被困在了英属澳大利亚。根据协商后签署的协议，马林诺夫斯基将在特洛布里安群岛（现在是巴布亚新几内亚的一部分）逗留一段时间。几乎是偶然地，他发现自己正在从事一种我们今天称为"民族志"的研究：如他所说，通过与穴居人一起生活和并肩作战来试图"理解当地人的想法"。他认为，通过与某个群体一起生活，并按照他们的方式生活，人们可能会开始从他们的角度来理解这个世界，并能够记录他们所做的事情，而且还能记录他们在做这件事情时的体验。这种向体验为目的的转变，通过参与日常生活伴随而来的观察方法，以及长期沉浸式参与的影响是马林诺夫斯基民族志转变的根本特征。

战争结束回到英国后，马林诺夫斯基在伦敦政治经济学院任教，出版了一系列关于特洛布里安群岛的书籍，也阐述了沉浸式参与的独特研究方式（马林诺夫斯基，1922年、1929年和1935年）。他从伦敦政治经济学院的教师成为了英国社会人类学界的领袖，而民族志的"参与式观察"则成为了人类学研究的主导甚至是定义性的研究方法。[①]

20世纪20年代及之后：扩张

从20世纪20年代开始，经过几十年的发展，我们看到了民族志实践的逐步扩张和演变。最初，民族志只是作为了解特洛布里安群岛居民生活方式、宗教信仰、贸易习惯和日常生活体验的一种手段，后来则演变成了人类学家在世界范围内所应用的一种调查方法，包括澳大利亚、南美、非洲、亚洲、美拉尼西亚或其他涉足的地方。他们带去（然后又带回来）了一套不断发展的"参与式观察"实践工具。虽然每一次必要的民族志研究在不同情况下都略有不同，然而这一时期的民族志人类学大体上体现了一些共同特征。它关注的是文化生活，尤其是语言、宗教、艺术、领导、冲突、出生、死亡、仪式和生活的内容。它基本上关注的是特殊群体和民族，如努尔人（Nuer）、赞德人（Zande）和阿伦特人（Arrente），以及生活在东非大裂

---

① 应该指出，这是一段非常欧洲化的历史。受相同思考的启发，在大致相同的时期，弗朗茨·博厄斯（Franz Boas）在美国也开展了类似工作，尽管他们的背景完全不同。

谷（Rift Valley）、辛普森沙漠（Simpson Desert）、缅甸高原（Highland Burma）、马托格罗索（Mato Grosso）等存在地理界限地方的人们，试图将他们理解为独立和个性化的社会整体。民族志调查还常常与特定的社会分析形式相结合，特别是马林诺夫斯基所倡导的功能主义，试图了解社会生活和社会不同因素之间相互关联、相互支持的不同角色。这一时期的民族志研究有拉德克利夫-布朗（Radcliffe-Brown，1922年）、弗斯（Firth，1929年）和埃文斯-普里查德（Evans-Prichard，1937年）等。

不过在这一时期，民族志的研究兴趣也扩展到了相关领域。特别是，芝加哥大学的研究小组将人类学中的"参与式观察"方法作为研究城市生活的社会学工具。这些芝加哥学派的社会学家们将民族志方法应用于文化实践研究，以探讨城市亚文化的体验，如出租车司机、流浪汉、医学生、吸毒者、学校教师、赌徒、爵士音乐家、数字跑步者等。沉浸式的民族志方法、定性分析和对经验、意义与解释的关注（在某种程度上被认为是一种事后合理化，即符号互动主义）成为社会学调查方式的一个特征，与人类学实践相比，这种调查不仅在方法上，而且在概念上也处于领先地位。

20世纪60年代：结构主义

在通常的附带条件下，我们可以从结构主义人类学的兴起及其对民族志实践的影响角度来概括20世纪60年代的特征。结构主义人类学通常以克洛德·列维-斯特劳斯（Claude Levi-Strauss）的研究为代表，他借鉴了20世纪50年代和60年代知识生活的其他潮流，形成了一种解读文化背景和神话的新方法（如列维-斯特劳斯，1958年、1962年）。

列维-斯特劳斯分析的是深刻的结构主义。结构主义是理解人类现象的一般方法，起源于语言学，尤其是费尔迪南·德·索绪尔（Ferdinand Saussure）建立的方法。索绪尔关注的是符号学，即语言是如何传递意义的。他发现，语言中有意义的单词和字母元素基本上是任意的。与狗的图片不同，"狗"一词与它所描绘的动物之间没有内在联系。从这个角度来说，意义完全是任意的。因此，词语的含义并不是基于这些词语与其所示对象或现象之间的关系。相反，索绪尔认为，我们可以在语言系统中找到单词意义的来源。意义是通过差异模式产生的。所以，"狗"这个词的意义就是从其与其他词的关系中产生的——"猫""狮子""母狗""狗""猎犬""小狗""跟随""追逐""勒索"等。意义是通过差异模式传递的。

索绪尔的结构主义符号学是列维-斯特劳斯对文化和神话系统分析的基础。后者认为，神话中最重要的是事物的排列和描绘的特征。当我们把单个神话结合起来作为一个系统来理解，类别之间的差异和关系模式就出现了，这些模式才是重要的。

例如，在对俄狄浦斯（Oedipus）神话的经典研究中，列维-斯特劳斯考察了元素之间的结构关系（包括动作、人物和他们互动的环境特征），以突出神话核心的二元对立（例如，一方面是英雄的力量，另一方面是跛足和虚弱）。随着分析的深入，故事的细节逐渐消失，从而揭示了故事的结构。在这一分析的基础上，他认为神话的中心主题是人类起源的两种观点（出生于地球或出生于人类）之间的对比。

结构主义方法对于这里探讨的民族志分析来说至少有两种影响结果。首先，它将民族志分析的对象从事件转为事件系统，或从体验转为体验所蕴含的意义系统，正是因为这种差异系统使特定的事件、行动、体验和时刻变得有意义。这些更广泛的结构可能既是共时的也是历时的，因此我们将随时间变化的模式进化和特定的民族志时刻，视为更广泛的可能模式实例。第二个更广泛的观点更明确地将民族志的注意力集中到对意义模式和文化象征的解码上，并为进一步把研究文化生活（和民族志本身）作为阐释过程奠定了基础。

20世纪70年代：向解释学的转变

正如20世纪60年代的结构主义人类学是对更广泛的知识潮流的回应（也是一个例子），20世纪70年代逐渐向解释学和文本性的转变成为了更广泛的潮流。克利福德•格尔茨（Clifford Geertz，1973年）是当时最杰出的人类学家之一（以及其他人），在其具有里程碑意义的著作《文化的解释》（*The Interpretation of Culture*）中明确指出了这一转变：

人是一种悬在自己编织的意义网中的动物。我认为文化就是这些网，因此对文化的分析不是一门探索规律的实验科学，而是一门探索意义的解释科学。格尔茨，1973：5。

因此，解释学的转向是以解释为核心的，至少体现在两个方面：第一，它将民族志研究者的工作作为本质的解释；第二，它强调参与者自己在日常生活中所从事的解释实践。也就是说，如果文化是一种需要阅读和解释的文本，那么这就是人们所从事的事情。这种解释学或文本学的转向对人类学来说并不特别，但对民族志有一些特殊的影响。

首先，正如格尔茨在上文指出的，它使我们对民族志研究者工作的期望从"提供解释"转变为"进行解读"。当然，解读是可以解释的，它解释了世界上的行为，但却存在争议并且是临时性的。作为学术（或"社会科学"）研究的目标，这是令人不安的。

其次，当我们认识到这种解释性的立场也被认为是文化参与者对他们所处环境的解释性立场时，更加令人不安的想法就产生了，这意味着他们自己的记事（他们自己的理解）本身也具有争议性，并且是临时性的。总之，这一转变表明，社会文化环境的组织并不存在根本性的"事实";只存在人们做什么、理解什么,以及如何在这些理解的基础上不断行动。

最后,如果民族志研究者和参与者都是他们所处环境的解释者,那么他们之间的关系又是怎样的呢?这一问题很快会引起更多的关注。请记住,毕竟,民族志研究的基本特征是以参与为基础的,当然,总是会有附带条件,即参与是有限的、局限的和片面的。这种令人不安的解释学的转变首先表明,"参与者"的参与本身是有限的、局限的和片面的,反过来说明民族志研究者和其他参与者的区别仅仅是程度的差异。(更不用说民族志研究者或分析者该如何解释他自己所处的环境的问题,一个与民族志及其在社会学理论认识论地位有关的反思性问题。)

这些观点不仅令人不安,而且动摇了实证主义的传统,因此在进一步探讨民族志工作与当代人机交互之间的关系时,我们再回到这个话题。

不过我们首先应该思考,在这种解释性的脉络中,格尔茨的建议为民族志提供了前进的手段和解释。他的答案在于其从吉尔伯特·赖尔(Gilbert Ryle)那里借用的一个术语,即"深度描绘"(thick description)。深度描绘的本质是多层次的理解,抓住了不同的解释框架、意义层次,以及交织在一起的矛盾和阐述。因此,民族志描述的目的不仅仅是把眼前发生的事情写到纸上,而是以一种允许多重、重复和不确定的解释过程的方式写下来。其目的是放开,而非封锁意义的发挥。在该描述中,格尔茨试图在一个解释性框架(interpretive frame)内重新调整民族志报告。

这种意义和解释转向的一个关键方面是文化主题本身的转变,从我们所谓"分类学"观点转变为"生成"观点[杜瑞斯和拜尔(Dourish & Bell),2011年]。

文化的分类学观点是试图将一种文化实践与另一种文化实践区分开来,并能够建立一个文化分类框架,通过这个框架,我们可以讨论中国文化与德国文化、拉丁文化与斯堪的纳维亚文化之间的差异。从这个角度来看,不同的群体有着不同的文化实践和理解,可以根据他们的异同来分析,而从展现更广阔的文化综合体的运行风貌。从这种观点来看,民族志记录了特定的文化,支持对行为表现文化模式进行更广泛的分析。因此,这里的侧重点是差异和区别,以及文化作为一种分类手段的运用——一种区分和联系不同文化群体的方式。

文化的分类学观点是自马林诺夫斯基以来或以前就开始运用的观点。然而,这一观点引发了一系列的概念和方法问题。例如,当我们的文化概念在地理上受到限制时,如何确定"核心"考虑因素,以及如何处理界限和边界?我们如何划分不同文化群体的界限?如何处理与商品、媒体、资本和人员流动相关的文化流动问题?例如,一个具有双重国籍的人和居住在美国的苏格兰人,我们应如何对他们进行分类?反过来,这个问题又促使我们思考另外一个问题,即个人与分类学观点中的文化群体之间的关系问题。

文化的分类学观点认为，文化是存在的，而我们都生活在不同的文化中，而文化的生成观点认为，文化是作为一种不断的、持续的解释过程而产生的。我们不仅仅是生活在一种文化中，而是参与到这种文化中，而且往往是参与到多种文化中。格尔茨所阐述的文化是一个意义和意义生成的系统。因此，文化领域或多或少具有集体象征意义，而且文化是通过反映人的多重嵌入式的解释过程而运行的，因此大学教授、研究员、计算机科学家和白人中产阶级男性与苏格兰人、欧洲人或美国人一样都属于文化范畴。文化的生成观点不仅放宽了文化与地域之间的关联，还容纳了更丰富的多样性，将我们的注意力转向了文化的产生过程，而不是将文化具体化为某个对象。

20世纪80年代：反思

虽然20世纪70年代解释学的转向反应了人类学对文化的关注与兴起于当代文学和文化理论的人类学之间的早期碰撞，但这股浪潮在20世纪80年代爆发的力量要大得多，不仅对人类学的理论研究，而且对民族志工作的实践都有相当大的意义。尤其是，就这一粗略的历史记录而言，这些与民族志的反思及民族志研究者和参与者的角色问题有关。

《写文化》（*Writing Culture*）（Clifford & Marcus，1986年）是这一转变的里程碑式的著作之一，对该书的编辑和作者而言，所关注的重点是民族志著作的书写，以及将民族志理解为一种书写实践，即不仅要强调"民族"，也要强调"志"。书写别人的故事意味着什么？作者的角色和地位是什么？作为创作和构思故事的人，作者选择和塑造了要呈现的数据，并提供叙述，虽然幕后行动者另有其人，但作者才是台前的解释者。以传统民族志的表现方式为例——"努尔人（Nuer）的牛贸易""赞德（Zande）依据毒药神谕（poison oracle）做重要决定""永鲁人（Yonglu）认为他们的土地是由祖先创造的"——请注意，第一，句子的确定性；第二，表现为句子时态的民族志的永恒性；第三，作为这些陈述句作者的民族志研究者并没有出现。如果我们认为，无论民族志研究者是在殖民士兵纵队中担任队长，还是在为期两周的访问或者一年的逗留中了解当地习俗，无论民族志研究者的种族、语言、性别、宗教、态度、经验、政治倾向和兴趣是什么，这些都可能是重要的，效忠经历或从业历史可能会对所说、所做和所学到的东西产生影响，但在这些经典文本中肯定没有反应出来。

如前文所述，此处的民族志实践也反应了更广泛的文化和知识观点。

例如，权力、处境和主体地位的问题引发了女权主义的争论，尽管女权主义人类学家失望地注意到，《写文化》一书的作者几乎是清一色的白人男性（Behar &

Gordon，1996年），而后殖民研究的作者们也都是白人男性（这为人类学作为一门学科的自我反省设定了重要背景）。从这一背景出发，我们可以推理出在政治、概念和方法论三个层面的影响。在政治层面，它涉及民族志工作的权力关系问题和整个民族志研究的性质，包括解放潜力、观点和见证问题，以及民族志关注的群体问题（Nader，1972年）。在概念层面，它关注的是人类学和社会科学实践中的古典图式、叙事模式和认识论权威的来源问题。在方法论层面，它反映了主体地位作为民族志研究的工具和主题的重要性，进而反映了对主体地位进行解释和在民族志研究中找到这一解释的重要性，以及重新界定参与和伙伴关系条件的必要性。自觉和自我意识成为民族志研究的重要工具，同时，我们必须考虑这样一个问题：我们已不再将研究对象称为"主体"而是"参与者"，是否将其称为"合作者"更为恰当？

在《文化批判人类学》（*Anthropology as Cultural Critique*）一书中，马库斯和菲舍尔（Marcus and Fischer，1986年）指出，在民族志研究的创作过程中，主体地位的一个侧重点是为特定受众塑造一种文化。也就是说，虽然民族志通常被界定为"去往某个地方"的过程（"某个地方"指任何地方），但"从某个地方返回"同样重要，而如何返回、从哪里返回，以及在旅行过程中产生的想法也至关重要。研究者们发现，社会学不仅仅解读"他们"，还要解读"我们"和"他们"之间的关系（至少含蓄地解读），并通过与民族志研究对象的接触来反思和批判西方的制度和结构（通常）。在试图强调主体地位在民族志创作中的隐含作用时，马库斯和费舍尔将文化批判作为社会学研究的一个要素，并根据《写文化》的精髓，阐述其对反思性人类科学的影响。

20世纪90年代：全球化与多维度

如果说20世纪70年代和80年代对民族志实践产生重大影响的因素是不断演变的学术背景和人类科学理论的重建，那么20世纪90年代对民族志实践产生重大影响的则不是学术的进步，而是政治和经济的发展。当然，20世纪70年代和80年代的理论观点质疑了以下观点：对民族和文化进行简单分类，对"我们"和"他们"进行简单区分，以及世界是由不同的、具有地理分界线的文化群体所构成的。20世纪90年代，由于一系列因素，这种质疑在民族志研究领域变得更加强烈，包括电子和数字媒体的普及、跨国商业实践的发展、企业对民族国家运行的新自由主义思考，以及跨国管理的重要性日益加强。

全球化绝非新现象，但20世纪90年代，全球化的趋势进一步加强，跨国或超国家机构和组织对全球日常生活条件的影响越来越大，如联合国、国际货币基金组织、世界知识产权组织、关税和贸易总协定等（后来成立了世界贸易组织）。在这种情况下，民族志研究的主题似乎被完全限定在某个特定地域，那么开展民族志研究的意义在哪里呢？不同地域之间的界限对民族志研究有哪些影响？我们如何研究那些避开特定地理环境界限的现象？人、物、行为、风俗、媒体和思想必须在某个特定的地域存在，但并不是孤立存在的。

20世纪90年代中期，马库斯在推广"多点民族志"（"multi-sited ethnography"，马库斯，1995年）时，明确表明了此观点。多点民族志并不是比较研究；引入多个研究点的目的不是将它们排列起来比较异同。也不是通过量化和积累大量数据来实现某种统计的有效性。相反，它反映了这样一种认识，即民族志调查对象会不可避免地越过某个地点的界限，而随着其在不同地点之间的移动，研究的对象、思想和实践也成为当代民族志研究的一个有价值的、不可或缺的部分。同样，多点民族志认为，这些完全相同的对象、思想和实践也在移动，因此我们需要在它们的移动轨迹中对其进行描绘，从而进行解读。例如，米勒（Miller）的研究，如关于互联网[米勒和斯莱特（Miller & Slater），2000年]或商业实践（米勒，1997年）的研究可能主要是针对特立尼达岛（Trinidad）开展的，但都强调了研究现象的"本地性"。如果互联网是一种允许人们"三位一体"的技术，那么它的表现方式就反映了三位一体的形象与替代品之间的关系。同样的，林德纳（Lindtner）对《魔兽世界》中国玩家的研究表明，他们所玩的游戏本质上是具有中国特色的，例如，对于相互支持和互利互惠体系的依赖，即"关系"（Lindtner, Mainwaring, Dourish & Wang，2009年）。这种对跨国文化实践模式的思考，再次体现了生成而非分类学的文化观。

在这种背景下，传统的民族志田野调查的"田野"开始瓦解（Gupta & Ferguson，1997年），它的边界开始模糊。这个田野不再是民族志研究者可能前往的地点，而是研究者想要识别和解释的对象；对民族志研究者而言，研究对象可能是一个复杂或集中的思想、关切、人群、实践，以及物体聚集而成的稳定的、可识别的和乱中有序的群体。

民族志与当代人机交互

这些历史背景可以为我们了解民族志和人机交互之间的关系提供一些信息。一些关注点比较突出，包括通过参与的方式产生民族志数据，将主体性和反思性作为研究方法的组成部分，对现场的界限性持怀疑态度，以及对研究者和参与者持解释性立场。当然，每一种方法都不同于传统的人机交互方法，这种不同不仅体现在技术方面（即方法问题），而且还体现在调查和知识生产（即方法论问题）的基本认识论立场方面。正是由于这些关注，关于民族志研究的对话常常在人机交互背景中被削弱。鉴于这一历史背景，接下来就一些常见的讨论和争议话题进行论述。

民族志与普适性

关于民族志数据，最常见的困惑或挫败点是普适性问题。民族志关注的是特殊性，并试图解释人类的实践情况和环境；它深深扎根于特定的环境和背景中。传统的人机交互，特别是以设计为导向的人机交互，寻求普适性解读和抽象模型，能够适用于不同的环境。

首先，我们应该区分普适性与抽象。普适性是指在产生理论的特定环境之外的场景中仍然适用。抽象涉及新实体的创建，这些实体在概念层面而不是现实层面运行，并通过移除特殊性和细节来实现普适性。

与其他研究类型相比，做出这种区分使我们能够就民族志工作的普遍性提出两个重要的观点。

第一，它使我们观察到普适性的本质。以问卷调查为例，问卷调查数据可以具有统计效力，通过提取细节并将人和问题简化为参数集。问题在于，这些参数对于特定案例是否有意义。民族志研究者认为，细节决定一切，因此他们抵制许多科学概括所依赖的抽象形式。

从这一区别得出的第二个结论是，有些普适性的形式不依赖于抽象。民族志工作从本质上来说通常是可推广的，但它是通过并置——对立、比较、顺序性、指称性、共鸣和多种观察模式来概括的。这种民族志并置的形式本身并不抽象，但它超出了具体观察的范围。它不认为具体观察是抽象实体的具体化实例，而是将它们理解为事物本身，可以以一系列方式与自成一体的事物相关，而不需要抽象作为形式实体的中介。

民族志的普适性层面往往是语料库，而不是具体的研究：在大量的历史文献基础上建立起来的详细观察材料和分析的主体。[1]这反过来也有助于我们理解从个别研究、论文和调查中寻求概括的问题，而不是思考如何阅读单个研究或其他多个研究，来探讨它们的共同点。

民族志与理论

这反过来又促使我们思考民族志和理论的关系。在某种程度上，民族志通常被认为是一种数据收集手段，甚至是一种可应用的方法，它似乎是独立的、缺乏理论的（至少从人机交互的一些领域来看是如此，这些领域认为理论是对数据进行的处理或收集数据后做出的评价）。然而，如上所述，民族志总是不可避免地将其主

---

[1] 这不是个人的活动，而是一门学科的活动，尽管像《人类学年鉴》中发表的文章明确地提供了一些观点。更广泛地说，这种方法表明了文献综述的方式，而不仅仅简单地表明文章被阅读过。

体（包括民族志研究者）理论化，而塑造民族志实践的争论正是关于这一过程的争论。接触人机交互的民族志研究者可能不总是像了解民族志的理论和概念主张那样清楚地了解人机交互理论，不幸的是，他们并没有对这些主张进行很好的区分。这样做的结果是，概念性的主张被解读为实证性的，实证性的主张被解读为概念性的，整个研究被视为仅仅节省了人们去某地考察的机票费用。

人机交互领域的民族志通常与特定的分析立场相联系，即民族方法论。民族志可能是也可能不是民族方法论的，民族方法论可能是也可能不是民族志的，尽管在人机交互研究记录中，有很多研究实例既是民族志的，也是民族方法论的（例如，O'Brien, Rodden, Rouncefield, & Hughes，1999年；Swan, Taylor, & Harper，2008年；Tolmie, Pycock, Diggins, MacLean, & Karsenty，2002年）。正如本书所概述的，民族志提倡通过参与来理解社会现象的方法。另一方面，民族方法论是对社会行为的组织以及社会学中分析和理论化作用的一种特殊的分析立场（Garfinkel，1996年）。人们可以在民族志工作中采用民族方法论的立场，但民族志和民族方法论仍然是非常不同的。

然而，在人机交互内部，他们经常感到困惑，这也许是历史的原因。考虑到计算机支持协同工作和人机交互领域的一些最早的民族志实践者都是民族方法论家，在人机交互转向民族志方法的过程中，民族方法论基本上是"附带"出现的，因此，对两者之间的关系可能出现混淆也就不足为奇了。由于该领域的早期读者对这两个领域的工作都不熟悉，所以当他们共同开展工作时，界限就不清晰了。例如，萨奇曼的经典计划研究（Suchman，1987年）是民族方法论的，但不是民族志的，而她对会计工作者（1983年）和机场运营人员（1993年）的研究既是民族志的，又是民族方法论的。然而，这些困惑一直存在。最近，一些人在工作中似乎非常尖锐地拒绝澄清民族方法论与民族志的区别，克拉布特里等（Crabtree et al.，2009年）尽量不直接提及民族方法论，而是用"新民族志"（他们指的是人类学传统中的民族志）和"传统民族志"来阐述他们的论点（他们通常用这两个词来表示民族方法论研究，但并不是所有的研究都是民族志的）。人机交互研究者的困惑是情有可原的。

更广泛地说，不同民族志作品对20世纪70年代后结构主义的观点或20世纪80年代的反思性思考所回应的程度有所不同；通过这种程度的不同，不同的理论立场在民族志工作中以及通过民族志工作得到了证实。（然而，鉴于这些发展，我们应毫不怀疑，主体地位叙述的缺失，地理和历史界限的暗示，以及毫无问题地"存在"的民族志事实的构建本身就是相当重要的理论陈述。）同样，如上所述，民族志作品中以并置和话语嵌入的形式确定了一个概念性的位置，并将所有作品框定为对理论传统做出贡献。

民族志与设计

那么，我们应该如何理解民族志在设计过程中的作用呢？没有唯一的答案，就像没有规范的民族志研究，也没有规范的设计研究一样。当然，在通过民族志产生的知识的基础上，我们可以规定设计要求，这种观点是一种有价值的关系。然而，如在其他作品中所论述的（杜瑞斯，2006年），这并不是唯一的关系，把它想象为唯一关系是对民族志实践的误解。除了将人群定义为狭隘的"用户"之外[Dourish & Mainwaring，2012年；萨切尔（Satchell）和杜瑞斯（Dourish），2009年]，纯粹根据对潜在设计干预的陈述来研究民族志的论述侧重于实证，却忽略了概念。

对于概念层面的民族志工作来说，可能最有效的方法不是提供答案，而是提出问题，挑战感知理解，为沉默的观点发声并产生新的概念解读。也就是说，它可能是去稳定性的而不是工具性的，将所理解的主题、地点和环境陌生化（Bell, Blythe, & Sengers，2005年；马库斯和费舍尔，1986年）。然而，这并不是说提出问题不能有效地解决人机交互中的设计问题；概念重组本身就是设计思维的基础。可以说，事实上，民族志应该为设计提供启发的这一概念同样误解了设计过程。特别是，近年来，人机交互与设计界的接触更为广泛，因此，将以往对设计作为产品工程的过程扩展到更为全面的实践形式，而这本身就是概念性的、以研究为导向的（Zimmerman, Stolterman, & Forlizzi，2010年）。因此，当克拉布特里（Crabtree）和同事们（2009年）关注"对设计师最有用的民族志"时，他们所关注的主要是寻求需求的工程设计实践，而不是从事以设计为导向的分析的批判性设计师（例如，Dunne & Raby，2001年），或者克洛斯（Cross，2007年）所说的"设计性认知方式"。

民族志与文化分析

大体上，我们可以将民族志与人机交互中对文化分析的关注联系起来，我指的不是跨文化差异的还原和心理测量描述，而是对文化实践的人文启发性的分析。人机交互领域的学者们越来越认识到人文学科对其工作的重要性，不应单纯地将当代社会的交互系统理解为需要效率评估的应用性工具，而是理解为从表达和参与形式方面进行解读的文件对象。这种观点基本上认为，如果将词汇局限于宽带、存储和编码技术，就很难抓住YouTube的本质，同时认为菜单布局与人们对Facebook的态度关系不大。民族志调查不仅仅意味着获取数据的不同方式，或从不同场景获取数据的方式（"野外"而不是"实验室"），在这种情况下还标志着，关于文化工作数字媒体和交互系统工作内容的对象或关注点的转变，以及如何融入更广泛的实践模式和两者如何共存。因此，这不是简单地利用人类学工具来研究交互系统；而且还从文化生成（而不是分类学）的意义上，从人类学的角度将交互系统作为社会和文化生产的场所进行研究。一种新的学科混杂出现了，认识论基础发生了转变。这就意味着，民族志不仅仅是为了更好地完成同样的工作而采用的一种工具；工作发生变化时，其需求和要求也会变化，完成工作所要具备的资质也随之变化，而我们对工作的期望也跟着变化。至少，我们希望如此。

关于民族志的问题

很多人可能在人机交互中遇到民族志相关工作，可能会阅读、评论或尝试利用它，而不是真正地开展民族志研究。因此，本文的主题不是如何开展民族志研究，而是讨论影响当代民族志研究的历史争论和潮流，阐述民族志研究的内容及其原因。如其他学科一样，民族志已经成为人机交互领域的一种技能，人们经常以不同的方式对其加以利用。本文所呈现的历史叙述虽然很粗糙，但已经相对完整，提供了民族志研究的评价工具和阅读方法。鉴于此，关于民族志研究，有一些好的问题可以提出来，当然也有一些问题不太恰当。

一些好的问题可能包括"这项工作的实证主张是什么？概念主张是什么？"，需要强调的是，这是两个不同的问题。也就是说，民族志既有实证主张，也有概念主张，应当区别对待。在人机交互领域，民族志通常被认为是一种纯粹的实证活动，是揭示有关地方和人的事实的方法。然而，这充其量只是一个片面的观点，如果认识不到概念主张的重要性，这种观点是有问题的。（希望通过前面的叙述，我们能够意识到或许可以将"揭示"改为"产生"。）

"生产的背景是什么？"这项工作是如何产生的，以什么方式产生？尤其是工作所揭示的参与类型的基础是什么？事实上，这种参与是否已经明确？人机交互中的许多民族志著作类似于20世纪50年代或更早的人类学民族志，人类学民族志以权威性的方式描述他人的生活，很少（如果有的话）认识到民族志研究者是民族志数据生产的一个参与方。该论述支持了我在这里试图引导读者摒弃的立场，即民族志数据只是躺在地上，等待民族志研究者将它们捡起来带回家。如果我们将民族志材料视为参与性活动的产物，那么必然需要研究这种参与的性质。或者，换一个角度思考，民族志研究者对事件和话语提出的问题是：是什么使得这样的陈述或行动在这种背景下有意义？同样地，我们作为读者应该能够提出同样的与民族志著作有关的问题，因此需要对这一背景进行说明，才能进行下一步。

这对语料库来说有什么意义？如果民族志语料库是参与和普适性的场所，那么如何将特定文本与其他文本进行对比解读，或者与其他文本相呼应？如果纯粹地将民族志材料解读为对特定地点或时间的观察结果进行编目的话，就会无形地抹杀了它的概念性贡献。同时，在设计背景下，民族志材料将在某个时间、地点、小组或围绕某个与应用领域没有直接关系的主题组织起来的所有工作视为基本上不相关。另一方面，当把民族志材料作为对语料库的贡献进行解读时，并认为其不仅对现有语料库进行补充而且对其进行评论时，民族志研究可能会产生更大的影响和意义。

有些问题值得商讨，而有些问题虽然经常被提出来，却没有多少讨论的价值，尤其是，提出这些问题的原因是不同学科视角之间的认识论错配。这些问题都有哪些呢？

"样品是否具有代表性？"民族志研究者一定会使用"抽样"一词，但由于他们不对所调查的环境进行统计说明，因此是否具有代表性的问题在民族志研究中的考量与定量研究不同。民族志研究者关心的是理解和解释数据所呈现的问题。参与者的陈述、即将发生的事件等不一定被视为某些事情的证据，而仅仅是这些事情发生的可能性；具体来说，一般不会将这些看作假定的更抽象现象的范例。"普通美国人""普通人机交互研究者""普通纽约人""普通银行家""普通南加州青少年"只是作为学术上方便统计的术语，民族志研究并不依赖这些术语来开展，而是试图解读和解释实际发生的事情。这并不是说，民族志研究并不寻求在反复观察的基础上做出更具有概括性的陈述（民族志研究者当然会描述事物，例如贝克（Becker）和同事们的经典著作《白衣男孩》（Becker, Geer, Hughes, & Strauss, 1961年）中的图表。然而，问题的关键在于，代表性不是直接相关的，因为民族志数据并不像调查数据或其他统计方法那样"代表"更抽象的统计现象。

事实上，从方法论角度来说，发现不寻常的东西或现象是非常具有价值的。人们常常注意到，最有价值的信息提供者往往是那些边缘化的人（因为他们对情况持有有利的内部/外部视角）。类似地，出于特殊关系的性质，我们可能会选择那些对某一现象持特殊立场的人进行交流。例如，在关于伦敦公共交通的一项研究中，我们发现与那些拒绝使用地下交通系统的人交流是很有成效的，他们所持的观点可能为揭示作为日常生活一部分的公共交通系统存在的问题提供了一种视角。

"你怎么知道别人告诉你的事情是对的？"这个问题不时会被提出来，表明人们对民族志访谈的性质有些误解。一般来说，当我们在民族志背景下提问时，填补知识空白只是我们所做工作的一个方面；另一个方面是从答案中学习。从民族志角度来说，一个声明、话语或行动会被用来作为民族志生产的文件证据；也就是说，有趣的事情不一定是说了什么，而是正是由于那个人在那种情况下、以那种方式说出来，才使得所说的内容具有意义。从分析角度来看，所提出的问题不是"我相信这是真的吗？"或"这个人是在骗我吗？"而是"是什么确保这个回答的可靠性？"换言之，在民族志研究者和参与者接触时产生了什么样的关系，使得参与者的回答是其能够提供的有意义的回答？是什么使得其成为一个恰当的回答？回答揭示的这个话题的组织或意义是什么？谎言是具有启示性的；它表明有值得撒谎的东西，并且撒谎很重要。同时，绕弯、只回答部分问题等也同样具有启示性。更重要的是，这不是一个将世界分为真假的问题；在任何时候的所有陈述和行动，都是为了满足当下的特定情况，例如婚礼、与朋友喝酒、亲密时刻、与权威面对面、演讲，或者采访一位多管闲事的社会科学家。

"你出现在那里不是影响了当时的情况吗？"我通常这样回答，"我希望如此"；如果不那么轻率的话，我可能会补充说，"就像其他任何出现在现场的人改变了当时的情况一样"。也就是说，民族志研究者所探究的场景本身就是不断变化的、动态的，这并不是一个简单的事实，无论发生了什么，都与特定的一组人无关，这些人是现场的当事人，也是现场的参与者。民族志研究者和其他人一样，都是作为一种有生命的、有既定成就的从事社会生活和生产的人。当然，如果民族志研究者不出现，情况就不同了，就像如果出现稍微不同类型的人物，情况也会不同。当然，重要的是要弄清楚这一点。同一卷中的两篇文章，如伊冯·罗杰斯（Yvonne Rogers，1997年）和布隆伯格（Blomberg）、苏克曼（Suchman）和特里格（Trigg，1997年）深刻地反映了几个案例，在这几个案例中，作为民族志研究者，他们的出现在方法、分析和政治上都产生了重大影响。

"既然已经了解，那我要做什么呢？"人机交互领域的许多研究都与技术设计有关（虽然不是全部，但大量的研究如此）。所以，"做什么"的问题是许多研究者和实践者所关注的问题。我在这里把它列为"不是特别有价值的问题"，不是因为它本身不是一个有意义的问题，而是因为在民族志语境中不是一个有价值的问题。正如其他文章所阐述和列举的那样（杜瑞斯，2007年），民族志研究可能会激发设计实践，但它所提供的价值在于与设计的碰撞，而不是设计本身。也就是说，它对设计的影响不在于民族志意境本身，而在于构建语境和设计问题的方式。再次重申，如果把语料库看作民族志普适性的场所，那么我们也会发现转向不同层次的必要性，以便更有效地参与设计。

推荐阅读

很多基本的操作手册可以提供关于民族志方法的概述，以及该领域的经验教训。例如，阿加（Agar）的《职业陌生人》（*The Professional Stranger*）[阿加（Agar），1996年]，费特曼（Fetterman）的《民族志》（*Ethnography*）[费特曼（Fetterman），1998年]，斯诺、洛弗和安德森（Snow, Lofland and Anderson）的《社会环境分析》（*Analyzing Social Settings*）[洛弗等（Lofland et al.），2006

年]，德沃特和德沃特（DeWalt and DeWalt's）的《参与式观察》（*Participant Observation*）[德沃特&德沃特（DeWalt & DeWalt），2002年]。虽然这些著作涉及的领域相同，但由于不同的原因，不同的人可能所偏好的著作也不同。我在课堂上喜欢用爱默生、弗雷茨和肖（Emerson, Fretz, and Shaw）的《民族志田野笔记》（*Writing Ethnographic Fieldnotes*）[爱默生等（Emerson et al.），1995年]；虽然题目是田野笔记，但关注的范围远比田野笔记要宽泛，并且采用了基于语境生成和分析的方法，我认为这种方法非常有用。

斯普拉德利（Spradley）的《民族志访谈》（*The Ethnographic Interview*）[斯普拉德利（Spradley），1979年]和韦斯（Weiss）的《以陌生人为师》（*Learning From Strangers*）[韦斯（Weiss），1994年]在访谈技巧学习方面非常有用（后者的特点是包含有用的笔录并附注释，讲解策略、战术和偶尔犯错的情况）。莎拉·平克（Sarah Pink）的《做视觉民族志》（*Doing Visual Ethnography*）[平克（Pink），2001年]探讨了视觉材料作为民族志研究工具的应用。

霍华德·贝克尔（Howard Becker）的《贸易技巧》（*Tricks of the Trade*）[贝克尔（becker），1998年]和《讲述社会》（*Telling About Society*）[贝克尔（becker），2007年]都为民族志研究和民族志作品的撰写提供了见解和建议，同时也提供了非常详细的背景，剖析了定性研究的性质及其文本。

摩尔（Moore）的《文化观》（*Visions of Culture*）[摩尔（Moore），1997年]虽然没有特别关注民族志研究，但提供了关于大量人类学家和社会科学家理论观点的概述，帮助我们认识不同民族志资料所代表的立场。

格尔茨（Geertz）具有里程碑意义的著作《文化的阐释》（*The Interpretation of Culture*）生动而详细地描绘了一项解释性的符号人类学研究，并用自己的民族志论文加以说明，包括对巴厘岛斗鸡的经典研究。

克利福德和马库斯的作品集《写文化》探讨了如何进行民族志写作；它的出版是民族志方法论的一个分水岭。格尔茨（Geertz）的《作品与生活》（*Works and Lives*）[格尔茨（Geertz），1988年]和范马南（Van Maanen）的《田野的故事》（*Tales of the Field*）[范马南（Van Maanen），2011年]都阐述了民族志作品的写作，但阐述的方式有所不同——格尔茨的作品更接近于文学批评，而范马南的作品更像是从业人员手册。

与其他学科一样，《年度评论》系列包含了一卷《人类学年度评论》（*Annual Reviews in Anthropology*），就特定的领域发表了广泛的评论，如金钱人类学、时间人类学、视觉实践人类学等，收集、组织和解读了大量的研究报告。如果民族志的普适性和抽象性并置，该系列是一个很好的范例。

传统的民族志形式是一本专著，人机交互强调高度简化的作品，因此，很少提供深度描绘和概念发展的空间。尽管如此，我们还是在人机交互领域找到了在分析和实证层面都很丰富的民族志材料，一些代表性的例子包括鲍尔斯、巴顿和沙罗克（Bowers, Button, and Sharrock，1995年）对印刷车间的研究（既属于民族志也属于人种学），珍娜·伯勒尔（Jenna Burrell，2012年）对加纳网吧的研究，梅因沃林、常&安德森（Mainwaring, Chang, and Anderson，2004年）对人与基础设施之间关系的研究，以及沃泰茜（Vertesi，2012年）对行星探索中人与机器人互动和体现性互动的研究。然而，在人机交互领域以外，我们也发现了大量对人机交互感兴趣的民族志作品，包括设计实践研究[如，卢卡萨斯（Loukissas），2012年]、移动通信研究[如，霍斯特&米勒（Horst & Miller），2006年]以及游戏、虚拟世界研究[如，马拉比（Malaby），2009年]和赌博机制造的研究[司徒尔（Schüll），2012年]。

练习

1. 将相关民族志研究汇集在一起进行归纳将会面临哪些挑战？扎根理论方法的哪些方面可以应用于这些归纳的产生？
2. 描述研究者作为经历参与者的积极作用？

致谢　本文所参考的教材第一版是与肯·安德森（Ken Anderson）一起开发和教授的。温迪·凯洛格和朱迪·奥尔森（Wendy Kellogg and Judy Olson）为我提供了在人机交互联合会和UCI向观众介绍这些教材的机会，在修改完善教材方面，这两位观众提供了很大的帮助。我曾经与珍妮弗·贝尔（Genevieve Bell）合作写过关于这些话题的文章，并与玛莎·费尔德曼（Martha Feldman）和卡尔·莫里尔（Cal Morrill）合作教授过其中一部分内容，他们都教会了我很多东西，使我认识到自己还有很多东西要学。本文得到了国家科学基金会0917401、0968616、1025761和1042678奖，以及英特尔社会计算科学技术中心的支持。

本文作者信息、参考文献等资料请扫码查看。

把好奇心、创造力和意想不到的发现作为分析工具：扎根理论方法

Michael Muller

谨此纪念苏珊·利·斯达（Susan Leigh Star，1954—2010），她的见解和人性帮助我们许多人找到了自己的路（以个人或集体的方式）。

引言：为什么运用扎根理论方法？

扎根理论方法（GTM）越来越多地应用于人机交互（HCI）和计算机支持协同工作（CSCW）研究中（图1）。扎根理论方法提供了一种严谨的探索某一领域的方法，侧重于发现新见解，并测试它们，然后将部分见解整合到这个领域里更广的理论中。作为一种完整的方法，扎根理论方法的优势在于能够在各种不同的现象中找到脉络，以数据为基础来解释这些现象（"扎根"于数据），通过一系列迭代和系统性的质疑与调整来完善这个解释，并以令人信服以及对他人的研究和理解具有价值的方式，将最终结果传达给他人。扎根理论方法尤其适用于在没有主导理论的情况下对某一领域进行解读。该方法并不侧重于对现有理论进行测试。相反，扎根理论方法侧重的是创造理论，以及对被创造的这个新理论进行严格甚至无情的检验。

扎根理论方法是用于构建理论的一个方法，或者更确切地说，是一系列方法的集合（Babchuk，2010年）。扎根理论方法充分利用了人类所共有的能力——对世界产生好奇，试图理解世界，并将所理解的内容传达给他人。扎根理论方法为这些一般人都有的能力增添了一套严谨、科学的探究方式、思维方式和认识[①]的方式，为HCI和CSCW研究增添了力量和解释力。

---

① 译者注：此处原文用词是"knowing"，意为引用书名"ways of knowing"中的"knowing"。本文统一将"knowing"翻译成"认识"。

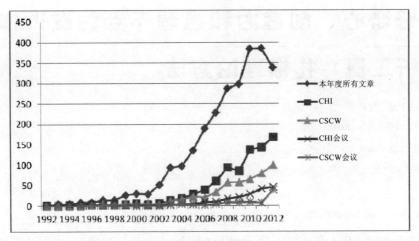

图1　ACM数字图书馆中提及"扎根理论"的文章

　　图1中标"本年度所有文章"的曲线代表每年所有提及"扎根理论"的文章。标"CHI"的曲线代表提及"扎根理论"和"CHI"的文章。标"CSCW"的曲线代表提及"扎根理论"和"CSCW"的文章。另外两条曲线代表CHI和CSCW会议论文集里关于扎根理论的文章[包括扩展摘要（Extended Abstracts）]。2012年的数字是根据1—9月的条目得出的估算数。

　　扎根理论方法广泛用于研究HCI和CSCW领域所关心的各种现象。马塔维尔和布朗（Matavire and Brown，2008年）研究了扎根理论方法在信息系统研究中的应用；有研究（Riitta, Urquhart, & Iivari，2009年；Riitta & Newman，2011年）运用了扎根理论方法来解读信息系统项目管理[另参见赛德尔和雷克（Seidel & Recker），2009年，业务流程管理的基础理论研究]。阿道夫、霍尔和克鲁滕（Adolph, Hall and Kruchten，2008年）运用扎根理论方法来解读软件开发。霍达（Hoda，2011年）利用扎根理论方法开发了敏捷软件团队记事。麦克尔、塔利亚文蒂和贝托洛蒂（Macri, Tagliaventi and Bertolotti，2002年）对组织的变革阻力进行了扎根理论研究，而保琳和杨（Pauleen and Yoong，2004年）用同样的方法对组织的创新进行了研究。洛克（Locke，2001年）侧重于管理研究。

　　在HCI和CSCW领域，不同形式的扎根理论方法也被用来研究各种不同的现象，如边界对象和基础设施[1985年、1999年、2002年；斯塔尔和格里泽默（Star & Griesemer），1989年]、移用和挪用[金和李（Kim & Lee），2012年]、决策[洛佩斯（Lopes），2010年]、用户画像[菲利和弗莱查斯（Faily & Flechals），2011年]、人机交互教育[琴纳莫等（Cennamo et al.），2011年]、社交媒体[布莱斯和凯恩斯（Blythe & Cairns），2009年；汤姆—桑特利、穆勒和米伦（Thom-Santelli, Muller, & Millen），2008年]，以及组织团体中社会分类的运用[鲍克和斯塔尔（Bowker & Star），1999年]。在可以通过信息和计算技术解决的领域，扎根理论方法被广泛用于对不同人群的研究，从无家可归者[艾里奇·加格（Eyrich-Garg），2011年]到老年人[赛亚哥和布拉特（Sayago & Blat），2009年；维奈斯等（Vines et al.），2012年]、父母[罗德（Rode），2009年]、不同组合的家庭[奥多姆、齐默尔曼和福利兹（Odom, Zimmerman, & Forlizzi），2010年；雅迪和布鲁克曼（Yardi &Bruckman），2012年]，以及创投公司创始人[安博斯和伯金肖（Ambos and Birkinshaw），2010年]。扎根理论方法也用于科技[切蒂等（Chetty et al.），2011年；法斯特和林（Faste & Lin），2012年；基姆、洪和马格尔科（Kim, Hong, & Magerko），2010年]及其社会属性的研究[克耶尔德斯科夫（Kjeldskov）和帕伊（Paay），2005年；刘易斯和刘易斯（Lewis & Lewis），2012年；马蒂亚森和伯德克（Mathiasen & Bødker），2011年；帕伊（Paay）、杰尔德斯科夫（Kjeldskov）、霍华德（Howard）和戴夫（Dave），2009年；罗德（Rode），2009年；怀奇、斯迈思、切蒂、奥奇和格林特（Wyche, Smyth, Chetty, Aoki, & Grinter），2010年；雅迪和布鲁克曼（Yardi & Bruckman），2012年]。

然而，扎根理论方法的发展过程是复杂的，甚至是分裂的。在最早的《发现扎根理论》（*Discovery of Grounded Theory*）[格拉泽和施特劳斯（Glaser & Strauss），1967年]发表之后，扎根理论方法出现了两种不同的取向[巴布丘克（Babchuk），2010年；凯勒（Kelle），2005年、2007年]，接下来是"第二代"扎根理论方法研究者，他们创造性地扩展和重组了这两个主要取向[莫尔斯等（Morse et al.），2009年]，和它们不同的分支[马塔维尔和布朗（Matavire & Brown），2008年]，稍后会详细阐述。此外，扎根理论方法在HCI和CSCW中的应用也不均衡[参见最新论述，弗尼斯、布兰德福德和库森（Furniss, Blandford, & Curson），2011年]。一些研究者将扎根理论概念作为一种完整的研究方法拿来使用[如斯塔尔（Star），1999年、2007年]。其他研究者则选择性地采用了扎根理论方法的子集[如，帕伊等（Paay et al.），2009年；汤姆·桑特利（Thom-Santelli et al.），2008年]。还有其他研究者通过使用扎根理论方法这个名字来体现他们做了深入的定性数据分析。综上所述，这些问题导致了HCI和CSCW中扎根理论方法在定义和实践上的模糊。"扎根理论"的含义在HCI和CSCW中很难理解，因此也很难评价扎根理论方法结果的质量和严谨性。

本文试图解决上述问题的其中一部分。因为本书的主题是"认识的方式"，因此我将扎根理论方法里面蕴含的溯因推理逻辑（abductive inference）看作其对HCI和CSCW的核心特色贡献，并围绕其展开本文。与许多关于扎根理论方法的文章一样，本文所引用的内容不可避免地带有个人观点；但同时，也进行了不同角度的引用。

扎根理论方法作为认识的方式

扎根理论方法关注的是人类认识的能力，发掘人类作为积极探究者的独特能力来构建对世界及其现象的解读[查默兹（Charmaz），2006年；加森（Gasson），2003年；林肯（Lincoln）和古巴（Guba），2000年]。所以，扎根理论方法与其他传统HCI的"客观"方法不同。传统"客观"方法通常定义为一系列程序步骤，无论参与研究者的身份如何，都应产生可复制的结果[例如，波普尔（Popper,），1968年]。相反，扎根理论方法认为人类研究者是充满好奇的积极施动者，他们不断思考自己的研究问题，并随着学习的积累，能够制造、修改和完善这些问题。传统方法的程序步骤在这里被一种不同的探究逻辑所替代，这种逻辑通常源自于实用主义哲学[皮尔斯（Peirce），1903年]，且具有自己的标准来判断什么是严谨。

传统方法侧重的是一种行动的线性次序，在这一次序中，研究者可以①定义理论问题；②收集数据；③分析数据；④对分析进行解释以回答理论问题。扎根理论方法则利用了人类在数据收集完成前就会思考"这是怎么回事？"的特点[查默兹（Charmaz），2006年；加森（Gasson），2003年]。扎根理论方法在很大程度上依赖解释和理论的迭代发展，利用数据与数据、数据与理论不断比较的原则，而不是等数据收集完之后才进行理论化[查默兹（Charmaz,），2006年；科尔宾（Corbin）和施特劳斯（Strauss），2008年；格拉泽（Glaser）和施特劳斯（Strauss），1967年；凯勒（Kelle），2007年；厄克哈特（Urquhart）和费尔南德斯（Fernández），2006年]。迭代发展出来的理论同时也在指导数据收集过程，鼓励选择更多的数据样本在理论最薄弱的环节进行测试和质疑[例如，奥博瑞（Awbrey）和奥博瑞（Awbrey），1995年]。例如，我们可能会问："这一结果具有普遍性吗，还是只适用于部分群体？"或者我们也可以更有针对性地去问："如果我们在某些情况下不能复制这些结果，这些情况的不同点在哪里？"能从这种测试和质疑里面幸存下来的理论极有可能适用性更广泛而且更加经得住考验，也更会为研究者和研究领域提供价值和解释力。

溯因推理与意想不到的发现

根据许多扎根理论方法的研究者，扎根理论方法的核心概念是一种推理方式，与HCI和CSCW的大多数其他方法都不同。溯因推理是一种"发现的逻辑"[帕沃拉（Paavola），2012年]，主要侧重为不符合传统观点的数据寻求新的解释（理论）[赖歇茨（Reichertz），2007年；沙纳克（Shannak）和奥尔德穆尔（Aldhmour），2009年]。因此，它既不是归纳的也不是演绎的，但一些理论认为其包含了这两种推理操作[黑格（Haig），1995年]。溯因推理的逻辑是找到某个意想不到的现象，并加以解释。黑格（Haig，2005年）将这一过程描述如下：

> 我们会遇到一些意想不到的观察结果（现象），因为它们不符合任何已知的假设；然后我们会注意到，这些观察结果（现象）必然符合某个新的假设及其附属观点；因此得出结论，新假设是可信的，值得认真思考和进一步研究。

所产生的新观点只是"试用假设"[戈尔德（Gold）、沃尔顿、克里顿和安德森（Walton, Cureton, & Anderson），2011年]，必须经过严格的检验。扎根理论方法提供了一种严格的方法来"管理"一个或多个"试用假设"，并对它们进行测试，使其变得更有力、内部更加一致，且广泛适用。

大多数扎根理论方法学者将溯因推理的概念追溯到皮尔斯（Pierce）的实用主义哲学（皮尔斯，1903年）："推理证明了某些东西必然存在；归纳表明某些东西实际上是可操作的；溯因推理……表明某些东西可能存在。"[①]但是，我们如何才能从"可能"的试探性立场转变为更加确定的立场呢？引用皮尔斯的话，赖歇茨（Reichertz，2010年）总结道："一个人可能会通过某个思维过程而（得到）这类发现。这种思维过程会像'闪电'一样，而不是受到逻辑规则的限制。"虽然听起来很有意思，但皮尔斯的理论似乎会产生质量不高的科学发现。扎根理论方法的方法层面则可以解决这些具体问题。

扎根理论是什么和不是什么

扎根理论不是一个理论！——至少，不是传统意义上的理论，如活动理论[纳迪（Nardi），1996年]或结构理论[奥利科夫斯基（Orlikowski），1992年]。扎根理论是一系列方法[巴布丘克（Babchuk），2010年]——因此，更准确的术语应该是扎根理论方法[查默兹（Charmaz），2006年]。这些方法可以用来构建"扎根"于数据的、有关特定现象或领域的理论。因此，扎根理论将侧重点放在数据上，并针对数据进行思考。扎根理论方法有助于研究者描述数据，基于数据建立越来越强大的提炼，并收集更多能够对这些提炼进行最有效测试的数据。

作为研究方法的扎根理论

扎根理论的历史与渊源

扎根理论最初是由两位社会学家"发现"的[格拉泽和施特劳斯（Glaser & Strauss），1967年]，他们曾开展过卓有成效的合作[格拉泽和施特劳斯，1965年、

---

① 关于实用主义的更多讨论，请参见本书海耶斯（Hayes）关于行动研究的章节。

1968年；施特劳斯和格拉泽（Strauss & Glaser），1970年]，但后来却在看法上却分道扬镳，有时甚至会截然相反[科尔宾和施特劳斯（Corbin & Strauss），2008年；格拉泽，1978年、1992年；施特劳斯，1993年]。他们共同的观点是反对20世纪60年代在美国占主导地位的实证主义社会学（斯塔尔，2007年），并开发了一种新方法，强调在不断参考数据（"持续比较"）的基础上逐步发展出新的理论。他们不认同传统方法，也就是从某个理论出发，用统一的方式收集数据，然后对这个理论进行测试。相反，他们开创了通过迭代编码和迭代开发理论来理解数据的方法，在这一过程中，理论指导编码，编码指导理论，并且理论本身也在不断发展。[1]对理论和持续发展的重视导致的一个直接结果是，研究者需要根据不断发展的理论对研究问题本身进行重塑（见下文"理论抽样"）。

对于格拉泽和施特劳斯之间的分歧，许多扎根理论研究者已经有了深入的探讨[布莱恩特和查默兹（Bryant & Charmaz），2007年；查默兹，2006年、2008年；洛克（Locke），2001年；莫尔斯等（Morse et al.），2009年]，其中也包括一些以HCI为导向的解释[穆勒和科根（Muller & Kogan），2012年]。施特劳斯着重于一套开展扎根理论研究的方法。本着持续开发理论的精神，施特劳斯对操作方法进行了全面调整，甚至有时完全摒弃"范式"，转而采用更加开放的研究过程（科尔宾和施特劳斯，2008年）。格拉泽则对施特劳斯的许多具体方法都不认同。他认为这些方法会将数据"硬塞"入早已存在的结构中（格拉泽，1992年），而这种方式会抹杀发现和创造新理论的可能性（格拉泽，1978年）。这两位扎根理论创始人的学生们各自发展了自己的实践和哲学取向。今天，扎根理论跨越了多个立场，从准实证主义（科尔宾和施特劳斯，2008年）到构建主义（查默兹，2006年），再到明确的后现代主义（克拉克，2005年）。在下文里，我将重点放在施特劳斯和查默兹的方法上，因为他们的方法为HCI和CSCW提供了相对明确的指导。我建议有兴趣的读者可以参考其他材料，因为许多扎根理论方法都具有很强的个人色彩。各式各样的扎根理论方法代表着各式各样的认识方式；每位扎根理论方法的实践者都需要选择自己熟悉的最佳（子）方法。

扎根理论的主要参考资料

如上所述，扎根理论的创始著作是格拉泽和施特劳斯（1967年）关于"发现"该理论的书。施特劳斯的工作经历了方法论的演变，有时被戏称为"扎根理论用

---

[1]　这种方法类似于人机交互思想里面的迭代设计，以及通过形成性评估（formative evaluation）方法在设计开发过程中对其进行的快速评价[尼尔森（Nielsen），1992年]。扎根理论方法在此之上提高了方法的严谨性，以及数据与理论的协调发展。

户指南"；科尔宾（Corbin）和施特劳斯（2008年）一起撰写了他的工作的最新版本。格拉泽经历了一系列理论上的演变，对方法的关注则有所减少；他的作品（1998年）对此做了很好的总结。

两位创始人的学生也开发了各自的方法。一组学生自称为"第二代"，并在莫尔斯等（Morse et al.，2009年）的书中发表了他们的研究方法摘要。他们中的一些人还出版了具有影响力的扎根理论研究方法版本，如查默兹的构建主义方法论（Charmaz，2006年）、克拉克的后现代视角和制图法（Clarke，2005年），以及洛克更为实用的商业应用版本（Locke，2001年）。任何严肃的领域都需要一本方法手册来研究领域内专门的话题，扎根理论方法也不例外。布莱恩和查默兹（Bryant and Charmaz，2007年）在塞奇出版社（Sage）出版了一本颇有影响力的扎根理论方法手册。

扎根理论实践

对新发现的提炼：代码、编码与范畴

扎根理论不是从理论，而是从数据出发的。数据通过称为"编码"的形式词汇[霍尔顿（Holton），2007年]与思维和理论联系起来，如图2所示。斯塔尔（Star，2007年）写到，"编码与数据建立联系，也与你的受访者建立联系，（编码）既在不同概念间建立联系，也给它们创立边界……编码使我们能够了解所研究的领域，但同时也蕴含着对新发现的提炼"。精确而抽象的描述非常难写。编码是对特定情景的某个方面进行的描述[例如研究地点、被研究的对象（们）、事件、会话转折、动作等]。当编码在更多情景中被复用时，它们就获得了解释力。每一种情景都可以测试编码结果是否能解释逐渐复杂的数据。编码最初是描述性的，并与数据的特定方面相联系。随着时间的推移，研究者的编码也变得更抽象。这些编码会成为研究者正在开发的理论的实际体现，如图2的思维泡所示。扎根理论方法指导了这一过程，告诉研究者如何对所产生的编码集进行解读（见下文"研究质量与严谨性"），和如何通过称为"备忘录"的非正式文本（图2中间栏中的纸质图标）来记录新出现的理论。[①]为了解决如何在编码上走出第一步的问题，众多研究扎根理论方法的重要文献最后都集中在一个四步法上[查默兹，2006年；科尔宾和施特劳斯，2008年；迪克（Dick），2005年；斯塔尔，2007年]：开放式编码、轴向编码、选择性编码以及核心概念的指定。

---

① 值得注意的是，扎根理论方法研究者对参考现存理论（也就是研究文献）的时机存在争议。见下文的"创造力与想象力备忘录"。

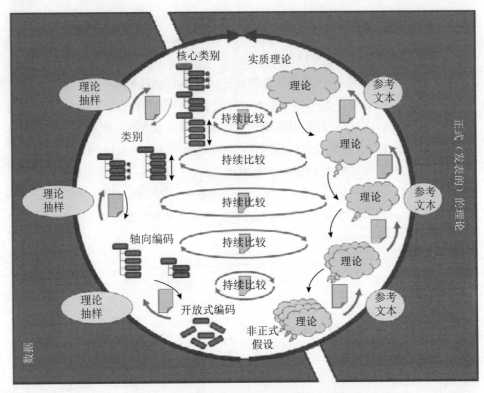

图2 扎根理论方法实践的主要组成部分

开放式编码指的是对某一情景的初始描述。开放式编码可以说是对现象所贴的标签。开放式编码的"开放"指的是它们是"开放式思维"的（不受先验知识的支配），同时也是相对不受约束的。

假设我们想了解一些组织团体里面的人是怎么工作的。首先，我们可以从访谈人们的工作入手。在这个例子里面，"情境"是一个人，我们要对这个人的工作、任务和责任的属性进行编码。①我们最后得到的编码可能包括"个人""团队"，或者"时间紧""注重质量"。我们也可能发现有些编码结果在多个情境中具有利用价值，而另一些只被一位受访者提及的编码却没有什么通用性。编码结果应该记录在简短的非正式的研究者"备忘录"中（见图3）。在这一阶段，备忘录很有可能包含一个编码列表、一些不是非常严谨的规则告诉我们如何将这些编码应用于数据，以及怀疑这些编码可能没有完整描述数据的一系列原因（图3a）。

将开放式编码总结提炼成更具有普遍性的发现，也就是不断整合个人认知，从描述到认识，这样的过程有很多。轴向编码是其中之一。一个轴向编码是与其相关

---

① 在其他案例中，"情境"可以是一个小群体、组织、文档或对话。

的开放式编码的集合。有人会说轴向编码就是把开放式编码以自下而上的方式建立起来，但这种说法并不完全正确。例如，从"个人"和"团队"这两个开放式编码里面也许可以得到"协作偏好"这个轴向编码。这个研究结论似乎还不错，所以我们应该将其记录在另一个非正式备忘录中。这个备忘录里面应该描述"协作偏好"这个轴向编码，以及组成这个轴向编码的开放式编码。在记录这个开放式编码的时候我们也可能需要参考上一段创建的备忘录（图3b）。

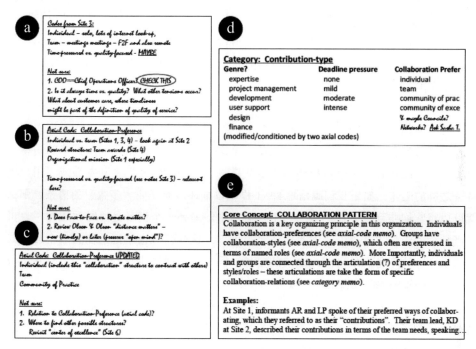

图3　扎根理论方法备忘录实例

　　如果我们要写一篇论文，"协作偏好"这个概念可能已经给这篇论文打下了一个好基础。然而，我们也可以用轴向编码反过来检查开放式编码，从而去收集更多的数据，产生更多的开放式编码。假设，在"协作偏好"轴向编码的例子中，我们或许也听到过受访者提及其他的工作结构配置，例如，实践社区（community of practice）或弱结构化网络。如果我们已经默认了"协作偏好"轴向编码的意思就是"个人或团队"，那么这些其他工作配置将会是一个意想不到的发现。如果我们以假设检验的思路去做这个研究，那我们可能会强行将实践社区归为"团队"的范畴。但是由于我们采用了扎根理论方法，就可以回头检查我们的初始理论和其中"协作偏好"这个轴向编码，看一下在有了实践社区这个新数据之后，能否以它为佐证来扩展和巩固我们的初始理论。

　　这种思维方式可能会使我们在现有受访者之外，去寻找使用其他工作结构配置的人，例如实践社区（见下文"理论抽样"）。如果我们找到了这样的人，我们就必须对这个轴向编码进行拓宽，使其变得更有力、更加具有通用性：拓宽之后的轴向编码不仅囊括了更多的案例，更重要的是，这个轴向编码还会在一个共同的参照系下把每一个案例互相关联起来。也就是说，不仅每个案例各自都有一个单一的描述（也就是每个案例对应的开放式编码），现在我们还可以把它和其他的单一描述（也就是其他开放式编码）放到一起来思考，从而每一个单一描述的作用都会变得更清晰。轴向编码是我们把这些开放式编码放到一起来思考的工具，所以我们应该将其记录在另一个非正式备忘录中。与前面的备忘录一样，这个新文档可以很简短，里面描述所有的轴向编码、组成所有轴向编码的开放式编码，以及从这些编码里面浮现出来的新概念（图3c）。

当我们将关注点集中到某些轴向编码时，范畴开始出现。一个范畴就是单一描述之间的相互关系的一组我们在研究中已经透彻理解的属性。"工作类型"（作为组成"协作偏好"的一个部分）就是一个简单的例子。如果我们做更多的访谈，可能会发现受访者通常会承担诸如"专业意见""项目管理""开发"或"用户支持"之类的工作。如果我们确信这4种工作足以描述所有（或大多数）的情景，那么就可以将它们归到"工作类型"这个范畴当中。另外一个例子是"时间压力"，可以概括为"无""有点""中等"或"很大"。这些细节也应记录在另一个非正式备忘录中。这个备忘录可能比之前的要长，因为要详细描述我们发现的范畴和组成这个范畴的轴向编码（图3d）。

如果把这个例子想得再远一点，我们在研究过程中可能还会想起来，一些受访者似乎提到了在不同的工作小组中里扮演不同类型的角色，具有不同的协作属性。进一步的访谈也证实了这一现象确实普遍存在。但是，如果每个人都有单一的个人"协作偏好"，那么同一个人提到多个协作属性这件事就不会出现。在溯因推理里面，发现这个矛盾非常关键，因为我们必须想出一个新的非正式理论来理解这个新发现。"协作偏好"真的是人的属性吗？这种想法会引发更多的问题，而这些问题可能会引导我们寻找新的受访者，也可能让我们回到以前的受访者，以寻求这些新问题的答案。在某些情况下，我们可能需要再返回到以前的一组访谈记录或文档中，运用新的理解对这些"旧"数据提出新问题。我们可能会发现一些人确实参与不同的协作模式，那么在这时，"协作偏好"的属性已经从人转移到了协作小组，变成小组的特征，例如，马修斯、惠特克、莫兰和袁（Matthews, Whittaker, Moran, and Yuen，2011年）研究里面提到的协作角色。这时候，我们可能需要对"协作偏好"这个轴向编码起个新名字，来体现它是以小组为基础的——或许叫作"协作风格"更合适。这时，我们一直在发展的理论变得更加强大了，因为我们对"协作风格"准确描述的实体有了新的理解。我们需要将这一新的理解记录到另外一个备忘录中。如前面几段所述，我们发现备忘录会越来越长，里面包含大量的开放式和轴向编码，但同时也对我们的理论进行了更深度的整合。

目前，协作属性似乎在每个工作小组的描述里起到了决定性的作用。这个新理论挺有意思，但我们需要进一步测试它。在扎根理论方法中，我们通常针对理论最薄弱的环节进行测试。因此，我们可能会问是否每个组的所有成员都与该组有着相同的关系。事实上，我们了解到，有些人是一个群体的核心成员，而其他人则是相对外围的成员（例如，话题专家，他们经常被要求提供特定类型的专业知识），这又是另一个意想不到的发现。在此基础上，"协作风格"理论似乎显得力不从心，因为它认为团队只有一种单一的协作模式。那么应该如何拓宽和深化我们的理论，以适用于这些对数据中发现的新见解？

我们可以假设"协作风格"有另一种理论上的"重新定位"。一开始，我们认为协作偏好是某个人的特征。后来，我们认识到协作风格是某个小组的特征。通过一系列意想不到的发现，我们意识到这些理论都不能充分描述数据的丰富性。现在，假设协作属性不是某个人或某个群体的特征，而是人与群体关系的特征。这个轴向编码或许应该叫作"协作关系"，同时我们也应该在另一份备忘录中记录这个微妙但重要的区别。这个新备忘录不仅描述了新的代码配置，还描述导致这种重新配置的理论概念（图3e）。我们不停发展的理论再次发生了变化，变得更加强大，能够描述更广泛的一系列现象。进一步的访谈和观察并没有发现新的意想不到的发现：我们的理论似乎解释了所有数据，这一阶段的理论开发可以告一段落了。

我们也可以进一步将理论扩展至其他情景，或者对其进行更加细致的测试。例如，是否存在具有某些特定协作关系的小组[马修斯等（Matthews et al.），2011年]，而且这些小组也会吸引特定的人？或者，可以研究特定职务是否具有特定的协作模式，（通过小组）将该职务的人与其他人联系起来。此外，还可以看某些人是否与他们的小组存在单一的、主要的协作关系。

我们也可以通过社交网络分析对该理论进一步测试，也可以用其来验证上文提到的一些假设（见本书关于社交网络分析的章节）。或者，我们从一开始就可以利用个人及其团队成员身份的统计数据，帮助确定后面的合适访谈对象[例如，我们曾经采用过的一种更原始的方式（Muller, Millen, & Feinberg, 2009年；Thom-Santelli et al., 2008年）]。换句话说，虽然扎根理论方法最常用于定性数据，但它也可以用于定量研究。定性和定量方法可以同时使用。

在这数据与数据、数据与新兴理论之间的集中对比中会出现一些核心概念（一些扎根理论家会提到选择性编码，指的基本就是他们所选择的核心概念）。说不定我们正在考虑一组复杂的、相互关联的轴向编码。虽然我们目前正在思考描述人与团体之间的关系的"协作关系"。但我们之前也思考过个人的"协作偏好"，而且这个概念对我们可能仍然有用。另外，我们曾经也考虑过团队的"协作风格"，而且这个概念对我们可能仍然有用。"协作模式"这个宽泛的概念似乎可以以不同但互相关联的方式应用于人、团队以及人和团队之间的关系中。这种协作模式的三方分析可以成为一种强有力的、可推广的理论。这时，我们可以捡起描述"协作偏好"和"协作模式"的两个备忘录，并将它们与最新的"协作关系"备忘录结合起来。有了这些原始资料，我们可以把前面三个备忘录都利用起来，就"协作模式"的核心概念编写一份更长、更全面的备忘录。这份新的备忘录可能是我们撰写研究结果和/或讨论部分的基础。我们也应该在其他备忘录中记录其他的想法，供未来参考。目前我们所选择的核心概念将是某份研究报告的基础。我们可能日后会重新回头来看这些数据和备忘录，或许可以获得更多的见解，也可能据此写出更多的论文。

实质理论

格拉泽（Glaser，1978年）提出了一个具有启发性的问题，"这些数据是用来研究什么的？（查默兹，2006年，也可以表述为"关于这些数据想讲述什么样的故事？"）。就这个例子而言，答案是：

这些数据用于对"协作模式"这个宽泛概念的研究，在个体中表现为所谓"协作偏好"的属性子集，在团队中表现为所谓"协作风格"的属性相关子集，在团队和个体之间的关系中表现为"协作关系"。

这个答案已经成为了一个基于数据的强有力的理论，所以现在我们可以撰写报告来说明我们的结论。报告将围绕"协作模式"的核心概念展开，并利用"协作偏好"、"协作风格"和"协作关系"这些范畴。每一个范畴都包含多个轴向编码来组织原始的开放式编码数据。通过对核心概念的深入思考、抽样和理论化产生了扎根理论家所谓实体理论，即一套完整的、内部一致的概念，这些概念提供了对数据的全面描述。至此，工作还没结束。撰写报告的下一步是将该实体理论与研究文献中曾经发表的或"正式"的理论联系起来。

从本书的角度来看，通过一系列严谨的在不同深度上的抽象提炼，我们利用了扎根理论这一强大的方法来塑造对该领域的认识。最初，我们所掌握的仅仅是数据。通过保持开放的心态，我们之后在数据中寻找规律（也就是重复的现象和模式），并猜想这些现象和关系之间的相互联系。之后，我们对各种非正式理论进行了尝试，而且针对每一种理论，我们都立即返回到数据中查看，提出更多问题，对理论进行测试，看是否对数据描述充分。就这一点而言，扎根理论方法的目标是找出我们发展中的理论存在的问题，这样就可以用更强大的概念来代替其薄弱的部分。我们的测试导致了这种有参考价值的失败，并最终产生了更强大、更全面的理论。因此，我们对这一领域有了更深的认识，因为我们根据数据对每一个理论的发展进行了测试。我们的理论是扎根于数据的。

扎根理论研究者可能会用不同的方式来描述这一过程。格拉泽认为，理论是从数据中产生的（1992年），而研究的一个主要任务是培养足够的理论敏感性，以便从数据中发现理论（1978年）。科尔宾和施特劳斯也侧重于发现存在于数据中的规律，并利用完善的程序和编码方式来找出有价值的数据，并描述这些数据中隐含的现象（2008年）。从现在的角度看，这两种方法似乎都反映了当时的客观主义。认识是通过基于数据的发现实现的。

相比之下，查默兹（2006年）和克拉克（2005年）强调，研究者是对数据的描述和发展中理论的积极解释者。根据他们的后现代主义方法，理论是构建出来的（而不是被发现的），而研究者既要对其所创造的理论负责，也要为获得理论的途径负责（查默兹，2006年、2008年；同时也参见本书杜瑞斯关于民族志的章节里关于推动民族志问责制的趋势）。克拉克详细说明了研究者的角色和责任，责问谁的声音没有被听到（为什么）？谁的沉默是重要的（为什么）？从本书的角度来看，在这些关于扎根理论方法的后现代叙述中，认识是一个积极的建构过程，是通过解释、概念化、提出假设、测试假设和扎根于数据的理论构建这一系列认知和社会行为来实现的。

创造力与想象力：备忘录

扎根理论方法描述了一系列严格的步骤，通过这些步骤，研究者可以逐步发展他们的理论。本着这种精神，大多数扎根理论研究者提倡通过一系列反复的文件（备忘录），来记录我们的认知发展过程，包括对编码及其含义的描述、对可能发生的现象的思考、对数据如何符合（或不符合）发展中理论的描述，以及对新样本的策略，等等。科尔宾和施特劳斯写道，"（备忘录）迫使研究者处理想法，而不仅仅是处理原始数据。此外，备忘录还能使研究者发挥创造力和想象力，激发对数据的新见解"。查默兹（2006年）同意这一观点："编写备忘录是扎根理论的一个重要方法，因为它促使研究者在研究早期就对数据和编码进行分析……记下来哪里你比较肯定，和哪里你只是在做推测。然后，你再回到研究场所来检查这些推测。"编写备忘录是扎根理论研究里认识的一个重要组成部分："随着研究的深入，备忘录在复杂性、密度、清晰度和准确度方面变得越来越复杂……对研究来说，它们与数据收集本身同等重要"（科尔宾和施特劳斯，2008年）。

关于备忘录的书写，不同学者给出了很多不同的建议。迪克的建议（Dick，

2005年）是一个极端简洁的例子。他建议扎根理论研究者随身携带卡片为编写众多备忘录做准备，每张卡片上写一个。科尔宾和施特劳斯（2008年）给出了一些备忘录的例子，短的只有一段，长的会超过一页。查默兹提供的例子既有单独的段落，又有结构完整的文章，后者的备忘录里甚至会包含标题和副标题（2006年）。随着研究者理论发展的完善，备忘录可能会呈现更宏大的结构，如查默兹例子里面的文章（2006年）、因果关系图（如科尔宾和施特劳斯，2008年）、列出每个范畴及其组成编码的正式表格[穆勒（Muller）和科根（Kogan），2012年]和被称为情景图（situational maps）的制图技术（克拉克，2005年），如图4所示。每个研究者或研究团队可能需要通过不断摸索来找到适合他们的备忘录形式。

　　需要注意的一点是，书写备忘录是研究者构建知识的一种方式，并将认识的证据具体化。活动理论家可能会说，通过备忘录，认识这一行为被外在化或具体化了[例如，纳尔迪（Nardi），1996年]。如果可以在这里发明一个新说法的话，备忘录就是使自己和他人认识到认识产生的关键步骤。备忘录能够帮助我们记住曾经认为不重要的想法（如上文关于"协作偏好"和"协作风格"的例子）。备忘录是对理论的表达，对数据收集的指导，也是扎根理论方法研究项目报告书写的有利工具。

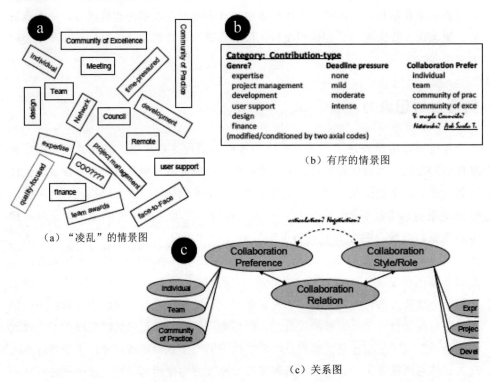

（a）"凌乱"的情景图

（b）有序的情景图

（c）关系图

图4　用克拉克的情景图表示的场景

把意想不到的发现作为一种认知工具：理论抽样和不断比较

扎根理论方法的核心认知策略是在整个研究过程中将人类本身的能力作为探究工具，例如好奇心和意会能力。意想不到的发现就是其中之一。在"协作模式"的例子中（见上文），我们反复意想不到地发现不符合当前理论的数据，并且在"没有更多意想不到的发现"的时候结束了数据收集。根据溯因推理，每一个意想不到的发现都会产生新的假设（我们脑海里可能会想"这是怎么回事？需要有什么东西成立才会让这些新信息说得通？"）。然后，我们开始寻找新的数据，来测试新的假设，并相应地加强和扩大理论。

在扎根理论中，这种策略被称为理论抽样（科尔宾和施特劳斯，2008年；格拉泽，1978年）。理论抽样是一种严谨的溯因推理形式。因为需要能够回答理论建构中产生的一系列问题，所以理论抽样具有"策略性、具体性和系统性"（查默兹，2006年）。我们通过收集新数据来检验假设。这些收集到的数据又为假设提供了信息，从而产生了更有力的假设，进而指导下一步的数据收集："理论抽样告诉我们下一步需要做什么"（查默兹，2006年），而备忘录则记录了我们在此之中的进展。理论抽样是扎根理论方法概念中的主要策略之一，即数据与数据、数据与理论的不断比较（格拉泽和施特劳斯，1967年）。

但是，如果数据会产生新的假设，新假设需要更多的数据，我们还需要用备忘录对每个新的理解进行记录，那么这一过程何时才能停止？这时，意想不到的发现再次成为重要的认知工具。扎根理论研究者常常提到对某一范畴达到饱和的需求（格拉泽和施特劳斯，1967年），或者说达到理论饱和[加森（Gasson），2003年]。当所有可用数据都由该范畴的代码解释时，这一编码范畴就达到了"饱和"。没有更多意想不到的发现了。类似地，当所有范畴都足以解释所有数据时，理论饱和就达到了。像刚刚这样表达的话，这个概念似乎很抽象。斯特恩（Stern，2007年）通过描述她对家庭暴力的研究举了一个具体的例子："（受访者）告诉我，当他还是个小孩子的时候，他站在那里，亲眼看到自己的母亲开枪杀死了父亲，我意识到已经达到了饱和。我感到很无聊。我做出了一般人听到这种故事时都会有的反应……但我知道这项研究的数据收集工作已经结束了。"

总结与回顾

在"溯因推理"一节中，我们回顾了皮尔斯的溯因推理哲学（Peirce，1903年）并指出了其在很大程度上取决于研究者意识到自己发现了意想不到的东西，以及寻找另一种解释。但皮尔斯对另一种解释的发现的描述——"像闪电一样"——对于科学工作来说并不严谨。然后，我提出，扎根理论方法可以提供从"闪电"到仔细思考和深入挖掘数据的有章可循的方法。我虚构出来的冗长的"协作模式"研究，通过互相交叉、互相依赖的数据收集、编码、构建理论和撰写文档的过程，展示了扎根理论方法中溯因推理的关键所在。意想不到的发现起到了至关重要的作用，它和数据与数据、数据与理论不断比较的原则相一致，解释了构建中的理论不足以描述现有数据的地方。然后，我们利用理论抽样，通过现有理论中存在的漏洞来选择下一个要访谈的对象（或者，更概括地说，下一个要收集的数据）。理论抽样是扎根理论方法对皮尔斯"闪电"问题的回应，用原则性的指导来代替难以捉摸的直觉，以收集最佳数据，从而取得更有收获的新发现。借用斯特恩（Stem，2007年）的一句话，我们在感到无聊之前会不停重复这一过程。也就是说，当我们在进行数据与数据、数据与理论之间的比较时，不会再有更多意想不到的发现了。有意想不到的发现的时候，我们会知道下一步该做什么。而没有的话，就意味着我们大功告成了。

HCI与CSCW中不同形式的扎根理论方法

HCI和CSCW中对扎根理论的使用有几种不同之处。其中一种重要的不同是对研究文献的使用。格拉泽和施特劳斯（1967年）主张研究者应该像一张白纸一样去接触数据，因此研究者应避免阅读正式或已发表的文献，以确保思维不受已知理论的影响。但是后期的研究者发现，格拉泽和施特劳斯在提出这个主张的时候已经阅读了数百本理论书籍和文章，而且这些理论已经潜移默化地影响了他们的思考过程[莫尔斯等（Morse et al.），2009年]。即便如此，格拉泽仍坚持认为理论是从对数据的深入沉浸中涌现的（例如，格拉泽，1992年）。德伊（Dey，1999年）简练地反对了格拉泽的立场——"思想开放和头脑空虚是两回事。数据分析需要我们运用所积累的知识，而不是摒弃它"[另见布莱恩特和查默兹（Bryant & Charmaz），2007年；丰德（Funder），2005年；凯勒（Kelle），2005年]。科尔宾和施特劳斯（2008年）谨慎地建议，研究者可以将研究文献视为另外一种形式的数据，并且可以将其作为扎根理论研究的一部分加以利用（例如，通过不断比较）。关于使用研究文献这一点至今还存在着很多不同的立场和意见。

如果HCI和CSCW研究项目不包含详细的文献综述的话，那么也不太可能成功发表。事实上，正如厄克哈特和费尔南德斯（Urquhart and Fernández，2006年）所说，大多数从事扎根理论研究的研究生必须首先通过资格考试，来体现出他们对研究文献的深入了解。如果我们可以把扎根理论方法看作一种认识的方式，那么它所产生的知识应与其他知识相联系。基于这些原因，我认为HCI和CSCW中的扎根理论方法可能更接近于科尔宾和施特劳斯（2008年）、布莱恩特和查默兹（Bryant & Charmaz，2007年）、德伊（Dey，1999年）、丰德（Funder，2005年）和凯勒（Kelle，2005年）的观点。

扎根理论在HCI和CSCW中的三种应用模式

扎根理论方法在人机交互和计算机支持协同工作中有三种不同的应用模式。这三种应用模式中的两种可能在HCI和CSCW研究中具有利用价值。在我看来，从扎根理论方法的角度来看，第三种方式存在比较大的问题。

利用扎根理论方法构建数据收集与分析

扎根理论的第一种应用方式体现了本文所述的关于研究实践的一系列变化，即：在理论抽样指导下的数据收集和理论构建的迭代过程，以及在持续的数据收集过程中将不断比较作为思考和构建理论的一种方式。

苏珊•李•斯塔尔（Susan Leigh Star）可能是HCI和CSCW方面最著名的扎根理论研究者之一。扎根理论梳理了她毕生研究的脉络，涵盖了概念和人造物的使用[边界对象与基础设施，斯塔尔，1999年、2002年；斯塔尔和格里塞默（Star & Griesemer），1989年]、分类系统对组织团体和研究的影响[鲍克和斯塔尔（Bowker & Star），1999年]以及19世纪科学的不确定性的来源（斯塔尔，1985年）。在斯塔尔的研究中，扎根理论成了一种强大的认识方法，帮助她构建了颇有影响的理论。

利用扎根理论方法分析完整的数据集

扎根理论方法的第二种应用方式：将深度的、迭代的编码应用到已收集的一组完整的数据中，通常通过明确地使用开放式编码、轴向编码、范畴和核心概念，逐步从数据中建立理论。虽然这一过程应用了比较方法，但其中抽样理论的应用更为微妙。如果数据集必须按"原样"处理（即不能再收集数据），那么研究者如何利用构建中的理论来指导进一步的数据收集？在大型数据集里面的一种答案是，构建中的理论会指向不同的排序和数据摘录方法。通过这种方式，研究者会通过与理论抽样非常相似的过程来发现新的见解和概念。

怀奇和格林特（Wyche and Grinter，2009年）在关于家庭宗教的一篇备受推崇的文章中使用了此方法。他们对20个家庭进行了访谈。当数据达到饱和时，收集过程结束（即，不再有意想不到的发现出现）。对他们而言，这似乎是扎根理论分析的开始：文章描述了大量的访谈、照片和现场笔记数据集，并结合研究文献阅读，明确引用了用于深度和迭代编码的不断比较方法。他们的分析非常精彩，被作为有影响力的优秀研究范例，为理论和设计带来了启发。

类似地，帕伊等（Paay et al.，2009年）在研究文献理论概念的明确指导下，对混合数字—社会—物质城市环境进行了在数据收集之后的扎根理论分析。除对开放和轴向编码的详细讨论外，他们还采用了拜尔和霍尔茨布莱特（Beyer and Holtzblatt，1998年）的亲和图法（affinity-diagramming method），该方法在某些方面类似于克拉克的制图法（2005年）。他们的研究成果涵盖了一个复杂设计领域的过程模型，以及对设计原型的定性评论。

用扎根理论方法指代深度和迭代编码的研究方法

对我来说，扎根理论的第三种应用方式存在较大的问题。一些研究者会宽泛地提到扎根理论，来体现他们对数据进行了详细的编码。然而，他们并没有给出关于编码策略或结果的细节，所以也很难找到令人信服的证据，证明他们的理论是从数据中建立的。在某些情况下，他们似乎从特别具体的问题开始研究，然后通过收集数据来解答这些问题。对于这些文章来说，引用一些更宽泛的数据编码方法而不是扎根理论可能会更好[例如，戴伊（Dey），1993年；林肯和古巴（Lincoln & Guba），1995年；迈尔斯和休伯曼（Miles & Huberman），1994年]。正如许多扎根理论工作一样，我的这点评论可能存在争议。本文的目的不是为了一些研究方法名称上的问题来批评众多优秀研究的作者，因此我也没有列举关于该应用方式的具体例子。然而，从扎根理论方法的角度来看，因为这种研究缺乏对过程的详细描述，所以我也很难将其视为扎根理论研究中的一员；正是从这个意义来说，此种把"扎根理论"作为对方法的描述是存在问题的。

研究质量和严谨性

在上文中，我们提出了一些关于HCI和CSCW研究中扎根理论研究的质量和严谨性指标。然而，值得注意的是，在更广范围的扎根理论研究者群体中，研究质量问题仍然没有得到解决，许多研究者也各持不同的观点[阿道夫等（Adolph et al.），2008年；科尔宾和施特劳斯，2008年；查默兹，2006年、2008年；加森（Gasson），2003年；洛克（Locke），2001年；马塔维尔和布朗（Matavire & Brown），2008年]，部分可以追溯到早年格拉泽与施特劳斯的分歧[凯勒（Kelle），

2007年；莫尔斯等（Morse et al.），2009年]。

格拉泽和施特劳斯（1967年）提出了关于扎根理论成果质量的总体评价标准，侧重于四个方面：

- 契合度：理论是否能够很好地描述数据？
- 相关性：描述是否能够回答重要的问题？
- 作用（能力）：理论描述的组成部分是否能够引发有价值的预测？
- 可修改性：理论的呈现方式是否能够激发其他研究者对其采纳、测试，并随时间的推移进行修改？

查默兹（2006年）提出了一套类似的标准：可信度（与契合度一致）、共鸣（与相关性一致）、创意（与相关性和作用的某些方面一致）和有用性（与作用和可修改性的某些方面一致）。然而，大多数的建议仍然非常笼统，很难将这些概括性的内容转化为扎根理论工作的评价标准。

加森（2003年）认为，由于人们对什么是"好"的研究的理解有所不同[例如，假设检验，确认/失验期望——参考波普尔（Popper），1968年]，所以很难对扎根理论研究进行评价（或辩护）。在信息系统研究的大背景下，她呼吁研究者从"客观"事实的实证主义转向解释主义立场，即每位研究者尽可能诚实地报告研究发现，以便与其他研究者的解释进行比较。表1是在评价研究中从实证主义转向解释主义的部分总结。

表1　评价研究中从实证主义转向解释主义的部分总结

实证主义	解释主义
客观性 可靠性 内部有效性	可证实性（侧重于受访者，而不是研究者）
	可靠性/可审计性（有得出结论的明确途径）
	内部一致性（与扎根理论方法里的饱和概念有关，即理论的所有部分是一个整体；没有更多意想不到的发现）
外部有效性	可转移性（可概括性）。库尼（Cooney，2011年）建议，还需要外部"专家"对有效性做出判断

虽然这些标准比较宽泛，但可能还是存在一些问题。例如，加森建议通过受访者的可证实性进行测试，库尼（2011年）以及豪尔和卡莱里（Hall and Callery，2001年）也提出了相同的建议；关于协作民族志[拉西特（Lassiter），2005年]，研究者们也提出了类似的建议（参见海耶斯《行而知之：研究人机交互的方法——行动研究》）。然而，埃利奥特和拉赞巴特（Elliott and Lazenbatt，2005年）认为，扎根理论独特地结合了很多受访者的观点（数据与数据的不断比较），同时也从他们的综合描述中提炼出更加形式化的理论描述（数据与理论的不断比较，参见斯塔尔，

2007年）。通过这种方式，扎根理论方法产生的理论描述（即核心概念及其阐述）里，可能也会存在被某些受访者否认的观点。

在HCI和CSCW中，改变这些标准可能需要时间，并且需要进一步的发展来满足不同子领域的需求。在此期间，我们可以遵循查默兹（2006年）、豪尔和卡莱里（2001年）以及洛克（2001年）的建议。他们建议将研究过程向读者公开，使读者能够对方法和结果的质量做出自己的判断（洛克，2001年）。

对于HCI和CSCW研究，对格拉泽和施特劳斯（1967年）的引用只会大体指向一个描述（但尚未定义）扎根理论的"方法集"[巴布丘克（Babchuk），2010年；布莱恩特和查默兹（Bryant & Charmaz），2007年；莫尔斯等（Morse et al.），2009年]。相比之下，引用在其之后发表的文献可能会更有帮助。被引用的文献最好是发表在格拉泽和施特劳斯产生分歧之后，而且最好是能够来自一个给出具体指导的方法学家，如查默兹（2006年）、科尔宾和施特劳斯（2008年，或者程序性指导的早期版本）、克拉克（2005年）、格拉泽（1992年、1998年）或洛克（2001年）。了解分析过程中使用的特定编码方法和形成核心概念的轴向编码，两者都很有必要。另外，还需要明确研究文献的使用，例如，把文献作为候选轴向编码的来源，或分析基本完成后与文献做下一步的对比参考。

结论

查默兹（2006年）、加森（2003年）、豪尔和卡莱里（2001年）和洛克（2001年）建议，扎根理论报告必须反应理论的形成过程，并保持透明。当然，该建议正是扎根理论方法作为一种认识的方式所应具备的。研究者需要认知上和方法论上的工具来保证其认识的质量，读者也需要对研究方法有清晰的视野，来确保他们是否可以去相信这些认识。

本文针对扎根理论做了一些不可避免的带有个人观点的论述，侧重于将人类好奇心、创造力和意想不到的发现作为科学、严谨的认知工具。我从皮尔斯对溯因推理的分析着手，详细介绍了扎根理论研究者为了将皮尔斯的观察转化为一种科学方法，而开发的一些丰富而强大的方法。人们总是会在学习过程中对所学的内容进行思考，而扎根理论方法在不断比较和理论抽样原则的指导下，通过规范的编码实践方法论基础，将这种人类自然的习惯转化为一种科学力量。我们的目标是保持对数据的忠诚，并得出扎根于数据的结论。人类（而非程序或方法）构建了意义和知识，而扎根理论方法则可以帮助我们自信地将所获取的知识分享给他人。

练习

1. 如果研究者已经略微感觉到哪种理论会跟观察到的数据有关，那么研究者需要对扎根理论方法做哪些调整？

2. 扎根理论方法有多适用于研究团队？团队在哪些方面需要独立工作，在哪些方面需要协作？

本文作者信息、参考文献等资料请扫码查看。

行而知之：研究人机交互的方法——行动研究

Gillian R. Hayes

什么是行动研究？

行动研究是一种研究方法，它涉及与一个社区进行互动以解决某些问题或挑战，并通过解决这些问题来形成学术性知识。行动研究是一种不可知的方法，也就是说行动研究人员运用大量定量和定性的方法，去了解他们在不同社区中开展工作所带来的变化。在人机交互中，行动研究还经常用来设计、开发和部署有关技术，以作为在人机交互过程中了解情况和推动变化的一种方式。行动研究的基础在于，实践与知识不能脱节，干预行为和学习过程也不能分离。

行动研究具有明显的民主、合作与跨学科性质。在进行行动研究时，关注焦点是将研究工作与那些在日常生活中面临实际问题的人们"结合起来"，而不是"为了人研究""围绕人研究"或"关注人本身"。因此，行动研究注重采用在具体背景下的本地化解决方案，更注重可转移性而不是普遍性。也就是说，行动研究项目所形成的知识需要有充足的背景，以便使其他人能够利用这种信息，在另一种环境（可能相似或不相似）下实现他们自己所需的变化（依然可能相似或不相似）。

行动研究采用系统性的合作方式，对人机交互开展研究，以满足严谨的科学需要并推动可持续的社会变革，因而被各类从事人机交互研究（如，Foth and Axup，2006年；Palen，2010年）和信息系统研究（如，Baskerville and Pries-Heje，1999年）的人所采用。行动研究旨在"解决人们实际关切的实际问题，推动实现科学的学术目的，其方式是在相互接受的道德框架内进行合作"（Rapoport，1970年，499页）。行动研究包括"系统性的调研，由调研的参与者进行收集、合作、自我反思和批判"（McCutcheon & Jung，1990年，148页）。在过程上，行动研究是"对不同类型的社会行动和形成社会行动研究的条件和效果进行比较研究"，使用"一系列步骤，每一步都包括一套规划、行动和对行动结果进行的事实调查"（Lewin，

1946年、1948年）。行动研究需要研究人员担任"协调员"，以干预行为和研究过程，使来自有关社区的合作方能够与团队其他人一道肩负起研究者的角色。在这种模式中的研究人员必须意识到他们自己的位置，并能够不落窠臼地对不同的价值安排好优先顺序。并且，从领导者到教练的转型能够为各种视角提供空间。领导者具有掌控参与者所具备的知识的专长；教练负责启发参与者提出观点并将它们纳入项目的中心。这种方法既注重社区内部人士所提供的本地知识，又重视社区外部人士带来的学术性知识。

行动研究的历史和知识传统

虽然人们对于行动研究究竟何时及如何产生有一些争论（Masters，1995年），但是多数学者认为是心理学家库尔特·勒温（Kurt Lewin），他在20世纪30年代从纳粹德国逃到了美国；于1944年在麻省理工学院担任教授时率先提出了行动研究理论。随后他出版了《行动研究和少数问题》（*Action Research and Minority Problems*）（勒温，1946年），不久后即成为了详细介绍行动研究的首部学术研究著作。勒温认为只有在现实世界中进行测试才能形成最好的知识，并且"没有什么比优秀的理论更实用"，他开始在研究环境中使用行动研究和干预行为，使之成为可接受的学术研究方式。但是，为了取得进展，勒温依靠的是刚出现的实用主义者所倡导的科学文化，其中最著名的是约翰·杜威（John Dewey）和威廉·詹姆斯（William James），二人认为科学是与每个人息息相关且可以学习的，而不只是象牙塔里的精英们所感兴趣的"深奥知识"（Dewey，1976年；Greenwood & Levin，2007年；James，1948年）。在对于构成行动研究的基础有特别的相关性的一些思想中，杜威认为形成知识的过程是行动和反思循环周期的产物（Dewey，1991年/1927年）。他进一步发展了这一观点，认为思维和行动是不可分割的，这是杜威的研究方法的基础，也是更普遍的行动研究的基石。[①]

行动研究能为我们做什么？

关于行动研究的资源有很多，其中包括一些能够带你了解行动研究的历史或应用的书籍，以及对行动研究及其运用领域进行彻底重构的作品。有一本名为《行动研究读者》（*The Action Research Reader*）的书，格兰迪（Grundy）将行动研究项目从技术、实用和创新解放性角度进行了分类（Grundy，1988年）。同样地，麦克柯

---

① 感兴趣的读者可参考本书中相关的章节，其中也介绍了实用主义者的关切和观点。

南（McKernan）提出了行动研究中常用的3种解决问题的方法，即：科学—技术、实用—评议和批判—解放（McKernan，1991年）。

第一种（科学—技术）在传统上与自然科学和计算机科学最为相关，在这两种科学中，真相和现实通常被认为是可认知、可衡量的；所形成的知识也是可预测和可普遍适用的。在这种情况下，协调人与合作者进行沟通，按照预设的科学理论来测试干预行为。这种干预行为旨在为背景带来某些变化，可能包括新做法和方法、不同的权力结构或分组动态、改变行动模式或者只是将一种新技术纳入日常实践。对于这种方法带来的变化，社区合作伙伴在项目完成后不太可能继续坚持进行下去，这也取决于社区合作者对于这种理论和干预行为的"接受"程度（或在已有资源的情况下的接受度）。实际上在我个人的研究中，当采用行动研究法时，我能得到最受人机交互的受众接受的结果。这些结果可用于创造长期可持续的变化，但具体的项目本身却没能成功地带来这些变化。例如，有一个在学校进行的研究项目，我开发了一套体系，它能够与目前关于严重残障儿童的行为管理教育理论完美结合。但是在实践中，教师和管理者没有可用的资源以便在研究项目结束后继续使用这套体系。此后，这套体系在其他学校经过使用后获得了商业上的成功，这些学校的资源限制较少，同时实践活动与理论建议结合得更加紧密。

其他两种方法（实用—评议和批判—解放）是人文主义或批判理论研究小组所熟悉的，更侧重于不可知的社会现实，其中研究那些处在不断变化过程中的问题，并且由各种利益相关方根据动态变化的混合价值在具体环境中确定。这些模型之间的关系基础是共识和共享解决方案开发，而不是让研究人员一方面与社区成员进行民主的合作，另一方面却依然专注于技术设计、验证和完善工作这种模式。这两种行动研究方法偏重于形成更可靠的持续变化，但可能不会产生创新性的解决方案，从而引起计算机研究领域的更多关注。这两种方法都严重依赖于解释主义者的数据分析结果并培养所有参与者形成共同认识。其主要区别在于研究协调员在多大程度上与参与伙伴通过合作来发现问题。实用性行动研究主要在于了解当地的实际实践情形并解决在当地发现的问题；而解放性行动研究主要是提升意识和批判，旨在为合作伙伴赋权，从而发现并迎头解决那些他们自己最初未能认识到的问题。

行动研究本质上是不可知论的方法。那些对行动研究感兴趣的研究人员最终必须决定他们希望了解什么：是能够带来普遍化结论的根本性技术现实（技术性）、局部问题和其（技术性）解决方案（实用性），还是如何改变实践以使其加强或为代表性不足及受虐待的社区创造平等（解放性）。行动研究能够支持研究者对任何上述目标进行研究，但根据不同的关注焦点所采用的方法也不同。不论采用哪种类型的行动研究，其中都有一些共同的根本性指导原则，下文将予以介绍。

开展行动研究（及搞好行动研究）

有效的行动研究从根本上具有经验性且呈周期变化，即采取的行动能够对新出现的证据做以响应。有一些研究环境的目标是实现干预行为并获得认识，因此响应能力是必需的。此外，这种认识必须从环境本身和干预行为的结果（不论成功与否）中脱离出来。因此，研究的问题和方法必须随着背景环境不断演化，以便使研究人员能够利用项目早期阶段形成的知识，同时那些受到干预行为影响最多的人能够参与其中并进行互动。另外，好的行动研究必须是批判性的，这在周期循环过程下自然是很容易实现的，其中的行动会一直跟随着规划进行，同时在行动后会有反思和审查。舍恩（Schon，1983年）将这种批判性称为"在行动中反思"，研究小组利用这一过程来分离出干预行为的结果以及干预行为赖以相互依存的方法。鉴于行动研究中的研究与实践的分离是有限的，因此，这种反思必须要一方面考虑到最初提出的具体研究问题和在工作中演变出的具体问题；另一方面还要考虑到实践有关的问题。研究小组必须自问到底情况如何？干预行为是否（按计划）有效？对于场所、理论以及能够解释因果关系的经验主义数据了解多少？接下来要怎么做？

如本文所述，将不同利益相关方的观点与文献审查和经验主义证据结合在一起作为关注重点，这有助于研究人员以更加批判性的视角深入到实际现场中。但这样做时必须对社区的利益和价值进行批判性反思。例如其他章节（尤其是侧重定量研究方法的章节）所述的那样，深度介入实际现场的研究人员必须了解他们自己那些想当然的立场和信念。行动研究也是同样的情况。参与行动研究项目的人不可能在思想上完全没有当前的文化和个人信仰。相反，行动研究需要我们发掘出自身的偏见和实际现场中的偏见。因此，好的行动研究人员会利用各种方法来收集关于复杂背景和观点变化的证据，同时对他们自身的实践和知识生成进行批判。行动研究还要求以数据和理论为依据，对数据、数据概述、解读或判断进行认真的区分。正因为行动研究具有这种内在的灵活性，使得研究人员能够在批判性反思和科学严谨性之间形成平衡，这是以可靠性为目标所确定的内容（Lincoln & Guba，1985年）。同样地，通过研究可转移性而非普遍性，研究人员可以确保即便是面临多重复杂的项目和实际现场，关于项目的足够信息也能够被记录在案，以使其他研究人员能够利用有关结论。

可靠性来自于4个独特但又相互关联的概念：可信度、可转移性、可依赖性和确定性（Lincoln & Guba，1985年；Stringer，2007年）。作为科学严谨度的衡量标准，可靠性概念经常被用于其他相关的研究方法（如民族志研究法、合作调研等）。行动研究尤其适用于解决研究中的可信度和完整性。首先，行动研究项目通常需要较长的接触时间，确保让那些根深蒂固的情感诉求或潜藏的隐形知识呈现出来，这一目的在一次访谈或焦点小组中几乎无法实现。其次，在行动研究项目中，参与互动接触的研究人员通常要进行长时间的、持续且直接的观察，以便在现场和知情人的叙述中直接收集数据。此外，在访谈和观察中，行动研究更注重参与者的语言和视角，而不像文献中层叠的科学语言那样侧重于参与者的理念。为此，斯特林格（Stringer）提倡采用逐字原则，研究人员在其中采用"来自于参与者自身表述"的词汇和概念，以便"将研究人员通过自己的视角进行解读，来把有关事件形成概念的倾向性降至最低"（Stringer，2007年，99页）。第三，行动研究中包括多重视角，从而确保了数据的可信度，因此可以接受出现冲突、不一致和数据三元分析的情况（Lincoln & Guba，1985年），随后还有研究对象核对（由知情人员核实有关他们的数据）以及情况介绍（鼓励参与人员对相关科学本身发表关切或意见）。此外，鼓励研究人员注重观点分析，以便理解和描述他们自己的观点和他们与之合作的参与人员的观点（Denzin，1997年；Smith，1989年；Stringer，2007年），行动研究提醒着我们：没有哪一种声音能够单独地反映出研究环境中错综复杂的视角。最后，对于行动研究知识的可信度和有效性，这在很大程度上取决于有关解决方案的"可行性"，即这些方案是否能够解决参与人员在生活中面临的实际问题（Greenwood & Levin，2007年，63页）。解决方案的可行性要求强化理论和实践之间的紧密关联，其途径是确保在现场产生和来自现场的理论知识以某种可评价的行动方式返回到现场。

行动研究特意避免强化如下的理念：研究结论应跳出被研究社区，扩展到更大范围的人口。研究人员直接与有关社区进行密切接触（如行动研究），以便了解任何已有解决方案的内在背景和本地化情况。因此，其目标就变成了可转移性。为了实现这一目标，必须收集和分析数据，并尽可能透明地加以描述（可依靠性）。另外，必须有足够的证据以确定有关事件确实如所介绍的那样得以公之于众（确定性）。

在开发解决方案、为解决方案收集数据以及分析结论的过程中保持透明度，可以使其他研究人员或社区成员和其他处于相关环境中的利益攸关方能够充分信赖有关结论，探究各自环境中有哪些相似之处和不同之处，以便复制一部分解决方案，同时调整另一部分。因此，行动研究并不是说任何解决方案在其原本得以开发的局部环境之外就无法取得成功。相反，行动研究提供了严谨的框架，用来形成和共享关于某一解决方案的充分知识，使其可以被转移到其他环境中。

行动研究采用的诸多方法和面临的问题都是人机交互研究人员所熟悉的：与社区伙伴合作、参与实地工作及设计并开发迭代式解决方案。但是，行动研究方法极大地改变了这些过程。首先，行动研究项目中的研究人员扮演着"友善的外人"（Greenwood & Levin，2007年，124—128页）。研究人员扮演友善的外人，这种方法明确地摒弃了以中立的名义使研究人员与其研究的"主体"保持距离的方法。相反，行动研究要求研究人员成为"教练"，能够熟练地打开交流的话题，并协助与社区合作伙伴参与研究活动，而不是为这些合作伙伴设计并执行项目。同样地，研究协调员与社区合作伙伴一道，联合设计干预行为和改变。在这种模式下，研究人员能够支持社区合作伙伴进行批判思维和学术思辨，但这种观点优先将局部知识视为像科学或学术知识一样重要。因此，所有涉及人员都要对项目的变化和评估活动进行联合调查、联合参与并成为联合主体。更重要的是，如莱特（Light）等人指出的那样，要找到社区合作伙伴并与他们共事，这并不像找到需要帮助的人（或需要帮助的社区的某些代表）并让他们与研究团队形成合作关系那么简单。相反，这些个体将按流程成为参与者，同时研究人员也按同样的流程成为参与者，这使得整个团队成为一体，而不单单只是来自于某大学或某社区的人（Light，Egglestone，Wakeford & Rogers，2011年），这种研究流程与合作进行中的民族志研究有一些相似之处（Lassiter，2005年）。在本节，我介绍了在人机交互中采用行动研究方法的若干考量和程序，在需要时酌情使用了一些我个人研究中的案例。

与社区合作伙伴建立关系

许多科学研究项目的第一步是制订问题陈述或收集研究问题。在行动研究中，应当与希望接触的社区成员建立合作关系，以便联合设计研究问题，因此这些问题本质上具有跨学科性质。社区合作伙伴可以是与之有长期关系的人，或者在研究人员决定解决某个特殊问题或一组问题时出现的人群。例如，一个行动研究人员可能选择与他所任教或其女儿所就读的学校进行合作，并可能为当地教师举办研讨会，以试图寻找那些对正待解决的研究问题抱有同情心的人。同样地，社区合作伙伴可能被研究人员聘用或聘用研究人员。例如，非营利组织可能征聘一名研究人员，这类组织熟悉研究工作，并对技术能够为该组织带来的变化感兴趣；而其他研究人员可能会联系多个在其关注领域开展业务的非营利组织。

不论用何种方式锁定社区合作伙伴，从事行动研究项目的研究团队都必须在工作开始前与所有相关方培养关系并建立信任。常见建立关系的方法包括：由研究人员向潜在伙伴介绍有关工作、合作伙伴向研究团队介绍其面临的挑战以及双方如何合作的观点，还有通过不太正式的合作方式，例如"闲聊"。即便已经建立起初步的关系，双方仍需很长时间才能在行动研究项目中形成工作关系。确立工作关系的标志包括所有团队成员相互信任、共同致力于合作共事以及形成亲密无间的随意交流形式。

研究问题和问题陈述

在建立了关系之后，行动研究项目团队（包括研究人员和社区合作伙伴）可以着手开发共用研究问题和问题陈述。行动研究在本质上包括行动开发，同时在人机交互研究中进行技术性干预。在开发出干预行动之前，需要合作设计出愿景和行动陈述（Stringer，151页）。愿景陈述使行动研究团队能够共同决定目前面临的问题，并开发出相关方法来解决各类参与社区的关切。这些方法提供了有关方式来听取各种声音，其中包括了所有关切，并且通常包括一系列目标或关于项目成果的"愿景"。愿景陈述通常来自于实质性的现场工作、调研、关注小组、访谈以及行动。

例如，我参与了一个课后项目，在亚特兰大内城协助对儿童进行教学，我费了很大力气与当地项目领导者设计出了教学愿景，以实现项目的成功转型。我们合作中的主要问题是该项目在文献记录中似乎十分成功，因此我们希望在亚特兰大复制这一项目，但实际上这个项目最初来自于美国东北部的一个大城市。我倾向于按照文献进行，因此我认为项目应注重开发行动，利用全国的力量来支持该项目"重返正轨"。但是，当地领导者认为来自其他地方的过程和观念并不适合当地人口。因此，我又花了几个月时间开展实地工作，以了解当地人口和在现场进行项目实施之间的细微差异，然后我们才能开始设计联合愿景陈述。通过这几个月的合作，我们最终能够提出若干个研究问题，同时形成了一致的方向，整合一部分双方的最初构想以及在共事期间冒出的一些想法。这些研究问题在实质上与现实问题更相关，在知识开发方面更可信，因为它们与文献和当地环境直接相联系。在任何研究中，背景和社区都是比较麻烦的词汇，在人机交互中，这两者变得更加棘手。在研究信息和通信技术时，知识不再严格地局限于地点或基础设施。知识可以包括人、建筑物、技术、地点和虚拟空间。当然，并不是每一个社区合作者都对传统学术研究问题（不分学科）感兴趣。因此，行动研究中的"研究问题"这一概念必须比已公布的内容更广泛，并且要包括对社区合作伙伴十分重要的过程和成果性问题，社区合作伙伴注重提高质量，并对评估现场干预行动的影响感兴趣。

行动陈述随着愿景陈述而产生，其中具体介绍了所有参与个体将如何合作，以确保实现愿景陈述（Stringer，151页）。因此，行动陈述使愿景得以具体化，通常包括"（本组织）将贯彻实现其愿景"之类的措辞，之后还有一系列需要做出的变更清单。行动陈述会难以设计，并且更难以获得支持和完成到底。因此，行动研究人员（如研究协调员）必须努力支持参与者相互联系、妥协并将部分行动优先于其他行动。在人机交互项目中，这些活动还包括将技术的人造产物的部分特性和功能优先于其他人造产物进行处理。这里必须要再次认识到研究人员所具有的部分专业知识和能力，使他们能够以局外人的身份进行观察。但是，当地的知识也十分重要，并应当将其视作专家知识予以正视。因此，这些决定应当是合力做出的，作为项目的不同利益相关方和参与者之间的磋商结果。在项目早期处理好这些问题有助于增强团队成员的信念，确保干预措施和研究活动都能顺利完成，并有助于表达任何潜在关切，防止其发展成为重大问题。

行动和干预措施

在行动研究中，相关行动包含了在行动研究项目所处的更大的社会技术背景下进行的各类社会和技术变革。同时，必须对技术和组织体系进行调整。这种"联合优化"需要进行必要的培训，以便"在（新的）技术环境下运行"，并需要结合特定的行为和技术拟部署的组织的特征来进行必要的设计（Greenwod & Levin，2007年）。因此，技术设计和组织设计是不可分割的。此外，社会技术干预措施在设计上与研究问题、研究愿景和行动陈述一样，必须与社区伙伴合作进行。这种互动与传统上倡导的参与式设计相关但又有区别（例如，Greenbaum & Kyng，1992年；Muller，2007年；Schuler and Namioka，1993年）。参与式设计和行动研究都来自于一个观念，即变革的设计和实施应当采用民主和包容的方式（Foth & Axup，2006年）。但是，参与式设计的范围通常更加局限于解决方案的设计，而行动研究的范围包括了"行而知之"的理念。

虽然这种反思对设计十分重要，特别是对参与式设计过程十分重要，但它与行动研究中借助行动来构建的学术知识并不相同。这种学习来自于实施变革（技术性或其他形式）之前、期间和之后的联合知识创造。其范围广泛，确保了各方能够合作开发和提出有关问题和解决方案。此外，行动研究中注重研究而不是设计，这凸显出了行动研究的最终目标，即行动研究不是问题的最佳解决方案，而是通过参与变革来加深理解，并通过长期的接触，逐步产生更好的解决方案。例如，我们在南加州的一所公立学校进行了为期5年的持续项目，通过项目来了解数字化工具在为学生提供视觉支持的过程中所发挥的作用。随着时间推移，这些工具具备了各种样式，同时随着技术实践和可用硬件的不断变化，软件也在发生变化。对于使用那些"尚未成型"的东西，我们毫不惧怕，这使我们能够在课堂活动中推动积极的转变，同时也能发现一些关于人造产物的设计及其在学校使用中的有趣的研究问题。行动研究的最终目标是通过实践来获得学习，认识到这一点有助于项目的设计者和研究人员实现自由，不再拘泥于斯托尔特曼（Stolterman）所说的在混乱的设计空间中寻找"无穷无尽的机遇"，最终导致"设计瘫痪"（Stolterman，2008年）。行动研究团队经过深思熟虑后才提出了干预措施。但是将关注焦点放在学习成果上，不在乎设计或干预措施是否"成功"，使得团队得到了解放，可以去尝试那些可能有风险或不确定的干预措施。

评估

行动研究的支持者经常认为评估并非自然或中立的行为。评估这一过程需要回答这几个问题：谁来进行评估？评估的内容是什么？制定这一评估策略的权力结构和决策过程是怎样的？因此，行动研究中的评估就像问题定义和干预设计一样，被认为是含有价值的计划。行动研究项目试图询问并回答那些研究社区感兴趣的问题，以及那些社区合作伙伴感兴趣的问题。此外，行动研究尝试"确定最后的成果可被利益相关方接受，而不是参照一套固定的标准来衡量取得了多大的成就"（Stringer，141页）。在这种模式中，评估工作是由所有参与各方联合开展的。鼓励利益相关方社区发表他们的关切，审查为项目收集并且与项目相关的数据，解决任何他们能够处理的问题，并对未解决的一系列事项优先处理（在人机交互术语中称作"未来工作"）（Guba & Lincoln，1989年）。围绕变革出现的学术和实践问题都必须得以解决。由于行动研究人员经常要在变革发生前深入现场，因此，通常可以采取一些传统的变革措施（如调研、观测措施等）。在理想情况下，变革可以持续进行，但是技术的运用恐怕无法持续，但这为干预研究设计的前期、中间阶段和后期留下了空间。例如，有一个项目侧重于为小学生教授社会技能，在经过一段干预后我们放弃了有关技术，但是依然保持对学生的行为进行调整。这一研究结果带来了积极的实际影响，使老师每年都能够设计出简洁但又有严格干预措施的课程模型，这对于在一年里改正学生的社会行为有着持久的效果。

这些方法必然导致一些项目出现分歧。此外还有学术出版压力，以及研究协调员在其中的作用；他们了解哪些是学术界感兴趣的内容，因而可能优先处理某些评估活动而推后其他活动。学术界的研究人员擅长论证他们的论点，他们比社区合作伙伴更深入地了解研究文献，自带固有的身份地位。因此，他们必须非常小心出现"模式垄断"（Braten，1973年），防止成为专业研究人员，按照他们自己的社区伙伴模型和对局势的判断形成一言堂。这种一言堂最终会导致专业研究人员由此统领行动方案。最重要的是记住，无论是在评估过程中还是在行动研究项目的任何阶段，研究人员都应当作为团队的协调员，而不是项目的领导者，并确保方案中的各个视角都得以呈现，以便进行评估和分析。

评估方法有时也会有折中，以确保各个视角都得到体现，这是行动研究法的核心，即便这意味着研究团队需要开展大量额外的工作。我在一所特殊教育学校进行了为期两年的项目，其中出现过这样的折中情况。我们团队最初设计的研究问题侧重于教师能否更高效地收集必要的数据，以用于专门的学校实践，并且在运用我们设计出的技术干预措施时不太费力。显而易见的是，教师能够轻松地运用技术进行实践，教师和其他的学校专业人员着手将项目目标进行升级换代，他们认为使用我们提供的工具，能够改变的不只是教师实践的效率，还有实践的质量。如果与专业的实验性评估进行比较（不论教师是否采用我们的工具），关于教师评估的质量也有一些问题。只有收集海量的数据并采用最严谨的方式对这些数据进行分析才能得到相关结果，而这些结果可被纳入儿童的年终报告和教师的工作进展，但这对于人机交互的研究社区来说无甚意义。因为在行动研究中，我们的首要任务总是面对社区合作伙伴，我们将这些事项包括在了评估和分析中。额外的数据不但解决了社区合作伙伴提出的问题，还使我们共同建立了新知识，而这是社区合作伙伴和研究协调员意料之外的，但却通过伙伴关系得以产生。这些结果虽然对人机交互的研究人员来说没有直接的现实意义，但对于社区合作伙伴、特殊教育研究人员和我们的跨学科团队来说很有意义。最终，将这些问题包括进来之后我们的工作得到了强化，这带来了人机交互领域的更多出版物。当然，在行动研究项目中尊重各种观点可能意味着无法收集到研究人员自己需要的数据。例如，收集数据可能对社区合作伙伴来说具有侵犯性或过于麻烦，尤其是对于法律、准入或道德问题，这些必须由合作伙伴来收集。在这些情况下，需要采取折中的方式，对整个团队的观点予以尊重。

传播知识和文件记录进程

社区合作伙伴全面参与行动研究项目后，其最终目的并不是要开展研究或获得分析结论。相反，行动研究特别要求与参与的伙伴进行合作编写。这些合作活动带来的书面材料有3种形式：为当地社区编写的报告、为那些与社区合作伙伴联系最紧密的研究人员撰写的学术报告、为研究协调员所在的研究社区写就的学术报告。

为当地社区编写的报告采用书面形式，这既可作为项目的正式记录，还确保了采用准确的语言并体现所有参与者的思考。但是，这些内容还会伴随幻灯片演示甚至是舞台剧和其他表演形式。例如，在南加州的一个项目中，我们最近制作了一个视频展示，以便向当地学校董事会进行报告，因为这些董事会成员日理万机，日常会议上根本没有时间讨论具体项目。

行动研究项目中的这些报告有多重用途。首先，编制报告这一活动本身集中在一个明确的时间，在此期间整个研究团队聚集在一起，思考能够采取的行动，这是最重要的。团队成员通过书面记录或其他报告形式来进行这些活动，他们必须认真地向其他人或外界表明他们的回应以及他们的思考结论。其次，这些报告通常旨在向当地资助者和管理人员这些利益相关方（如地方校董事会或医院管理机构）提供他们认为重要的关于项目进展、研究成果和行动结果的最新情况。最后，社区合作伙伴一般要对外部组织（如资助机构）负责。在与外部机构进行沟通时，社区合作伙伴一般会接受这种面向当地受众、使用普通语言编写的报告。例如，有一个研究项目针对的是参加夏令营的成年女孩所接受的技术课程，我们与当地一家主要的全国性少女组织进行合作。我们的社区合作伙伴使用了我们为当地编写的报告（其中包括了视频）来向其机构的全国委员会和当地捐助方介绍夏令营的成果。此后我们在大学进行筹资和招聘时都使用了这一视频，这是视频报告所带来的意外收益。

研究人员可能更熟悉学术报告和学术论文，对上述这种地方性报告不太了解。在行动研究项目中，研究协调人员必然要比社区合作伙伴更熟悉学术性工作，尤其是计算机科学、信息科学和人机交互领域。但是，很多社区合作伙伴可能从未在学术领域发表过任何文章，就算曾经有过发表，其作品可能缺乏严谨性或没有发表在专业研究领域。因此，研究人员必须小心地确保为合作伙伴赋予权利，引导团队成员编写学术性成果。具体来说，团队应当努力确保提供替代性的方案，以便那些不习惯使用这种报告形式的人们能够发表学术出版物。此外，学术出版物应尽可能发表在那些有助于研究协调人员和社区合作伙伴的职业发展的渠道。例如，顶级的会议出版物通常是人机交互研究人员的首选（如CHI、CSCW等）。但是，这些渠道中采用了传统计算机科学中的低通过率和高声誉率，这在其他科学中的实现效果并不理想。因此，应当尽可能地联合决定出版渠道。此外，在编写计划时应留出相应的时间，以确保不同社区之间的语言翻译一致并纳入所有人的观点。例如，如果为计算机领域撰写论文，人机交互的研究协调员需要花额外的时间来向研究伙伴解释该领域中的有关渠道、论文类型和关注问题。对于接近完工的草稿，可以向社区研究伙伴征求反馈意见。尽管如此，要想实现真正通力合作的行动研究的项目目标，整个团队应当自始至终全程参与，同时采用一系列报告机制。

庆祝时刻

将行动研究项目的成果结集出版确实值得庆祝，而将成果在地方活动或国家级会议上介绍则是团队的决定性庆祝时刻。但是，由于行动研究项目在多数情况下没有明确的结束时间，因此在项目过程中需要注意到那些中间阶段的庆祝时刻。

在一个学校研究项目中，我们请每个班的教师与两名学生进行一系列活动。这些教师与我和我们的社区研究伙伴合作，在教室中完成研究课题，研究每个学生需要3~5周。完成一个孩子的研究后，我们会给教师一个礼品袋，里面装着他们上课需要用到的东西：洗手液、零食、学校教具等。每次收到这些礼品时，教师们都会把他们的助手甚至是学生们叫过来，当着他们的面打开礼品袋，并和我们一道感谢全班的贡献，一同庆祝已完成的这部分研究活动。这种公开的庆祝活动十分有助于建立善意，使研究者感受到了参与其中的乐趣，而不只是付钱而已。

在同一个项目中，我们还庆祝了另一个重大里程碑。当4名参与研究的教师全都完成与2名学生的互动之后，项目的第一阶段宣告结束。学校这一学年的结束时间与项目第一阶段的结束时间正好碰上，我们利用这一机会在我家为教师们开了一个派对。在派对上，那些协助构建测试中的体系、誊写访谈内容及其他活动的学术领域的研究人员全部出席，同时还有教师、学校管理层、助教和来自学校的其他团队成员。在场的很多人都是第一次见面，其中只有很少几人深度参与了多个现场的学术活动。在这种庆祝时刻，重点突出的是团队而不是个人。因此，在派对上，对于来自学术研究团第和社区研究团的每个人，我都送了一份礼物，并简单地感谢了他们的集体努力。

行动研究需要持续不断地在研究环境中与社区伙伴进行长期互动。尽管具体的时间框架主要取决于团队的构成和涉及的工作，但这种合作关系和需要付出的努力对所有参与者而言都是十分累人的。有几个研究现场在我刚开始接触几个月就瓦解了，而另一些则在若干年后依然保持着良好的合作关系。在行动研究的文献中甚至还有一些例子没有涉及任何技术，但持续了十多年之久。随着里程碑不断实现，项目周期不断推进，人们很容易失去项目最初的动力和关注重点。因此，通过庆祝活动来划分新阶段的起点和老阶段的终点，有助于构建更具合作性的团队，并使所有参与者重新焕发斗志。

离开研究现场

虽然行动研究项目在开始时没有明确的终结点，但学术研究具有现实性，加上受到社区伙伴生活条件的限制，研究协调人员不可避免地要离开研究现场。这种情况对所有人都是很难过的。在最糟糕的情况下，团队希望继续合作，但实地发生变化导致项目被取消，学术团队失去了资金或项目遭遇了其他问题。多数时候，团队成员会逐渐注意到项目中的合作环节即将结束。例如：学术研究成员和社区伙伴需要换工作；学生需要获得学位；研究人员希望探讨不同的研究问题，而这些问题可能以目前现场开展的工作为基础，也可能与之无关。此外，成功的行动研究项目会带来可持续、可依赖的变革，从研究角度来说，这不像采用创新解决方案和直接研究变革那样令人感兴趣。因此，行动研究人员必须准备好离开现场和与之密切接触的人群的方案，同时社区的研究合作者也必须准备好接受这一不可避免的事实。

在行动研究中，最终的目标是实现可持续的变革。这就是说一旦研究协调人员离开后，社区合作伙伴应当能够保持已经取得的积极变革并继续进行下去。在很多行动研究项目中，变革的依据是采用新政策，或改变老政策、开发新项目、重新调整员工角色等。但是在人机交互领域，行动研究项目的变化通常包括采用新型技术。在这些情况下，离开行动研究现场后面临的挑战之一就是确保技术得以保留并且能够维持下去。这既不符合学术研究人员的最大利益（资源有限并且承担其他责任），也不符合社区合作伙伴的利益（应使其感到对项目有掌控能力），尤其是在协调人员离开之后，因为技术方面的基础设施需要继续由这些学术合作伙伴进行维护。

在一些我参与过的行动研究项目中（如医院和医疗中心项目），其中的组织已经具备了信息技术支持，其中的个人可以在培训后负责维护通过行动研究项目引进的设备。对于这些需要由信息技术部门承担的额外工作，这种要求应得到妥善管理，就像在行动研究项目中对所有关系和新活动进行管理一样。在可能的情况下，从一开始就将这些内容纳入项目团队也会有一定作用。

例如，在一个项目里我开发了一个简单的手机应用程序，用来帮助医疗人员改变监控方式，确保患者遵守居家干预治疗。与医疗团队合作的信息技术支持人员首先关注的是采用传统的企业应用模式（即确保会议前视频会议系统工作、发送故障排除邮件和设置服务器）。但作为项目的一部分，我和他几次交流以便探讨他对于手机应用的构想。他提出要修改系统的部分后端，以便能够更方便地管理，这一点我接受了。在使用了几周后，他不再需要我的帮助，而是拉上了一名护士与他一起管理系统的各个部分，原因很简单，那名护士喜欢这种技术并希望了解更多。虽然在出现这种过渡后我依然在该项目中持续参与了几个月，但是当我真正离开团队时，他们已经能够实现自我维持了。

但是在其他机构中，这种解决方案可能不可行。例如，尽管许多学校有自己的信息技术支持人员，但是他们的人员配置通常十分短缺，无法再承担额外的任务。面对这种情况，最初的社区合作伙伴研究团队或研究参与者中的一人可以在现场担任项目主管的角色，并志愿保持技术继续发展。这种情况可以为可持续变革问题提供解决方案，但是必须谨慎对待，因为此人的角色变化可能影响到团队的现状或权力构成。这是我们在学校研究中出现过的情况，有2名教师希望在我们离开研究现场后继续使用我们开发的系统。其中一名教师从一开始就很感兴趣，她没接受过正规培训，但对研究计算机系统有特殊的天赋。另一名教师一开始对这套系统很警惕，直到我参与现场工作的最后阶段才变得积极起来。最后，我们决定把设备留给那名一直热心参与并有天赋的教师。但是这一决定影响了他们之间的关系（两人由于其他原因一直不和），也影响了我与另一名未被选中的教师之间的关系。如果当时有可用的资源，我们或许就可以做出更好的决定，为两人都提供设备和指导，以便进行长期的维护。

人机交互研究中的一些行动研究实例

人机交互研究中的另一个行动研究实例——即此处的信息系统——体现在内德·考克（Ned Kock）关于通信媒介和团队合作的行动研究中（Kock，1998年）。在这个研究中，研究人员与大学里的流程完善小组合作，试图理解团队如何自愿采用新的通信媒介，即便他们认为这些媒介依然有很大的局限性。行动研究人员逐渐在解决方案中更多地使用信息通信技术，而信息通信技术的研究人员也开始认真地在工作中进行行动研究。这些活动汇总到一起，其成果通过不同渠道得以体现，包括关注这些方式的相关渠道，例如，《社区信息学》（*Journal of Community Informatics*）和《行动研究》（*Action Research*）[来自《贤者》（*Sage Journals*）]。《社区信息学》日前出版了一期关于"行动中的研究"的特刊，其中包括了在解决方案中采用信息通信技术的多个优秀的行动研究项目实例，或采用行动研究并将其作为教育重点（Allen & Foth，2011年）。例如，卡罗尔（Carroll）和同事们介绍了他们如何耗时数年开发出了社区网络，其中包括他们感兴趣并采取行动来强加的"终端用户参与信息技术设计"（Carroll et al.，2011年）。还有一些非行动研究的领域，也认识到采用行动研究带来的益处和价值。例如，在2004年，*MIS Quarterly* 为行动研究撰写了一份特刊。其中介绍了各类方法，以及采用这些方法带来的优质研究成果。例如，克里（Kohli）和凯廷哥尔（Kettinger）介绍了一个围绕医院管理和医师的项目，在其中增加了数字化资源和工具，以协助管理复杂的医院信息（Kohli & Kettinger，2004年）。

后续想法和我个人的行动研究故事

作为学术人员和研究者，我从小就受到学术熏陶。我的父母都是受过严格训练的教育心理学家，他们选择了不同的职业生涯，但他们一直都致力于接手那些他们认为有意义、在结构上公平民主并且在各方面非常实用的项目。我父亲就此话题做过大量论述（参见，Blackman，Hayes，Reeves & Paisley，2002年；Hayes，Paisley，Phelps，Pearson & Salter，1997年，Paisley，Bailey，Hayes，McMahon & Grimmett，2010年；Paisley，Hayes & Bailey，1999年），但他的出版物我却都没有读过，直到我在完全不受家庭影响的情况下正式接触了行动研究。

2005年5月，我在医疗与研究中的公共责任大会上第一次正式了解了行动研究，这场会议旨在为新成员提供引导，并为机构审查委员会（IRB）的员工和高级成员提供持续的教育。当时，我刚刚以学生会员的身份加入了位于佐治亚理工学院的机构审查委员会，而且我还正在写论文，其中涉及与自闭症儿童的教育者进行的参与式研究。我参与了会议的行动研究议题，并不是我自己对行动研究感兴趣，而是因为发言中的介绍似乎涉及有关研究内容，我认为这些内容具有学术吸引力，并对解决社会问题有现实意义，如交换针具项目以及面向中心城市学生开展的学校课程转型。在介绍了研究项目后，该团队进行了激烈的讨论，研究如何确保研究的集体定义中需要包括行动研究，而这明显需要"普遍化的知识"。关于行动研究伦理道德的激烈讨论、如何以学术方式来撰写并谈论地方性解决方案，以及行动研究参与者面临的挑战等，这些问题对于我的论文塑造十分有用，并激发了我的兴趣，让我不断探究行动研究可以采用何种形式来促进研究项目。

对于我当时的研究，可以借助麦克南（McKernan）的框架很好地将其描述为技术性行动研究和实践性审议行动研究的混合体。作为学生，我希望顺利地做出论证，我倾向于将我的研究工作变得可衡量且充满知识性，因此准备论文开题报告的过程意味着需要提前确定好有关问题。但学校一般是比较特殊的场所，在这里写论文需要大量的妥协、合作并平等地确定研究问题和方法。我与有关教师多年合作，并且有时他们也参与我的研究，通过这种方式我发展出了不同的新兴趣和问题陈述，而要在具体环境中确定这些问题则取决于最关注这些的利益相关方和社区合作伙伴。在实地花费大量时间，这也让我学到了很多研究者天生就掌握的信息：现实是混乱、有结构且复杂的。行动研究承认这种混乱，并把从混乱中获得的知识纳入严肃的研究项目，由此对混乱进行很好的控制。此外，行动研究中有一种方式允许存在不同观点，其中有些结论是预测性的，另一些却无法预测，这使研究人员能够形成关于特定环境的知识，同时让其他人了解到在其他环境下哪种解决方案有效，这种结论既是学术性的，也是实践性的。在单独的行动研究项目中，这种可转移性并不能体现出普遍化的观念。但是随着理论不断产生，并通过研究不断汲取经验教训，在现场开展的工作以及其他研究项目（不论是否采用行动研究法）能够促成普遍化的思维，体现为新的理论模型或共用框架，用来设计解决方案。

本文是对行动研究的介绍，内容属于人机交互研究者的"学习方法"框架。我希望这对其他人有帮助，他们像我一样，注重于尝试创造现实的解决方案来处理现实的问题，并且让那些受问题影响最严重的人员参与设计解决方案。本文概述的有关方法对应关于设计、民族志和现场部署的有关文章。此外，行动研究人员可以与社区伙伴合作并利用本书和其他关于研究方法的出版物中介绍的方法。行动研究具有实用性，不需要严格遵循具体的方法，而是提供了一套了解方式，用以表明所有各方（研究人员、设计者、社区伙伴和实验参与者）达成了某种一致。各方合作针对棘手的问题制订解决方案，并通过这些方案来了解世界。

练习

1. 如何比较行动研究和民族志的区别？
2. 让参与者成为一个行动研究项目的共同研究人员，会有哪些负面影响？
3. 行动研究项目在结束阶段会有什么风险？如何降低风险？

本文作者信息、参考文献等资料请扫码查看。

技术型人机交互研究的概念、价值和方法

Scott E. Hudson

Jennifer Mankoff

本文旨在阐明驱动人机交互（HCI）技术研究的核心价值，并利用这些核心价值作为指导，了解技术研究是如何开展的，以及这些方法适用于该研究的原因。总体来说，人机交互试图理解和完善人与技术的互动模式。技术型人机交互则是关注人机交互的技术和完善方面——试图利用技术来解决人类所面临的问题，并完善这个世界。为了达到这一目的，技术型人机交互的根本性活动是发明，即试图利用技术来扩大事情的范围或发现如何更好地完成已有能力完成的事情，为人类所面临的问题发明新的解决方案，提高先进技术的潜能，以及使他人能够发明新的解决方案和利用先进技术，这些都是技术型人机交互的核心。正是创造新事物的能力、铸造技术以及提高人或技术的能力，推动着我们执着于技术工作；因此，技术型人机交互的核心价值是发明。

理解技术型人机交互研究工作的一种方式是将其与其他类型的人机交互研究进行对比。在人机交互这样的跨学科领域中，我们常常在拥有稳定、实用但可能相互矛盾的世界观的学科之间转换。在此期间，我们可能需要选择和使用（或至少欣赏、理解和评估）各种各样的方法，以及这些方法所附带的不同期望和价值观。例如，不同的学科，如社会和认知心理学、设计和计算机科学都发展出了自己的方法、价值体系和对恰当而有影响力的工作的期望。因为这些期望和价值观在各个学科中都能很好地发挥作用，所以它们往往在学科内部没有得到深入研究。对于在某个学科中有效开展工作的研究者来说，了解并留意这些期望和价值观非常重要（因此能够区分并开展好的和不太好的工作）。但反过来，充分理解其他学科的不同观点对他们来说反而不太重要。然而，在跨学科背景下，如人机交互，研究特定方法适用于特定工作的理由非常重要。虽然发明对技术型人机交互（也是以设计为导向的人机交互的一个明确组成部分；参见《科学与设计》和《人机交互中通过设计进行研究》）来说并不是独一无二的，但这一特殊性确实将其与人机交互的其他分支区分开来，这一分支是通过发现世界的运行规律、重要理论或人类行为模式来描述或理

解世界的。因此，当我们在阐述技术型人机交互固有的期望、价值观和方法时，可以将对比作为试金石，即对比以发明为主要活动的工作和侧重于发现的工作，而这些构成了人机交互研究方法的一些特征。

理解技术型人机交互研究的另外一种方法是将其与其他非研究类型的技术工作相比较。就目的而言，研究可以看作将创造可用知识作为核心。更具体地说，技术型人机交互研究不仅强调创造新事物（发明）的知识，同时也强调运用旧知识来创建一种类似事物，甚至多种不同事物。例如，几十年前，大量的研究致力于开发以图形方式指定图形用户界面布局的方法，包括首个现代"界面构建器"[吉恩-玛丽赫洛特（Jean-Marie Hullot），1986年]。然而，开发的核心是某个特定事物的诞生（有时我们常常认为是某个产品）。开发通常需要创造知识，但知识不一定是可重复使用的。因此，如在不同的开发环境中开发了大量类似"界面构建器"工具。这些工具需要付出巨大的努力来创建和完善。但只有少数努力产生出了可重复使用的概念。

研究和开发的区别导致了人们使用方法的不同，这些人们都各自使用了这些方法的更纯版本。然而，研究和开发之间却没有明确的界限。例如，几乎每件有用的人工制品的开发都产生了关于构建（或不构建）类似产品的知识。此外，如本文稍后阐述的那样，对创造性研究的正面评价几乎总需要一些开发工作，即构建部分或所有已发明的事物。总之，这说明研究和开发活动通常是相互交织的，很难完全分开。因此，在本文的后半部分，我们将阐述人机交互中的发明工作、侧重于影响的类型以及开发在发明验证（通过概念落实的证明）和其他形式的验证中所起的重要作用。

爱因斯坦和爱迪生：发明作为技术型人机交互研究的基础

"发明"活动的核心是试图为世界带来有用的新事物。这几乎总是需要了解世界的真相，如果必要的真相并不明确或不够明确时，还需要追求新的发现。但发明的灵魂是通过创新和创造改变世界的运行方式。这是发明人员的核心目标和典型的激情来源。相比之下，发现活动的核心是发展对世界的新理解。从某种程度上来说，发明也在发现活动中发挥了作用，是为发现服务的。

请注意，我们在这里可能使用了科学和工程两个术语，而不是发现和发明。在我们看来，发现和发明是描述性的，也是中性的。这两种活动都对人机交互的成功至关重要，但至少在学术界，存在一种明显的偏见，即偏向科学而远离工程。通过这个例子可以看出，即我们经常听到人们说"这里蕴含的科学是什么？"和"那只是工程而已"，而很少听到"这里蕴含的工程是什么？"或"这只是科学而已"。事实上，科学一词经常被误认为是"严谨"或"优秀工作"的同义词，而不管这项工作本质上是否属于科学。另一方面，发现和发明都能给社会带来巨大的利益，因此都受到尊重。这一点从爱因斯坦和爱迪生这样的榜样在许多社会中都受到高度重视就可以看出来。

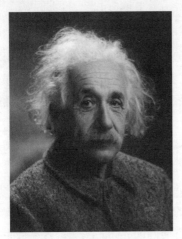

阿尔伯特·爱因斯坦（1879—1955）　　　　　托马斯·爱迪生（1847—1931）

发现和发明工作有许多相同点，但也有一些重要的不同。这些不同与两种工作的潜在价值和目标有关，具体来说，是什么促使该领域的工作向前推进，以及什么是值得信赖和有价值的结果？

领域发展方式的不同

发现活动可以有多重目标，包括产生财富，描述已有经验，以及创造新的理论理解（参见本书《解读民族志》和《扎根理论方法》）。理论一旦被阐明，通常会形成框架真理，为后续研究建立基础。发现工作通常通过阐述和精炼这些框架的真理来进行，以达到更好地被人理解。用来解释最容易观察到的事实的初始理论可以得到进一步完善，用于解释更多的现象，或更具有预见性。这一进程需要发展和测试具有竞争性的观点（可能都符合同一个框架理论）。例如，牛顿和爱因斯坦关于引力的概念都很好地解释了日常落到地球上的物体甚至是行星的运行规律。只有当我们考虑更精细和更难以观察的现象时，一个观点才会明显优于另外一个。另外一个例子是，定向到达运动的速度和精度可以通过菲茨定律（Fitts' Law）（菲茨，1954年）在一个维度中很好地刻画。然而，该理论存在一些局限性（例如，当应用于任意形状的二维目标物体时）。更新的理论，如基于运动的微观结构的理论[参考梅耶（Myer），1990年]为同一种现象提供了更加详细的描述，克服了一些局限性（如Grossman & Balakrishnan，2005b；Grossman，Kong，& Balakrishnan，2007年）。

相比之下，发明活动几乎总是以创造新事物或更好的事物为目标，但不一定通过精炼来达到这一目标。通常，我们通过将一系列事物（这些事物的创造方法我们已经了解）合并成更大、更复杂或更强大的、以往并不存在的事物来进行发明。例如，早期的留声机利用已知的概念，如以精心控制的速度进行旋转运动的机制，以及使声音定向传播的喇叭形状，并将这些概念与通过针在锡箔纸上刻痕来记录和再现微小振动的新方法结合起来。同样地，在人机交互背景下，第一个图形界面[伊凡·苏泽兰（Sutherland），1963年]的诞生运用了现有输入和显示设备（光笔、按钮、旋转输入旋钮和随机点CRT），以及软件表达的新概念，使用户能够通过点击来操作以图形显示的对象以及其他开创性进展。将这两项发明的前身结合起来，就能在更小、更简单的部分的基础上创造出更复杂、功能更强的整体。在一些情况下，发明活动可能以更大的真理作为开始（必须是可能的事物），但发明的详细过程仍然依赖于将更小、更简单的部分合并为更大、更复杂的整体。因此，相对于发现而言，当我们在进行发明时，没有必要精炼某个框架真理。事实上，我们对事物的理解程度有时会降低，因为我们是在创造更复杂的事物。然而，创造出来的事物更加强大（能够做更多事情，而且做得更好），而这就是发明过程的核心。

使结果有价值和值得信赖方面的区别

在发现工作中，有价值和值得信赖的结果属性是相互交织的。发现工作的核心价值包括加强理解（如对新现象的理解）或以更加强大的方式理解（如更加深刻或有时可预见性）。对理解的渴望和对结果的信心，使得所运用方法的细节和稳健性具有核心重要性[加弗（Gaver）在《科学与设计》一文中称之为"认识论的责任"]。从某种意义上来说，获得某一结果所运用的方法也是该结果的一部分。理解世界而形成的观点不能自行成立；必须了解其中的方法（或从某些角度看，必须了解主张这种观点的人；参见《解读民族志》）。

为提高结果的可信度，产生了分离和测试少量变量（往往只有一两个）的常见策略，以此将结果的影响与其他混淆区分开。这种策略以关注不太复杂的情况为代价，提高了结果的可信度。因此，在特定背景下测试某一理论的研究只能证明一小部分事实。这使得很难将其推广到更复杂、更真实的情况中，除非在许多不同但简单的背景下重复这项研究，以确保基本理论在各种不同的背景下成立。当然，有些形式的发现需要更加去直面现实世界的复杂性（参见本书的其他相关文章），但结果的可信度、建立共识和因果归因可能会更加困难。

相比之下，发明的价值在于创造具有潜在实际影响的事物。为提高所发明事物的实用性，如果能在周围复杂的环境中开展研究，发明的价值将是最高的。事实上，如果我们将研究限定在非常特殊的条件下（如只有一两个自由度），研究的价值将会被摧毁。通常来说，我们需要先从具体的情况着手，然后着眼于创造具有更多用途的事物。事实上，成果（发明的结果）应用的领域越多，就越有实际价值。

对于发明成果来说，其有用性在于所发明的概念的性质。发明成果的性质一般来说是独立的，且能够独立于发明方法之外进行理解和评价。发明成果可以是经过发明家开展大量的测试而取得的，也可以是该发明家前一天晚上梦中突然得到的灵感。如果这两种方法所产生的发明成果是相同的，那么它们都是好的方法。然而，一项发明成果的可信度取决于对发明物的测试检验（几乎总是取决于该物体的实用性）。

技术型人机交互中的发明工作

如前文所述，发明可以被看作创造解决世界问题的物品的活动，而对发明和发现活动而言，证明成果可信度和价值的方法是不同的。在此，我们将探讨发明的过程，着眼于技术型人机交互研究的主要方面。这里的重点不在于发明过程，而在于着手发明的方向。

我们首先回顾技术型人机交互研究中的典型贡献类型（直接创造和推动研究），接下来梳理概念创建的方法，然后是概念验证实现，这是发明验证的核心形式。这种验证形式是概念构建过程中一个重要而不可分割的部分。然而，虽然构建是核心，但二次验证才能够具体地展示不同类型技术的贡献。最后，我们将回顾不同类型的二次验证。因此，我们将发明研究工作分为三个部分，而不是两部分，即概念创造、概念验证实现以及二次验证。

贡献类型

发明人机交互研究的贡献可以有多种形式。而大部分可以总结为发明出满足人类需求的东西。这反过来又可以至少分为两类：直接创造满足人类需求的东西以及开发可以进一步促进发明的事物。

直接创造是最直接的。这可能包括创造某种东西，可以完善长期目标，例如支持远程协作[恩格尔巴特（Englebart），1968年；石井町（Ishii），1994年]，或在屏幕中可以更快地选择项目（苏泽兰，1963年；格罗斯曼，2005年）；可以引进一项新功能，如与超出人类手臂范围的墙壁显示器互动[可汗（Khan），2004年；舒梅克（Shoemaker），2007年]，或者为新用户群引进一项新功能，如盲人摄影[钱德里卡（Chandrika），2011年]。

另一方面，促进研究更间接。它的目标并不是直接解决某一项终端用户需求，而是通过使未来的发明工作更有可能实现、更加容易以及更加便宜，来推动他人解决这一需求。促进研究也可以有多种形式，包括开发工具、系统和基本功能。

工具通常寻求使创造某类东西变得更加容易。工具一般不会直接满足终端用户的需求。相反，工具是通过促使开发者更快、更轻松地满足终端用户需求或构建更复杂的功能性物品来间接发挥作用的。例如，20世纪80年代，得益于大量的UI工具研究[如巴克斯顿（Buxton），1983年；卡尔代利（Cardelli），1988年]，指定图形用户界面的外观和基本功能目前已经变得很简单，基本由具备最基本编程能力的人来完成。工具也常常带来一个好处，即使创建各种事物变得更实用。例如，subArctic[哈德逊（Hudson），2005年]和Amulet[迈尔斯（Myers），1997年]作为图形用户界面（GUI）工具包，提供更高层次的抽象，使交互式系统的创建更加容易。工具可能并没有提供任何新功能，但却使现有功能对开发人员来说更可用或更有用。

系统将一系列功能整合成一个功能整体，通常通过抽象而使这些功能更有用、更易于管理部署或可重复使用。例如，Garnet工具包（迈尔斯，1990年）中的输入处理抽象像许多系统一样，使用有限状态机来控制交互（已经被广泛使用）。但是，它为这一概念提供了一个新的高度参数化抽象，使开发人员更容易使用。系统还通常将未整合的一系列功能整合在一起，或将这些功能以一种新的方式进行整合，使它们变得更加有用。如今，每个主要的操作系统都包含了一个子系统专门处理重叠窗口，在一组设备上提供基本输入和输出功能，这些设备可以被许多程序所共享。

另外一个有利的贡献是在解决某一具体且困难的问题方面取得了进展，这一进展可能非常有限，但从促进问题解决的广度来说是有价值的。通过创建新的或完善的算法、新电路或新传感器，我们能够促进一系列新的发明。例如，在现代操作系统中引入人机交互相关基本功能，包括输入设备驱动程序、事件建模（提供以独立于设备的方式描述用户输入的抽象）以及图形系统（为屏幕现实图像提供抽象；可以透明地转换成一系列快速图形硬件的典型系统）。在另一个例子中，能够以帧速率（Viola & Jones，2001年）运行的人脸识别和跟踪算法，促进了一系列新功能的实现，如数码相机可以自动聚焦人脸，因此普通消费者可以轻松地拍摄出更好的照片。

最后，需要注意的重点是，促进研究通常也以引进和调整其他技术领域进展的方式存在，并利用这些进展实现新的目标。在某些方面，这可能不是发明本身，但是确实可以看作是一种研究进展。正如在现代世界中，正是因为以这种方式取得了实质性进展，随后才在某个研究领域将最初产生的想法或概念引进，加以调整，以应用于其他领域。例如，有限状态自动机目前被广泛应用于交互技术的实现中。这一概念首次被纽曼（Newman，1968年）引进，用于人机交互。但是，很显然，纽曼并没有发明有限状态自动机，它们最初是用来模拟神经元活动的[麦考洛克和皮茨（McColloch & Pitts），1943年]，后来又被用于其他许多方面。尽管如此，这一想法为用户界面实现带来了巨大的好处，并被无数次地构建和改进[瓦瑟曼（Wasserman），1985年；雅各布（Jacob），1986年；阿佩特·博杜因-拉丰，2008年；施瓦兹等，2011年]。对某种强大技术进行引进和调整具有很高的价值，因此必须将其本身视为一种贡献。

概念创造的方法

要找到创造新概念的方法是极其困难的。但是，根据我们的经验，有一些策略是有效的。人机交互中发明工作最常见的成果之一是设计一种新方法，将技术能力与人类需求对接起来。这个简单的框架为开发技术贡献的一些常见策略指明了方向。研究人员可以通过观察人类需求着手，找到能够对这一需求产生积极影响的技术方法。这一方法常常会使人们专注于一个或多个应用领域，逐渐深入地了解人类在该领域的需求。例如，特殊需求人群支持系统，如老年护理[如参见迈纳特（Mynatt），2000年、2001年]常常采用这一方法。研究人员可以开展基于发现的研究，以更好地理解这些需求（以及影响这些需求的人类属性），然后寻求可以用来满足这些需求的技术能力（大部分是现有的）。

在这一总体框架下，人们也可以从技术角度开始研究：研究人员可以专注于一项或多项有用的或有前景的技术，深入了解其工作原理，并加以弥补和完善，然后找出可能会对其产生积极影响的人类需求。例如，施韦塔克·帕特尔（Shwetak Patel）和同事们制造了几种相关类型的传感器，对家用电线发出的"噪声"进行观察[参见帕特尔，2007年；科恩（Cohn），2011年；古普塔（Gupta），2011年]。开展这项工作的原因不是人类需求，而是新的技术机会，研究人员在这方面具有非常专业的知识（对噪声的微小变化进行快速分析和分类的能力，作为引起注意的信号）。最初，该研究被用于感知人在家中的位置，但研究人员也开发出了感知设备使用的能力，然后是简单的手势。这些非常有用的感知能力可以通过简单的插入设备来安装（而不是雇用电工）。因此，只要将其装进一个易于操作的盒子并与相关应用程序绑定，终端产品便能够满足人类的需求。

这种技术优先的方法在人机交互研究界已经名声扫地。从历史上看，技术学科出身的研究人员并没有将对技术进步的重视与对人类真正需求的关注匹配起来。但是，如果发明的价值最终能够与其对人类需求的积极影响成比例的话，无论是通过技术驱动还是需求驱动来满足需求，根本就不重要了。不仅如此，目前技术革新非常快，而人类需求的变化相对缓慢。事实上，技术的普及速度非常快，以致人类的需求也发生了变化。此外，专注于工艺曲线之前的发明可能在重要的5～10年内更有意义。这些因素综合起来，使得技术优先的发明成为了连接技术与人类需求的一种有效途径。

当然，在实践中，优秀的研究者不会将自己局限于单纯的需求优先或技术优先的方法中。相反，一种普遍的方法是研究（或只须随时了解）人类的属性，以及在多个应用领域内满足人类需求的进展，同时认真追踪一系列可能有用的技术进步，寻找能够满足最主要需求的新事物。这就引发了发明工作的另外一个重要属性，即往往不是通过构思全新的事物来取得发明进展，而是通过认识到创新可以以其他方式加以利用，并进行调整或组合以满足现有需求。虽然我们常常将发明的核心看作新事物的诞生，但事实上，更多的是认识到已有事物新的可能性，或通过将不同事物进行组合而实现的（在许多情况下伴随着调整）。例如，基于MEMS的低成本加速计最初主要是为了支持汽车安全气囊的弹出而销售的。但是，这些设备出现之后，人们将其调整，并用于人机交互领域。首先，它们被用来研究使用斜体这种状态作为输入时的一般形式[哈里森（Harrison），1998年]。反过来又在关于移动设备中使用传感器支持横向/纵向显示方向切换的研究中被改编[欣克利（Hinckley），2000年]，又在大多数当前智能手机和平板计算机界面上进行小的改动后被采用。

除了将技术与需求对接之外，另外一个典型的策略是找出进展中的具体障碍，并集中关注这些障碍。这一策略通常包含仔细追踪一些应用或技术领域取得的进展，分析阻碍进展的因素，或目前解决方案的局限性，然后专门针对这些障碍，发明新的概念。这种方法更加间接，它并没有直接对人类需求造成影响，但却推动了能够（最终）造成影响的其他事物。例如，引发作者开展关于解决不确定性的工具和技术的共同研究[曼考夫，2000年；施瓦兹（Schwarz），2010年]的原因是基于认知的特殊界面所面临的困难，以满足某些残障人士使用键盘和鼠标以外的东西进行计算机输入的需求。工具是这一策略的常见结果。

通过概念验证实现进行验证

当我们考虑对某个发明概念进行验证时，有很多可以参考的标准。但是，最基本的问题是这个概念"有效吗？"一个概念可以有多个优秀的属性，但除非以一种真正起作用的方式来实现，否则这些属性都不重要。此外，与发明概念相关的经验表明，许多想法最初从理论上来说都特别优秀，却在实施过程中被细节打败。也就是说，一个或多个看起来非常小或不起眼的细节，却最终成为概念实际执行过程中的一个主要障碍。相对来说大部分的小细节都不太重要。但一些细节却最终变得特别重要，而经验表明事先很难将重要和不重要的细节区分开。这种困难产生了针对发明工作的最基本的验证方法，即概念验证实现。由于很难发现关键细节，有经验的发明家不会对某个想法抱有太大期望，除非这一想法至少已经部分实现；简言之：在落实之前不会相信。

概念验证实现作为验证机制的中心性特别强大，以至于后来演变的价值体系赋予实现中心角色的地位。即使真正强大的用户研究或其他经验评估，都不能完善一个平庸的概念（或告诉我们某项发明的好处）。相比之下，概念验证实现是一种重要的验证形式，因为如果没有实现，一个发明概念通常会被认为是平庸的。

虽然说概念的创造是发明最重要的一个方面，但概念验证实现通常在创造性工作中耗费的时间和精力最多。构建事物通常非常难，以致完整实现一个候选概念往往是不切实际的。这并不奇怪，因为花费数百万美元和数年时间开发一个重要的现实世界的产品并不少见。但是，在足够了解概念是否有效之前，花费必要的资源来完整实现某个概念是没有意义的。因此，在研究中，大部分概念验证的实现都是折中方案，只实现某个想法的一些重要方面，而不是一定考虑完整产品必须解决的所有不同方面。这种折中的方法力求在实现概念所需资源的适当限制内，最大限度地利用所获得的知识。

关于概念验证实现问题的回答

概念验证实现往往寻求获得特定类型的知识。这种知识一般是从"有效吗？"这一基本问题的延伸问题开始的。但是，最终我们常常会问"效果够好吗？"如何界定"足够好"反过来对验证实现的类型和程度有很大的影响。有时需要寻找证据来证明这一概念在解决同一问题时比现有的方案更具优势。例如，对指向设计的显示器而言，在鼠标出现之前，有许多有前景的输入设备（English，1967年），但相比其他设备而言，人们发现鼠标是最好的指向设备[卡特（Card），1978年]。有时，尤其是在创造某个新功能或克服某个关键障碍时，我们只需要找到能够证明这一概念起到最小作用的证据（但可能需要表现出改进的前景）。一个例子是对跳线作为输入设备的价值的研究（施瓦兹等，2010年）。有时，我们需要关于针对某类终端用户的技术概念的准确性、可及性或有效性等方面的信息，在这种情况下，可能还需要一定程度的稳健性。

"（足够）有效吗？"这一问题也比较复杂，因为最有价值的发明往往是能够在现实世界不断变化的条件下最具稳健性的发明。类似地，对于工具，我们会问哪些工具促使了大量其他事物被创造出来，甚至可能是未预料到的事物。因此，这一问题无一例外地最终会转向"该工具在什么情况下有效？"最终，即使当某个系统不能很好地发挥作用时，如果有足够大的希望使这一概念生效，且能够找出关于问题的信息时，我们仍然可以学到一些有用的东西。

总的来说，我们通过实现而获得的知识往往是丰富多彩的。相应地，如下节所述，经典实践中的实现方法类型也趋向于不同的形式和方式（没有一种形式或方式是主要的）。有许多不同的实现平台可以使用，从不适用于通用生产的脚本或原型平台，到可能用于最终实现的同一类型的"工业实力"平台。类似地，实现可能只考虑到非常窄的功能范围（只考虑哪种功能是最新的，或证明概念所必须的功能），或包含一套更丰富的功能，可以在更真实的环境中使用。最终，为了充分说明这一点，概念验证实现需要足够完整，以回答"（足够）有效吗？"这一基本问题，以及在扩展评价中可能提出的其他问题。

概念验证实现的类型

许多概念验证实现都采取了一种形式，可以用"演示"来形容。为达到效果，演示必须说明发明的价值，并在许多情况下说明为什么被认为是成功的。演示要平衡完整性和稳健性。如人机交互研究社区中所运用的那样，演示的表现形式是其稳健性的间接度量，下面列出了从最不稳健到最稳健的顺序：

- 文字描述；
- 通过照片（或屏幕截图）展示发明工作；
- 视频显示已经应用的发明；
- 发明者现场演示；
- 与用户一起测试属性；
- 部署系统让用户独立使用。

表现类型只是一个粗略的替代指标，因为随着在这一尺度的进展，需要越来越多的稳健性和完整性来充分呈现它（部分原因是环境变得越来越不受控制，或越来越开放和随意）。

虽然更高水平的稳健性或完整性在发明质量方面提供了更加完善的证据，但这一尺度的进展也造成对资源和人力的投入急剧上升。例如，大规模的投入运用可能需要与完整产品几乎齐平的完整性水平。（参见本书的《实地部署：在实际运用中了解》）。这通常会引发很多需求而不仅仅是关于评估这一发明的需求。然而，这种极高的投入可能只会帮我们增加少量对于这个领域或者发明的认知。事实上，在最糟糕的情况下，包括部署等工作的高端演示甚至可能引入非常多的与发明核心无关的混淆，从而阻碍了我们的理解。例如，终端用户的使用情况可能会很糟糕，但这可能是由与核心发明价值完全无关的因素导致的。

例如，假设我们发明了一种方法，帮助听力有问题的人辨别周围环境中的声音[如马修斯等（Matthews et al.），2006年]。这项发明最初于2004年完成，依靠人来转录音频，并当参与者按下手机上"发生了什么事"的按钮时，将音频发送给他们。在当时，今天所用的先进技术还没有出现：智能手机才刚刚开始出现（但安卓和iPhone都未出现），土耳其机器人才刚出现不到一年的时间，语音识别只能在有限的环境中工作，非语音音频还很难识别。我们的部署仅仅维持了几个星期，而且要求用户忍受多达9个小时的蜂窝网络等待时间，还要依赖于每天工作时间有限的人类转录器。从技术角度来说，所有这些障碍都与发明本身无关。

我们的验证包含了概念验证实现，并且通过一些数据得到了加强（在本案例中），这些数据是关于愿意容忍该技术其他缺点的用户使用时的地点和方式。同时，不存在其他类似的东西，所以该研究的目标是回答"我们能做到吗？"还回答了关于"需要识别哪些声音才能使其自动化？"（如情感、非语音音频等）的问题，并在这一过程中回答了关于"人们在什么场合可以使用？"的问题，尽管贡献没必要非得是技术方面的。在该研究发表的6年时间里，除了一个问题之外（非语音音频的识别），其他问题都得到了解决。因此，最近开展的类似研究在提高能力天花板方面取得了进展。其中一个例子是VizWiz[比格姆等（Bigham et al.），2010年]，引进了一种利用群体提高盲人实时图像解读速度的新方法，以及Legion Scribe[拉塞基等（Lasecki et al.），2013年]进一步提高了视频的实时字幕功能。但是，从技术型人机交互的角度来说，除去这些困难，发明的价值还是显而易见的（并且是可以公开的）。

因此，与创造此类实现所需要的成本和工作量相比，在稳健性和完整性之间找到平衡至关重要。如果我们一直坚持认为，每项发明都必须达到最稳健的实现程度，才对其价值有足够的信心，从而去实现它，那么这一领域的进度将极大地被降低，我们会花费时间来创造很少的东西，从而降低了从经验中学习和创造的能力。

概念验证实现的替代方案

虽然概念验证实现在一定程度上作为基本验证被认为是必须的，但也存在不合适或不可能的情况。例如，一种不常用的贡献方法是对某一领域以往的工作进行分类或重新组织，使之更容易理解。包括，例如为一系列工作创造有用的分类法，如卡特和麦金勒（Card and Mackinlay，1990年）提出的输入设备的设计空间。虽然这种方法不涉及新发明本身，但却需要创建一个新的组织原则的概念框架。该框架可能会突出一些以往没有被组合在一起的属性，或找到以往没有被探索的领域。例如，通过对处理用户输入（如触摸屏输入或手势输入）中不确定性的方法进行回顾，将不确定性分解为目标不确定性（用户在哪里点击或他想与什么进行交互）、识别不确定性（指示了什么样的交互类型）和分割不确定性（输入从哪里开始和结束）（曼考夫等，2000年）。通过对不同类型的不确定性的研究，我们发现很少有研究人员能够像解决其他形式的不确定性一样深入地研究分割不确定性。这样的研究可以指出新工作的"成熟"领域，从而使发明新事物变得更容易。

概念验证实现不可行的另外一种情况是某个概念所要求的东西超过了最新技术的实现范围。虽然我们可能认为这些概念不切实际而放弃，但它们可能是非常有价值的贡献。例如，设想一个需要解决两个问题的应用程序（如在现实世界中更精确的眼动追踪和更稳健的用户人脸注册）。当某一领域取得进展时（如更稳健的注册），等待其他领域也取得同样的进展是有可能的。类似地，关于当前未解决问题的未实现应用，我们可能希望将其高价值地解释，从而激发一种能集中其他人注意力和资源来解决这一问题的动力。由于能够考虑似乎超出现有能力的概念的价值，开发了几种认识这些概念属性的方法。这些方法包括：购买时光机，《绿野仙踪》原型设计以及模拟。

购买时光机

超越最先进技术的一种工作方法就是所谓"购买时光机"。该方法可能花费相当大的一笔钱或其他资源（对同一类型的真正产品来说，数额太大而且不合理），来获得期待未来更实惠和更实用的技术。例如，我们可以通过在租用的能够与机器人进行无线沟通的高端超级计算机上实现视觉处理，来研究具有非常复杂的视觉处理能力的未来家庭吸尘机器人的功能。目前将超级计算机置于吸尘器中是不现实的，但摩尔定律所描述的计算能力的指数增长，使我们可以假设未来单片机也可以获得同等的计算能力。

不幸地是，在通用计算领域，现在购买时光机比以前更难了。例如，20世纪80年代中期，技术型人机交互研究者可以使用当时的高端工作站，其速度比当时那个年代典型的消费品快10倍甚至100倍，这允许他们研究系统的属性。对消费者来说，这些系统在5～10年后才可以广泛应用。然而，由于个人计算机市场的变化，在今天，要超越一般系统并非易事。另一方面，与过去的系统相比，如今的先进系统功能强大，种类繁多。此外，如今的研究人员可以开发图形处理单元（GPUs）、创建定制的电子电路或使用（目前来说）更加昂贵的制造技术，如3D打印来探索概念。这些技术使我们能够利用未来可能更实用、更普及的技术，但目前还需要特殊的技能或方法。

《绿野仙踪》原型设计

《绿野仙踪》原型设计包括通过隐藏的人来模拟高级能力，此人执行的动作未来系统可能会自动执行。该方法开发的最初目的是研究尚未建立的自然语言理解系统的用户交互方面，以说明如何构建此系统[凯利（Kelley），1983年、1984年]。很显然，在探索目前无法实现的能力以及更快捷、更便宜地模拟可实现的能力方面，《绿野仙踪》方法具有一些潜在的优势。但是，必须注意将该方法限制为一组适当的行动，并理解模拟与真实的差异的影响，如较慢的反应时间可能产生的影响。

模拟

当我们探索那些不切实际或不可能构建的概念时，所运用的最终方法是模拟。模拟的形式可以是模拟某个系统的一些或所有方面，或提供模拟的而不是真实的输入数据。最近的一套相关技术是以众包（参见本书《人机交互研究中的众包》）的形式出现的，其中大量的工人被亚马逊的土耳其机器人（Mechanical Turk）等服务招募，能够提供人类计算的形式（模拟计算机的计算）。有趣的是，最新研究显示，不仅暂时用人类计算来代替系统的未来部分是可能的，而且还可以考虑使用众包技术作为部署系统的一部分[伯恩斯坦（Bernstein），2010年、2011年]。

验证的次级形式

除了围绕"（在什么情况下）有效？"这样的核心问题外，还有一系列其他标准来验证人机交互中的发明。它们遵循一组通常被社会认为是有价值的属性。

为人类需求提供直接价值的发明验证

对于做出直接贡献的发明，我们重视创造一个满足明确的人类需求的人工制品。这些需求往往通过创造某个新功能或加速或完善一项现有功能来满足。也许我们看到的最常用的评价方法是：可用性测试、人机性能测试以及所谓专家判断和合理性。虽然这些方法并不是普遍适用的，但在这一领域是最常用的。

可用性测试

由于作为人机交互实践核心因素的可用性以及相关属性在当前和历史上的重要性，不同类型的可用性测试被广泛应用于人机交互工作中，并成为该领域最知名的评价方法。事实上，作者常常听到学生和其他初级人机交互研究人员断言说"没有用户测试，无法将论文发表在CHI的会议上！"

这种说法被证明是错误的。一项发明必须经过验证，但验证的形式是多样的。即使可用性测试显示某项发明是易用的，但这个发明的影响力可能并不大。发明被修改、推广和用于不同目的的能力可能比可用性重要得多。此外，虽然以用户为中心的方法有助于某个产品的交互设计，但就发明的实际行为（即某个新事物的概念）而言，可用性测试帮助不大。然而，可用性测试（以及其他以用户为中心的方法）确实代表了整个社会的偏见，特别是当发明的结果被多元化领域内的广泛受众所评价时。这很可能是事实，因为这一方法是所有人机交互研究者所熟知的为数不多的方法中的一种。

另一方面，当与某个研究成果相匹配时，可用性测试显然是合适的。任何创造某项以提高可用性和用户体验等为目的的产品或系统的研究，都需要证明确实能够达到这一目的。要达到这一目的，有多种常用的方法。不是所有的发明研究都试图完善以用户为中心的属性。确实，我们不应使所有或甚至最具创造性的研究侧重于这些目标。如果我们这样做，那么发明研究将遭受重大损失，因为在发明某种新人工制品的初级阶段，必须在考虑该产品是否有用/可用/可取等之前，首先回答这些问题，如"我们能够做到吗？""哪些能力是最重要的？"

简而言之，如下图所示，往往必须先经过决定性的不可用阶段（下图右侧），以创造必要的技术，使之最终带来良好的用户体验（下图左侧）。

人因性能测试

另一个普遍应用的评价方法类型是衡量典型用户在某些任务集中的表现。当最终目标是围绕一组界定好的任务时，这样的测试最适用。交互技术工作是此类验证持续适用的少数几个领域之一。因为一些交互任务经常重复，这也是至少某些一致和可重复的测试出现的少数几个领域之一。特别地，菲茨定律框架（例如确定设备和交互技术的菲茨定律系数）下的指向性能测试是很普遍的，因为指向和选择任务是许多交互性系统的基础[麦肯齐（Mackenzie），1992年；沃布罗克（Wobbrock），2008年]。文本输入效率的测试，如每个字符的击键次数（麦肯齐，2002年）得到了很好的发展，因为文本输入是一个常见的任务，受到了相当多的发明关注。

应用这类评价的一个风险是，人因性能测试在范围狭窄且定义明确的任务中很容易被采用，并且通常被视为在小心控制的情况下是最有效的。不幸的是，这使得结果的广泛适用价值（如一项对许多任务有效的发明）发生了偏离，因此可能与发明性人机交互研究的其他属性相冲突。人因性能测试不是寻求数据上的显著改善，而是注重实际意义（效果大小），而且不幸的是，在这方面没有简单或被广泛接受的标准。因此，虽然人因测试被社会所广泛认可和理解，但如果不加注意，其用处可能与其流行程度不成比例（参见本书《人机交互中的实验性研究》）。

机器性能测试

测试也可以用来衡量某个物品或算法，而不是用户的性能。这些测试很实用，能够提供某个发明结果的技术性能，如预期速度、存储利用率和功耗。这些测试与其他领域普遍应用的验证测试相类似，如计算机科学中的系统研究。通过在多种条件下模拟使用来产生此类测试结果，通常被认为是有效的。虽然这种方式是间接的，且缺乏真实世界的有效性，但对技术性能的测试能够反过来指出对终端用户可能产生的影响，如设备的预期响应实践或电池寿命。类似地，测试能够反应一些属性，如"以帧速率运行"，表明接受测试的系统的某些部分不太可能成为整体性能的瓶颈，因此使研究人员明白未来只需要对系统的其他部分进行完善即可。

专家判断和合理性

创新性和启发性等属性对许多研究结果来说都具有重大价值。开辟未知新领域，以及为他人构建新领域提供基础动力是社区进步的核心。然而，即使在可以用标准化的方式进行衡量的情况下，这些因素也是极其困难的。对于这些重要但更加模糊的属性，我们通常必须依赖专家的意见——是否得到该领域经验丰富的其他研究人员的认可。这通常是通过展示创新性和/或启发性初步证据的演示和/或场景来完成的。本质上，这些都是为了引发对该领域非常了解的专家的一种反应"哇，这太酷了！"，并能够将其以非正式的方式与最新技术进行比较。这样的反应是快速而非正式的，但却是一种基于经验的评价，认为该成果具有一些重要属性，如推动最新技术的进步，开辟新的可能性，或以新的方法解决某个既定问题。例如，发明可以开辟一个未知新领域[如通过玩游戏，激励大量的人做一些有用的工作，参见冯安（von Ahn），2008年]，或用一种完全不同的方法解决某个他人已经研究过的问题｛如通过听取地下室的水管和电噪声来判断室内的活动[福格蒂（Fogarty），2006年；帕特尔等（Patel et al.），2007年]｝，或通过识别鞋子来识别人[参见奥古斯汀等（Augsten et al.），2010年]。

很显然，这种验证类型存在问题。它非常依赖专家的主观判断（最值得注意的是发表研究结果的论文审核人员），因此不是特别可靠或可复制的。采取这种形式来验证发现活动通常是不被接受的。但是，在必须解决世界不受控制的复杂性和寻求最广泛的适用情境的发明活动中，几乎不可能了解所有关于确定性的信息。因此，后续工作往往不会对以往的验证在当前情况下的适用性做出强有力的假设。这意味着，如果被证明是错误的，那么与此验证类型相关的不确定性能够更容易接受且损失较小。

这一形式的验证在实践中是非常常见的——事物价值判断的依据是专家对其创新性和启发性水平所做出的非正式评价。通俗地讲，事物之所以被认为是有价值的，是因为从事相似工作的研究人员认为"它们看起来非常酷"。但是，无论是对寻求单个发明得到认可的发明家来说，还是对整体取得进展的领域来说，该方法的不确定性特征使得仅仅依靠此类方法的验证变得相当危险和不可预测。为克服这一点，大部分通过此方式进行验证的发明往往还要进行其他形式的验证（从概念验证实现开始）。

间接影响人类需求的工具验证

现在我们考虑第二组贡献的验证方法：提供间接价值的贡献，即能够促进或推动某个最终的实际影响，而不是直接造成这种影响。对于这些属性来说，一组特殊的验证方法比较适用。

对工具来说，最重要的验证形式之一是将用该工具构建的事物作为示例，来展示该工具的某种理想属性。这些可能包括展示更低的门槛、更高的天花板、理想设计空间的广度、更高的自动化程度以及良好的抽象或可推广性，下面将详细讨论。对于涉及基本功能的发明（通常旨在克服具体的障碍或前人研究的局限性）来说，机器性能测试以及在一些情况下初步合理性演示可能比较有用。

门槛、天花板和覆盖广度

关于某个发明是如何帮助研究人员创造有用的事物的，一个主要的例子是门槛或天花板效应的提高（迈尔斯，2000年）（门槛效应与简单事情完成和/或新手起步的难易程度相关，而天花板效应与某个工具或系统在创造复杂或预期事物方面的局限性相关）。验证某个工具的低门槛往往是通过演示完成的，在演示过程中，发明者说明某项工作在使用其他工具时需要更多的工作量来完成，而使用他们的工具却很容易完成。例如，发明者可以说明只需要很少的几个步骤或少量的规范代码，就可以构建某个事物。验证高天花板通常通过演示来完成，在演示过程中，发明者表明一个或多个复杂事物（通常使用其他工具是不可能完成的）可以使用他们的工具来完成。不幸的是，低门槛工具的天花板常常也比较低，而高天花板工具的门槛也比较高。因此，确保某个工具同时现实低门槛和高天花板是非常有价值的。覆盖广度的展示通常是通过展示实例的传播来进行的，即一组非常不同的例子在可能的结果中跨越了很大的空间。

这些验证类型都涉及使用工具创建实例。注意，验证是关于实例的创建，但结果实例的全部属性通常不是核心。因此，解决实例本身属性的验证一般是不适用的。例如，对使用某个工具创建的实例进行可用性测试时，基本没有显示任何关于工具的信息，很多不同的事物都可以通过使用所有好的工具来创建，且这些东西的可用性至少是设计师使用工具的反映，也是工具属性的反映。相反，创建的简单性（对应门槛）、能力或复杂性（对应天花板）或多样性（对应覆盖范围）才是关键。

对于其他类型的发明来说，机器性能测试可能会对促进技术进步有价值。例如，在自动化程度提高的案例中，可以使用机器性能测试来证明这一结果与使用非自动化方法所产生的结果具有可比性。相似地，也可以证明所使用的抽象随着工具使用规模的扩大而发挥了作用。还可以通过模拟来证明，但还是需要一定程度的描述和逻辑。

良好抽象的呈现

像其他工具和系统的验证一样，对良好抽象的验证一般是通过一组说明性示例来进行的。在说明可推广性方面，这些示例通常与覆盖广度的示例相类似，需要说明适用范围是可以扩大的。在说明该工具是否有助于提高理解或其应用简单程度方面，这些示例通常与说明提高门槛和天花板效应的示例相类似。有时，可以通过开发人员实际使用某个工具并研究该工具所创建事物的细节来验证（参见下文），但在很多情况下，这种验证方法是非常昂贵的，并且如果能够描述抽象，并能够与先前的备选方案进行比较就足够了。

开发人员可用性

在某些情况下，可用性测试可以使用工具来开展。然而，这些测试需要针对使用这一工具来构建应用程序的开发人员，而不是这些应用程序的终端用户。从终端用户的角度来看，有大量的混淆因素，影响我们评价某个工具能够产生可用应用程序的能力，而应用程序的可用性通常不是该工具的主要价值，因此不应作为验证工作的核心关注点。

一些针对使能工具开发人员的验证，主要侧重于他们所使用的抽象。当某个工具已经拥有大型开发人员社区时，可以查看其他指标，如该工具构建了哪些类型的应用程序，该工具如何推广，等等。这与程序员、编程和开源社区的研究相类似。当工具的开发达到这种程度时，成本可能是人们难以承受的，特别是与发明的效益相比较。此外，由于在工具改进的过程中存在大量的混淆因素，这种类型的验证实际可能相当"嘈杂"。具体来说，很难将工具界面中与可用性无关的问题与核心概念相关的问题区分开来。

总结

在这一点上，我们需要注意，评价使能技术的主要形式是构建技术的核心部分（概念验证创建）。如上文所述，在主要的步骤之后，典型的做法是考虑二次验证，突出工作的具体目标，即清楚地描述所采用的抽象，或通过构建示例来展示技术能力。虽然也有一些涉及用户研究的次级验证，但很少采用。

总结与结论

在本文中，我们讨论了技术型人机交互中研究的本质。我们首先将研究置于一个更宽泛的框架中，并将创造性特征与人机交互中另外一个主要活动主体进行对比，即发现活动。对这两种工作进行高度概述是非常有用的，因为这使我们能够看到这两类工作性质的根本区别。反过来又引出了与这两种工作相适应的非常不同的价值观和方法。例如，我们总结道，发现活动所采取的方法的细节非常重要，以至于当结果独立于该方法时是不可理解的，而且这些方法已经成为了结果的一部分。相反，对于发明来说，方法的使用更具流动性，而不那么具有根本性。然而，对于那些需要通过对发明物的概念验证实现来展示的发明而言，其应用过程是结果的关键组成部分。

通过这一总体概念性框架，我们接下来讨论了发明性人机交互工作本身。关于贡献，我们总结了两大类：直接贡献和间接贡献。直接贡献即直接作用于人类需求的满足，而间接贡献是为将来人类需求的满足提供便利。

我们还描述了人机交互中的发明工作任务。这些任务包括概念创造和概念验证。但是，我们注意到，一种形式的验证（构建概念验证实现）比其他验证更加具有根本性。因为它解决了"有效吗？"这一基本问题，概念验证实现是其他验证的先决条件。由于其特殊本质，相比技术型人机交互的其他形式的验证而言，概念验证实现通常受到更多的持续关注。因此，我们得出结论，技术型人机交互工作应分为三个部分：概念创造、通过概念验证实现进行的验证以及其他验证。概念验证实现的创建（在某些情况下可能相当复杂，例如工具包）是区分其他形式的人机交互的关键：技术型人机交互是关于创造有效事物的，而且技术人交互工作只有在固有验证（至少）已经完成时才能开展。

针对这三个部分，我们分别进行了探讨。没有特定的方法可以持续使概念生成取得积极的成果。但是，我们确实讨论了几种开展这一工作的一般策略。包括需求优先和技术优先方法。我们还提出了技术优先方法的一些优势，虽然它们在人机交互研究界已经名声扫地。接下来，我们通过分析重要性和处于核心地位的理由，来探讨概念验证实现。我们阐明了这一验证方法可以解决的问题，并强调了某个原型在取得完整性和稳健性的过程中，收益是不断递减的。

最后，我们讨论了一些有用的不同形式的次级验证。描述了一系列不同的衡量标准，然后探讨了与之相匹配的技术，可以提供相关的领域信息。我们再次强调，必须在所获取的知识水平和评价所需的成本之间找到一个平衡，并指出未找到最佳评价方法的一些领域。

对技术研究人员来说，通常是通过耳濡目染和实践来了解这些方法和观点的，因为与教授研究设计和分析的课程相比，很少有课程教授技术工作和概念创造验证。相反，技术教育课程倾向于为研究人员提供发明所必需的知识基础（如何编程、如何使用机器学习以及如何构建电路等），并希望有了这些知识和前辈的示范

（以及导师的指导）以及非常好的创造力，新手研究人员就可以产出优秀的成果。本文旨在通过将一般做法以及背后的原理用文字表达出来，以弥补这一缺憾。

练习

1. 如何对比技术型人机交互与设计实践研究？
2. 技术型人机交互研究的概念从何而来？研究人员用此解决什么问题？

本文作者信息、参考文献等资料请扫码查看。

研究、构建和重复：利用网络社区作为研究平台

Loren Terveen
John Riedl
Joseph A. Konstan
Cliff Lampe

引言：利用网络社区作为研究平台

我们所开展的研究是社交计算和网络社区。该研究的前提是，要想深入了解网络社交互动、全面评价新的社交互动算法和界面，需要访问真实的网络社区。但"访问"都包含哪些内容？通过思考我们自己和他人的研究，可以确定四个访问级别，这些访问级别为其他研究方法提供了支持。

（1）访问用户的使用数据：用于行为分析、建模、模拟和算法评估。

（2）访问用户：用于随机分配实验、问卷调查和访谈。

（3）访问应用程序编程接口（API）/插件[①]：只要能通过可用的API实现，就可用于有助于新社交互动算法和用户界面的真实评价；也可能可以用于系统地招募受试者。

（4）访问软件基础设施：可用于添加任意的新功能，完整记录行为数据，系统性地招募受试者以及随机分配实验。

一般来说，随着访问级别的提高，可以使用更强大的方法在更真实的场景中回答研究问题。但是，成本和风险也随之增加：组建具有不同技能团队的成本包括设计、构建和维护网络社区软件；而风险是付出得不到回报：如果社区系统不能吸引用户加入，就不能推动有意义的研究。

[①] API指的是应用程序编程接口，即已发布的定义一组功能的协议，该协议规定某个软件组件可以为程序员所用。插件指的是安装在大型软件应用程序中的软件，用来扩展或自定义软件功能。

在下文中，我们将基于个人经验来阐述和说明该方法。

历史与演变

我们从20世纪90年代中期开始开发此研究方法。接下来，我们将从理论和实践两个方面描述对该方法产生影响的关键理论、项目和技术发展过程。

我们发现卡罗尔和同事们[卡罗尔和凯洛格（Carroll & Kellogg），1989年；卡罗尔和坎贝尔（Carroll & Campbell），1989年]提出的"作为心理学理论的人工产物"具有概念上的启发性。该理念认为，设计出来的人工产物承载了用户行为的诉求，而将这些诉求交代清楚是有意义的，对某个人工产物的研究同样相当于在研究这些行为诉求。如下文所述，我们的系统所包含的功能通常具有某种心理诉求，而我们有时会明确地以心理学理论为指导来设计这些功能。

雅典娜项目和安德鲁项目（Project Athena and Andrew）是20世纪80年代实施的两个项目，在麻省理工学院和芝加哥大学校园内分别部署网络工作站以提高教学质量和支持研究。创建这些网络需要针对当时分布式计算和个人计算领域的前沿问题进行诸多设计选择，如可靠性、安全性、可伸缩性、操作性、分布式文件系统、名称服务、窗口管理器和用户界面。通过将这些系统运用到实践中，设计者可以评估设计在实践中的应用效果。从计算机科学角度出发，我们认为这些（至少是部分）由研究人员为实现研究目的而开展的大规模系统构建和部署的实例很有启发性。但是，因为研究重点不同（侧重于不同的研究问题和方法的使用），我们的研究看起来完全不同。值得注意的是，我们以用户社交互动为重点，用心理学理论指导设计，并通过控制现场实验来评估设计。

作者认为，万维网的出现是发展该研究方法的直接途径。如果你有制作新交互式系统的想法，那么网络就是一个可以实现这一想法并接触到无限潜在受众的环境。信息过载问题在20世纪90年代中期引起广泛关注，里德尔、康斯坦（Riedl and Konstan）（明尼苏达大学）和特文（Terveen）（当时在AT&T实验室，现在明尼苏达大学）探讨了他们在推荐系统这一新兴领域的想法，以此作为解决这一问题的手段。里德尔（Riedl）、保罗·雷斯尼克（Paul Resnick）和同事们开发了GroupLens，一个对Usenet新闻进行协同过滤的系统[雷斯尼克等（Resnick et al.），1994年；康斯坦等（Konstan et al.），1997年]，在这之后，康斯坦和里德尔创建了电影推荐网站MovieLens[赫洛克等（Herlocker et al.），1999年]（参见下文关于MovieLens的更多信息）。特维恩（Terveen）、威尔·希尔（Will Hill）和同事们创建了PHOAKS[希尔和特维恩（Hill and Terveen），1996年；特维恩等（Terveen et al.），1997年]，通过数据挖掘从Usenet新闻组中提取所推荐的网页。PHOAKS网站包含了从数千个新闻组中挖掘出的"十大推荐网页列表"，20世纪90年代末，它每天吸引成千上万的访问者。这些早期工作使我们第一次体验到了以网络社区为中心的研究。我们所创建的网站能吸引到用户是因为其实用性，而不是因为招募用户来评估我们的想法。然而，这种真实的使用让我们能够评估研究计划中创建的算法和用户界面。

接下来将详细介绍我们的方法。首先会讨论研究问题的类型及其所支持的方法，然后通过介绍我们用来作为研究工具的重要网络社区，来深入刻画这种方法。

该方法适合回答什么样的问题？

因为我们所描述的不是单单一种研究方法，而是一些通用的做研究的方法，所以有很多类型的问题都可以回答。因此，我们需要考虑的是什么研究方法最适合、需要什么技能以及这样做的好处、挑战和风险。我们将围绕在引言部分提出的四个网络社区访问级别来组织讨论。注意，每个访问级别都支持"更低"级别所支持的研究方法，同时也支持本级别所列出的方法，如表1所示。

表1　网络社区访问级别及其所支持的研究方法

访问	所支持的研究方法
使用数据	行为分析，包括数据分析和模拟； 纵向数据可以分析随时间变化的行为； 开发和测试算法
用户	随机分配实验、问卷调查和访谈
API /插件	新社交互动算法和界面以及心理理论的实证评估，条件是可以在同一个公开的API中实现
软件基础设施	任意新社交互动算法和界面以及心理学理论的实证评估； 新型数据记录； 随机分配实验。

这一方法的主要益处是促进了优秀的科学研究。在所有级别，该方法支持使用真实的数据对想法和假设进行测试，如基于用户参与网络社区时的真实行为数据以及用户反馈。更好的是，在第四级别（也可能在第三级别），我们可以进行现场实验。现场实验是指在自然环境中进行干预，例如，引入新的系统功能并研究其效果。根据麦格拉斯（McGrath，1984年）对组群进行研究的策略分类，现场实验最大限度地保留了环境或背景的真实性，同时也保留了一些实验控制。这种方法的另一个优势是，一旦投入精力开发系统（如果能吸引到一个用户群体），研究人员一般都倾向于在先前结果的基础上开展一系列研究。这一点也推动了优秀的科学研究。

这种方法也促进了有效地协作：如果对来自某个现有社区的数据进行分析，那么该社区的所有者会对分析结果感兴趣，而且如果创建一个真正吸引用户社区的系统，那么对该社区话题感兴趣的组织将会有兴趣开展合作项目。我们在维基百科和Cyclopath（详情见下文）等社区的体验说明了这一点。

然而，我们所倡导的方法也面临一些重大挑战和风险，包括：

（1）研究团队需要具备跨学科专业知识和技能，包括社会科学理论和方法、用户界面设计、算法开发和软件工程。因此，需要有时间和能力掌握这些技能的个人或跨学科专家团队。这两种方式对学术界来说都存在挑战；例如，GroupLens的学生通常需要学习从技术性非常高的计算机科学（如数据挖掘、机器学习），到高级统计，再到设计方面的课程。学生的上课时间将会增加，而且不是每个学生都能够掌握这些不同的技能。

（2）所需的系统开发和维护成本可能相当可观。仅仅构建软件是不够的，软件必须可靠而且强大，以满足用户社区的需求。此外，研究人员必须遵守软件工程的生产实践，例如，版本控制软件的使用、代码评审、项目管理和调度等。许多研究人员既没有接受过与这些工具和实践相关的培训也没有掌握技能，而且在一些情况下，这种资源压根就不存在。如果存在，也意味着需要巨大的投资。例如，我们在明尼苏达大学的团队分别用超过10年和3年的时间培养了一名全职项目软件工程师和一名Cyclopath专业软件工程师，累计成本超过100万美元。

（3）必须平衡研究目标与系统和社群成员的需求。很多方面可能会做潜在的取舍。

有时必须引入新功能以保持系统对用户的吸引力，即使这样得不到直接研究收益。

系统有时必须重新设计和实现，以适应网络应用程序的不断变化。例如，约十年前，我们不得不重新设计MovieLens，以包含万维网2.0版本的交互功能；然而，鉴于从上次更新到现在已经过去很长时间了，MovieLens的体验又一次过时了，我们正在讨论更新所需的工作量，为此付出巨大的设计和开发成本是否值得。

与合作伙伴和用户群体的交流可能会花费大量时间。例如，我们的团队成员花费了大量时间与维基媒体（Wikimedia）基金会、Everything2社区和明尼苏达州交通机构的合作伙伴一起，确定共同关心的问题，确定解决问题的方法，以确保既可以产生研究成果，又会带来实际效益，并遵循所有相关方的道德标准。

如果网站确实吸引了用户社群，在兴趣发生变化或资源枯竭的情况下，研究人员很难放弃这个网站（并且这也可能不道德）。

由于在许多情况下，研究生承担了很大一部分开发工作，在以论文为衡量标准的情况下，研究的成果率必然会比较低。但我们认为，这对研究生来说也有一个优势，即他们论文的研究方式是其他论文所不具备的。（参见下文我们对研究地点和研究的详细讨论。）

如果所创建的系统未能吸引或留住足够的用户，可能会前功尽弃。虽然从原则上讲，失败是最好的老师，但大部分这类的失败是相当无聊的：没有选对人们真正关心的问题、系统太慢或是没有足够的基本功能等。

接下来，我们将用自身在不同网络社区平台上进行的研究，对该方法进行详细描述。

如何运用该方法/什么算是优秀的研究？

脸书

我们于2005年开始研究脸书，即在该网站被引进大学后不久（兰佩、埃里森和斯坦菲尔德，2006年）。早前，我们得到了脸书的许可，可以使用自动脚本从网站"抓取"数据用于研究，将在用户档案中捕捉到的行为（如列出朋友和兴趣）与通过用户问卷调查收集的对网站的看法进行比较（埃里森和斯坦菲尔德，2007年）。我们所开展的其他研究是基于对大学系统中大学年龄段用户的调查，侧重于该人群通过使用脸书获得的社会资本结果。我们发现，社会资本或人们认为他们可以从社交网络中多大程度地获取新资源，与脸书的使用频率有关。在另外一个关于该群体随时间的变化的研究也得出了同样的结论（斯坦菲尔德、埃里森和兰佩，2008年），同时这一结果也得到了其他研究人员的证实[瓦伦苏埃拉、帕克和绮（Valenzuela, Park, & Kee），2008年；伯克等（Burke et al.），2010年；伯克等，2011年]。研究发现，脸书用户认为有更多的机会从社交网络中获取资源，尤其是与桥接型社会资本（bridging social capital）相关联的弱关系（weak ties）中获益[伯特（Burt），1992年]。这种形式的社会资本往往与新信息的获得和世界观的拓展有关。这项研究直接表明了人们使用脸书等网站来培育社会关系网络，从中获得资源，并利用网站功能更有效地管理大型的分散关系网。

在研究脸书在人们日常生活中发挥作用的同时，我们不断探索用户的社会心理特征，他们如何使用脸书以及使用脸书所造成的结果。例如，我们利用问卷调查来研究人们使用脸书的不同动机，以及他们如何使用不同的工具来满足这些动机[斯莫克等（Smock et al.），2011年]。我们发现，那些热衷于社交互动（而不是娱乐或自我展示）的人更倾向于使用私信功能。此外，在关于脸书和桥接型社会资本之间关系的后续研究中，我们发现，与社会资本相关的并不是脸书网络中好友的总数，而是所谓"真正"朋友的数量（埃里森、斯坦菲尔德和兰佩，2011年）。该研究还进一步表明，重点并不是与好友之间的关系存在，而是用户如何通过回复评论、"点赞"发帖和发送生日祝福等行为来"梳理"这些关系（埃里森等，2011年）。

这些关于脸书使用研究的总体规律突出了用户的个性、他们在系统中做什么样的任务以及他们在与其社会关系网络进行的交互行为之间的复杂相互作用。

就访问级别而言，我们最初的研究处于第一级别，因为可以访问脸书的实际使用数据。但后续研究却依赖于对脸书用户的问卷调查。然而，我们尚不明确这是否可以被视为第二级别，因为无法从脸书内部招募用户，只能通过外部手段来招募，如通过大学的电子邮件群发信息。这给研究带来了局限性：如果不能接触到这些用户的随机样本，就不可能精确地代表脸书用户群。研究开始后，脸书创建了一个公共API，所有人都能够创建新的脸书附加应用程序，像开心农场和单词接龙这样的流行游戏都是在这一平台上建立的。此外，研究人员还利用脸书API构建了脸书应用程序，以探索不同的想法，如围绕共享视频观看的协作模式[魏斯（Weisz），2010年]以及网络社群中的承诺[达比什等（Dabbish et al.），2012年]。但是，脸书的附加应用程序并没有改变脸书的核心体验，也不能构成真正随机实验的基础。大多数对脸书用户进行的访谈、问卷调查或实验研究都使用了其他抽样框架，通常是从登记名单或大学生的方便样本中抽取的。

当然，脸书和谷歌等公司的研究人员（包括实习学生）能够接触到公司产品的软件基础设施，因此他们不受此限制。例如，脸书数据科学团队中的巴克什等（Bakshy et al.，2012年）开展了一项实验，研究嵌入新闻链接中的信息是如何通过脸书用户网络传播的。他们可以通过实验操控用户浏览的主页内容，并通过系统记录来研究不同条件下的网络连接差异。谷歌的研究人员利用服务器数据、问卷调查和访谈相结合的方式研究了谷歌+（Google+）用户如何在这个网站上构建用户群组[凯拉姆等（Kairam et al.），2012年]。这些公司内部研究人员开展的研究可以提供有趣的结果，但由于各种法律和道德障碍，行业和学术界之间的数据共享变得很复杂，因此在可复制性方面必然受到限制。近期，脸书致力于推动与学术界研究人员建立伙伴关系的程序，并就协作的法律和技术方面进行了协商。伙伴关系的建立将有助于推动研究进入第三级别，以获得重要的数据来源。

维基百科

我们于2006年开始对维基百科进行研究，这篇论文主要涉及两大主题：哪种类型的编辑人员创造了维基百科文章的价值，以及损坏[①]对维基百科文章的影响是什么？[普里德霍尔斯基等（Priedhorsky et al.），2007年]。该研究是目前"下载并分析维基百科垃圾"（第一访问级别）研究流派的早期范例。然而，还有一个重要的补充：我们还获得了一些数据（包括维基媒体基金会提供的数据），用来估算文章的浏览量。浏览量数据为我们提供了将文章价值和损坏概念形式化的方法。直观地

---

① 我们通过算法检测和人工编码相结合的方式来定义文章的"损坏"，以评估算法的准确性。

说，为浏览量较高的文章撰写内容是更有价值的，而对此类文章的破坏力却更大。有了正式定义，我们发现只有极少数活跃的编辑人员贡献了维基百科文章的很大一部分价值，而且随着时间的推移，他们的主导地位会越来越显著，而一篇被损坏的文章被浏览的概率很小，但却在不断上升（在我们分析的时间段内）。

我们还开展了关于维基百科数据分析的研究，主题包括：编辑人员是如何在获得经验后改变行为的[潘切拉等（Panciera et al.），2009年]、经验和兴趣的多样性是如何影响维基项目的编辑成功率和人员保留率的（陈等，2010年）、撤销编辑对工作质量、数量和编辑人员保留率的影响[哈尔法克等（Halfaker et al.），2011a]，以及编辑中的性别差异①及其对维基百科内容的影响（兰姆等，2011年）。

与脸书一样，从某种意义上说，任何人都可以访问维基百科用户（此处"用户"指的是编辑人员）。不同的页面可以作为公共论坛，通过编辑"用户对话"页面可以直接与用户交流；因此，原则上，研究人员可以通过在用户对话页面插入邀请来招募受试者。然而，这些技巧不利于实验控制：重要的是，目前还没有公认的方法可以将编辑人员随机分配到不同的实验组。此外，维基百科的编辑人员长期以来一直强烈反对被作为"实验对象"。我们是从失败中学到这些经验的。将维基百科编辑人员作为实验对象的想法最初来自我们的文章推荐工具SuggestBot[科斯利等（Cosley et al.），2007年]。在最初的实验中，SuggestBot自动在随机选择的编辑人员的用户对话页面中插入文章推荐。然而，这违反了维基百科的规范，即参与维基百科是自主"选择的"，而且编辑人员的反应也非常消极。因此，我们对模式进行了调整，只有编辑人员提出明确要求，SuggestBot才可以提供推荐。在接下来的项目中，我们招募了编辑人员进行访谈，但又触犯了维基百科的规范。这次，我们的一个团队被指控违反了维基百科的政策，此人被维基百科列入了黑名单，我们不得不放弃研究。出现这些反应的根本原因是维基百科的编辑人员非常抵触被当作"小白鼠"来对待，更普遍的是，他们反对将维基百科用于除建立百科全书之外的任何其他目的。因此，在这一阶段，维基百科并不支持我们所定义的第二访问级别。

外部研究人员不能直接将新功能引入维基百科（第四访问级别）。因此，我们将SuggestBot作为通过我们的服务器运行的纯外部服务，而维基百科的编辑人员可以选择加入；如果加入，SuggestBot会计算推荐文章以供编辑，并插入到他们的对话页面中。然而，需要注意的是，这并没有改变维基百科的用户体验。因此，维基百科也为开发人员提供了改变用户体验的机制，即用户脚本，该机制推动了第三访问级别的实现。用户必须自行下载并安装该脚本，以改变用户体验。我们使用这一机制来实现NICE，这体现了一种想法，即如何执行撤销（撤销编辑），才不会打击编辑

---

① 如本文详细论述，我们的分析基于维基百科编辑人员自我报告的性别。

人员的积极性或遭受排斥，尤其是新加入的成员（哈尔法克等，2011年）。NICE是以维基百科用户脚本的方式实现的，可以下载并安装以改变维基百科的编辑体验。虽然通过这种方法，我们可以"在现场"为维基百科编辑人员测试新的软件功能，但仍然存在很多问题，如选择偏差（如上文所述）和软件分布问题。要避免这些问题，用户就必须下载一个新版本，或者由我们来运行多个可能不一致的版本。

为解决这些具体问题，以及更加广泛地在维基百科上完成可靠的科学实验，我们的团队成员[里德尔（Riedl）和研究生亚伦·哈尔法克（Aaron Halfaker）]加入并成为了维基媒体基金会研究委员会的积极参与者。该委员会的目标是"协助完成维基百科相关研究政策、实践和优先事项的组织工作"。具体来说，他们正在确定可行的招募受试者的方案，即审查计划研究项目，以确保符合维基百科的目标和社区规范。

认识到在第三方网站开展研究的优势和不足后，我们开始运用自己维护的网站来说明第四访问级别所支持的其他研究类型。在明尼苏达州，我们创建了许多网络社区，作为社交计算的研究网站。有些网站未能吸引长期社区（如，CHIplace；Kapoor et al.，2005年），有些已经吸引了大量目标用户群，但还没有用于大批量的研究（如，EthicShare.org）。MovieLens和Cyclopath是两个比较成功的网站。在密歇根州，兰佩负责已经运行的网站Everything2，这是一个用户生成百科全书，于1999年创建，比维基百科早两年。接下来，通过梳理几项我们曾开展的研究来讨论这三个网站。

MovieLens

20世纪90年代中期，DEC Research运营了一个名为EachMovie的电影推荐网站。虽然网站很受欢迎，也很成功，但DEC Research仍然决定于1997年将其下架，并征集对数据集或网站感兴趣的研究人员。GroupLens研究团队接管了EachMovie网站的所有权；虽然由于法律问题，网站的移交工作受阻，但DEC Research 确实提供了匿名数据集供下载使用。在此基础上，MovieLens诞生了。

我们最初利用MovieLens作为研究平台，研究不同推荐系统算法的性能（赫洛克等，1999年；萨瓦尔等，2000年）。有趣的是，这项研究与我们后来开展的研究存在一些重要的不同：

- 侧重点为算法，而不是交互技术；
- 未运用社会科学作为指导；
- 主要运用了MovieLens的使用数据（第一访问级别），没有开展现场实验（部署在现场的实验），而是与MovieLens用户单独开展了"网络实验室实验"（这些用户是自愿参加的，而且他们的用户资料在实验中并未用到）。在这种情况下，

MovieLens只是研究数据和对象的来源，而不是实地实验室。

然而，我们很快就将访问级别升级。因为想要在实际使用中对算法进行评估，我们还将推荐系统的用户界面包含到研究中。我们运用现场实验和调查相结合的方法开展了三项研究：解释一部电影被推荐的原因的算法和界面（赫洛克等，1999年）；选择初始电影集供用户评分的算法（拉希德等，2002年）；为用户呈现初始电影集以供评分的用户界面（麦克诺等，2003年）。[①]

这三项研究旨在解决推荐系统的问题：为用户呈现哪些内容，以及如何帮助用户做出评价。然而，大约在同一时期，我们在研究中加入了另外一个维度：运用社会科学理论来指导设计实验和软件功能。

著名的早期研究实例被收录在《眼见为实吗》这一著作中（科斯利等，2003年）。该研究依据顺从性（conformity）的心理学文献[阿斯克（Asch），1951年]提出了关于推荐系统用户评分行为和评分显示的研究问题。大家最关心的是，推荐系统的标准做法是，对于用户尚未评分的电影，系统预测的用户评分可能会影响用户的实际评分。具体的研究问题包括：

· 用户对项目的评分是否一致？

· 不同的评分标准是否会影响用户评分？

· 如果系统故意显示不准确的预测评分，那么用户在进行评分时是否会遵循这些预测？

· 用户能否注意到预测评分被操纵？

该研究既得出了实际结果也具有有趣的理论意义。首先，我们根据调查结果修改了MovieLens的评分量表。第二，用户受到预测评分影响时，他们似乎能够意识到评分是不准确的，并降低对系统的满意度。从方法论角度来看，值得注意的是，虽然实验是针对MovieLens用户开展的，但也是作为一个实验呈现给用户的，并没有涉及持续的实际应用。

我们的兴趣继续扩展到（除了算法和用户界面外）MovieLens的社交社区方面，例如，如何培养用户之间的显性互动，以及如何激励用户参与社区。因此，GroupLens团队开始与受过社会科学训练的人机交互研究人员合作，著名的有卡耐基梅隆大学的罗伯特·克劳特和莎拉·基斯勒（Robert Kraut and Sara Kiesler），以及密歇根大学的保罗·雷斯尼克和陈妍（Paul Resnick and Yan Chen）。通过这些合作，社会科学理论开始在我们的研究中发挥主导作用。运用社会科学理论来指导

---

① 当开始进行现场研究时，我们意识到必须先获得机构审查委员会的批准，这已经成为所有社区和实验的惯例。请注意，"使用条款"规定，我们有权记录和分析行为数据，以供研究使用；我们还保证不会在公开发表的研究中披露任何个人或身份信息。但是，当进行调查、访谈或明确引入新功能开展研究评估时，确实获得了机构审查委员会的批准。

设计的目的是创造新的功能，达到预期效果，例如为用户评价不多的电影吸引更多的评价。另外一个益处是，我们能够在网络社交环境中测试在面对面交互环境中开发出的理论，看该理论是否依然适用。我们和合作伙伴都运用了一些理论，包括集体努力模型[卡劳和威廉姆斯（Karau & Williams），1993年；凌等（Ling et al.），2005年；科斯利等，2006年]、目标设定[洛克和莱瑟姆（Locke & Latham），2002年；凌等，2005年]、社会比较理论[苏尔斯等（Suls et al.），2002年；陈等，2010年]，以及群体依恋的共同身份和共同纽带理论[普伦蒂斯等，1994年；任等（Ren et al.），2007年，以及后来的一些研究]。该方法的一项有效内容是智能任务路线设计，该路线扩展了推荐算法，为开放内容系统中的用户推荐任务。这是非常有用的，因为开放内容系统经常会遇到人气不足的问题。我们以MovieLens作为该项工作的开始（科斯利等，2006年），但随后又将其应用到维基百科（科斯利等，2007年）和Cyclopath中（普里德霍尔斯基等，2010年）。

我们还与马克·斯奈德合作，将研究应用于志愿服务[如克莱尔等（Clary et al.），1998年；奥米托和斯奈德（Omoto & Snyder），1995年；斯奈德和奥米托，2008年]，以MovieLens为研究网站，研究参与网络社区的动机。我们在5个月的时间里调查了数千名新MovieLens用户，并使用几种标准量表来评估他们使用该网站的动机，然后将动机与其后续行为联系起来。在与兰佩及同事们对脸书的研究中（斯莫克等，2011年），我们发现，不同的人加入社区的动机不同：例如，更多社会导向动机的人参与更多的MovieLens基本行为（如为电影评分），并与其他用户建立更多的联系（通过MovieLens网站的Q&A论坛）。[①]注意，我们能够将用户的态度和个性特征与行为联系起来，是因为我们同时拥有MovieLens的第一（使用数据）和第二（用户；实验控制）访问级别。

Cyclopath

Cyclopath是由GroupLens的前博士生普里德霍尔斯基（Priedhorsky）和特文（Terveen）一起创建的。Cyclopath是一个交互式自行车骑行路线网站和地理维基，如图1所示。用户可以获得个性化的自行车友好路线。他们可以编辑交通地图，监控他人所做的调整，并在必要时还原。自2008年8月以来，明尼阿波利斯/圣保罗大都

---

① 许多效应量都很小，但仍然有意义。注意，我们是通过调查几千位用户得到的结果。这表明，规模确实很重要：社区的用户数量限制了实验的数量和类型。例如，在撰写本文时，我们通常可以针对Cyclopath做50～80个实验，而却可以从MovieLens中获得多一个数量级的实验对象。尽管如此，有时却不得不按顺序安排好几个MovieLens实验，因为如果将两个实验并行的话，没有足够的用户（或者至少不是需要的用户类型，例如新用户）。

会区的自行车爱好者也可以使用Cyclopath。截至2012年春，该网站有2500多名注册用户，已输入约8万个评级，并对地图进行了1万多次编辑，在骑行季节，每天都有十几位注册用户和一百多位匿名用户访问网站，并请求150多条路线。

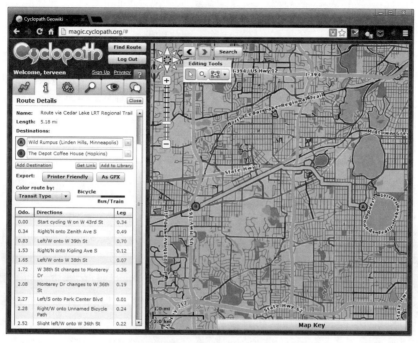

图1　Cyclopath自行车路线网站，显示根据用户请求计算出的自行车路线

与MovieLens一样，Cyclopath也是一个"机会目标"，MovieLens是用EachMovie的数据创建的，普里德霍尔斯基创建Cyclopath是因为自己也是一个狂热的骑行爱好者，而且对现有路线分享途径的局限性有很强的个人认知。当然，直觉告诉他，其他骑行爱好者也需要这样一个系统，而人机交互的一个基本原则是，在设计系统时如果只考虑自己的偏好，很可能会创建出只有自己感兴趣的系统。而且，我们进行了初步实验研究来验证我们的总体设计概念和具体的设计思想（普里德霍尔斯基、乔丹和特文，2007年）。而且和MovieLens一样，事实证明Cyclopath也是一个富有成效的研究平台。然而，这两个平台也存在很大的差异，由于开发时间不同，它们既有技术和领域方面的差异，也有历史方面的差异。首先，Cyclopath是在GroupLens拥有了10年MovieLens研究平台的运营经验，并且开始对维基百科进行研究之后才创建的。因此，我们能够在其他平台的基础上对结果和方法进行构建和延伸。其次，Cyclopath已经成为了GroupLens和专注骑行的地方政府机构和非营利组织之间的重要合作工具。这既带来了机遇，也带来了挑战。

接下来，我们将详细介绍这两个方面。

Cyclopath：总结以往的研究

（1）个性化路线查询。

一直以来，我们希望利用推荐算法方面的专业知识来解决路线查询问题。我们希望Cyclopath能够根据用户的偏好来计算个性化的路线（普里德霍尔斯基和特文，2008年）。因此，用户可以输入个人的骑行指数来评价公路和车道路段。然而，在撰写本文时，Cyclopath的评分数据非常少，比MovieLens少一个数量级，因此，传统的协同过滤推荐算法并不实用。另一方面，我们尝试利用机器学习技术，通过考虑用户评分的路段特点（如速度限制、自动交通和车道宽度）来预测用户的骑行指数偏好，这些预测值非常准确而且实用（普里德霍尔斯基等，2012年）。

（2）地理维基。

我们需要创建类似基本维基机制的系统，并将其从文本移植到地理环境中。因此，我们开发了地理编辑工具（从观察列表到观察区域），并设计了交互式地理"差异"可视化。还被迫以两种主要方式（普里德霍尔斯基和特文，2011年）修改传统的维基数据模型（特别是维基百科中的例子）。首先，在维基页面被视为独立实体的地方，将地理对象作为链接插入。这迫使我们将修订的新定义和工具作为对整个数据库的操作，而不仅仅是对单个对象的操作。其次，许多地理维基应用程序需要精细访问控制，如某些对象只能由某些或某类用户来编辑（下文将详细论述）。

（3）基于理论的设计：智能任务路线设计。

我们在Cyclopath中发现了一个主要问题，必须需要用户输入来解决：在最初输入到地图的数据集中，数千条道路和自行车道在几何上是相交的，但不能用自动的方法判断它们是否在地形上也是相交的（例如，不能是一条车道通过桥梁穿过另一条公路，而这两条路之间却没有通道）。因此，我们开发了一种机制，向用户发送关于地图某个区域的请求，要求用户确认是否存在相交道。该机制是在MovieLens和维基百科机制的启发下开发的。然而，该研究以几种有趣的方式扩展了我们先前的研究成果。首先，我们开发了一个可视化界面，提醒用户注意可能存在的相交道，而这个界面吸引了足够多用户的参与。其次，我们发现有些任务需要用户自身的知识，而有些任务则不需要。例如，要评价某个路段的骑行指数，用户必须对该路段的情况有所了解。然而，在许多情况下，用户只需将地图放大并查看航拍照片，就可以确定是否存在相交道。这显然对路线设计算法是有影响的：一些任务可能需要用户具备特定的知识，而另外一些任务则只需要用户有足够的动机来执行任务即可。

（4）基于理论的设计：用户生命周期。

我们在分析维基百科数据来研究编辑人员是否和如何随时间推移而发展变化时

[潘切拉等（Panciera et al.），2009年]，几乎找不到发展变化的证据。然而，维基百科分析数据的局限性引起了我们对结论的几点疑问。特别是，维基百科的编辑人员是否可以在创建账户之前通过匿名编辑来学习；我们也同样好奇他们的观察行为是如何影响其编辑生涯的发展的。因为我们能够访问Cyclopath的所有数据，因此能够在这一背景下对这些问题进行研究。尤其是对一些编辑人员来说，我们能够将其在创建账户前（以及退出登录时）的行为与创建账户后（以及登录之后）的行为联系起来。我们的研究结果与维基百科的结果类似：几乎没有发现"变化"的证据，至少在编辑数量方面没有变化（潘切拉等，2010年）。然而，在接下来的研究中，我们查看了用户编辑的类型，确实发现了随时间推移而发生的变化[马斯利等（Masli et al.），2011年]，例如，从在路段中添加文字注释转变为添加新道路和小路段，并链接到地图中。

Cyclopath：促进合作

Cyclopath得到了明尼苏达州一些地方政府机构和非营利组织的关注和大力支持。由此实施了一些开发新功能的项目，为自行车交通规划者提供支持，并使Cyclopath覆盖整个明尼苏达州。这些项目取得了重大的技术和概念进展，包括：

· 扩展了维基数据模型，允许精细访问控制（普里德霍尔斯基和特文，2011年）；交通规划者认为这很必要，一方面可以保持开发内容的优势，另一方面也可以保留信息的权威性。

· 使用Cyclopath用户发出的路线请求数据库的"假设"分析功能。交通规划者能够确定急需安装新自行车设施的路段、预估新设施带来的影响，并获得骑行公众快速而集中的反馈。

在其他合作项目中，我们对Cyclopath进行了扩展以实现多模式（自行车+公共交通）路线，这需要改变我们的基础路线设计算法，并扩展Cyclopath，使其覆盖整个明尼苏达州。这两个项目都由明尼苏达州和地方政府机构资助。

Everything2

对于创建所谓"现场实验室"，一种是创建自己的网站，另外一种是"利用"现有系统开展研究。几年前，兰佩"利用"现有网站Everything2开展研究，该网站是1999年创建的用户生成百科全书，比维基百科早两年。Everything2是由创建新闻和讨论网站Slashdot的小组创建的，但在第一次网络泡沫之后，网站为取得商业成功而苦苦挣扎。在过去的几年里，作为托管服务的交换，该网站与兰佩达成协议，同意以多种方式参与研究，包括提供服务器日志、访问用户进行访谈和问卷调查，以及添加新的网站功能以开展现场实验，或在以上框架内允许第三级别访问。兰佩和Everything2所有者达成协议，后者交出第三级别的访问权限，以获得大学的托管服务。

虽然Everything2没有达到维基百科的流行程度，但也拥有一个包含几千名用户的活跃用户群，每月有30多万次的独立访问量。这样的活跃度为研究提供了大量的行为数据，该网站还拥有一个稳定的用户群，可以获得调查样本。因此，密歇根团队研究了该网站匿名用户和注册用户的动机（兰佩等，2010年），发现注册用户和匿名用户使用该网站的动机各不相同，与提供信息等动机不同，娱乐等动机与对网站的贡献之间没有相关性。我们还研究了习惯如何与动机相互作用，并将其作为网络社区参与的预测因素[沃恩等（Wohn et al.），2012年]，研究发现，对于投票和标记等认知较少的任务而言，习惯是一个更好的预测因子，而习惯和需要更多参与的任务（如为网站撰写文章）之间的相关性较小。我们的团队还研究了哪些类型的初始使用和反馈与长期参与有关[萨卡等（Sarkar et al.），2012年]，研究发现，那些前两篇文章被删除的用户不太可能再次参与该网站。

利用网站开展研究，研究人员和网站都是受益者。对于那些活跃但可能不具备商业可行性的网站而言，研究能够为社区带来稳定和某种程度的安全保障。对研究人员来说，可以提供进入成功社区开展研究的机会，而不需要自己创建并维护可行的网络社区。兰佩曾尝试创建了几个与公共部门利益有关的网络社区，但都没有吸引足够的用户来开展此类研究[兰佩和罗斯（Lampe & Roth），2012年]。利用拥有持续用户群体的活跃网络社区开展研究，有助于减少自己创建社区带来的风险和成本。

然而，利用现有社区进行研究也存在一些问题。例如，随着Everything2网站所有权的变更，以前的安排不得不重新协商。研究地点也发生了变化，需要重新谈判。此外，一些网站用户并不认可研究协议，要么离开网站以避免"成为迷宫中的老鼠"，要么在研究中要求获得更多的积极主导权[类似上述维基百科编辑人员的反应；关于该话题的更多讨论，请参见布鲁克曼（Bruckman）的《研究伦理与人机交互》]。这种与社区的定期互动导致了研究项目管理成本的增加。此外，仅仅因为网站所有者允许对社区成员进行访谈和问卷调查，并不能保证用户会对我们的数据请求做出回应。

边栏：有多少用户？

我们有时会被问道：一个社区必须有多少用户和活跃度，才可以成为可行的研究工具？答案是视情况而定。这在很大程度上与研究问题、研究方法、社区成员的参与率以及效应量大小有关。如果使用定性方法，访谈10个人左右也许就可以。另一方面，我们通常将用户安排进不同的实验对照组，然后对用户行为进行定量分析，其中一些行为可能比较少见。在这种情况下，需要几百名用户。MovieLens和Everything2都可以用于此类研究。例如，在福格斯塔德等（Fuglestad et al.，2012年）的研究中，近4000名MovieLens用户填写了部分调查问卷。另一方面，在关于Cyclopath的研究中，我们最多可以获得几百名用户的反馈，但一般为50～70名。奇怪的是，我们关于维基百科的研究也很难获得足够的用户，因为如上所述，维基百科的编辑人员要求只有在自愿的情况下才能参与研究。关于Everything2，虽然有几百名活跃用户，但我们发现在研究期间，只有150～200名用户对我们的调查做出反馈。

相关研究

由于我们的方法还不是一个定义良好的标准方法，所以用自己的研究作为案例来说明比较合适。但是，社交计算和人机交互其他领域的研究者们也创造了作为研究工具的系统，并且努力为系统招募真实的用户群。虽然限于本文的篇幅，不能进行详细叙述，但我们还是想让读者了解一些其他值得关注的与我们采用相似方法的研究案例：

• Alice[保施等（Pausch et al.），1995年]是一个3D编程场景，可以用来创建简单的动画游戏和故事。它是一个教学工具，旨在使所有人（包括儿童）理解编程的概念。Alice被用于编程入门课程，并且关于其作为教学工具的有效性，研究人员已开展了大量评估[库珀等，2003年；莫斯卡尔等（Moskal et al.），2004年]。在这种情况下，又开发了为中学生量身打造的Storytelling Alice，尤其是女孩[凯莱赫等（Kelleher et al.），2007年]。

• Beehive（改名为SocialBlue）是一个由IBM研究人员创建的社交网络和内容分享系统，并在全球IBM员工中使用。该网站曾被用于参与激励机制和朋友推荐算法等相关研究[迪米科等（DiMicco et al.），2008年；法赞等（Farzan et al.），2008年；陈等（Chen et al.），2009年；斯坦菲尔德等（Steinfield et al.），2009年；戴利等（Daly et al.），2010年]。

• 国际儿童数字图书馆（International Children's Digital Library）是一个提供不同语言和文化版本的免费在线儿童书籍的网站，由马里兰大学的研究人员创建。用于不同话题的研究，例如，儿童如何在线搜索信息、有效的儿童搜索界面、设计研究，以及众包翻译等。

• 冯·安（von Ahn）创建了ESP Game，并推出了其他"有目的的游戏"

（"games with a purpose"）。这些系统拥有成千上万的在线用户，开创了人类计算领域的先河，并在许多研究中进行了评估，包括人类计算有效性和如何组织人类计算的研究[冯·安，2006年；冯·安和达比什（von Ahn & Dabbish），2008年]。

·帕洛阿尔托研究中心（PARC）的研究员创建了Mr. Taggy用于研究基于标签的网络搜索，还创建了WikiDashboard [苏等（Suh et al.），2008年]将其用于研究人们是如何理解维基百科的。

·丹·科斯利（Dan Cosley）及其康奈尔大学的学生们创建了Pensieve用于支持和研究回忆的过程[皮萨普蒂等（Peesapti et al.），2010年]。

·艾瑞克·吉尔伯特（Eric Gilbert）创建了We Meddle，用于评估社交媒体互动中关系强度的预测模型[吉尔伯特（Gilbert），2012年]。

·布伦特·赫特（Brent Hecht）和西北大学的CollabLab共同创建了Omnipedia，用户可以用来搜索维基百科中多个不同语言版本的词汇或术语，以了解它们在不同语言中的流行情况。该工具通过提供分析层次来提高网络社区的价值，这一分析层次增加了不同群体的参与机会。[包等（Bao et al.），2012年]。

总结与未来方向

本文对网络社区的研究方法进行了概述，界定了研究人员访问社区的四个级别，并提供了一系列在不同层面深入开展的研究实例。具体来说，本文阐述了在不能充分访问社区时开展研究所面临的局限性，以及自己创建和维护社区作为研究平台的优势（以及风险和成本）。最值得注意的是，我们运用自己创建的社区开展了大量研究，引入了新的（通常是基于理论的）算法和用户界面，并评估了它们对用户实际行为和主观反应的影响。

最后一点是说，我们有兴趣将全面访问网络社区的好处（最重要的是，能够引入新的软件功能和开展随机分配的现场实验）分享给学术界的同僚。目前，除几种现有（或刚出现的）路径外，也有一些新方向。

第一，共享数据集不会存在（或很少存在）技术障碍。这意味着经营网络社区的团队可以生产（适当匿名）数据，供其他研究人员使用。事实上，我们在明尼苏达州的团队提供了几个MovieLens数据集，已经在30多篇发表的论文中得到了应用。如果更大型的社区能够像维基百科那样提供数据集供分析，将有助于研究的开展。

第二，研究人员应与商业网站合作，设法增加对这些网站的访问机会，同时尊重社区价值观和用户需求。里德尔（Riedl）和哈尔法克（Halfaker）对维基媒体基金会研究委员会的研究就是一个典范；其研究结果将为研究人员提供开展控制实验和大规模测试干预措施的机会。

第三，我们希望成功运营网络社区的研究人员能够允许他人在社区内开展实验。要实现这一目标，首先需要定义API，以支持其他人员编写程序在网站上运行。其次需要创建管理结构，以批准实验请求（如确保不会使用过多资源或损害用户期望）。明尼苏达大学的GroupLens研究团队提出了一项建议，将MovieLens建设为类似的开放实验室，但由于开发和管理成本较高，需要专门的资金支持。

致谢　本研究得到了国家科学基金会的资助，赠款号为IIS 08-08692, IIS 10-17697, IIS 09-68483, IIS 08-12148 与 IIS 09-64695。

练习

1. 社区网络方法给技术研究和现场部署带来了特殊的问题。这些问题是什么？研究人员必须克服什么才能取得成功？
2. 请总结激励人们为社区做出贡献的各种方式及其利弊。

本文作者信息、参考文献等资料请扫码查看。

实地部署：在实际运用中了解

Katie A. Siek

Gillian R. Hayes

Mark W. Newman

John C. Tang

介绍

实地部署研究方便研究人员在日常生活中和极端使用状况下了解用户的交互情况。在实地部署高鲁棒性的样机，研究人员可使用多种数据采集方法，包括定性和定量的实证性方法。实地部署的复杂性和范围取决于研究所选择的目标人群（如任意抽样与大众样本）、规模（如少量本地用户与成千上万的网络用户）和时长（如从持续数日到持续数月的纵向研究不等）。尽管实地部署研究可能会产生较高的金钱成本，资源成本和时间成本，但能够提供丰富的实际运用中的数据，为未来的设计提供参考，同时吸引利益相关方加入，并通过将新技术引入日常体验而为社会技术系统的出现和共建提供实证[彻恩斯（Cherns），1976年]。我们将在本文介绍实地部署与人机交互（HCI）研究中其他常用方法间的关系，就如何成功完成实地部署研究提供背景知识，并介绍我们自身和其他人在该领域的一些工作情况，这样每个人都可以更加熟练地运用该方法。

实地部署研究是一种人机交互研究方法

实地研究方便研究人员以相对自然的方式采集实验数据。本文中，我们将部署研究界定为实地研究的一种，重点对新开发或创新的技术（通常为样机）进行实地实验。在与其他人机交互技术比较时，我们考虑以下两个部署的关键界定要素：

- 部署寻求评估新技术与特定人群、活动和任务间的相互影响；
- 部署寻求在预期的使用环境中开展评估。

在实验室研究中，代表性用户在人为设定的环境中（"实验室"）开展接近现实世界活动的任务，可以更容易、更快速地解答有关系统的可用性、效率或感知有用性的问题。不过，对于技术是否会以及如何会在现实世界的使用中被人们采用、使用或弃用，实验室研究却知之甚少。由于在实验室中，相关影响会被消除或加大，因此实验室研究中可能出现生态差距（ecological gaps）［托马斯（Thomas）和凯洛格（Kellogg），1989年］，而现实世界则不会出现这一情况。实验室研究尤其不适合检验一项技术如何与环境中的其他因素相互作用，包括已使用的技术、干扰和并发活动、技术在使用中的社会和组织约束等。例如，设想一位研究人员希望评估一款新的手机导览应用。通过实验室测试，该人员会发现应用存在可用性方面的问题，如难以理解的指令、不自然的命令和操作导引以及表述不明确的信息。他也可能获取被试的思维性的反应，了解系统如何在新城市导览中发挥作用。而在实地部署研究中，研究人员能获取更多关于在导览城市时系统如何提供实时支持的信息，满足每时每刻产生的需求，同时清楚系统如何配合其他同时发生的活动，如介绍地标性建筑和景点、与旅伴互动、避开交通拥堵、购物、就餐等。

在使用环境中了解技术是人机交互研究的一项重要内容，其研究方法有很多，包括实地观察（field observations）、面谈（interviews）、实境调查（contextual inquiry）和被试观察（participant-observation）等（仅举几例，多数方法将在本书其他文章介绍）。这些方法着眼于日常实践活动，了解人们在特定环境下的技术使用情况，通常（在人机交互领域）以设计今后的潜在干预手段为目的。实地部署研究频繁使用这些方法，以了解引入的技术与环境的关系，但通过部署引入新技术意味着"日常实践"这一研究对象将处于变化之中。动态的实践反过来启发上述方法和分析技巧的使用。例如，观察和面谈的时机至关重要，可能需要反复使用，以了解一段时间里对于新技术的使用变化。这些方法也可与调查（surveys）和使用日志分析（usage log analysis）等定量导向法结合使用，以发现值得进一步调查的事件，或对其他方法发现的结果进行量化。简而言之，实地部署研究与其他实地方法有着相同的目标和技巧，但前者的干涉属性限制了研究目标的设定和各种技巧的使用。

实地部署的前提通常是针对一项明确的用户需求开发出了新的样机。研究人员决定着技术和研究设计，实地被试则决定了使用的环境。由于实地部署的结果和生态效度大多取决于被试，因此我们重点介绍实地部署中的三类被试。

便捷性部署

在实验室、家庭或社交网络内部署一项新技术通常被称作"吃自己的狗粮"或就"亲友"部署。本文中，我们借用其他实证工作中方便样本的概念，称为"便捷性部署"。开展方便部署时，研究人员假定能较容易地接近被试——顾名思义"便捷"。与研究的被试及其环境更加熟悉可更容易地构建和维持系统。不过，几乎可以确定，这类人群不能代表公众，他们也许更倾向于支持研究工作，提供研究人员想要的反馈。例如，研究团队的一位朋友使用过一款应用，他告诉研究团队能成功退出该应用，不过，后来研究团队发现他使用的应用版本较老，上面没有退出按钮。同样，在另一个项目中，研究团队在共享工作空间部署了一款蓄意侵入式应用，由于被试担心被冒犯，不想被核心研究团队面谈，因此团队不得不招募新的研究人员与被试面谈（海耶斯等人，2007年）。尽管缺乏普遍性，但这类研究依然有助于研究团队在全面部署前对研究的设计和期望进行评估。

半控制性研究

半控制性研究的被试与研究团队相识，或在研究开始时不相识，但在整个研究期间与研究人员进行了大量的沟通，并建立了关系。要建立一个鲁棒性高的样机、使其经受住不熟悉研究的被试的滥用并非易事，但只有这样才能获得尽可能自然的体验。通常来说，在半控制性研究中，出于研究目的招募使用样机的被试，可能仅在研究期间被允许使用该技术，无论被试是否在研究结束后希望继续使用该技术。例如，部署一款手机健康应用时，研究团队与临床医生合作，对应用采集的数据进行分析，但若没有技术提供商的帮助，被试无法长期使用这款应用。在该方法下，一些定量数据会被采集，特别是在研究被试增多和手段增加的情况下。不过在半控制性部署研究中，定性数据至少与定量数据同样重要。这类干预的强度对被试和研究人员构成了挑战，也带来了收获。通过干预，双方的关系逐渐增进，产生了某种与便捷性部署模式相同的误差动态。半控制性研究也许与便捷性部署存在某些相同的问题[即默许误差（acquiescence bias）和缺乏普遍性]，但借助这两种方法，研究团队能更自信地辩称，部署采用的人群和地点经过精心选择，可推广至更广泛的人群。

非控制性研究

"In the Wild"一词暗示引入新事物时，被试尽可能地接近自然的使用状态。这种情况下，技术部署面向的人群几乎全部为研究团队不认识的人员，这些人没有对项目或技术投资，事实上他们也许更倾向于对技术持批判性态度。这类研究中的样机必须具备高鲁棒性，甚至达到商业产品所需的"贝塔"测试（"beta" testing）水准。例如，IBM研究院在公司内部部署了Beehive社交网络样机，一年后，吸引了3万多名员工用户加入，并带来了多个研究机会[迪米克（DiMicco）等人，2008年]。如此强度的高鲁棒性样机可使研究人员采集数十名或成千上万名被试在"现实世界"的使用统计数据。很少有研究型样机能达到这一使用水平，但许多商业产品、特别是基于网络的线上服务使用该模型进行评估。

部署研究中的研究性问题

实地部署有助于我们更好地了解人们在日常生活中如何使用系统，因此我们能够解答的问题主要围绕系统在现实世界的使用情况。具体来讲，实地部署提供了丰富的数据，告诉我们一个概念能有多贴近目标人群的需求，以及用户在实际使用中如何逐渐接受、采用和使用一个系统。

实地部署也可用于验证概念或样机——基于人群现有或已知需求的系统设计，或未曾见过或体验过的创新技术。在这些研究中，不必有一个功能完备的样机。低保真样机通常能够提供有用的信息。例如，一块木头在实验室中被用于验证首个个人数字助理这一概念[莫罗（Morrow），2002年]。同样，在验证概念时，研究团队也许先在一群人中试行，然后再面向最终的目标人群部署。例如，亚马逊（Amazon）、脸书（Facebook）和谷歌（Google）在大范围部署变革前，会定期面向一部分用户进行新界面和新服务的测试。试验人群并非总是来自目标人群，尽管越接近目标人群，试验结果越可能有助于筹备全面的部署工作。例如，在加利福尼亚大学尔湾分校（UC Irvine）的一项研究中，研究人员在向早产儿父母部署一项早产儿应用前，在足月新生儿的父母中试行了该项技术（邓等人，2012年）。

要了解新技术的潜在使用情况，主要难点在于技术的长期运用。行为管理专家注意到，新技术的使用等新行为，需要最长六个月的时间才能真正固定下来[普罗查斯卡（Prochaska）和迪克莱门特（DiClemente），1982年]。同时，社会压力和可能驱动早期使用的初始兴趣也许会随着时间的推移逐渐消失，同时导致其他挑战和问题的出现。通过部署，可对系统长期的接受、采用和占用情况进行研究。

如需评估新开发软件在新设备上的表现，研究人员必须认真设计研究设备，以梳理被试对该软件、设备上其他软件或设备本身的接受情况带来的影响。例如，勒•当泰克（Le Dantec）和爱德华兹（Edwards）2008年的报告中说，部署中使用的设备被看作社会地位的象征，因此梳理被试对设备上部署的软件的反应难度更大。分析系统和应用的日志文件、面谈和实地观察，有助于从潜在的这些因素中识别相互的影响（如有）。若将新技术部署在目标人群中，须提前了解不同被试采用该技术的难易程度，如使用创新扩散（Diffusion of Innovation）模型[罗杰斯（Rogers），2003年]，这可有助于后期解读观察到的使用情况和偏好模式。

对人机交互研究人员来说，系统占用和"在实践中设计（design in action）"[森格斯（Sengers）和葛佛（Gaver），2006年]也许比有关接受性和采用性的问题更有吸引力。用户使用新技术时，会按照自己的兴趣和设计来塑造技术。在持续数周或数月的实地部署期间，研究人员可在这段时间内观察这些现象，围绕最终可能影响用户采用性和占用性的因素探索有趣的研究问题。研究人员还可在反馈和观察的基础上，在研究期间多次重新设计样机，积极地协助系统占用，并与研究的被试一起反复实践，形成最终设计。

如何做：成功的做法包含哪些步骤？

要从实地部署中学习，需要将可用于测试的样机投入到实际使用中，采集与使用有关的数据。实地部署研究的主要步骤如下：

- 找到实地部署的场地；
- 设定实地部署研究的目标；
- 招募被试；
- 设计数据采集工具；
- 实地部署；
- 结束部署；
- 数据报告。

下面将详细介绍上述各个步骤。

找到实地部署的场地

实地部署的场地应适合样机的实际运用，同时允许研究人员进行研究，从部署中学习。前文在介绍实地部署的三类被试时提到，实地部署研究的被试的选择会影响实验的效果和关联场地所需的工作量。我们介绍几个实例，对需要权衡的一些地方加以说明。

在开发支持分布式工作团队的工具时，邓（Tang）和艾萨克斯（Isaacs）（1993年）首先调查了他们所在公司的分布式团队。调查发现了人们在远程协作时出现的问题，进而开发了新的视频样机以联络团队成员。之后，他们在本公司的一个团队中部署了这些样机，该团队人员遍布美国东西海岸，私下与采用半控制性部署的研究人员并不相识。正如上文讨论的那样，选择自身的工作环境作为实地环境，通常可提供极大的接触便利和相同的情境，但也可能带来普遍性问题。不过，他们的分析侧重于被试的工作特征（如沟通频率、使用共享绘图作为视频的补充），并主张其他分布式团队一般也具有这些特征。

威诺利亚（Venolia）等人（2010年）研究在分布式团队中使用视频代理软件，以支持团队成员远程沟通，他们将自己开发的代理样机部署在自身的分布式团队中，为期一年多。之后，他们发现了四个不同的分布式团队，这些团队私下与部署样机的研究团队并不相识。四个团队有着不同的分布特点。有些团队处在同一时区，而有一团队与其他团队存在3小时的时差。有些远程被试在过去的8个月刚刚加入团队，而有一名被试已与团队共事了三年。远程被试的资历也各不相同。该研究不仅在内部团队部署样机，利用公司内部的便利和优势，而且将研究范围扩展至配置不同的分布式团队。

当与外部合作伙伴共同开展一项部署时，常常需要在部署前、部署中和部署后投入时间发展并维护与合作伙伴的关系。有时一名关键人员就能提供所需的通道和便利。例如，在康纳利（Connelly）等人（2012年）的工作中，一名护士发现，她所照顾的文化水平较低的透析患者对监测自身的营养吸收情况感兴趣，但受文化水平所限，患者们几乎无法使用目前的工具进行自我监测。因此，该护士与计算研究人员合作，希望设计一个适当的社会性技术解决方案。在这个例子中，计算研究人员同已与其所在机构建立合作关系的团体合作伙伴（如大学附属医院或雇员定期开展志愿服务的社区中心）取得了联系。不过，在其他情况下，研究人员必须积极寻找团体合作伙伴，并举办会议讨论潜在合作事宜。科罗拉多大学的研究人员出资举办了多场午宴，邀请同一领域的多个团体合作伙伴参加，借此机会了解合作伙伴通常面临的问题，及其通过了解潜在技术解决方案得到了哪些收获。

许多情况下，研究人员必须致力于建立长期、有意义的团体合作关系，确保所有利益相关方都在合作研究项目中感受到尊重和重视。有时先为合作伙伴完成小型的项目是个不错的主意，这样可为双方合作打下良好的基础。例如，一家合作伙伴可能需要重新设计网站，这并不是一项研究，但对合作伙伴来说却非常重要，将项目分给一名刚刚大学毕业的研究助理来说再合适不过。在合作伙伴看来，研究期间工作繁忙异常，之后研究进入结果分析和系统迭代阶段，节奏放缓，因此研究项目的状态通常起伏不定。研究人员应该考虑如何在低互动期间，定期与合作伙伴保持接触。可定期举办会议，向整个研究团队介绍项目进展。如果合作伙伴的成员不属于研究团队，研究人员可定期参加在合作伙伴场地举办的志愿活动，这样，合作伙伴的成员就不会认为研究团队仅仅是在有求于自己的时候才出现了。

设定实地部署研究的目标

实地部署可设定多个目标，解答各类研究问题。实地部署研究让人们有机会去了解如何与样机互动，如何开展活动，从而改进样机设计。虽然实地部署研究与实际产品可用性测试的界限并不明晰，但开展实地部署从根本上讲可提高我们对样机系统的认知，将其推而广之，不局限于特定的部署。同时，实地部署可使我们了解许多与所研究的人群和环境有关的知识，仅仅观察现有的实践和技术使用情况，也许不会有如此大的收获。

区分采用与使用

在部署研究中，人们常常同时提出两个问题：（1）人们会使用该样机吗？（2）如果使用，那么他们会喜欢它，发现它的作用吗？一般情况下，对任何技术来讲，吸引人们自愿地采用和使用都是一项难以企及的标准，很少有研究样机能够达到被现实世界采纳所需要的鲁棒性水平、完整程度或艺术美感。因此，许多实地部署会人为地刺激人们采用和使用该样机，将注意力集中在其他因素上，如特定系统功能的实用性、系统在特定社会环境中的适当性、系统因被试的特殊需求和实践而被占用的能力，或使用系统对用户行为变化和工作效率等其他因素的影响。

例如，在加利福尼亚大学尔湾分校的Estrellita项目中（邓等人，2012年），研究人员纠结于是否为被试支付提交数据的报酬。通常在医学研究中，研究人员会因被试遵守协议而向其支付报酬，因为研究的首要目标是确定疗效。至于人们是否愿意在没有报酬的情况下继续遵守协议，需等到疗效确定后才能知晓。因此，在该研究中，Estrellita的团队决定，对于通过系统积极采集数据的被试，每完成一周工作向其提供一次报酬。不过，研究人员没有像众多的医学研究那样严苛，要求被试除完成某些任务外，还要按照数据采集方案达到一定标准后才提供报酬。这类决定是否合理并没有正确的答案，但决定须纳入研究设计。报酬机制应在出版刊物加以介绍，这样读者可参考报酬机制认真分析研究结果。

引导之光：用户的需求，还是研究性问题？

本质上讲，实地部署需要研究人员与研究被试建立密切的合作关系。这种密切关系被偏好控制性试验的人视作一种遏制手段。我们则认为这种关系能够提供见解并启发更多的研究问题，因而扩展研究贡献。在部署研究中，提出研究问题通常不是一蹴而就的事情。研究人员必须不断地思考实地部署的过程，持续修改样机和研究问题。不过，这些更改可能不会反映在实证学术文章中，这些文章专注于清晰简洁地表达研究问题和答案。实地部署有助于反复改进设计，了解围绕样机的使用有哪些社会活动。

研究人员的从属关系

如果研究的目的包括了解对样机品质的采用、使用和认知情况（如有用性、可用性和合意性），那么研究人员须意识到研究人员与样机间的关系可能对部署结果产生的影响。正如在实验室研究中，如果样机被看作研究人员的劳动果实，那么无论是开发的工业产品还是学术领域的新技术，用户都可能会倾向于验证研究人员的目标。反之，若样机用于处理用户的迫切需求，特别是医疗等敏感环境下的需求，则会促使用户无视现有效用、做出鼓励进一步开发样机的行为。在产业环境中部署新技术尤其可能面临这样的挑战。如果管理人员或公司下达命令，要求雇员使用该系统，将使得研究人员与被试原本就有许多共性的关系变得愈加复杂。例如，许多公司拥有相对同质的运算环境，在该环境中，大家也会使用相同的应用（如电子邮件、日历、工作流程）和网络基础设施。同样，相同的企业文化也会影响研究发现的普遍性，难以将该环境下的发现推而广之，跨国公司也不例外。

关注公司外部环境的学术和产业研究人员，在实地部署期间常常与团体合作伙伴或其他部门的研究人员合作。这些团队成员有各自的工作文化和相关预期。研究人员在异质环境中工作，有时须投入额外资源使环境更加同质化（如为被试提供相同的手机和数据计划）。由于各利益相关方（学术研究人员和团体合作伙伴）在同一项目中工作，因此可能存在涉及知识产权或人体受试者研究保护的问题。

招募被试

研究人员与团体合作伙伴共同开展实地部署时，须协调所在机构的各类人群，并协调所在机构与合作机构的关系。研究人员还需注意，避免干扰合作机构的正常运转。研究人员和合作伙伴应在协调初期，讨论各自对协作、会议、招募流程、项目总结和出版物的期望。有些实地部署场地会得到研究人员的青睐，如附近的学校、医院或社会经济水平较低的社区。因此，特定机构的研究人员应加强相互间的沟通，这可有助于确保研究不会给实地场地带来过重的负担。

研究被试的敬业精神对部署研究来说尤为重要。因此，部署研究的人员招募和保留工作极富挑战性，原因是被试会考虑长期研究对自身日常生活的影响。这种敬业精神同样考验着研究人员。例如，如果目标用户群体需要手机等资源，而研究人员可提供的手机数量有限，那么研究人员将不得不考虑采用循环部署的方式。循环部署中，研究的被试被分成了若干小组，每组的体验相同（或至少相似）。不过，这种研究设计会产生跨组比较的问题。例如，在一项营养监测研究中，研究人员应留意在所选择的循环部署时间段，人们受文化和季节性影响的饮食习惯是否具有可比性。如果一组在9月和10月使用该系统，另一组在11月和12月（西方文化中，这段时间有着更多的饮食庆祝活动）使用该系统，那么则很难对两组的使用模式做出比较。

推进项目开展的许可

除了要征得实地上任何个人的同意，研究人员常常需要与行政人员协调，获得在实地部署场地开展研究的许可。要获得实地的许可，除研究人员所属机构批准外，还需要召开会议、进行展示、提供项目文件，并获得实地上所有道德委员会的批准。要向多家道德委员会提交申请，需提前认真做出规划与协调，确保所有事项与申请文件一致，一家委员会要求做出的更改需经过其他委员会的同意。无论何时，如果申请流程出现问题，我们建议每家道德委员会派一名代表，共同讨论研究人员面临的问题。例如，在海耶斯的一个项目中，一家机构审查委员会要求团体合作伙伴出具一封合作函，但合作伙伴表示，收到机构审查委员会批准研究的通知函后再出具合作函，双方由此陷入僵局。为推动项目开展，研究团队与道德委员会代表召开了一次电话会议，研究团队同意可同时提交机构审查委员会文件。机构审查委员会之后致电，表示将在团体合作伙伴的道德委员会批准后批准该项研究。

报酬

报酬是招募和研究设计面临的最后一项挑战。所有研究都必须谨慎地提供报酬，使报酬金额与被试的社会经济状况相符。适合高收入者的报酬也许会对收入少许多的人士构成压力。此外，对于部署研究中的报酬，还要考虑其他问题。部署研究需要被试的深入参与，可能需要被试付出比他们（甚至研究人员）最初设想的更多的努力。报酬问题之所以成为挑战，部分是因为我们认为应根据被试开展研究活动的时长决定其报酬的多少。在实验室研究中，使用系统一小时的时间是可预测的，而在实地研究中，使用系统一小时可能会断断续续地持续数日或数周。不过，使用系统本身同时也是一项巨大的福利，鼓励人们在高强度的研究活动中坚持下去，不离不弃。

设计数据采集工具

所有研究项目的根本问题都是衡量什么和如何衡量的问题。实地部署采用的方法具有普遍适用性，但实地部署提供了在其他人机交互知识领域所没有的技巧。特别是，实地部署可用于对长期重复的措施进行研究，并分析使用日志。从定性角度看，研究人员可以反复面谈，使用调查和其他工具获得用户的反馈，观察样机的使用情况。从定量角度看，研究人员希望测量完成任务的时间、效率和生产能力、任务量[如借助NASA-TLX（Hart，2006年）等工具]以及用户看法随时间的变化情况。实地部署通常采用多种方法对特定的问题进行三角测量，包括本书介绍的若干方法，如调查（《人机交互中的问卷调查研究》）、日志分析（log analysis）（《通过日志数据与分析来了解用户行为》）、传感器数据采集（sensor data collection）（《传感器数据流》）、社交网络分析（social network analysis）（《人机交互（HCI）的社交网络分析》）以及回顾性分析（retrospective analysis）（《往回看：人机交互中的回溯性研究方法》）。

无论采用哪种方法，超时的数据采集都会成为被试的负担。重复的调查可能会激怒被试，如果调查与系统使用有关，被试甚至会停止使用样机，从而避免记录系统的使用情况或回答有关的问题。因此，对于需要持续参与的研究来说，最大程度减少用户的明确干预也许较为可取。这些方法包括观察、日志分析、基于任务的措施和内隐措施（implicit measures）。最后，随着被试日渐疲劳，且与研究人员建立了长期的关系，被试会愿意满足研究人员的需要。因此，研究人员必须特别注意何时以及如何采集数据。例如，关键一点是样机工具的使用应带有时间戳，从而避免出现这样的情况——研究人员认为使用频率高，但被试仅仅是在与研究人员面谈或见面前才使用工具，有时这被称作"停车场合规（Parking Lot Compliance）"[斯通（Stone）、席夫曼（Shiffman）、施瓦茨（Schwartz）、布罗德里克（Broderick）和胡福德（Hufford），2003年]。

人们可分析内隐措施，如新沟通工具部署研究中的电子邮件或电话数量，为各种声明提供佐证。不过，如果数据采集没有实现自动化，日志活动可能成为一项负担。例如，一项研究要求被试在日志中记录面访的情况，但有些记录的数据并不准确（邓和艾萨克斯，1993年）。该研究的一名被试甚至讲过这样一件事：他愿意在一天的工作开始时和同事打招呼，但研究期间他有时会不打招呼，原因仅仅是不想做记录而已。如果研究人员选择自动采集数据，我们则鼓励研究人员在研究开始前开发脚本，这样在部署期间和部署结束后，他们都能轻而易举地对数据进行连续分析。

实地部署可利用被试内和被试间的研究设计。招募到足够的被试来证明统计学意义可能具有难度。当然，对于被试间的比较试验来说，挑战更加艰巨。部署研究中被试的数量可能很小，因此很难衡量主要结果的变化情况（如改善的教育绩效或行为变化）。因此，应特别注意检查中间结果和基于流程的结果。例如，如果被试在面谈时表示，其越来越注意到系统监控的一项活动，即说明其今后的行为可能出现变化，即使在研究范围内该变化尚未出现。同样，研究团队在部署期间，必须考虑开展增量评价，如定期面谈，为今后"情况为何出现？"之类的研究问题提供启发。

对所有利益相关方来说，实地部署会耗费大量的时间和资源，因此研究人员应确保研究对目标人群具有一定的价值，且采集到足够的数据，加深对系统和目标人群的了解。通过这一方式，能够实现贝尔蒙特（Belmont）在报告中提到的"最大程度增加潜在收益和减少潜在危害"的道德目标，本书在《研究伦理与人机交互》一文中对该目标有讨论。要检查数据采集方法，简单的做法是与团体合作伙伴重新讨论研究问题和期望。研究人员可以思考，"我需要哪些数据才能回答这些研究问题？"以及"如果我打算采集这些数据，可以对自己的研究团体或合作伙伴说些什么？"研究设计审查可有助于发现评估的漏洞或其他数据采集方法。在研究设计审查中，研究人员（有些人员也许没有密切地参与研究）会聚在一起讨论系统和研究设计。

任何一个项目，研究人员都会在开展实地研究的过程中不断学习。因此，我们建议在开始大型实地部署前开展小型的部署或试点。例如，研究人员和研究团队可以以便捷性部署的形式（前文讨论过），独自开展试点研究。如果该研究人员及其同事不愿按照原本的设计使用该系统或参与研究，那么被试不必勉强自己完成该研究。一旦研究人员"吃自己的狗粮"，那么系统和研究设计可被迭代，团队可决定是否有必要在与合作伙伴启动真正的部署前，继续开展小型部署（如亲友部署）。

实地部署

部署研究杂乱棘手。在现实世界中，各种事件和限制都将对采集的数据产生影响。在部署期间，随着各种状况的出现，研究人员需要快速做出反应，对数据采集、研究规划或其他因素进行调整。我们鼓励以透明的方式介绍，实地部署在应对现实世界事件的过程中形成了哪些方法。这不仅能突出生态效度——现实世界如何影响技术的使用和研究，而且有助于读者解读研究数据。邓、艾萨克斯和鲁阿（Rua）（1994年）开展的视频会议系统实地部署，对数据采集的混乱情况进行了讨论，该部分获得了读者的好评。

在整个实地部署过程中，研究团队必须准备好开展增量式的连续分析，全力投入，了解正在开展的工作，为今后的研究问题提供启发。研究人员采集的各种数据——从定期面谈到自动获得的使用日志，都可采用增量分析的方法。可将今后研究的问题和见解融入当前的实地部署，或在部署结束后认真思考这些问题和见解，以改进系统和研究设计。不过，增量分析不能替代最终分析。最终分析时，研究团队将查看完整的数据集，重新讨论实地部署期间形成的问题和见解，从而对问题和见解提出质疑、加以核实。

在实地部署中，无论研究团队的工作安排得多么得当、富有条理，都会感觉研究杂乱无章，数据混乱复杂。出现混乱的原因是，被试实地使用系统时，存在各种潜在的可变因素和难以控制的情况。在参与研究的过程中，受搬家、厌倦、设备被盗等各种因素的影响，被试可能无法继续进行下去。同样，研究问题也经常随着研究人员掌握的新情况而变化。例如，原本设计用于教学的系统被教室工作人员用作沟通工具，因此研究团队围绕沟通方式的变化增加了研究问题[克莱姆（Cramer）、希拉诺（Hirano）、滕托里（Tentori）、叶加尼扬（Yeganyan）和海耶斯，2011年]。研究问题的转变导致采集数据的变化，包括没有孩子在场时，教师的谈话视频以及已采集数据分析方法的变化，如对孩子们在场时的课堂活动视频重新编码，以突出教师间的沟通。

开发与支持可用于测试的样机

除监测数据采集和持续重估研究问题外，样机自身也常常需要得到持续的监测和支持。研究团队的成员必须随时待命，解答被试、团体合作伙伴和其他利益相关方的询问，从而解决问题，提供支持，保障实地部署顺利进行。此外，在部署期间，随着研究人员对使用中系统了解的增多，样机会经常变化。对样机做出实质性的改进，以解决新需求、可用性问题和软件缺陷，是开展实地部署的常规工作，同时需要配置相应的资源。

即使制订了支持计划，问题也会出现。在科罗拉多大学的一次研究中，研究被试没有计算机和网络，我们给被试提供了手机，整个部署期间，如果出现问题或困难，被试可24小时随时拨打电话。研究团队没有接到过电话，但在定期面谈时，被试却告诉研究团队他们遇到了问题，研究团队非常惊讶。被试表示，他们居住的城市距离这里有45分钟的车程，那里的电话区号与研究使用的手机电话号区号不一致，因此无法拨打电话。这件事促使研究人员在今后的研究中，使用区号与被试所在地区一致的电话号。

无论制订了何种支持计划，部署的样机的鲁棒性都必须足够高，可在周边没有技术支持的情况下独立使用。要实现这样的鲁棒性，不但需要前期投入大笔资金，制作高鲁棒性的工作样机，还要在整个部署期间，全力提供技术支持，积极响应，处理不断出现的问题。研究人员应在启动实地部署研究之前，在现实环境中对样机进行测试。还应提前制定相应机制，应对部署中出现的问题，如出现问题时被试应如何去做。

更改部署

在正规的实验室实验或临床试验中，中途无法对干预进行更改，除非将更改前采集的数据做无效处理。但在人机交互研究中，开展实地部署时，常常需要更改样机并（或）更改数据采集方案，更改的理由和影响可成为研究的附加值。研究人员应将遇到的任何问题记录下来，确保整个研究期间都有定期核对，便于对想法和结果进行讨论，并根据意外出现的情况做出相应更改。在有关人机交互的著作和发表的文章中介绍这种杂乱的情况，从来都不是件轻松的事情，但介绍相关情况越来越成为一种普遍的做法，应该得到鼓励。如果一项部署没有正常开展（无论系统还是研究），研究团队应停止部署，退出系统，重新评估研究目标、研究设计和策略。有些部署可能持续了很长时间，我们见过这样的例子，研究团队决定在部署工作持续三年半后终止部署，以重新评估研究和更新系统（克莱姆、希拉诺、滕托里、叶加尼扬和海耶斯，2011年；希拉诺等人，2010年）。与其推进部署，不如稳妥行事，因为前者可能会挫败被试的努力，不会给他们带来任何好处，还会冷落团体合作伙伴，浪费研究人员的时间和资源。

结束部署

在没有满足人群的需求或研究已经结束的情况下，实地部署理应结束。实地部署接近尾声时，研究团队必须考虑结束部署将对团体合作伙伴和目标人群带来哪些影响（如有）。例如，部署是否改进了利益相关方的流程或活动？如有改进，删除系统会带来哪些道德影响？机构审核委员会（IRB）或团体的道德委员会（community ethics board）偶尔会在研究协议中增加一项要求，要求记录下是否有被试表示该系统有益，且必须向该被试提供该系统。从我们的经验来看，提供系统的要求会有不同的规定，向被试免费提供系统，或让被试选择购买软硬件。如果免费提供系统，研究团队须了解资助机构和职业机构规定了哪些必须遵守的流程，从而以合法方式赠送职业机构购买的软硬件。有些研究团队考虑将软件奖励送给被试。出售样机至少可以使被试了解样机的成本，从而决定是否继续使用样机。

研究结束时，当研究人员计划将样机从日常使用中撤出，特别是样机经证明能够满足用户需求时，可能会出现尴尬的场景。例如，在视频代理样机的研究中（威诺利亚等人，2010年），研究计划是分别在部署样机前两周、使用样机的六周以及撤出样机后的两周时间里对每组人员进行观察。当要撤出样机时，一组人员贴了一张字条，要求研究人员不要撤出样机，因为当天下午他们要召开一个重要会议，希望能够使用该样机。为满足该组人员的要求，研究人员调整了研究日程，他们注意到，这样做相当于采集了额外的数据，记录下了样机对该组人员的价值。

不过，按照研究样机的建造标准，样机通常不能承受日常使用的强度，研究团队也不能持续提供技术支持，使样机无限期地工作下去。不过，即使研究之初有明确的协议规定，一旦样机成为了被试生活的一部分，也很难将样机撤出。

如果样机能够继续运行下去，研究团队也必须考虑将来能够提供哪些支持（如有）。研究人员很难在研究结束后继续对研究系统提供支持，因为研究人员将开始下一个项目的研究，通常不会有多余的资源支持以往项目留下的技术。通常，受制于平台软件的更新和技术演化，一段时间后样机将停止工作。因此，研究团队应让目标人群明确了解，如果研究结束后目标人群继续使用该系统，他们将提供哪些支持，以及提供多久的支持。

实地部署完成后，研究团队还须考虑他们希望与团体合作伙伴保持怎样的合作关系。至少，研究人员须确保向团体合作伙伴简要汇报情况，对研究的影响和见解进行讨论。若研究团队希望与团体合作伙伴继续合作，那么应重新审视先前达成的协议，确保各方都愿意继续合作，共同开展今后的研究。

数据报告

实地部署为研究人员的分析提供了丰富、多样和杂乱的数据集。由于一项特定研究采用的理论和方法会自然而然地涉及分析方法，因此分析方法不是实地部署特有的方法，尽管如此，研究人员必须详细介绍使用了实地部署采集的哪些数据进行分析，帮助研究团体评估分析结果。我们鼓励研究人员不仅介绍研究和分析方法，还介绍已做过的数据清理（data cleaning）。例如，分析中是否包含"停车场合规"（Parking Lot Compliance）数据？若包含，这样做的依据是什么？"停车场合规"数据可能为人造数据，在某个研究事件的影响下，被试在短时间内生成了这些数据。尽管如此，这些数据也可能让研究人员有机会了解被试的生活。例如，在一项照片启发研究中，被试在与研究人员见面前，拍下了橱柜和冰箱中物品的照片。在我们的初始研究评估期间，科罗拉多大学的研究人员标出了"停车场合规"数据，但依旧对数据进行了认真的思考和分析。很快我们发现，这些照片能够让我们了解当地的饮食文化如何颠覆了被试的民族文化。因为该被试刚刚搬到此地，在6周的时间里，他放在冰箱中的食物从新鲜水果和牛奶逐渐变成了苏打水和预包装食品[卡恩（Khan）、安纳恩桑纳拉雅恩（Ananthanarayan）和西克，2011年]。让研究团体讨论研究团队遇到的有关目标人群招募、保留和参与的任何问题，也有助于前者估计在这些环境中开展实地部署将遇到哪些困难。

由于每项实地部署各不相同，研究人员获得的经验会因工作涉及的理论、方法、环境和人群的不同而有所不同。因此，在"如何做？"这一部分，我们将介绍从集体经验得出的见解和看法，告诉大家如何启动、实施并完成实地部署研究，但这不完全是固定的规范。研究人员应针对可能遇到的挑战做出规划，利用所在场地特有的机会，研究他们希望部署的技术。

更熟练地开展实地部署研究

实地部署中，需要采用多种方法设计部署、评估部署和分析数据。与团体合作伙伴合作的研究人员，应在设计过程中考虑合作伙伴与研究人员的权力动态，从而更好地制订目标、方法和沟通期望。在研究的每个环节，如在参与设计和团体参与式设计（Participatory Design and Community-Based Participatory Design）[伊斯雷尔（Israel）、恩（Eng）、舒尔茨（Schulz）和派克（Parker），2005年]中，研究人员和团体合作伙伴都会拥有平等的合作关系吗？或者研究人员将与目标人群合作，通过行动研究{见《行而知之：研究人机交互的方法——行动研究》（*Knowing by Doing: Action Research as an Approach to HCI*）（海耶斯，2011年）和[勒温（Lewin），1946年]｝改进社会建构吗？也许研究人员将通过以用户为中心的设计（User Centered Design）针对目标人群设计一种干预手段。在实地部署中，研究人员会考虑使用多个理论透镜，这里我们将简要讨论人机交互领域已采用的主要做法。

设计实地部署研究时，研究人员可（且通常应该）结合使用定性方法（见《解读民族志》和《扎根理论方法》）和定量方法（见《人机交互中的问卷调查研究》）。研究人员应认真思考数据采集和解读工作的脑力投入和首选的做法。例如，他们是否相信能够且应该通过采集的数据验证自己的看法（一种实证主义的做法，能激发更多控制性的研究设计）？或者对于无法用研究自然界现象的方法来研究社会生活的观点，研究人员是否更加认同导致其采用非实证主义的做法，如自然询问法（naturalistic inquiry）[林肯（Lincoln）和库巴（Guba），1985年]中的做法？部署可能带有方法不可知论的意味，使研究团队选择那些最切合自身传统和信仰的经验主义方法，将这些方法与提出的问题以最紧密的方式联系起来。最终，不论采用哪种经验主义方法进行评估和理解，部署皆是研究系统在环境中的使用情况。

实地部署贯穿人机交互的全过程，也在CSCW和Ubicomp研究中发挥着尤为重要的作用，这是因为很难将影响实验室中系统使用的重要因素复制下来。我们已经讨论过借助视频来协助分布性团队工作的论文[邓和艾萨克斯，1993年；邓、艾萨克斯和鲁阿，1994年；威诺利亚等人，2010年]，此外，还有很多基于实地部署的计算机支持的协调工作研究。埃里克森（Erickson）等人（1999年）开发了一个名为Babble的认知工具，能以视觉方式呈现同事在CMC对话中的影像和活动。他们不仅在小组内使用Babble，还在IBM的其他工作组部署了这一工具。部署帮助他们了解了团队如何使用Babble，启发他们研究并了解借助CMC进行协商和联系的社交半透明行为。Bluemail是一款样机电子邮件工具，与上文的Beehive工具（迪米克等人，2008年）类似，在IBM部署了一年多时间，被13 000多名员工所使用。通过分析该工具的使用数据，研究人员能够对按国家归类的各种电子邮件归类模式（邓等人，2009年）进行研究，找到重新查找电子邮件讯息的方法[惠特克（Whittaker）等人，2011年]。布拉什（Brush）等人（2008年）在为期5周的部署中，对7对家庭如何使用一款样机日历和照片分享系统进行了研究。由于社会环境对计算机支持的协同工作工具的使用非常重要，因此实地部署是研究如何使用这些工具的一种有效方式。

Ubicomp文献记载了丰富的案例分析，介绍了各种经验教训，对移动交互中获得的动态实地经验的研究进行了描述[舒尔茨（Scholtz）和考恩索尔沃（Consolvo），2004年]。这种案例分析法为研究人员提供了研究设计的实例，研究人员可以以实例为基础进行设计，并在部署前发现可能出现的问题。斯科特·卡特（Scott Carter）和詹妮弗·曼考夫（Jennifer Mankoff）（2005年）研究了在一定环境下评估Ubicomp系统所需的样机精度。考恩索尔沃等人（2007年）回顾了自身实地数据采集的经验，采集的数据涉及评估员发起的数据、环境引发的数据及用户发起的数据，这些数据采集经验是应用和评估工具设计需要考量的重要内容。对于实地系统评估，黑泽伍德（Hazelwood）、康纳利和施托尔特曼（Stolterman）（2011年）思考了一个难题，即人们何时是周围显示环境中的被试——与真正的普适系统互动，或者仅仅是一个无知的旁观者？最后，法韦拉（Favela）、滕托里和冈萨雷斯（Gonzalez）（2010年）挑战我们评估工作的生态效度（即评估环境的现实程度），主张在控制式实验（a controlled experiment）和真实实地评估之间找到折中做法，更好地理解所部署样机的可感知普遍性。

我们鼓励团体报告部署工作和数据分析的杂乱情况，研究人员也可以继续思考报告的界限。《关于健康信息学评估研究报告的声明（STARE-HI）》列出了一些原则，有助于我们明确出版物和发表的论文中应包含的内容[塔尔蒙（Talmon）等人，2009年]。STARE-HI介绍了研究人员论文各部分应包含的内容。尽管STARE-HI计划用于健康信息学界，但该框架的评估研究部分也适用于所有实地部署。

实地部署论文实例

除上述有关CSCW和Ubicomp案例分析外，我们还将简单介绍三篇论文范本。这些论文通过实地部署更深入地了解用户需求（勒当泰克和爱德华兹，2008年），基于用户需求设计样机系统（滕托里和法韦拉，2008年），并评估样机系统（考恩索尔沃等人，2008年）。选择论文的依据是研究设计、数据分析、从结果得到的启示以及作者对目标人群的尊重。读者应留意论文作者如何严谨地组织和呈现研究发现，体现每项研究结果对该领域的价值和贡献，即使审核人员认为研究结果显而易见，并无新意——这是对实地部署的常见评论。我们则反驳，我们无法可靠地知晓一个结果是否存在，除非我们对这一现象展开严谨的研究，因此有必要开展实地部署。

勒当泰克和爱德华兹（2008年）向读者展示研究人员如何部署一项照片启发式研究，更深入地了解未获得充分服务人群（这里指城市中的无家可归者）的需求。作者调查了28名无家可归者，向其提供便携式相机，让其记录下自己的日常生活，时间为期2周，借此了解他们对技术的看法和信息需求。研究结束时，调查人员与被试面谈，面谈过程中借助被试拍摄的照片来探知和了解该人群的情况。定性的研究结果让读者了解到目标人群的明确情况。作者以对无家可归者的社会技术干预作为结论，对人机交互界有关该人群的一些假设提出了质疑，如无家可归者的手机使用情况。作者们还深入讨论了与目标人群合作期间遇到的问题和挑战。在这项研究中，作者们采用了一项人们完全了解的高鲁棒性技术，帮助人们了解技术所在的环境。

滕托里和法韦拉（2008年）阐明了医院环境下一款活动感知应用的完整设计周期，该应用能促进人员间的合作与协调。作者们试图制订设计指引并创建工具，以收集描述医院特定活动的环境数据。为此，作者们面向15名医务人员，开展了196个小时的跟踪研究（shadowing study），并将研究发现撰写在论文中。论文的一项主要贡献是介绍作者们如何为自己设计研究指引和工具，对研究团体在设计自己的活动感知应用时可使用的场地和应用功能——做了介绍。论文中列举了一些应用，这些应用使用作者们建议的工具来解决目标群体的需求。之后，该研究团队开展了几项后续研究，既有控制性部署，也有自然部署，并撰写最终论文，介绍了这些部署的生态效度、普遍性和广泛性（法韦拉等人，2010年）。

考恩索尔沃等人（2008年）设计了一款自我监测体育活动的应用。他们在论文中列举了迭代的例子，研究团队必须经过较长时间的应用迭代才能部署应用。这篇有关UbiFit系统的论文研究了手机显示功能激励目标人群参与体育活动的效果，该功能是将抽象的体育活动进展以可视化方式持续展现出来（如粉色花朵代表有氧训练）。研究团队通过28人参与的对比研究对UbiFit进行了评估，研究为期3个月，在寒假期间进行。研究结果让读者了解到如何设计研究，从而对特定应用功能的效果进行评估。此外，作者们强调定量数据和定性数据如何互为补充，以进一步支持他们的总体论点，即界面对激励体育活动具有有效性。论文最后对目标人群在此次研究中的体验以及自身研究设计的局限性进行了开诚布公的讨论。

个人感言

Katie的故事：但他们能做到吗？！

博士研究期间，我调查了如何帮助低文化水平的透析病人，使其更好地管理自身的营养物质和液体摄入。我们提议使用一款手机应用，方便透析病人从界面上扫描或选择食物图标，接收有关物质消耗的实时反馈。这时，我们听到了无数"但他们能做到吗？"之类的质疑之声，质疑的内容从食品扫描技术的使用，到病人是否知晓自己日常生活实际消耗的物质，不一而足。后来，我们完成了实验室研究，研究表明透析病人能够完成有关该技术的任务，之后不久，我们又听到这样的质疑"好，但他们能一整天都做到吗？"因此，我开始引入实地部署，只有这样，才能真正发现病人是否有能力在日常生活中完成这些任务。

通常我与未获得充分服务的人群合作，因此对我来说，重要的是选择与现行做法有关的方法和技术，帮助被试更好地设想他们在研究中的角色。我跟踪被试并开展照片启发研究，以了解他们的需求。我还利用系统日志、应用日志、定期面谈、有效的调查工具以及我们合作领域的最佳实践（如24小时食物召回）来评估新样机。通常研究促进者会分享自己的想法，作为被试与其分享的回报。我喜欢这些非正式的交谈，这能增进我与被试之间的关系。

Gillian的故事："没有什么比好的理论更实用"——库尔特·勒温（Kurt Lewin），1951年

在我还是一名大学生时，我在美国国家过敏和传染病研究所（NIAID）托尼·福奇（Tony Faucci）的艾滋实验室实习。对于一名想成为艾滋研究人员的人来说，美国真的没有比那更好的地方了。有两周的时间我都在观察培养皿，认真记录它们的进展，我感到无聊至极。导师带我去实验室，在那里我们为HIV阳性的志愿者抽血。我很兴奋地与他们聊起他们的故事，唯一遗憾的是，我们在实验室研究的疾病根治机制要多年后才能为人类所用。我回到范德比尔特（Vanderbilt），重新燃起了对研究的兴趣，觉得自己真的应该将专业从分子生物学改为与人打交道的专业。虽然表面上看不是这样，但我发现计算机科学能让我做到这一点。

到研究生毕业时，我一直都对学到的东西、建立的理论和假定的事物如何被应用于现实世界感兴趣。作为一名实用主义者和同情心泛滥的人，我寻找机会做"实用"的工作，从未将实用看作贬义词（见本书中我写的另一篇文章《行而知之：研究人机交互的方法——行动研究》）。同时，我非常想知道构建、创建、制造和分享技术如何能用来进一步深化我们对世界的认识。在创造工具和学习知识的双重吸引下，我爱上了部署研究，并以此为手段开展人机交互研究。

Mark的故事：什么时候受这些苦是值得的？

我把实地部署看作众多研究方法中的一种，就像定性实地研究、系统构建和实验室用户研究。实地部署是认识和了解事物的一个方法，我对它感兴趣是因为在实地部署中，我能够使用多种方法，判断需要选择哪种方法来解答特定问题。像众多构建系统的人机交互研究人员一样，我梦想亲眼看见自己的工作被应用于现实世界的真正用户，但我的部署经历[纽曼、杜彻聂奥特（Ducheneaut）、爱德华兹、塞迪威（Sedivy）和史密斯（Smith），2007年；郑（Zheng）等人，2010年]让我思考，获得的知识是否足以弥补部署带来的痛苦，以及什么时候能够弥补。为了帮助自己和人机交互研究团体解答这个问题，2011年我在人机交互研究中心（HCIC）组建了一个专家小组，这才有了本书的这一章。

约翰的故事：实地部署是设计和人志学的交叉点

在我看来，实地部署是设计过程中不可或缺的一部分。我接受的设计传统培训是，任何设计过程都要从"发现需求"开始，以明确未被满足的用户需求，激发设计灵感。不过，那时的设计院校没有传授任何系统化的方法，让我们以此观察世界，发现需求。后来，经介绍我加入了露西·萨奇曼（Lucy Suchman）（1987年）的研究，采用人志学的方法了解用户如何与技术互动。我认为这些方法是发现需求的有效做法，观察当前的工作实践，看看哪些方面的技术不能完全满足用户需求，以此发现需求。对当前工作实践的研究是设计和打造一些新技术、解决用户需求的起点。

我对实地部署感兴趣，是因为它处在设计新事物和从人志学角度观察新事物使用情况的交叉点。建造可用于测试的样机时，通过实地部署将样机投入实际使用中，能够将设计付诸实践，有助于检验设计如何满足用户的需求。实地部署让我们有机会验证设计、为下一个设计迭代找出改进之处，并能更好地了解用户的活动，进而启发对其他设计的探索。

练习

1. 实地部署与实验有什么不同？跟类实验研究的区别又是什么？

2. 结束实地部署与结束一项行动研究的参与相比起来有什么不同？可以做些什么来减轻最终结束时产生的问题？

本文作者信息、参考文献等资料请扫码查看。

科学与设计

William Gaver

"智者裹足不前，愚者铤而走险。"

——亚历山大·浦柏

  我在攻读心理学和认知科学博士后学位时做过一系列实验，研究人们是否能听出木质敲击杆和金属敲击杆的长度和材料。是詹姆斯·吉布森（James Giberson）（1979年）的知觉生态论引起了我的好奇心。如他所说，我们的视知觉在不断地进化中能够"拾获"通过光线结构传递出的关于世界的信息。因此我推测，我们的听力或许也能处理发声活动产生的听觉信息。为了用实验证明这一点，我花费数月时间找到了合适的金属杆和木杆，在不同的录音条件下进行实验以捕捉合适的声音对象，不断修正实验操作方法和反应量表，还进行了若干次"示范性研究"。最终，在获得满意的结果后，我收集好实验数据，又花了几个月来研究不同的分析方法，直到找到了几种方法，似乎能够对数据做出明确的解释——最后，实验算是完成了。

  在撰写研究时，我采用了实验报告的典型结构。我做了理论和相关研究情况的铺垫，以此为基础推出了一系列假说，具体描述了我的方法、动机和流程，然后介绍了数据，并讨论了数据如何在初步假说中得以体现。当然，我没提到的是自己为了找到最终的数据对而进行的各项工作：去专门的硬木商店买木材、自制泡沫托架以便让木杆和金属杆在敲击时发声、尝试不同办法让参与者能够听到正确的声音等。相反，我按自己学过的方式来表述这个实验，采用理论—实验—数据—回归理论这样的线性表述模式，其中的每一步都与前一步和后一步实现了逻辑关联。

  如今我已是一名设计师，从事着另一个项目的研究。我的工作室中有一支跨越众多学科的团队，他们是一个庞大的团体的一部分，其中有计算机科学家和社会科学家。这支团队开发出了一套被称之为"本地晴雨表"（Local Barometer）的系统，并把它安装到了一个志愿者家里。这包括在他家后院安装风速计，以便能够测量屋外的风速和风向，并借此来控制算法，寻找来自房屋上风向的在线广告。我们把找到的广告文案和图像显示在6个小型设备上，它们被放在房屋周围不同的架子、搁架和桌子上，我们做了一些处理以去掉明显的广告索引，把关注重点放在类似诗歌的内容上，并调整了显示的纵横比。我们的理念是这个受到周围各类影响激发的系统，能够提高房子周围对社会文化现状的意识。但我们并没有把这种想法限定为一种假说或目标，而是把它作为一种可利用的指导工具，来思考我们的设计。

我们布置好了一切，并开始在房间里运行实验，这时我们给了主要联系人R一份《用户手册》，并解释了这套系统如何运行。但我们没告诉他我们将如何看待他和他朋友的使用情况，也没告诉他背后的开发理念，因为实验的目标就是要看看他们在没有我们帮助的情况下，自己如何理解当下的状况。在接下来的一个月，我们用了各种方法来了解R使用晴雨表（Barometers）的情况。团队中的一名民族志专家访问了这户人家，观察了R如何与系统进行互动，并为此与R进行了长时间的交流，最后写出了一份详细报告。另一个信息是始料未及的：这套晴雨表（Barometers）存在一个技术缺陷（我们用来开展实验的手机操作系统存在垃圾收集故障），这意味着每隔几天它都要重启。最后R学会了如何自己重启设备，但直到那时之前，我们做了几次常规的"维修"访问，使我们有机会与他就设备进行了闲聊，这种务虚式的闲聊的目的似乎不言而喻，它与评估工作毫不相关。最后，我们还雇用了一名专业的电影制作人，围绕R与这套设备的经历制作了一部记录视频，由此从另一个角度做了了解。为了保证独立性，我们没有告诉电影制作人这套设备的情况以及我们的意图，而是让R自己向他介绍这套设备。此外，我们在摄制过程中一直没有在场，并明确告诉制作人我们要的不是推广宣传片，而是他个人的批判性讲述。

把握科学与设计的特点

我刚介绍的两个项目在很多方面十分相似。在每个项目中，我都参与设计和布置了实际场景（震音杆和本地晴雨表），其中包括大量实用和探索性活动。在这两个项目中，我设计的产品也受到了一系列关于人和世界的观念（首先是生态心理学，然后是为娱乐性参与[1]而进行设计）的影响，并旨在为其提供指导，这不但有助于描述现有产品，还提供了新的探索渠道。在这两个项目中，我还创造了实际场景，把这些产品呈现给那些与我的职业毫无相关的人们（"参与者"），了解他们对产品的使用情况。最后，我对于每个项目中的活动都以研究性方式进行，换句话

---

[1]　娱乐性参与指非功利性或任务导向性的互动形式，是采用探索性、临时性和好奇心驱使的方式，即最广义上的娱乐性（参见Gaver，2009年）。

说，我尽自己所能从中学到新东西，并向学术研究界介绍我的研究过程和结论（参见Gaver等人，2008年；Gaver，1988年）。

但是，这两个项目也有很多方面的不同之处，我认为十分重要。声音影响实验旨在研究是否可能运用吉布森关于光和视觉的思维来处理有关声音和听觉的问题，其中所采用的不是类比或比喻的方式，而是将他的分析合理地扩展到新领域。相比之下，本地晴雨表受到了各种影响的启发，这些影响都有助于形成最终结果，但却不像我记录声音影响实验那样有紧密联系的辩证性论述。同样地，我对于声音影响实验提出了一套十分具体的假说：基于相关理论和对造声实验的分析，我认为人们能够较为准确地听辨出敲击杆的材料和长度。相比之下，我们对于本地晴雨表的期望值更加模糊。我们希望人们能发现这套系统有吸引力，并向我们介绍社会文化的肌理，但实际上，我们完全不知道人们在日常生活中如何使用并看待这套系统。即使期望值不清不楚，我们也不担心；正相反，能够刺激出令人惊奇的互动参与形式才是研究的动力所在。另外，虽然我设计了各种设备以及用于声音影响实验的各种声音，但重点在于其代表了广泛流传和众所周知的现象，因此从这点上来说它们毫无新意可言。相比之下，本地晴雨表的有趣之处在于它是一种创新：它代表了在各家各户与当地环境之间尚未出现过的一种电子交互形式。

在此，我想更深入地探讨一下这两种项目有何不同[1]：一种是常规的通过科学的方式的研究；一种是从设计角度来开展这些研究。试图把科学或设计分别当成一个单独的领域并研究其特点是有风险的，我十分小心地避免这种情况。毕竟，有些学科是科学的分支，包括分子物理、图书馆学等，其中涉及了大量不同的定量和定性理论、实验和经验观察、分类级别、程序性专业知识和漫长的学徒生涯。同样地，一些自定义为设计的活动也是各种各样，包括专门依靠个人和集体创造力的所谓设计科学，从直接为商业客户完成设计实践，到为大型企业的设计部门从事设计工作，再到只针对最终买家这类客户进行的创意设计，更有那些以画廊和收藏家为客户的艺术性设计实践。我不想讨论到底哪一类可算作"真正的"科学或"真正的"设计。相反，我在本文中并不是采用一套定义性的标准来对设计和科学进行分类，而是诉诸于它们分别具有的共同特征。从这一角度出发，一项特定活动是否应被视为科学或一种设计形式，取决于其与这两者典型情况的相似程度。通过这种方法，我希望在此介绍我认为的能够展现科学与设计之间的根本区别的特征。由于我是以同类相似性为依据来对科学和设计进行定义，对其中的区别进行测试不是为了表明其适用于自定义为科学和设计的各类实例，而是要说明其反映的活动类型是否有辨

---

[1] 其他人也有探讨设计和科学是否及如何采用独特的方法，以及两者是否存在区别。我在此不做深入研究，可以参见如下内容：Cross等人，1981年；Louridas，1999年；Schön，1999年；Cross，2007年；Stolterman，2008年；Gaver，2012年；Nelson和Stolterman，2003年。

识度，能够让人一下子就将其确定为科学或设计二者之一——至于这个问题，需要各位读者自己来决定。[①]

说了这么多限定条件，是时候进入正题了，让我们来讨论一下科学与设计之间的不同吧。

可靠性问题

回顾我作为科学家以及随后作为设计师的工作经历，通过这些传统职业进行研究的核心不同之处在于，在各种设计工作中必须处理好各种问题，要经得起同事的批评和质疑。

在进行科学研究时（如声响研究），我可能会被问到一系列千变万化的问题，但都能归结到一个问题："你怎么知道你说的是真实的？"有一些问题是关于流程的，包括理论和实践方法以及两者间的联系。我的实验如何操作性定义（operationalise）我所测试的理论？我是否控制好潜在的混淆变量？到底有多少参与者？刺激是否按随机顺序出现，还是使用了拉丁方设计？如果用替代性解释我的结论是否不完整？等等。至于我的结论是否有趣——例如是否与直觉相对、是否对某种现象或理论有新启示，以及是否只是简单地展现了令人愉悦的高雅和秩序感——这些都是次要问题。准确地说，特定研究领域的主题、创新程度或潜在的获益会带来更多关注和支持，但是科学研究从根本上基于相关活动和合理论证结合的完整性。没有一套坚实的方法论，人们无法进行任何研究。如果对使用的方法论存疑，那些震惊世界的结论就毫无科学价值可言。相反，最朴素的结论如果能证明是通过严谨的方式做出的，则其在科学上就站得住脚。

对于设计来说情况完全不同。设计的基本问题是"这是否好用？"某物是否"好用"，这已超越了技术或实用效率问题，重在解决一系列社会、文化、美学和道德问题。能否想象一个人们与之进行互动没有预设任务指导的系统？确实能够用这种方式从网络上摘取信息吗？形式和颜色是否符合使用场景，与相应的功能、社会、文化和美学内涵是否匹配？设计是否会刻板化所针对的人和场所？为了得到确定的答案，可能要借助流程性问题——例如你为什么以某种方式来界定用户群体？

---

① 更糟的是，我在后面的论述中故意没有把常见设计与"设计实践研究"区分开来。因为在我看来这种区别并不容易而且没什么用。例如，有人认为设计实践研究与"真正的"设计不同，因为其没有客户，也没有需要解决的明确问题。但是研究者确实有自己的客户，包括研究资助方、学术界观众和那些可能接触到设计作品的其他人，所以说这与"真正的"设计师需要迎合的管理者、同事、其他部门、采购者和终端用户没有太大区别。同样地，许多"真正的"设计师并不去解决问题，也不会通过不断的相互交流和与周围文化的互动来探索不同材料和形式的新形态，反而是设计实践研究的实践者一般都要解决的问题，以便探寻如何来体现人类经验的广泛领域。

你为什么选用那种输入形式？——但这类问题本身无法用作判断设计是否成功的理由。相反，问题的提出旨在获得更多答案，以便为更好地欣赏设计的目的和可行性提供来源。这些问题可以帮助评论家"懂得设计"，让他们从其他角度进行阐释，或说服客户某种理念能够满足潜在顾客的需求，否则他们可能无法成全一个令人费解的设计。尽管如此，一个令人赞叹、耳目一新的设计完全有可能源自一套稀奇古怪甚至有些疯狂的流程，这甚至是很常见的。我们在讨论"有灵感的"观点时，要比讨论"有指导性的"观点更有激情。因此，成功的设计验证了新方法和新观念，而不是方法左右了设计。在设计中，即使是最严谨的方法也无法挽救一个糟糕的设计，即使是最蹩脚的流程也无法毁掉一个优秀的设计。

科学和设计关注的不同问题表明了两者分别适用不同类型的可靠性——即人们认为应当捍卫何种活动以及如何捍卫，进一步来说就是该领域的合理性叙述（表述）方式。科学是由认识论可靠性定义的，最关键的要求就是能够解释并捍卫个体声称的知识基础。相反地，设计的定义是从美学的表述角度出发的，其中"美学"是指若干设计特征组合在一起带来的满意感（而非设计有多"漂亮"）。设计要求的是能够解释并自圆其说——或者更通俗地说，证明设计能发挥作用。

我认为科学重视认知论可靠性，设计重视美学可靠性，并不能就此认为其他方面的内容与这两个学科毫无关系。就像我之前说的那样，具体科学研究项目的主题、关注度和潜在影响力可能带来巨大的影响，这决定了它能在各种会议上获得好评并吸引上百万美元的资金，还是在大学的后走廊里湮灭消亡。但是在讨论及时性、关注度和现实意义等问题之前，它们要能够自圆其说，其首要前提是项目的科学有效性必须得以确立。如果审稿人判定一个方案缺乏科学性，就算是对潜在影响力进行了最雄辩的表述（资助机构对这方面的要求逐渐增加）也无法挽救它；同样地，对于一个内容充实、新颖且十分有效的减肥计划，如果没有足够的证据来验证，也会被人嘲笑为不科学。对科学项目来说，认知论可靠性十分必要，但关注度和影响却无须在科学中定义。相反，设计的可靠性要"可用"：令人脑洞大开的概念性载体和特定设计的投入有助于吸引关注度，但是如果项目不连贯、尚未完工或不可行，则无法称其为有效的设计。其美学角度的可靠性十分关键，要看它是否能整合例如功能、形式、材料、文化和情感等领域，而关于流程的论证则是次要的。

推进机制

科学与设计有着截然不同的可靠性体系，一个要维护自身的知识体系，另一个要维护个体的产品。这与这两个领域所采用的不同的实施策略并行不悖。

对于科学来说，日常研究的逻辑就是库恩（Kuhn）（1970年）所称的"常态科学"——即通过理论来理解对世界的观察，并通过观察来验证和扩展理论，围绕这样一个迭代更替的过程不断发展。理论通常采用的是实体的本体论形式，以及实体之间的因果关联，包含了对相关现象的解释和对未来的预测。理论的扩展有两条基本路径。研究人员可能收集那些有理论代表性的一系列现象或看起来似乎有趣的现象观察，在多次反复收集观察结果后，有可能引发新的假说，从而修改相关的理论。但是最老套的"科学性"路径则反其道行之，依靠理论的属性，不但可以解释现象以及业已观察到的现象间的关系，还可以通过实体机制和其关联来阐述尚未观察到事物的内涵。如果这些内涵并非不证自明的已知事实，或者如果理论的内涵不明确（注意：确定是哪种情况要取决于科学家的经验和能力），那么对于理论所推测的事物状态可能会产生一套假说。例如，通过思考生态心理学是如何应用于听觉认知的使我提出了假说，认为人是能够听到声源的物理属性的。为了测试这类假说，需要通过一套能够同时反映假说并能得出清晰数据的操作性定义实验或观察来开展测试。可操作性定义的假说能够对有代表性的现象进行实证评估，确定其是否符合理论。这通常涉及将一般性假说放到特定环境（如规定每天听音能有助于听出敲击活动的属性）、实验设计或其他收集数据类活动并进行数据分析，这一切不只是为了确定所观察到的现象是否与理论一致，还为了进一步阐述甚至修改理论。

一套核心价值能够反映科学知识的特征，而为追求知识而设计的方法则试图通过归纳或假说测试来实现这些价值。或许最重要的一点就是科学知识应是可复制的，能够被其他人复制使用，这使科学知识能够成为依据，并从根本上保障其在认识论中的可靠性。这意味着科学知识应当是客观的，其真实价值独立于任何单独的实验。科学知识应当是可推广的，也就是说科学现象能够被抽象表达和理解，他们的实例在很多场景中都可见。科学理论从理想角度应当是有因果关系的，能够将相关现象之间的联系解释为必然，而不是相关或巧合。理论不只是用来解释已观察到的现象，而是能够预测新现象，人们能够准确并尽可能定量化地表述已知内容，以及正确知识是如何得知、何时得知或在何种条件下获知的——这些才是科学的标志。

当然，就像科学社会学、科技研究和类似领域所展示的那样，这些价值不是唾手可得或不劳而获的；它们需要在科学研究中获得。例如拉图尔（Latour）（1987年）曾指出科学的"雅努斯之脸"：如果人们通过科学来寻找事实，则上述表述是适用的；但如果人们只是观察正在发生的科学，则情况完全不同。很多经验研究表明，科学家并不是用简单的机械性方法从理论向假说过渡，以此来测试结论。就像我在介绍中所展示的，在实验背后有大量工作需要完成，就是为了进行最简单的实验性验证。此外，事后分析需要有条理，其中包括了将经验数据、假说和理论结合在一起。科学家几乎很少详细解释他们的方法以防止剽窃，而且鲜有科学家愿意重复在其他地方开展过的研究工作。此外，任何特定科学领域的成就都将取决于"高度科学性"的机构所能掌握的方法（基于上文所述的对科学方法的已知表述）：例如，具体研究项目是否将获得雇主和资助机构的支持、是否能找到有同理心的审稿人，在各类引用中能否占据重要位置取决于是否有足够的技术资源来证明其优势，以及作者的声誉、社会专业网络和获得对等影响的可能性（拉图尔，1987年）。最后，上文概述的所谓"科学方法"是一种成果，是一种陷入了实用性的科学政治中的更复杂的过程。

尽管如此，这一过程的重点依然是可复制性、客观性、可推广性等核心价值，因为这些要素旨在指导人们的努力方向，提出人们为之努力实现的目标。即使是"科学方法"，也只是科学在实际行动中的简化形式，并且是人们在开展科学工作时所捍卫的必不可少的简化形式。不论科学在实践中是否遵循理论—假说—数据—分析—理论这种逻辑，科学就是以这种形式呈现在学术文章、会议、工作交流和资助申请中。我在撰写敲击震动杆实验时省略了关于实验如何产生的一些细节，例如购买木料、切割和打磨以及设计一种能够敲击的机制，这绝非偶然为之；同时实验的分析方法，包括推敲随时间变化的傅里叶分析的参数空间、所尝试过的各种2D和3D可视化图像等，这些也绝非偶然被省略。我也不是为了省地方或怕读者厌倦就放弃了这些细节。绝不是这样。我没有介绍这些细节，因为它们与逻辑、重要性和事件之间的清晰因果关系流以及我要采取的解决方案毫无关系。因此，我需要从项目的正式历史记录中去掉这些内容，否则整个流程将被搞乱。因为从逻辑关系流的角度，科学研究将由审稿人进行正式评估。会议委员会会议上可能会有各种各样的讨论，认为某项科学研究枯燥乏味或方向错误，但在做出正式决定时，评审小组成员的否决判定依据的还是方法上的缺陷，而不是美学（或文化、政治）上的短板。资助机构或征聘委员会拒绝申请者可能因其具体研究领域超出了规定范畴或者影响力不大；但是要彻底拒绝，最稳妥的方式是指出其未能形成具有认知论可靠性，无论是用来研究某题目的活动和逻辑推理有漏洞、方法判断有误，亦或是完全缺乏清晰度。研究人员当然认识到了这一点。他们知道，要想获得资助，必须按照科学逻辑来对研究计划进行概述，他们也知道要想发表研究成果，必须按照科学逻辑提交已完成的研究论文。正因为如此，不论还有多少无关的后台活动未被提及，也不论表述是否是事后分析，除非它们是彻头彻尾的骗术，否则在科学研究人员的日常研究活动中将到处都是上文所述的科学方法的框架。作为事后逻辑论证，科学方法的逻辑性似乎有点虚构甚至是欺骗性，但那也是由省略（而非测试）造成的谎言，这种虚构性既指导又限制了真实的科学活动。

设计活动的逻辑性则完全不同。设计师所接触的世界包括已设计好的物品、人物和物理现象，设计师的工作是为这个世界塑造可用的新事物。在这一过程中，最关键的一步是制订出关于设计产品为何物的一个或若干个方案。这些方案可能在细节上千差万别，从引人入胜但难以实现的草图到意图的抽象表述，再到相对完整的设计细节或情景。不论哪种情况，设计方案的目的旨在创造并限制。一方面，这些方案意指尚未存在的事物有可能被制造出来。同样地，通过关注一个或多个相对具象的构形，这些方案无形中限制了特定情景下设计的可能性。例如，本地晴雨表是我们用了些时间来探讨后诞生的，我们当时只知道要为家庭开发新技术产品，而我们团队中有人开始探索通过风为家庭带来信息。当大家就相关方案达成一致时，这个方案就作为概要帮我们进一步细化和完善成品的设计方向。通常其中包括了重点更明确的设计探索和提案的结合体，包括斯赫恩（Schön，1983年）所说的"与材料的对话"，因为已经就此形成了各种决定（Stolterman，2008年），同时实际生产出的物件也已确定。最后，最终成品还要通过各种评论、商业成败、人们如何使用及其如何影响人类生活的实证研究等来评估，直到确定其表述；之后它就可以走向市场，同时它的成品也将作为新设计的场景。

人们很难不注意到科学和设计过程基本机制的相似性。设计方案就像科学假设，表明可进一步研究的可能性。科学假设意味某些猜想有可能真实存在；设计方案意味着某些产品（或一类产品）有可能"成功"。产品也和实验一样，它被设计出来以便对设计方案中的构思进行实证测试。科学实验本身也是一种设计产品，一种像新椅子或互动网站一样需要被发明和完善的物品。实际情况也是如此。但是和其他类比行为一样，科学与设计的相似之处时而模糊时而清晰。更糟糕的是：科学与设计的类比无疑是危险的，因为它会模糊赋予这两个领域特性和潜力的特质。科学假说发源于理论或实证依据，而设计方案是在受到无数因素的影响作用下生成的，其中包括但不限于理论框架或实证观察。科学假说是不确定的，因为它试图通过人们相信的事实来体现所构想的内容，而设计方案是模糊的，因为它是用来想象尚不存在的物件的工具。科学研究的设计旨在控制并区分能够引起研究现象的因素；设计则被组织成各种形态，其中各种要素就像食谱配料一样融汇并混合。最后，科学活动旨在发现、解释并预测被认为世界上已存在的事物，而设计的本质侧重于创造新事物。

设计与新事物

科学揭示存在的事物，设计创造新事物。这似乎是这两个领域最大的区别，很多评论人士也同意这一观点，而我直到现在还没有强调这一点似乎有些奇怪。这种差异确实凸显了科学与设计的大多不同之处。科学以现实主义为依据，基于事物独立于我们的想法而存在的深刻假设，此外它们的互动也不是随机的，复杂到我们通常只能体验到一小部分基本原理。科学的目的是找出世界如何运转，需要对复杂事物抽丝剥茧，从中取出不同的要素，找出它们如何相互联系以共同运转。相反，设计从根本上认为新事物能够并应当被设计出来。设计的目标是让世界在新方式下运转，制造新的复杂体，用新方式把要素组合并使它们发挥合力。设计也可以在当下世界中发挥作用：设计可以不必深度介入现实主义，也不必穷究事物底层的工作原理。设计当然也可以选择这样做，设计师在工作过程中通常很善于找到全新的方法来理解材料、人和流程。但这不是好设计的必备要求，因为设计不是用来解释世界状态的，而是制造出能够发挥作用的新物品。

设计对新事物的关注形成了与科学不同的一套价值体系。好科学的特征是可复制性、客观性、可推广性和因果相承。相反，成功的设计产品的特征是发挥功效——能够有效且高效地发挥作用，能够干脆地解决问题或通过深入洞察来重新设计问题，或以更精细的方式使用材料和生产流程等。除此之外，有些设计（也是很多以上述方式取得了成功的设计）形成的价值为世界带来了与科学发现一样意义重大的全新的认知。我们可以想象一下杜雷尔·毕肖普（Durrell Bishop）发明的电话问答机（Crampton-Smith，1995年），其中的信息以具有射频识别标签的弹珠表示，使得它们可以被操控、移动并与其他设备一起使用。这打开了可触控式计算的世界，展示了实体世界的可供性如何被用来与数字世界进行交流。或者可以看看iPod是如何超越便携式媒体播放器的，不但因为它设计优雅，更因它能与商业和非商业媒体在线世界随时融合和脱离（Levy，2006年）。或者看看Brainball游戏（Hjelm和Browall，2000年），要赢得其中的比赛就要比对手更放松心情，同时表明通过神经互动和颠覆娱乐中的竞争概念，能够创造既有娱乐性又发人深思的游戏。这种设计具有个性：它们有自己的性格，其不但具有创新性，又综合了清晰的人格或风格。它们为各种自然和文化的影响、议题、事物、现象和观点提供了共鸣、提醒、激发和交流。它们能够激发、刺激新的设计可能，不论是否相似、相容、扩展或是截然相反。或许最重要的是它们的启迪性，能够超越其自身的功能去开辟感知和生活在世界上的新方式。

设计的价值深深扎根于实现新的可能性的基本面，但正是这一点，加上它的美学可靠性，使得设计与科学截然不同。设计关注新事物，科学侧重现有事物，这可以将二者区分，但不足以将它们与其他相近学科加以区分。文学小说、诗歌、艺术、纪录片和一小部分人文学的领域，都可以为"何为设计"提供见解，它们同时远离科学方法，亲近美学表述。另一方面，工程学和其他应用科学会惯常使用科学理论、方法和结论来构建"可能的情况"，并采用认识论的可靠性（"如何知道东西不会倒？"）。可靠性与现有的导向的结合最好地反映了科学与设计之间的差异。在我看来，两者之间有着截然相反的可靠性，使得它们各自呈现出最显著且最丰富的差异，这值得我们玩味。

设计方法和卓有成效的跨学科性

我提出设计的美学可靠性要比对新事物的关注更有效，有助于从认识的角度去研究设计与科学的不同，是因为美学可靠性具有方法学的意义。科学的认识论可靠性侧重于回答人们如何证明自己的断言为真，但这种预设限制方法往往是实证的、事先界定的、标准化的、可复制的、独立于观察者和（理想情况下）可量化的。相反，设计的美学可靠性使得其方法不一定具有这类特性。它们当然可以如此——美学可靠不代表科学方法不可使用——设计可以同时借鉴虚构和事实信息，同时依靠逻辑推理和即兴的、无法复制和高度的个人化活动。设计方法通常具有卓有成效的跨学科性（productive indiscipline），这是因为设计摆脱了认识论可靠性。也就是说，设计过程不受特定的理论或逻辑方式的限制，可以从各类学科中选择性汲取经验。更具有颠覆性的是，一切从科学角度看都可以处于模糊状态。在设计中，事物是真是假、事物是否发生变化或者观点是否特立独行或广为接受，都不重要。相反，在某些情况下，缺少某些知识正好提供了某种概念性的空间，以便想象力发挥用武之地。可以说在科学依赖于认识论的可靠性时，设计可以利用认识论上的模糊性来发挥作用。

我在工作室里使用了很多设计方法，展现了设计在确定与猜想之间的自由流动性。在这一节，我将采用我们常用的项目轨迹来探讨这些方法。设计项目通常要经历四个阶段，其中有各类活动进行关联。多数项目最开始要确定设计的场景（Context），这要通过进一步的工作来细化、规定和研究。场景影响了我们后续制订的各类方案，并作为创造和扩展可能的设计空间的里程碑。在选择了具体的方向后，设计的转折点就出现了，这时设计活动侧重于完善可实现的原型。最后，要采用各种方法评估得出设计是否成功的结论，更重要的是从项目中得到的经验教训。这种轨迹对于描绘设计流程来说十分常见，像瀑布模型一样逐次进入不同的阶段（其中可能有迭代更替）。在现实中，设计项目很少以这种有序方式进行。通过场景研究获得重要洞见，却可能没出现在接下来的设计方案中，只有在原型开发的后期才变得明显；方案的灵感可能来自看似毫不相干的来源，或可能衍生出不同项目，或成为新方案的场景，使开发工作可能转变为场景研究，等等。尽管如此，这种轨迹并不完全是虚构的，我们的项目确实要按序通过这些过程，它对我们如何推动项目进展也发挥着作用，因此，我将从组织安排的角度，按顺序介绍我们采用的方法。

场景探究

我们的设计项目几乎总是有明确或隐晦的场景，早期的设计活动通常要对目标对象和环境有更好地了解。这包括进一步细化并丰富关于环境的信息，但同时也需要从那些初始定义宽泛或模糊的场景中找出特定的具体实例。从根本上来说，我们这一阶段的目标有二：第一，对场景有足够充分的了解，从而验证设计理念是否可行，存在何种问题；第二，为设计方向寻找灵感。这两个目标可能会引领着不同的方向。一方面，确保设计恰当且符合目的，这意味着尽可能收集完整且真实的表述。另一方面，灵感通常来自于有关场景的特别突出的事实或场景的独特视角，即使它们不具有代表性或确定性也无妨。平衡最为关键：场景信息过少会导致思维过于发散，但表述过于全面则会抑制创新观点形成可预测的结论。因此，我们的方法是收集有关场景的各类兼收并蓄的材料用于设计，但同时也重视那些缺陷和存疑的视角，因为它们能够带来阐释性构思，从而自然地引向设计。

例如，本文开头介绍的本地晴雨表（Local Barometer）最初是为另一个项目而开发的，旨在研究当数字技术和物理技术结合时会为家庭带来哪些新技术产品。为了增加该主题的内涵和侧重点，我们在最初的外部研究中引入了来自科学、工程学、心理分析、社会科学、人类学、文化研究和哲学等不同领域的学术文献。我们参考了来自设计和当代艺术的各种范例，包括像索菲·卡尔（Sophie Calle）（Calle & Auster，1999年）、伊利亚·卡巴科夫（Ilya Kabakov，1998年）这样的艺术家，以及进行社会和文化创作的吉莉恩·韦尔林（Gillian Wearing）（Ferguson、De Salvo & Slyce，1999年），还有为居家设计提供全新视角的Gregory Crewdson（Crewdson & Moody，2002年）和戈登·马塔-克拉克（Gordon Mata-Clark）（Crow, Kirshner, & Kravagna，2003年）。我们查看了从流行出版物到小报等各类信息资源，其中涉及的话题有记者翻看人们的垃圾箱以寻找私密信息等。这些信息资源合在一起，让我们收集到了来自各个角度对"家庭"的解析，增加了对我们设计有促进作用的叙述的丰富性和深度。

此外，我们开展了一项名为"本地探针（Domestic Probes）"的研究，有来自大伦敦地区的20个家庭自愿参与，旨在研究是否有任何取向和活动会破坏我们引入项目的各种原型。探针（Probes）是托尼·邓恩（Tony Dunne）和我为之前的一个项目开发的方法（Gaver, Dunne, & Pacenti，1999年），在我看来，正是由它的非科学性来定义。我们在各种流行刊物上登了广告，包括当地报纸、分类广告册以及关于"骏马与猎犬"的杂志，以便征集志愿者；按照先到先得的原则录取，但并没有试图实现任何人口方面的代表性（最终我们的志愿者代表了各种年龄层和背景和社会经济地位）。我们给每个家庭发了一个探针工具包，里面有十多个有趣的任务，但没有明确说明研究所希望获得的信息以及会如何解读相关结果。例如，工具包里面包括了一次性相机，通过对其重新包装去掉了原来的商业标识，并要求志愿者拍摄诸如"厨房窗口的视角""社交聚会""家里的灵魂中心"和"红色的东西"等照片。包里还有一个喝水杯，要求把它拿到耳旁以便听到有趣的声音，并使用包装中附有的特殊笔把听到的结果直接写在杯子上。其中还有一些带图画的页面，例如，板球游戏、长满树木的山坡、但丁的《天堂与地狱》等，以供人们绘制朋友和家人图，这是对传统社会科学方法的故意颠覆（如Scott，2000年）。最后，我们还重新包装了一台小型数字录音机，要求人们从清晰的梦中醒来时按下录音键，这时一个红色LED灯会亮起，然后参与者有10秒时间给我们讲述梦境，之后设备就会关闭，没有任何设施能够回放或修改梦境，人们只有决定是否把录音机还给我们的选择权。

这种任务通过谜题来了解参与者如何做出反应，他们对上百张照片、说明和绘画的反应无法用简单的概述或分析来解释。我们的"探针"是刻意设计的，但毫不妨碍人们去设想研究者和"研究客体"的作用。[1]此外，我们重点强调这些材料比较特殊，因此不需要全部完成，同时我们还暗示参与者可以告诉我们梦境的情况——或者如果他们愿意的话可以撒个小谎。探针项目的研究没有一般设想的询问套路，更没有提供回答方式，这使得我们和参与者只能努力沟通，在此过程中我们对参与者形成了更惊人的角度和视角。这样所得到的最好结果就是灵感与信息的平衡。它们可能是碎片状的、难以捉摸和不可靠的，但它们同时也是真实的，提供了关于人们生活现状的无数片段。这些集中在一起的材料是模糊的，它们完全缺乏科学验证，但是它们却激起了我们作为设计师的好奇心、同理心和奇思妙想，对我们的工作很有帮助。

发展设计空间

随着人们对设计情境的理解不断加深，自然而理想（或遗憾错过）的结果就是开始推测何种产品才能在该设计情境下发挥作用。我们和大多数设计师一样，通过草图来把观念外化，但是当我们继续把设计与其他人共享时，我们通常会利用拼贴、图表、计算机绘图和渲染以及书面注释来开发出接近最终形态的设计方案。一旦我们收集到了足够的材料（一个项目收集50个并不少见），我们通常会把它们收集成工作册，并把它们排列进有因果关系的类目，表示已经有逐渐成型的共同主题。

有人可能认为这些方案完全以探针（Probe）项目研究的直接结果为依据。在收集了探针的反馈后，我们会利用他们来制订一个情境描述，其中包括一套关键问题、建议或需求，可由此相对直接地进入设计阶段。但实际并非如此。不仅探针的

---

① 其他设计通过"探针"来避免这种干扰，见Boehner等（2017年）。

反馈结果难以分析或概括，我们也倾向于不去区分结果的代表性，或对场景研究进行整体概述。相反，方案似乎是自然形成的，并且体现了不同因素，包括此前与任何事物都完全都无关的因素。这并不是说探针毫不相干或者浪费资源。探针可以帮助我们更好地了解设计的场景，帮我们评估某一方案是否可行，甚至可能直接启发一些观点。但探针不负责去践行这些结论。我们可以不受认识论可靠性影响（如何知道这正是所需的设计方案？），在寻找想法的过程中我们无须用过去的研究结果来验证这些想法。

设计方案很少是详细或具体的。相反，这些方案通常只有一两个引人思考的图像，随图的文字说明短则仅有数字，长则几段。方案几乎很少包括技术细节或后续的使用情况，也很少涉及具体的运行方式介绍。尽管方案十分精练，但方案草稿内容十分丰富，其中确定了动机的形态、功能性、技术、情感或文化性质以及预期效果或经验，这些构成了设计的方向。此外，如果将这些集合起来形成工作手册，收集方案的过程就形成了设计空间，明确地划定了由不同视角所框定的各种可能性，而这正是我们乐于探索的。个别方案在这一过程中有两个作用：它们或多或少都代表了进一步开发的具体形态，此外更重要的是，它们标定了一个空间，在其中可以产生其他点子。

与探针类似，工作手册旨在平衡具体事实并随时接受重新解读。工作手册是设计点子的外化，并且是比草图略为正式的体现，其反映的现实相对独立于已知的创作者之手，因此可以评论和修改。要达到这一点，需要考虑此前未留意过的方面，或所用素材本身可能传承的含义（如用于拼贴的图像或渲染的风格）。与此同时，方案通常具有指导性而非详细的描述。拼贴使用的图像反映的是角度、外观和材料，同时保留了足够的（不相关联的）原始要素，以证明它们不是表面的再现。渲染和插图通常是图解性的，要素不需要被具体说明或处理。这些要素的意义常常是"占位符"，为设计指引方向而非框定设计。因此，方案从根本上是临时性的，以提供更多的空间进行阐述、改变或发展（Gaver，2011年）。因为方案是从美学而不是从认识论角度上具有可靠性，从最初形态到最终设计，方案不必经历一长串论证，其"成功"只在于是否能够引出有话题性和具有说服力的设计可能性。

完善和制作

工作手册是一种加深对实际设计产品理解的手段。在经历一段时间（通常是几个月），借助场景研究、收集若干方案和相关技术实验来发展设计机会空间后，就要把精力放在一个或几个方向上。这可能涉及对现有方案的渐进式设计，但通常会出现将若干方案中的思想集中并整合的新方案。在最好的情况是，一旦人们迅速就议定的发展方向达成了共识，产生了"合扣的响声"，其他方案和可能性就会推迟或逐渐消失。新方案将成为设计简报，从此以后工作的重点就转向了具体阐述、完善和制作新设计。

设计从方案进化成实际的作品，实际上是一个缓慢的实体化过程。首先，这项工作本质上往往是象征性的，涉及成百上千个草图、后期图表和CAD渲染图。很快又会加入实体探讨，利用纸盒或泡沫做出模型，并使用快速原型机进行制造。人们会选用并测试塑料、木材或金属等不同材料，以了解其美学和功能属性。诸如显示器或按钮这样的部件也会被收集起来评估其外观和手感，其中很多会被刷掉，只有少数被保留。然后进行计算机和电动实验，目的不是科学意义上的假设检验，而是试验某一套设计安排是否有可能实现。人们也会探索并完善新的制造工艺。随着时间流逝，人们会建造出更大、更复杂的配置，就像把计算机显示器安在纸盒模型研究中一样，直到第一个有效模型出现并确定最终规格。

在此过程中需要做出上百个决定（例如在本地晴雨表实验中），以便进行如下尝试：把设计方案架设在部分拆解的手机上、使用各类形状以适应家中的不同场所、垂直翻卷文本、在塑料结构上使用亮色卡、针对不同文本和图像使用不同设备等。随着设计特征日渐敲定，最终设计也会成型（参见Stolterman，2008年）。每个决定都反映了设计师对多个不同角度的关注点做出的判断，包括功能性、对情感和文化内涵的影响等。此外，每个决定都是在已经或即将做出决定的基础上形成的，并且取决于开发的环境，包括决定形成的场景和设计师做出决定的场合。最后，如果最终设计得当，则其必定是层次清晰、包容完整的判断，既符合偶然性情况也适用于具体场合，并且包含了对实践、理念、文化和个人角度等的考虑。但最终的结果是高度化的成品，是像科学理论一样具有确定性和精确性的"最终的特殊体"（Stolterman，2008年）。

从议定的方案到最终产品形成的实践是设计的重要方面，其中涉及了设计师的各种专业知识和技能。尽管如此，设计的这一方面很少被具体介绍（见Jarvis，Cameron，& Boucher，2012年），可能是因为其中涉及的各种决定难以组织成有条理的表述。通过制作过程，很多见解（包括对领域、人和概念的见解等）得以测试和深化。但是，通常是产品本身代表了对某种见解的表述和评估它的手段。

评估和学习

当各种决策相互结合形成全面且高度完善的设计时，这就像蕴含了新设计的精心建构的理论一样，其中包括了为适当场景做出的特定设计所需的重要因素和形态，这种理论就像构建它的物理部件一样具有确定性。此外，设计从不同层面揭示人们期望与之互动的方式以及可能产生的体验。但是这并不像科学理论。相反，设计具有依赖性和本地化。设计可能体现了场景研究或设计空间探索，但不一定直接来源于这些研究。此外设计中的"理论"并不会表达出来。不但要"读出"设计作品的中载有的概念是不可能的，设计师自己也无法解释其决定的全部逻辑，其中很多属于"感觉"而不是明确的推理（参见Carroll & Kellogg，1989年）。

尽管如此，新设计的"理论"要通过人们使用设计时的体验来进行测试。有具体目标的设计——例如，土豆粉碎机或文字处理器——实验室进行的基于科学实验的"用户测试"似乎足够了。即使在这些情况下，长期、自然的实地测试可以更好地揭示其细微的美学、社会和文化体验；以及人们谈论、展示、隐藏、使用和误用设计的方式。对于我们在工作室中进行的设计，找到设计目的的最佳方式就是让人们在日常环境中长时间地使用设计，因为我们的设计专门开放了多种解释可能。这种设计落地使我们能够反思设计的使用并找到答案。

由于这种评估方式不是对具体假设进行检验，而是去发现各种可能的互动形式，因此它可以汲取各种观点而不是单一的论断。由于人们会从不同角度欣赏设计，同时不同人会采用不同方式互动或为寻找含义，导致了不一致甚至不相容的表述，但它们都是同等正确的。例如，有人认为本地晴雨表是美丽的家具手工艺品，有人认为它象征了潜意识广告的危险，有人认为它是礼品，有人认为它设计独特前卫，还有人认为它是个丑陋的破损电子产品。如果只是侧重这些表述中的一种而排斥其他表述，或者不管它们随时间地点的累积、合并和变化而合并，就无法形成抽象概括的表述，使设计带来的体验趋同。

因此，我们使用各种策略来收集各种各样的表述，并引入独特的视角来获得尽可能全面的方向。根据所需要的技术的专业性程度，我们采用的方法各有不同。很多信息直接来自于与那些体验过我们设计的志愿者的非正式交流，尤其是偶尔出现的毫不相关的活动，例如日常维护或访问志愿者家庭以记录现场使用的设备等。为了实现学术可信度，我们评估的依据一般为民族志研究和访谈，通过两者的混合进行实证观察、解读和故事叙述，从而提供完整的表述，研究人们如何接近或与我们制作的产品进行互动，以及研究这些互动范围有哪些体现（参见本书《解读民族志》）。最后，我们经常利用"文化评论家"的专业知识（Gaver，2007年），他们独立于我们的工作室，他们的学科和联络机制也独立于我们而存在。我已经介绍过我们是如何拍摄*Plane Tracker*这部纪录片的。我们还引起了独立记者的兴趣，来撰写关于设计形态的故事，这些故事有可能被出版发行，而这只是记者为他们自己的目的而撰写的，并非为了我们。我们雇用了一名诗人从他自己的背景出发，为我们的两个设计原型写了诗，结果其内容既琢磨不透又异常感人。这些叙述形式从世俗到艺术，每一个都提供了全新的视角和全新的方法，来探索体验和利用设计的方式。

设计师的知识积累

设计师在这一过程期间和之后学到了什么呢？就像我介绍的那样，设计过程体现出了跨学科性特征，不论其成果如何，我们能从中学到什么呢？

从科学的角度看，答案是"所学不多"。设计的复杂性、独特性和解读性意味着设计结果中没有太多的认识论可靠性。设计采用的过程可以被复制，但是设计师的反馈方式是不可复制的。同样，个人设计的作品自然可以复制，但和原作的历史不同（并不只因为原作的存在）：相同的设计很少是独立制作的，连设计师也不希望如此（Fallman & Stolterman，2010年）。在获得许可的情况下，某些设计主题或形象可被反复使用，但和科学相比，这属于更乏味、偏重于临时性的可复制形象。可复制性是科学知识的关键特征，但在设计中几乎看不到。

同样，通过研究设计而获得的认知只是有限的普遍性，或随着逐渐普遍化而越来越被淡化。这与科学的规律性相反，后者在各类领域和范围中都保持相同的具体特性，例如重力定律、短期记忆的7±2极限或费茨法则等。设计是综合不同因素的结果，因此任何特定的抽象内容都倾向于具有场景和临时性，并随着在新领域或新范围中的应用而不断改变（参见Louridas，1999年）。另外，设计不断与自己对话，改变其赖以发展的基础，因此，很多过去十分成功的方法会突然发现，那些曾经给予它们灵感的环境已经改变甚至过时了。这样的结果造成了设计理论偏重于指导和激发灵感，而不是对固定现象进行解释。这并不会导致设计理论毫无用处，只是这些理论所反映的"知识"是与科学知识完全不同的类型。

设计真正带来的以及我们确实能学到的，是设计产生的产品——不单是最终设计本身，还有各种探针和探针反馈、草图和工作手册、技术试验和外观模型等。这些是真实存在、具有确定性和细节的事物，激发人们从观念上建构设计。设计师在制作产品时会做出许多判断，而这些判断包含了概念、材料、社会、技术和哲学角度的不同观点，以应对不同的问题。此外，设计师利用他的判断从物质形式实现这些想法：它们是特定视角和立场的存在证据。当然，对于在设计过程中产生的大量草图、方案和外观研究，这些存在证据本身是未经证明的；它们可能不可行、不理想甚至技术上不可实现。尽管如此，它们依然存在：它们确定了立场并为设计定义了空间。另外，当设计已完工并完成修饰，同时根据相应标准能够"发挥作用"时，它就可以成为今后设计的标杆，一个证明可以做什么、如何做的实例。它将设计可产生的真理具体化，并激发设计师的作品。

但是，设计作品本身不能够表达其所代表的真理。设计师的兴趣爱好、志向以及所有相关的形态，这些都是模糊的，或者可以进行无限量的相互对立的解读。因此，设计作品通常都附有解释性说明，或是以设计师介绍的形式，或是通过广告宣传其特点及用户手册来解释如何使用，或是通过竞品分析进行评论。通过设计来进行的研究也是如此：我们在赋予作品解释性和概念性表述时会指出其中的新特点，把设计与理论相结合，并把设计置于相关研究的场景下。我们为自己的设计做注脚，对设计进行评论，解释设计如何发挥作用以及如何与相关议题产生联系①。

但是，设计作品过于复杂，难以完全提供注解。在制作过程中会有上百个具体的决定，从哲学或政治承诺到最理想的翻页速度，在现实中几乎不可能完全评论设计的每个细节，更不用说准确评论它们是如何配置在一起的。此外，大部分设计知识是无法言表的，手眼心之间的协调是难以表述的。各种设计形成的作品集（portfolio）有助于设计师重点关注一系列主题、特征和形态。一组设计可能通过共同的主题而被联系在一起，它们定义了可能性空间，定义了在某个领域内一系列显著的设计角度，以及在某个空间内确定自己的位置（其中有成功也有失败）。恰当的注解能够突出并解释这些尺度和构造，此外通过与一系列设计作品保持着关联，注解也可以避免在没有特殊强调的概括中被淡化。

带有注解的作品集能够更好地反映我们通过设计所学到的东西。有人试图把通过设计获得的知识抽象化和普遍化，这脱离了设计的场景、多层次性、具体形态和临时性的特点。设计师所学到的东西大部分是无声无形的，他们获得的经验有一部分是与设计同行所共享的。但是他们的知识是以制作出的作品体现的。设计师不可能对这些作品得出完全一致的看法，但是任何解读上的模糊性都有可能激发新设计。此外，通过注解进行表达，使设计中蕴含的知识能够被公开、扩展并与相关的研究领域进行关联。这使得设计实践研究的结果与通过科学获得的结果完全不同。设计知识虽然无法与产生设计结果的实验、观察和测量完全隔离，但依然能够在雕琢加工后保持发展而不走样（Latour，1989年）。设计知识只有与设计作品在一起时才最可靠。

作为跨学科的设计

神经科学、社会学、高雅艺术、计算机科学、实验心理学和神学都曾在设计中相会过。设计提供了一个高效的契合点，一方面是因为其核心活动是各学科的汇总综合，另一方面是因为它侧重创造事物而不是研究事实。设计能够从不同学术文献中获益并为之做出贡献，但设计也不必去承袭任何学科样式。设计不受认识论表述的限制，其通常展现的是卓有成效的跨学科性特征，从各学科中广泛借鉴（或者全

---

① 本节大部分内容依据Gaver（2012年），Bowers（2012年）和Gaver and Bowers（2012年）。

无借鉴），从而形成超越常规的自由方式。但这并不是说设计毫无章法。设计的诸多过程不重事实，这意味着某种程度的完全自由，其中的一切都是自由来去，没有任何歧视。但是美学的表述（使设计发挥作用这一职责）是设计的最高要求。就像我说的那样，设计可以利用方法学上的跨学科性促成思维的天马行空，但这也要设计师有能力将想法、材料、技术、时间安排、环境、人和文化组合在一起。设计师要有足够的自我陶醉，以便对自己的点子充满激情，同时还要有对设计作品保持批判态度的能力。设计师可规避传统方法的自由，但是在回避责任的同时，这也意味着他们需要放弃那些循规蹈矩带来的舒适感。最重要的是，设计师需要一直等到设计过程的末期才能发现设计是否真正有用，看他们一路投下的赌注和做出的各种决定是否得其所报。

为了避免（或减少）美学可靠性所带来的不确定性，有人可能会试图为设计装上方法学框架，这就像科学采用的逐步推进的方式带来的安全保障。在设计研究还是设计教育中，采用引入以前使用过的方法（头脑风暴、用户体验、探针等）来为设计流程建构空间似乎合情合理，其目的是最大程度创造设计成功作品的机会。这种方法对于向学生介绍设计整体"感觉"和减少有经验的设计师为项目开发定制方案带来的间接成本很有用。但这样做的危险之处在于，设计师在避免跨学科所带来的恐惧的同时也会丧失优势：设计师可能无法将方法恰当地运用于项目或人员的特殊情形，也无法找到适合项目的独特的个性化方式，最终无法达到创新目的。

结论

根据不同的可靠性对科学与设计加以区分似乎是理解这两个不同领域内核的最有效办法。科学的每一步都需要捍卫其所依据的基础，这使其具有很好的机制来实现清晰化、可复制性和可归纳的抽象性。科学在世俗的权力政治的实际利用过程要比其自身的表述更复杂；但从经验层面上对科学作品的呈现形式进行表述使科学跨越了现实，形成了一套方法、理论和分析工具，成为我们推广有关世界的通用知识的最有效方式。相反，设计一直坚持美学可靠性，它毫无疑问是我们在制作真正有用的作品时的最佳策略，其结果不但实用，而且富有深意，予人以启迪。设计师摆脱了确定性的束缚，能够自由地构想、实验、梦想和即兴创作，只要他们能保证设计的可靠性。设计工程本身并不能有效地产生新的（科学意义上的）事实，只是包含着各种解读、模糊、不够精确和临时性等特征。但这些特征的强大之处在于能够在经验、解读和特定场景下产生新见解。此外，设计带来新作品，每个作品都具有自己的真实性，它们就像科学发现的真理一样真实存在，可以表达、扩展，甚至被用作基础来启发更新颖的创作。

　　我用这些方式来介绍科学与设计，目的之一就是强调这两者应当被视为完全不同的领域，各有其逻辑、动机和价值。[①]将二者相提并论是错误的，会导致两败俱伤。设计不是科学的"穷亲戚"。相反，设计是一种有自己的专业性和知识性的独立方法（参见Stolterman，2008年；Nelson & Stolterman，2003年）。同样，设计实践研究不是试图将科学原理引入设计，而应被视为一种独立的方法，利用设计和制作为工具，来了解人类、技术和世界。

　　致谢　本文是在DIS'00和HCIC'10所做主旨发言的更新版。该研究得到了欧洲研究理事会高级调查奖"ThirdWave HCI"（编号226528）的支持。我谨在此感谢约翰·鲍尔斯（John Bowers）、埃里克·斯托尔特曼（Eric Stolterman）、科尔斯腾·博内尔（Kirsten Boehner）、安·绍尔特曼（Anne Schlottmann）、温迪·凯洛格（Wendy Kellogg）、朱迪·奥尔森（Judy Olson）和约翰·齐默曼（John Zimmerman）为本文提出意见，当然必须承认的是，他们很少有人完全赞同我的结论。

练习

　　1. 本书中哪些方法具有"科学"的特征？ 哪些具有"设计"的特征？ 哪些方法（如果有）难以分类？

　　2. "设计"研究能否回答与因果关系相关的问题？ 请证明你的答案

　　本文作者信息、参考文献等资料请扫码查看。

---

① 　科学与设计在实践中是相互交织的；我在此的意思是要注意过程和结果的不同方面具有不同的可靠性，这一点明确无误。

人机交互中的设计实践研究

John Zimmerman

Jodi Forlizzi

导言

　　很多研究者努力尝试将科学研究和设计结合在一起。在人机交互领域，来自不同学科背景的研究团体都提到了这种挑战。埃里克·斯托尔特曼（Eric Stolterman）认为科学研究向着客观存在和普遍存在的方向发展，而设计作品则追求不存在的事物并创造终极特殊产物（Stolterman，2008年）。其次，设计和科学研究似乎朝着相反的方向发展。简·富尔顿-萨里（Jane Fulton-Suri）通过反思她接受过的社会科学实践及此后的设计咨询工作经历，发现了设计与社会科学研究之间存在差异——即设计关注未来，而社会科学研究则侧重过去和现在。阿伦·布莱克威尔（Alan Blackwell）从工程角度出发，探讨了研究和设计。他认为研究结果必须是新颖的，但不一定是好的，但是设计结果必须是好的，却不一定是新颖的（Blackwell，2004年）。这些研究者的意见表明在人机交互领域，设计和研究之间的关系有些紧张。尽管如此，研究者们对于设计与研究的关系的反复思考和推测揭示了他们的愿望：那就是找到一种将设计与研究关联起来的方式。

　　设计实践研究（Research through Design，RtD）是一种学术研究方法，研究者采用设计实践（design practice）的模式、方法和过程来创造新的知识。采用RtD方法的研究者一般不认为研究是科学的同义词。相反，RtD将设计探究（design inquiry）视为一种与工程和科学探究截然不同的活动。RtD依靠设计作为反思性实践（reflective practice）这一强项，即提出解决方案和评价方案的过程，来持续地重新诠释和重新定义问题场景（Rittel & Webber，1973年；Schön，1983年）。RtD要求研究者探究可推想的未来，即世界可能的样子和状况。

　　在表面上，RtD可能看起来很像设计实践。但是，和设计实践相比，RtD的研究过程通常能更系统和精确地反映对世界的常规认识的解读和再解读，在对世界的常规认识的解读和再解读的过程中，此外，RtD通常需要更详细地记录设计过程

（design process）中的活动和活动背后的逻辑依据。所以，这样被详细记录的RtD项目会允许其他研究人员复制其研究过程；但是，遵循相同流程的研究人员不一定会制作出相同甚至相似的最终作品。RtD研究方法和设计实践的方法的最重要区别在于设计研究人员对问题场景的设计和研究意图。在RtD的应用实践中，设计研究人员关注设计行为和活动如何能够带来有价值的新知识。这样的知识可以具有不同形式，包括：有助于增进对问题场景认识的新视角；关于具体理论如何在事物中发挥最佳作用的洞见和寓意；增强设计师应对新挑战能力的新的设计方法；提高公众敏感度并扩大设计空间的作品。RtD的研究方法以创造上述的新知识为目标，而商业实践更注重生产出成功的产品，这使得二者完全不同。

如Jack Carroll和Wendy Kellogg所述，在人机交互领域发展的早期，我们把RtD视为应对日益有趣的挑战的一种方式。他们认为，在人机交互的研究中，由事物促进了理论的发展，而非从理论出发去推动新的事物，是一件让人沮丧的事情（1989年）。例如，他们指出必须先发明出鼠标这一事物，然后才能通过研究证明"鼠标是优秀的设计"这一理论。再例如，人们也是先设计了多种多样的可以直接操控的交互界面这一事物，如Sketchpad（Sutherland，1963年），而很久之后本·施奈德尔曼（Ben Shneiderman）才研究了关于可直接操控的交互界面所具有的价值（1983年）。在人机交互中，RtD研究方法的实践应用为研究人员带来了挑战，RtD需要研究人员扮演更积极、更有目的性的建造师角色，来设计他们期望的世界，并建造优于已有世界的新世界。研究人员在回应这一挑战的时候，借助RtD的研究方法将更多新事物带入人机交互领域，并且衍生出新理论。与此同时，这些新事物也能够通过已有的理论进行解读，形成当下理论与未来的新理论之间的不断碰撞。尼格尔·克罗斯（Nigel Cross）认为知识存在于设计师的设计思维、设计实践和设计产品中（Cross，1999年）。RtD恰恰提供了这样一种研究方法，可以产生尼格尔·克罗斯提到过的在人机交互领域发展和传播的新知识。

里波尔·克斯基恩（Ilpo Koskinen）等人日前出版了一本书（2011年），详细介绍了RtD在交互设计研究领域的现状。该书作者简要介绍了不同设计研究领域中RtD的进化史和三个各具特色的实践案例：实验室、田野（或现场）和展示厅（Lab, Field, and Showroom）。实验室（Lab）实践主要来自荷兰，它主要将设计行为与心理学使用的传统实验评估过程结合在一起。实验室方法的实践注重创造全新的、更有美学吸引力的人机交互方法。田野（或现场）（Field）的实践来自于斯堪的纳维亚（Scandinavian）的传统参与式设计方法（participatory design）和美国的以用户为中心的设计方法（user centered-design）。田野调查实践将设计行为和社会学和人类学中的研究实践结合在一起。在这一实践中，设计研究者找到问题场景并提出设计点子，旨在改善现有世界的现状。展示厅（Showroom）的实践借鉴了艺术、时尚和设计领域中的方法。研究人员设计出引人思考的事物以挑战当前现状。有争议的设计会迫使人们重新思考所生活的世界的现状并注意到经常被忽视的方面。在实践这几种RtD方法的过程中，形成的知识包括：被评论事物的特征、用来吸引人去注意根本问题的方法和用来找到问题和实现最终作品的流程。

RtD研究方法的历史及其与人机交互的联系

RtD的历史以其在人机交互领域中的发展不仅与设计研究团体的有关事件紧密相连，并且促成了交互设计作为区别于建筑、工业设计和传播设计的一个设计学科的诞生。"设计实践研究（RtD）"这一术语来自于克里斯托弗·弗雷林（Christopher Frayling）（Frayling，1993年）。他为艺术作为存在（arts as a being）领域的研究提供了如下的解释框架：

（1）关于设计本身的研究（Research into design）——研究人类设计活动。众所周知的例子包括司马贺（Herbert Simon）关于设计作为人工科学的著作（Simon，1996年），阿罗德·纳尔逊（Harold Nelson）和埃里克·斯托尔特曼（Eric Stolterman）关于设计"方式"的著作（Nelson & Stolterman，2012年），以及唐纳德·舍恩（Donald Schön）关于设计作为反思性实践的著作（Schön，1996年）。

（2）为了设计的研究（Research for design）——旨在推动设计实践的研究。这包括几乎所有的设计研究，包括提出新理论、新工具或新方法；或使用范本、设计内涵、或问题框架来讨论改进设计实践的研究。

（3）设计实践研究（Research through design）——一种通过创造新生事物来打破、深化或改变客观世界的当前现状，侧重于改善世界的研究实践。这种研究方式基于对利益相关方的共情理解、关于行为理论的汇总及利用较新的技术，来对未来可能的情况和应当具有的状况进行猜测。所产生的知识是对未来的建议，而非预言（Zimmerman等人，2010年）。

"关于设计本身的研究"和"为了设计的研究"两者都代表了研究项目的成果，即所产生知识类型。"设计实践研究（RtD）"的方法不同于前两者在于它是研究的方法，可以为设计本身和为了设计的研究提供知识。

许多设计研究者提出了有价值的框架，用以讨论关于设计的研究是什么（如Buchanan，2001年；Cross，1999年）；但弗雷林（Frayling）提出的框架，特别是他关于RtD方法的叙述，在交互设计研究领域越来越重要（Basballe & Halskov，2012年）。虽然弗雷林最早使用了"RtD"这一术语，但他并不是从实践者的角度提出这一观点的。实际上，回顾RtD研究方法的历史，我们可以发现它来自于若干不同的地方。我们在此介绍三个不同的来源：富交互（Rich Interaction）、参与式设计（Participatory Design）和批判式设计（Critical Design）。这些都是前文提到的克斯基恩（Koskinen）等人（2011年）提出的实验室、田野（或现场）和展示厅（Lab, Field, and Showroom）这一框架为依据。

富交互（实验室方法，Lab）

在20世纪90年代，荷兰技术大学的研究人员明确区分了设计（在工业设计课程中向学生传授的内容）和科学研究（由教职人员进行关于人类感知、消费者偏好、情感反应和设计过程的研究）。其中，有一小群研究人员和设计师发现，在从机械互动向电子互动进行过渡时，随着机械束缚越来越少，交互的可能性会不断扩大。然而，几乎所有的新产品都把交互功能减少到仅需按动一个贴有标签的按钮。他们认为这一趋势是失败的，因为它未能反映人类是感性存在的；进一步来说，在交互设计中过于依赖人的知觉运动技能作为设计交互的灵感，未能很好地利用知觉技能来作为启发交互的来源；更未能将美学作为交互设计中的关键部分加以考虑。于是，根据感知心理学、生态心理学和现象学的理论，荷兰技术大学的研究人员认为交互设计应涉及所有的感官，而不只是视觉。基于这一理论基础，研究人员创造了交互式研究的新方法，希望能设计出能够与人体全面互动的并且将人类的各感官充分表达的系统，将人类的各感官作为交互式系统获得输入和反馈的渠道，这一新的研究领域被这些研究者命名为富交互（Frens，2006a、2006b）。

这些荷兰的设计研究人员希望发明实现人与物体之间互动的全新方法。为此，他们结合了实验心理学和设计实践领域的理论。一般来说，他们以心理学理论为起点，意图通过设计使该理论得以运用。之后他们举办一些设计工作坊来探索如何实现通过设计来应用心理学理论。这些工作坊将很多设计师聚集在一起，这些设计师利用各种简易的材料来快速发明实现人与系统互动的新方法。这些工作坊研究各种消费品，例如，设想像闹钟这样的消费用品在可以考虑用户情绪状况时，会如何报时（Djajadiningrat et al.，2002年），或者，当自动贩售机在遇到有礼貌或不友好的顾客时，分别应该如何表现（Ross et al.，2008年）。举办工作坊是为实现更好的交互形式提出可能的构思。在工作坊的基础上，这些研究人员会筛选并细化一个想法，形成更详细的假设。为了验证这些假设，研究人员会就一个产品制作多个略有差异的新产品，并围绕这些新产品的交互性来进行对照实验研究。

菲利普·罗斯（Philip Ross）在埃因霍温理工大学（Technical University in Eindhoven）的博士毕业论文中的研究为前文提到的研究方法提供了很好的实例。他组织设计工作坊，由设计团队从不同的伦理道德角度出发设计糖果贩售机，这些角度包括儒家思想、康德理性主义、活力论、浪漫主义和尼采的道德理论（Koskinen et al, 2011年）。该工作坊的设计结果发现，从伦理道德的角度出发有助于启发设计，并认为康德的理性主义已经包含在人们每日交互的机器设备的设计之中。按照这一结论，罗斯（Ross）提出了假说，认为通过特定的视角可以将道德渗入交互产品的设计中，从而推动设计流程。在罗斯的博士研究中，他研发设计了各种形状的灯具和关于灯具的交互行为，从细微的角度探讨伦理道德立场的影响。

从学术界产生的RtD实践来自于心理学家和设计师之间的合作。这种方式与此时流行的以用户为中心的设计流程有所不同，RtD允许设计师自由地进行头脑风暴和创新。这种方法利用设计来预想未曾想见之物，同时借助分析和试验方法来评价创新的设计方案，并形成能够描述富交互运作方式的框架。这种方法至今仍被埃因霍温理工大学的设计交互品质（Designing Quality in Interaction）小组的研究人员所采用。

图1展示了罗斯最后设计的台灯样式（Ross & Wensveen，2010年）。台灯可以根据人接触和抚摸的方式来调整灯光的强度和方向。台灯还可以对当时情况进行辨识——例如用户是否希望阅读——从而加强照明效果。这种设计一方面为阅读提供照明，另一方面也富有趣味性，通过灯光的调节方式将用户的关注点从阅读转移到台灯上。这件作品深入研究了设计师如何从伦理道德角度来探究适应性产品背后的美学，以便扩大创新空间和设计过程的创新性。

图1 菲利普·罗斯（Philip Ross）设计的自适应式交互台灯

参与式设计和以用户为中心的设计[田野（或现场）方法，Field]

参与式设计（participatory design）运动发源于斯堪的纳维亚。在那里，信息技术进入工作场所产生破坏性力量，推翻了工人们传统的角色和职责。而参与式设计就是对此做出的回应。工人们认为IT系统会减弱他们的话语权，弱化他们的手艺。此外，企业和软件开发商也注意到，由于设计这些IT系统的人缺乏对于工作如何开展的详尽了解，这些原本用来提高生产力的IT系统常常导致生产力的丧失（如Orr，1996年；Kuhn，1997年）。

参与式设计遵循马克思主义哲学，这种设计注重为自动化生产开发找到新方法，从而加强民主并保护工人。参与式设计通常由跨学科的小组组织进行，包括行为科学家、技术专家和设计师。跨学科的小组可以带入关于人和工作的理论、关于技术性能的知识以及构思更完善的未来技能到设计过程中。此外，设计小组还包括从工人中选出的代表因为他们有在其公司或机构内具体领域里工作实践的专业技能。这些小组团结在一起，采用快速原型化（rapid prototyping）的设计方式，它们从低保真（low-fidelity）原型开始，逐渐向更高的保真（higher fidelity）原型过渡，通过迭代构思新产品和工作场所，直到形成最后的概念。这些设计团队在关注实现未来愿景的新技术之前，首先通过社交合作方式实践了新的工作。图2展示了Maypole项目中的一个设计作品（Giller等人，1999年）。Maypole项由i3net和欧洲智能信息接口网络（the European Network for Intelligent Information Interfaces）出资赞助。这一项目的目标之一是开发一种新交流方式以支持年龄8～12岁的儿童通过社交网络和其他人联系。该项目延续了参与式设计的方法，注重用户在真实世界中的交互行为。图2中是一个正在使用数码相机的儿童。当时还没有移动技术可以展示设计师的构想，因此研究人员找来了一个摄像头和外放显示屏，将两者捆绑在一起，并将整个装置放在背包中以便携带。研究人员研制出类似于照相机这种原型产品，并提供给用户在田野（或现场）（field），使用，借此调研在拍照和信息传递时，新技术是如何引发新的实践。对于该新实践的深入见解随后会被用来指导新的移动技术设计。

图2　Maypole项目中，一名孩子使用专为儿童设计的数码相机原型在进行田野实验

　　使用参与式设计方法来设计技术系统，是为了成功地生产制造商业产品。借鉴人类学和社会学的研究实践，并将其融入设计这一过程表明，参与式设计是一项研

究行为而非设计行为。随着时间的推移，研究人员也开始把他们设计出的原型产品视作研究贡献。例如，在Maypole项目中，首先，研究人员在针对儿童开展参与式设计方面取得了进展，进而推动了之前专门针对工人的相关工作。其次，用户使用数码相机的目的以及在相机设计过程中形成的交互行为都可以推广并应用到未来的相机设计中，只要技术能够允许设计相应大小的数码相机即可。制作过程形成的洞察和制造出的产品视为研究产出成果，将有助于将研究实践从注重方法转向注重探究更美好的未来。

批判性设计（展示厅方法，Showroom）

在批判性设计（critical design）中（Dunne & Raby，2001年），设计研究人员通过RtD方法来创作出具有思辨性的原型物体使人们思考、关注和重新考虑现实世界的某些角度。托尼·邓恩（Tony Dunne）率先使用"批判性设计"一词来描述那些否定现状的设计哲学（Dunne，1999年）。但是，用以批判客观世界现状的设计理念出现在更早期，我们在很多设计和运动中都可以发现它们的印记，诸如前拉斐尔派（Pre-Raphaelites）或孟菲斯设计集团（the Memphis Design Group）的作品。批判性设计强调设计除了帮助人们和改善世界之外还有其他目的。

这种研究方法借鉴了历史上的设计实践。在20世纪90年代，在多所设计学院学校逐渐兴起了一种运动，促进了新的设计理念，即侧重概念设计（conceptual design）而不是最终作品。这种运动将时尚、概念性建筑和概念性设计的大部分工作定义为一种批判性设计。批判性设计为设计师提供了一种能够利用设计上的优势和传统的研究方法。批判性设计的研究过程包括：筛选问题、探索各种可能的设计形式、迭代完善作品使其最终形态达到接近展示厅质量。设计师或设计团队在进行反思性写作来描述设计过程、作品和预期影响的时候，就可以产生新的知识。这种批判性设计的RtD方法在英国皇家美术学院（the Royal College of Art）获得普及，之后被多所设计院校采用。

图3显示的是一款叫作The Prayer Companion的产品，由伦敦大学金匠学院（the Interaction Research Studio at Goldsmiths,University of London）交互研究工作室设计。该产品是人机交互领域批判式设计中最广为流传的例子。图3中的设备为修道院的修女提供电子新闻推送，为祷告主题提供信息来源，实现修道院与外部世界的联系。该项目通过把设备安装在修道院中并观察修女如何去欣赏和理解这种设计，融合了参与式设计与用户中心式设计两种方法。

图3　伦敦大学金匠学院交互研究工作室设计的Prayer Companion

关于本文作者在人机交互中应用RtD研究的介绍

本文作者——朱迪（Jodi）和约翰（John），均推动了RtD在人机交互领域里的研究和实践，他们的主要研究兴趣是开发RtD的实用性。两人在成为卡内基梅隆大学的教授之前，都曾在企业里做过交互设计师。朱迪（Jodi）曾供职于芝加哥的e-Lab设计咨询公司，在各种场合为不同的产品和服务设计提供指导。约翰（John）在飞利浦研究部门（Philips Research）工作过，他与技术研究人员合作，在研究中引入更多的商业因素来帮助产品经理更好地了解技术可能性和带来的成果。两人都接受了卡内基梅隆大学人机交互学院和设计学院的联合聘任教职（Jodi于2000年接受聘任，John于2002年接受聘任），并成为了第一批在人机交互研究领域展开交互设计的研究人员。但是，当时学术界并未对交互设计研究人员（design researcher）的身份和工作做出定义。于是，卡内基梅隆大学聘任二人定义在人机交互中领域中，设计研究（design research）的作用并为人机交互领域里的交叉学科研究人员开发新的研究方法，将设计思维（design thinking）整合到人机交互的研究和教育中。

在2000年年初，人机交互研究领域普遍认为设计研究（design research）是设计实践中的前期研究。丹尼尔·佛尔曼（Daniel Fallman）将其描述为以研究为导向的设计（research-oriented design）；然而，人机交互领域的设计工作受到前期研究的指导，与在设计工作室中独立工作的设计师有所不同（Fallman，2003年）。当时，人机交互研究领域认为"设计"与"实践"代表同一含义。人们不认为设计是一门能够产生知识的学科，而只是一个用来区分研究和实践的词汇。

为了更好地了解设计与人机交互研究如何最佳契合，本文作者与其他合作者在CHI2004会议期间举办了一个工作坊，以便让来自各个学科的研究人员共同探讨并推动设计在人机交互领域里的作用（Zimmerman et al.，2004a）。通过这次工作坊，人们希望将设计思维纳入到人机交互研究中，其方法就是RtD。为此，人机交互领域的设计研究人员需要说服人机交互领域采用RtD方法，并认定其研究结果是有效且有价值的。设计研究人员需要研究团体意识到，在此过程中设计出的思辨作品不只是已知技术的整合。此外，设计研究人员也需要人机交互研究领域意识到这些设计是对未来可能性的严肃思考，可以反映出人们理解并使用新技术的重要新洞见，以及相应技术逐步在更多人类生活中的过领域里发挥的作用。

有趣的是，比尔·加弗（Bill Gaver）在同一届CHI大会上提交了介绍Drift Table的论文（Gaver et al.，2004年）。Drift Table这件作品和描述该作品的设计和评价的论文都对人机交互领域根深蒂固的信念提出了挑战，即认为交互设计必须要有明确的用户目的；同时认为每样物件都有"正确的"使用方式。这种设计开启了全新的研究空间，加弗及其团队将其命名为"游戏式交互"（ludic interaction）。此外，加弗的研究为证明设计和设计思维如何扩大人机交互的范围和作用提供了一个极好的实例。该论文以"实验性报告"（Experience Report）出现，是被人机交互领域里的实践者用来分享其设计案例的一个领域（track）。尽管该论文本来希望在CHI会议上提供研究贡献，但却并没有作为同行评审（peer-reviewed）的技术论文出现。尽管如此，Drift Table被认为是人机交互领域出版过的有关使用RtD方法的最早也是最成功的实例之一。

在CHI2004工作坊的基础上，本文两位作者与其同事雪莉·艾佛森（Shelley Evenson）合作，着手开展了一个将RtD方法引入人机交互领域的项目。接下来，我们首先详细介绍商业产品和服务在设计过程中是如何产生知识的（Zimmerman et al.，2004b），其中明确指出了在常规设计流程中的不同节点上产生的不同类型的知识（如表1所示）。基于这张来自商业实践的图表，我们通过一个项目来探索够为人机交互研究领域所使用的RtD模型，能够为人机交互研究团体所利用。研究RtD模型的目的并不是在人机交互领域里定义一种单独的设计研究类型，而是意图为RtD的方法和成果创造立足之地，使其能够进入人机交互领域的研究范围。

我们首先采访了人机交互领域的首席研究员和设计师，意图理解他们如何定义设计、如何看待能够带来知识的设计以及设计是否适合存在于人机交互领域的研究中。最有趣的评论来自一名心理学家，他表示，"设计师设计出的是产品，而不是知识"。另一位心理学家也问道，"为什么想要设计出正确的产品？为什么不能做一个2×2的实验设计（2×2表示有两个自变量，每个自变量有两个水平）？"这些评论对我们特别有启发，让我们看到了设计思维和科学思维截然不同。设计思维注重积极构建具有主观偏好的未来，而科学思维注重寻求长期有效的普遍真理。在采访的基础上，我们的团队提出了人机交互领域里RtD方法的模型，通过展示给人机交互领域的研究人员、从事人机交互的设计研究人员以及设计研究团体的设计研究人员对模型进行评估和不断完善。我们将这项工作的结果以一篇论文和演讲的形式发表在CHI2007，使人机交互研究团体得以了解有关情况；同时，也发表在了*Design Issues*（有关设计研究的期刊，由该团队编辑）的一期特刊中，设计研究人员通过该文章了解RtD方法模型（Forlizzi et al.，2008年）。

表1　设计流程中形成知识的机会

按阶段划分的研究流程					
定义	开发	合成	构建	完善	反思
团队建设 技术评估 假想	场景 基准测试 用户需求	流程图 机会图 框架 用户画像 情境	特征和功能 行为 设计语言 交互与流程 模型 共同设计	评估 范围规定 交互 规范	解剖法 机会图 对标 市场接受度
按阶段划分的研究，在各阶段产生的知识					
原型用户模型 原型用户需求 顾客需求	用户心理模型 用户流程模型 场景中的用户关系 满足需求的现有产品概述（文献综述）	用户、客户和场景间的关联需求 确定需求缺口（新产品或服务的机会）	用户可能（或不可能）接受的过程和流程模型 关于高水平交互原则的洞见 评价widget性能及其与软件重复利用的关系 完善后的交互流程模型		改进设计流程的机会 设计在市场上的接受度 关于需求缺口的新评估（新产品或服务的机会）

在该模型中（如图4所示），交互设计研究人员采用RtD方法，将三种不同类型的知识整合到新产品的设计中：方式、真实、现实（Zimmerman et al.，2007年）。这三种知识类型以尼尔森（Nelson）和斯托尔特曼（Stolterman）在《设计之路》（*Design Way*）（2012年）中提出的关于"现实、真实和理想"的知识定义为依据。从工程师那里，设计研究人员获取"方式（How）"相关的知识；即最新的技术可能性。从行为科学家那里，他们获取来自人类行为的"真实"相关的知识、模型和理论。从人类学家那里，他们获取"现实"相关的知识，即关于目前世界是如何运作的深入描述。依据这三种类型的知识输入（方式、真实和现实知识），未来应对各种挑战并获得机遇并推动当前世界向更好的状态发展，设计研究人员设想出各种可能的未来状态，例如各种新产品、新服务、新系统和新环境。在某种程度上，设计研究人员试图设计出"正确的事物"，也就是能够改变世界现状的作品或物品（artifact）。这个模型的设计理念是通过提出各种可能的解决方案来不断地重

塑问题（Rittel和Webber，1973年；Simon，1996年；Schön，1983年；Buchanan，1995年）。

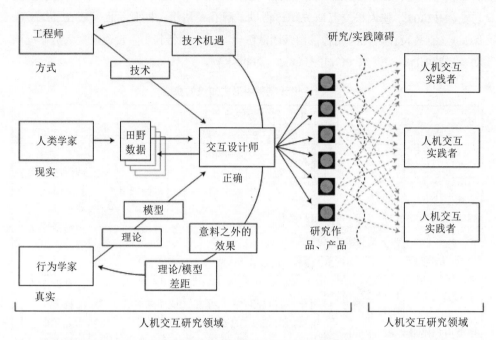

图4　人机交互领域中的RtD方法模型

该模型介绍了人机交互领域不同学科所形成的四种研究成果。

（1）RtD方法可以带来技术机遇（technical opportunities），为工程师提供反馈。在这种情况下，可实现的技术进步将造福世界。例如大卫多夫（Davidoff）等研究人员通过实地调查（the fieldwork）、概念生成（concept generation）和速配研究（speed dating studies）表明，家长可以借助计算机系统来学习日常的接送活动，以使其不会忘记接自己的孩子（Davidoff 等人，2006年，Davidoff 等人，2007年，Davidoff 等人，2010年，Davidoff 等人，2011年）。

（2）RtD方法能够揭示出当前行为理论中的缺陷。例如，有关产品依恋理论可以解释为什么家长会喜欢他们读给孩子听的一些书。然而这种理论似乎无法解释为什么家长使用电子阅读器给孩子读同样的故事时，无法形成相似的依恋。是因为物质所有权的数字化形式造就了这样的差异（Odom等人，2010年）。

（3）RtD方法允许研究人员创造出物品并使其融入人们的世界来改变已有状态，并为人类学家和设计研究人员创造机会去研究出新的情景状况和实践方法。例如，在Tiramisu项目中，研究人员通过RtD方法设计了移动服务，使公交车的乘客彼此之间通过智能手机共享位置，从而形成实时抵达系统。这一服务能够改变乘客的参与感，使他们向服务体系报告问题、疑虑和称赞（Zimmerman等人，2011年）。

（4）RtD方法能够通过为同一个问题提供多种不同方案从而揭示出关于问题构建、特定交互和理论实施的设计模式（Alexander等人，1977年）。例如，对为了帮助用户成为他们"期望成为的人"而设计出6种产品进行分析，揭示了也可以被其他设计师在自己用户体验设计实践中采用的几种问题框架观点（Zimmerman，2009年）。

自从我们在CHI会议上介绍过这种模型后，在人机交互领域使用RtD方法以及设计研究人员通过人机交互渠道发表的论文数量显著增加。如今，CHI大会已组织了两个技术论文委员会专门负责设计研究方向，以应对不断增加的论文提交量。

结合该模型，我们继续利用RtD方法开展各类研究工作。我们采用这种方法进行了大量研究项目，并在人机交互和交互设计研究领域发表了有关成果。此外，我们还努力使这种研究方法正式化。具体来说，我们研究了RtD方法如何指导理论，以及研究人员如何更好地评价RtD方法带来的更好或更差的成果（Zimmerman，2008年；Forlizzi等人，2009年；Zimmerman等人，2010年）。

RtD方法对人机交互的贡献

RtD方法为人机交互贡献了很多成果。我们在此着重介绍以下两点：

（1）通过反思性实践，在设计过程中重新构建（reframing）项目的基本背景和目标；

（2）改变研究方向，面对未来进行研究，以此理解应该形成世界的方式。

下面我们简要描述两个设计案例。第一个是关于反向闹钟（Reverse Alarm Clock）的设计。这一案例介绍了重构问题这一过程是怎样帮助研究人员理解家用技术（domestic technology）的用法，并理解家用技术如何更好地适用于家庭环境。第二个是关于Snackbot（一种运送零食的机器人）的设计和研究。这项基于RtD的研究探索了机器人为工人运送零食的思辨性未来，既揭示了机器人与人们互动时应有的社交准则，也涉及了如今的办公室员工久坐不运动和肥胖现象的复杂问题。

反向闹钟

反向闹钟项目是一个展示了在研究过程中如何对有关问题和项目目标不断探索并调整架构的RtD方法实例。该项目首先开展了田野研究和观察（fieldwork），发现忙碌的双职工家庭的家长早上可能会对孩子大喊大叫让他们起床。对家长来说，让所有人按时离开家门是一件重要的事情，但对小孩子来说并不是。所以，在早上赶时间的压力下，孩子鞋子丢了或者吃饭太慢都可能让家长失去耐心。但是，当他们向孩子大喊大叫时，他们对让孩子的一天从负面情绪开始深感失败。对于在半夜被婴儿啼哭吵醒的家长，他们更加缺乏情感稳定，从而更容易在早上的紧张安排中失去耐心。

基于这些观察，项目组受到启发，设计了一套能够帮助年龄小的孩子们晚上上床就寝的系统，即反向闹钟（图5）。

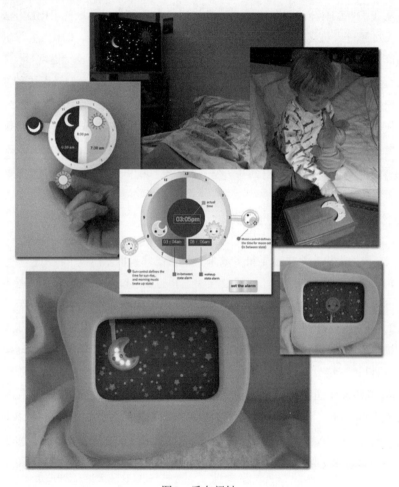

图5 反向闹钟

该闹钟的最后设计形态包括以下4部分。

显示器：显示3种时间状态，每种都有自己的规则：月亮升起时，孩子必须就寝；月亮落下时，孩子如果愿意可以起床；太阳升起时，孩子必须起床。

珍宝盒：这个盒子放在孩子的床边。晚上时孩子可以把代币放入盒子，选择太阳升起时的时间状态的起床音乐。当把代币放入盒子后，孩子按下盒子顶上的按键让月亮升起。

控制器：在孩子房间入口处靠近电灯开关的墙上挂着一个圆形指针，被称为"控制器"。它有两个摆臂，一个用来设定月亮升起的时间，另一个设定太阳升起的时间。

床头传感器：在床垫下有一个传感床毯，用来监测孩子是否起床。如果孩子在月亮升起时离开床，什么事都不会发生。如果孩子在月亮落下后离开床，太阳会立刻升起，同时起床音乐会响起。

设计人员在最初探索问题时发现，小孩子夜间起床是造成家长早上吼叫的原因之一。根据这一构想，设计组研究了小孩子夜间起床的原因。通过查阅文献以及与睡眠专家的交流，设计组了解到小孩子没有时间的持续概念。从孩子的角度对这种情况进行思考，设计小组开始注意到家长行为的不一致性。有时孩子会起来去找家长，后者会很乐意看到孩子；有的时候孩子起来去找家长，家长反而不高兴并要求孩子回去睡觉。从孩子的角度看，家长行为的不一致就成为了可用性的设计关键。孩子需要得到更好的反馈，帮助他们预测家长可能的反应。这一新的构建角度推动了小组设计出了多个显示屏的初始版本。

随后，设计小组扩大了研究范围，从晨间唤醒扩展到了就寝时间。虽然很多忙碌的家长认为睡前故事是对于他们有压力的时间，但设计组还是注意到了家长和子女在这一过程中可以建立起亲密互动的亲子关系。设计组注意到了家长会把用于睡前故事的特定书籍集中保管。小组在观察这些睡前故事的过程中发现，在给孩子读故事时，家长会停止"多重背景设定"[由达拉尔（Darrah）等人提出的概念（2001年），用来描述忙碌的家长同时兼顾工作和家庭角色的现象]，并全身心投入家长角色。这些观察结果帮助设计组转移了研究视角，不只是关注家长是否保持一致性的问题。设计小组扩大了研究范围，寻找能够将亲密的睡前时间与设计进行结合的机会。这一视角引导设计组增加了珍宝盒原型产品，并将该产品与亲密的睡前故事活动结合在一起。

设计小组进行了情景构建（scenario building）、亲身试用（body storming）和简易的原型制作（rough prototyping）等一系列方法来形成和完善设计（Buchenau和Suri，2000年）。根据对草稿和原型的批判和反思，设计组着手研究控制系统操作复杂这一难题。智慧家庭的相关研究表明，繁忙的家长更愿意控制好他们的生活，而不是控制物品（Davidoff等人，2006年）。其他智慧家庭的研究也表明，家长不希望使用自动育儿的新科技因为他们取代了家长的职责（Davidoff等人，2007年）。这些洞见帮助我们重构了项目目标。设计组开始寻找其他思路，以便家长能够掌握局面，并获得机会进行育儿工作，而不是依靠科技产品来自动完成育儿任务。

设计组根据新的项目构建和目标形成了控制器和显示器设计的一套规则。控制器为家长提供了相对控制。例如，他们可以为周二和周六设置完全不同的月亮落下的时间，同时保持孩子们对显示器的使用体验不变。同时，该设计也通过为显示器设定一套规则为育儿提供支持方面，将闹钟变成家长可以使用的工具来帮助孩子们做出正确决定，这正是育儿的长期目标。当孩子做噩梦、感到不舒服或寻求父母安慰时，父母的反应有助于让孩子意识到什么时候必须遵守规矩，什么时候可以暂时取消规矩。按照这一新构思，这一闹钟提供给孩子可以理解的信息，同时允许父母会给孩子提供指导，帮助他们理解不同情况下这些信息的含义。

设计组制作出最终形态后，又继续推进设计并制作出了3个不同版本的闹钟，在3个家庭进行了田野（实地）测试。他们找了孩子存在睡眠问题的家庭；在这些家庭中孩子们在晚上会频繁起床并吵醒父母。在与家长进行的早期交流中，有一位母亲称，把她3岁大的孩子从婴儿床（四周有护栏）抱到儿童床里的这段时间是她一生中"最糟糕的三周"。这个闹钟发挥了很好的作用，既减少了孩子夜间叫醒父母的频率，也减少了孩子重新入睡的时间。更重要的是，设计组在测试闹钟前后与父母们的讨论帮助他们确定设计的构思，并使产品更适应实际的家庭生活。到此阶段，该设计的关注点是帮助那些孩子经历睡眠中断的家庭解决问题。也就是说，该设计提供了一个解决问题的方案。设计组在与家长们讨论从婴儿床到儿童床（父母睡在孩子身旁以便使其入睡）的过渡时，注意到了父母在这一过渡过程中的喜悦和成就感。能够换到新床对孩子们来说是一种成就感；就像是毕业了一样。在设计组聆听全家人使用这一闹钟时的助眠故事，他们再次重新构思了项目的目标。这一次，除了解决问题之外，设计组还发现了在孩子向婴儿床过渡的时间点是采用这种闹钟的最佳时机。这种闹钟应与儿童床一样，可以成为过渡期的一种产品，并为过渡期带来快乐。设计组反思认为，许多为家庭设计的科技产品都可以采用类似的研发路径，即作为生活的过渡阶段被引入的产品，而不是为了解决让家庭濒临瘫痪问题的一种应对手段。

Snackbot

Snackbot是有关未来状态的原型设计。关于未来的设计对于RtD研究至关重要，它有助于启迪新思维，探讨未来的科技产品如何能够造福人类的生活。

该项目最初的目标是开发一个机器人以便设计组探索人和机器人的长期交互。目前，关于人与机器人的长期机交互的很多问题尚未得到解答。这些问题包括，人对于机器人的感知和态度如何随时间而变化？哪种交互设计策略有助于强化人与机器人之间的长期正向关系？企业里的员工能否像设计组设想的那样与机器人进行互动以及将机器人用于适合的新领域？机器人能否为人类带来长期有益的服务吗？应该如何设计机器人产品和服务？

作为设计师，我们为Snackbot机器人的开发工作指定了3个设计目标。我们的第一个目标是开发具有整体性的机器人（develop the robot holistically）。我们采用的设计方法是把机器人放在人—机器人—环境体系的整体层面来考虑，而不只是为了推动技术本身的进步或者侧重设计或交互的一个领域（例如一个对话系统）。我们的第二个目标是同步开发机器人产品和其服务，即机器人作为一个产品，应当更社会化并吸引人；同时，机器人应当为人提供有益的服务。我们的第三个目标是开发机器人的交互行为的互动设计以促进其社会行为。因为机器人是作为可供人们长期使用的研究平台而出现的，关于其功能和特征的各种决定旨在为推动其社会性而服务。Snackbot的最终设计形态（图6）包括如下内容：

机器人：Snackbot（Lee等人，2009年）是一个4.5英尺高的拟人形态的轮式机器人，其头部可以上下左右运动，其嘴部的LED可模拟显示笑容、生气或不开心也不难过的中立的表情，同时可以通过语音交流。

零食订购网站：使用者可以通过专门设计的常用零食下单网站和数据库订购零食。顾客可以指定零食类型、送货时间和办公室位置。只有参与实验的人才可以通过网站下单订购零食。

零食：Snackbot可以提供6种不同的零食——苹果、香蕉、橙子、Reese花生酱杯、士力架和巧克力曲奇饼干。我们选择了几种工作场合不常见的零食组合。

机器人控制界面：操作员通过GUI（图形化界面）远程控制机器人的导航、非言语运动和对话系统。界面显示机器人拍到的视频内容、机器人在大楼地图上的位置、头部朝向和各种对话脚本。操作员可以通过界面上的视频/音频馈送看到参与者的活动。

操作员：操作员将网站上的订单转化为送餐计划表，将零食放在机器人的托盘上，每次送餐前将机器人初始化并将其机器人的运动在楼内本地化（送餐）。

在跨领域的研究设计组的反复磋商指导下，机器人、网站和GUI的开发是一个以用户为中心设计的迭代过程。当系统建立完成时，我们可以着手系统性地探索如何通过改进设计的某些方面来提高机器人的可靠性和与人的联系、增加用户再次使用机器人送餐服务的可能性，并鼓励用户做出健康的零食选择或与Snackbot展开关于个人话题的交流。

例如，在一个实验中，我们着重运用行为经济学理论，通过在网站上和机器人身上提供不同的零食设计和所处位置，帮人们做出健康的零食选择（Lee、Kiesler和Forlizzi，2011年）。我们发现有些策略确实更有效果，尤其是对那些生活方式不太健康的人来说。我们可以通过不同的设计来支持便利性或减少便利性并影响人们的选择，例如把健康选择设计得更漂亮、把不健康的选择设计得像变质或令人没有食欲的食物。我们了解到，甚至可以利用社会力影响来帮助人们做出更好的选择。

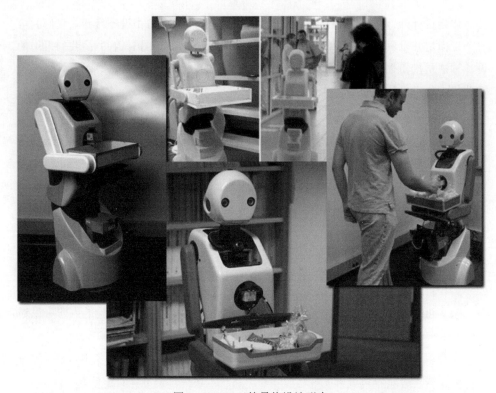

图6　Snackbot的最终设计形态

在另一项关于Snackbot的研究中，我们为了让机器人能够给顾客个性化的零食送货服务改变了机器人的行为（Lee等人，2012年）。获得个性化服务的顾客可以订购常规零食以外的神秘零食，也有机会与机器人一起进行颈部拉伸。机器人还可以与顾客交流它们对顾客的记忆，如客户曾经订过哪些零食、他们从事的工作等。但时，在实验对照组，机器人只能与顾客进行普通的交流，也不能订购神秘零食。尽管被试知道Snackbot是一台机器，他们通过机器人得到了零食并与机器人建立起了各种社会关系。除了机器人与人之间一对一的互动，机器人在工作场合的存在引起了涟漪效应，引发了员工新的社交行为，如更讲礼貌、保护机器人、模仿、社交比较，甚至嫉妒。该项目的设计将有助于为工作场合开发的各种未来技术的发展。

Snackbot作为一个RtD研究项目，将继续探讨关于在公司、机构中使用社会化机器人的相关问题。另外，该项机器人及其提供服务的研究为理解和推动技术服务设计领域的研究提供了丰富的背景。在Snackbot项目中，我们逐渐对于人们如何逐步使用新技术、如何与辅助机器人建立关系、建立信任及喜好。如果没有这一研究平台，我们可能无法对未来的状态做出更明智的判断。

如何开展RtD项目

要开展RtD项目，我们建议设计组采取以下5个简单的步骤：

（1）选择（select）；

（2）设计（design）；

（3）评估（evaluate）；

（4）反思并传播（reflect and disseminate）；

（5）重复（repeat）。

首先，选择（select）有价值的问题进行调查研究。设计组应确定研究的重点是解决一个问题还是找到一个设计机会。设计组需要选出一个将要测试的新材料、需要了解的目标人群和相关背景、一个社会问题或洞见和/或他们希望应用到交互设计的理论框架。选择过程是一个迭代过程，设计组需要不断尝试不同事物直到达成共识。选择过程另外一个重要因素是研究的问题是否可以借助RtD方法来进行调查。这个混乱的问题是否可以通过设计思维来找到最佳的答案？例如，是否有不同利益团体以及既得利益者提出的各种议程阻碍了最佳方案的出现？最后，设计组要考虑团队的研究能力，以及为项目提供资金的人或机构的想法和顾虑。

接下来，设计组应考虑采用哪种RtD方法实践（实验室、田野或展示厅），或希望将两种不同的实践混用。一旦设计组做出了选择，我们建议通过文献审查来找出是否有这种RtD方法范例。一或两个范例可以提供基础，为设计过程带来指导。

选好范例后，设计组开始设计（design）活动。设计组首先应该进行文献审查（literature review），以了解目前给领域的现状以及该领域其他研究人员的问题和疑虑。然后，设计组可以选择进行实地工作、或举办设计工作坊、或尝试新材料、或在工作室中探索新思路。在项目的早期阶段，设计组应该尝试理解世界的现状以及如何提出新的视角或新问题框架，从而为理想的未来提出解决之道。

一旦设计组形成了初步的构想，就可以探索新产品/服务理念，然后通过筛选、不断改进和完善理念，形成最终的产品形态。通过制作和批判的过程，设计组应该评估（evaluate）该产品并不断挑战最初的构想。从某种意义上说，设计组提出的每个新概念都将通过其解决方案的实施方式带来不同的框架，而评判的一部分是要阐明嵌入在设计人员及其解决方案中的建议。在这一过程中，设计组应记录下他们的设计步骤、这些步骤背后的逻辑（Moran和Carroll，1996年）以及各种推测是否可行。此外，设计组应反思他们对环境的架构如何发展和变化，并捕捉导致该架构转变的原因。

当设计组如果有某个喜欢的作品时，可以基于选择的RtD实践方法和研究问题的具体顾虑来进行评估。采用实验室（Lab）实践方法的很可能产生若干类似的作品，并可以在实验室中进行评估；采用田野（或现场）（Field）实践的相关设计很有可能将创作原型投入现场，评估原型设计否能产生预期的行为和成果（参见《实地部署：在实际运用中了解》）。此外，研究人员会寻找在人们将新事物纳入其生活中时产生的新的实践。最后，采用展示厅（Showroom）实践的相关设计有可能将该设计安装在艺术馆中安装或其他地点，以便设计组以外的人可以感受设计作品，并由此对其周围的世界进行思考。

基于上述评估结果，设计组应反思（reflect）他们所学到的内容，并努力传播（disseminate）研究结果。传播方式包括在同行评议的会议或期刊发表有关文章，或者视频和演示。最后，某些使用RtD方法的项目，可能会创造出一套工作系统供人们在研究项目结束后还可以长期使用，能够启发设计师思考下一个可能存在的问题的环境和解决方案。

这一过程的最后一步是重复（repeat）。克斯基恩（Koskinen）等人（2011年）指出，应用RtD方法的研究人员通过反复研究同一个问题场景以得到最好的研究结果。只有通过开发研究方案（而不是通过单独的项目）才能获得最佳结果（参见Koskinen等人，2011年：第十章：Building Research Programs）。

其他推荐范例请扫码查看。

练习

1. 想出3个可由 RtD 解决的问题。你会如何描述这些问题？
2. 设计实践研究与设计工作相比有什么区别？

本文作者信息、推荐范例、参考文献等资料请扫码查看。

人机交互中的实验性研究

Darren Gergle

Desney S. Tan

人机交互中的实验性研究

实验方法是一项基本技术，用于收集数据并建立科学知识，并作为一种重要方法被广泛应用于各类学科，包括生物学、化学、物理学、动物学，当然也有人机交互。

本文将为您介绍实验性研究的基础知识。学习本文之后，您将对关键概念有所理解，并了解到在某些情况下因果关系的问题特别适合用实验来解答。此外，您还将了解关于最佳实践的知识，以及设计、执行和评估人机交互良好实验性研究所需的条件。

实验性研究简介

从本质上讲，实验性研究意在展示对某个变量的操控如何对另一个变量产生直接的因果影响[库克（Cook）和坎贝尔（Campbell），1979年]。思考一下这个研究问题："视频的帧率如何影响人类对连续运动的感知？"

通过进一步细分，我们可以对好的实验性研究所需具备的几个要素进行研究。第一点与因果关系的概念有关。我们的样本问题隐含这样一个假定：一个变量（在此情况下是帧率）的变化会导致另一个变量（对连续运动的感知）的变化。概括而言，我们是在 x 和 y 两个变量之间建立因果关系，即 x 的变化导致 y 的变化。

第二点应注意的是变量。研究人员需要操控一个或多个变量（自变量）的水平或程度，同时使其他外来因素保持不变。在这个例子中，自变量是帧率，我们可以以不同的帧率显示同一个视频，同时控制亮度、屏幕大小等其他因素。另外应能够测量这些操控对一个或多个因变量可以影响到什么程度。在这种情况下，我们的因变量可以是反映人类对连续运动感知的某个评分。

需要注意的第三点是，我们可以将初始问题正式表述为一个假设，对帧率与连续运动感知之间的关系进行预期。例如，"帧率的增加将增加对连续运动的感知"。假设的设定很重要，它能清晰地表述实验的参数并传达预期的关系。然后，对观察到的数据进行统计分析，为支持或反对假设的关系提供证据。

最后，真实实验需要将参与者随机分配到实验条件。研究开始时，随机分配对组建已测特征和未测特征都相同的参与者小组（存在一定概率）起到至关重要的作用。它能防止在将参与者分配至实验条件时出现系统性偏差，提高组间差异仅由实验处理产生的可能性。如果不随机分配，则存在参与者本身的属性影响因变量改变的风险。

回到帧率的例子，设想我们开展一项研究，一组参与者观看低帧率视频，另一组以高得多的帧率观看同一视频。你很聪明地设想出一种测量感知连续运动的方法，招募参与者来到实验室，将前十名到达者分配至高帧率条件，后十名到达者分配至低帧率条件。收集和分析数据后，你会发现，与你的假设相反，高帧率条件下的人认为视频不太流畅。经过进一步反思，你会发现最早到达实验室的参与者之所以这样做，是因为他们的性格类型本来就会使他们成为早到的人。这种人格特质与他们更加关注细节也有关联，因此相比后到的参与者，他们对事物的评价更具批判性。如果没有随机分配，此类混淆的风险就会增加。

历史、知识传统、进化

为使我们更敏锐地感知实验性研究在当今人际交互中所扮演的角色，我们需要追溯实验性研究诞生的根源，回顾这种科学方法的发展及其形式化的过程。而这往往要归功于亚里士多德（Aristotle）探求"普遍真理"（universal truths）的最初想法。16世纪至18世纪"科学革命"期间，科学的方法得到了普及，并随着伽利略（Galileo）等人的研究而崛起。简言之，科学探究的目标是理解环境与行为之间存在的基本关系，最终将这种理解聚合成一个正式的知识体系。

实验性研究原本是物理科学用以确立科学原则和规律的基本方法，不过在19世纪末和20世纪初，威廉·冯特（Wilhelm Wundt）和G. 斯坦利·霍尔（G. Stanley Hall）等心理学家开始尝试建立以人的思想和行为作为研究对象的实验室。人们很快就发现，对人类进行测量有着特殊的挑战。如果人类和物理世界一样，在行事上可以做到系统且一致，那么科学方法可以直接应用于人类行为问题研究。然而事实并非如此；个人的行为每时每刻都在变化，人与人之间也存在巨大差异。

因此，来自心理学、社会学、认知科学和信息科学，以及更广泛的社会科学的研究人员开发了新的研究技术，该技术更适合处理各种环境下变幻莫测的人类行为。与传统科学的想法类似，这些早期研究应用技术以支持和人类行为有关的系统化知识生产和理论开发。

随着人机交互领域的发展，人们逐渐认识到实验性研究不仅有助于生成假设驱动的知识和理论发展，而且能够为实际目标和应用目标提供依据。在近期发布的一篇名为《人机交互实验的一些原理和方法》（*Some Whys and Hows of Experiments in Human-Computer Interaction*）的文章中，霍恩拜克（Hornbæk）（2011年，第303—305页）进一步认为，实验性研究适合调查交互的详细过程以及罕见但重要的事件，因为它能够在控制的环境中重新再现这些过程和事件。他还强调了通过自我报告来避开问题的好处，人们对互动中行为和感受背后的原因形成了错误判断和反思，自我报告就来源于此。

例如，使用A/B测试法，在谷歌（Google）、微软（Microsoft）或脸书（Facebook）等大型互联网公司开展受控在线实验，以生成设计想法并激发创新[科哈维（Kohavi）、亨纳（Henne）和索莫菲尔德（Sommerfield），2007年；科哈维，朗博瑟姆（Longbotham）和沃克（Walker），2010年；科哈维和朗博瑟姆，2007年]。相应地，有些人机交互研究更多由理论驱动[如阿科特（Accot）和翟（Zhai），1997年；格勾、克劳特（Kraut）和福塞尔（Fussell），2013年；J. T. 汉考克（J. T. Hancock）、兰德里根（Landrigan）和西尔弗（Silver），2007年；沃布罗克（Wobbrock）、卡瑞尔（Cutrell）、哈拉达（Harada）和麦肯齐（MacKenzie），2008年]，而其他研究更多由工程驱动，目的在于从更加实用的角度展示一项技术的效用[如古特文（Gutwin）和彭纳（Penner），2002年；哈里森（Harrison），坦和莫里斯（Morris），2010年；麦肯齐和张（Zhang），1999年；阮（Nguyen）和坎尼（Canny），2005年]。

另外，实验技术还被广泛用于可用性测试（usability testing），帮助找出现有设计或用户界面中的缺陷。无论是评估一个用户界面是否好于其他用户界面；显示新的推荐系统算法如何影响社会互动；还是评估投入实际使用的新设备带来的品质、效用和兴奋感，好的实验性研究实践都能使人机交互更加严谨、翔实和创新。事实上，从控制严密的实验室实验[如麦肯齐和张，1999年；维诺特（Veinott）、奥尔森（Olson），奥尔森和傅（Fu），1999年]到在"野外"的实地实验[如卡特（Carter）、曼科夫（Mankoff）、克莱默（Klemmer）和马修斯（Matthews），2008年；柯斯利（Cosley）、兰（Lam）、阿尔伯特（Albert）、康斯坦（Konstan）和里德尔（Riedl），2003年；埃文斯（Evans）和沃布罗克，2012年；科丁格（Koedinger）、安德森（Anderson）、哈德利（Hadley）、马克（Mark）等人，1997年；奥拉斯维塔（Oulasvirta），2009年]，都能从人机交互研究中看到实验性研究及实验技术的许多好处。

实验性研究的优点

与其他人机交互研究方法相比，实验这种方法具有许多优点，其中最为大家所认可的优点依赖于内部有效性[①]，或该实验性做法允许研究人员将偏差或系统性错误最小化并展示强因果关系。如果操作得当，实验性研究是少数可以令人信服的确立因果关系的方法之一。

用罗森塔尔（Rosenthal）和罗斯诺（Rosnow）的话讲，实验性研究的重点是识别"x对y负责"形式的因果关系。它可与其他两种宽泛的方法形成对比：描述性研究（descriptive studies），旨在准确描述正在发生的事情，以及关系性研究（relational studies），意在捕捉两个变量间的关系，但不一定是因果关系[参见罗森塔尔（Rosenthal）和罗斯诺（Rosnow），2008年，第21—32页]。

实验方法精确地控制独立变量的水平，并进行随机分配，将独立变量的影响隔离于因变量。它还允许实验者在变量之间建立相互作用模型，以更好地理解某个变量在其他变量范围内所造成的不同影响。

实验方法还利用定量数据，而我们可以使用推论统计学（Inferential Statistics）对定量数据进行分析。这就使得人们可以对最终可能出现的结果做出统计性和概率性陈述，并且在与其他假定影响源进行比较时，使人能够对影响的大小做出有意义的探讨。

此外，实验性研究是检验理论命题和提出理论的系统性过程。实验性研究有一个优点是其他研究人员可以对实验进行复制和扩展。久而久之，我们对研究结果也会越来越有信心，允许将研究结果进行跨研究、跨领域的普适化，并推及至比研究之初涵盖范围更广的人群。这支持了更多普遍原理和理论的发展，而这些普遍原理和理论也通过了众多独立研究人员在各种环境中的审查考验。

实验性研究的局限性

一般而言，实验性研究要求有定义明确、可被检验的假设以及一小组控制良好的变量。然而，如若实验结果取决于大量影响因素，或者仔细控制这些因素很不现实，那么实验性研究的这些要求可能就难以实现。如果一个重要的变量没有得到控制，那么实验所发现的任何关系可能被弄错。

虽然实验性研究的一个优势是内部有效性，但这些优势可能伴随着外部有效性

---

① 好的实验设计，其许多要素侧重最大程度减少对内部有效性的威胁。本文通篇对多个此类要素进行探讨，包括结构效度、混淆、实验者偏向、选择和丢弃偏向以及统计威胁。

低的风险。外部有效性是指一项研究所提出的主张在其他环境或设置下（如其他文化、不同技术配置或当天不同的时间）的真实程度。控制外部有效性的副作用在于有时会导致实验室的设置过度人工化。相比更具生态有效性的环境，我们所观测的行为可能并不那么有代表性，这一风险增加了。

也就是说，在设计一项研究时，有多种方式可增强外部有效性。奥尔森及同事有关小组设计过程的论文[奥尔森、斯道罗斯坦（Storrøsten）和卡特，1993年]举例说明，在设计一项实验时可通过三种方式增强外部有效性。首先，他们选择了一项任务（设计一个自动邮局），该任务能很好地匹配在野外观察过的活动种类，并与真正的软件开发人员共同测试了该任务，确保任务能准确反映日常工作活动。其次，他们选择的研究参与者尽可能地接近实地研究的参与者。此次研究，他们选择了有至少5年行业经验的MBA学生，这些人已合作开展过小组项目。第三，他们借助若干关键指标，评估了实验室研究和实地工作中行为的相似性，这些指标包括在设计的某些方面所花的时间、讨论的特点等（参见奥尔森等人，1993年，第333—335页和图4）。

人机交互研究人员面临的共同挑战是，他们常常希望表明，自己的系统从某些指标来看像任何其他的系统"一样好"，同时在其他方面具有优势。常见的错误是将缺乏显著性视为差异不存在的证据。为了有效地证实相关方面"一样好"，需要开展等效性检验；可采用效应量、置信区间和功效分析①技术来显示该效应不存在或效应很小，以至于从任何实际角度来看该效应都可以忽略不计[详见罗杰斯（Rogers）、霍华德（Howard）和维西（Vessey），1993年]。

此外，我们应该认识到，假设从来不会真正得到"证明"。而是通过积累证据来支持或反对既定的假设，随着时间的推移和反复调查，对某个立场的支持会得到加强。这一点很重要，因为它表明了实验可复制性的重要性。然而在人机交互中，可复制性通常没有发明的新颖性那样备受重视（因而更难发表）。我们与几位同事在此呼吁，随着该领域的成熟，复制和推广应在人机交互研究中受到更多的重视[威尔逊（Wilson），麦基（Mackay）、希（Chi）、伯恩斯坦（Bernstein）和尼古拉斯（Nichols），2012年]。

最后，实验性研究通常在教育类课程的早期予以教授，因此是一种人们熟悉的工具。它有时被用于不恰当的场景中，而在这些情况下，使用其他方法可以更好地解决研究问题[关于批评和回应，见利伯曼（Lieberman），2003年；翟，2003年]。由于方法论的严谨性，实验即便执行不力也可能具有"科学有效性"的虚假外观，然而这种实验最终所能提供的不过是经过良好测量的噪声罢了。

___
① G*Power 3是一款专门用于功效分析的软件工具，它有多种功能，免费供非商业之用。

如何做到

在人机交互中，我们经常希望将一个设计或过程与另一个设计或过程进行比较，确定某个可能的问题或解决方案的重要性，或评估某个特定技术或社会干预。这些问题中的每一个都可以通过实验性研究来回答。但是，如何设计出一个能够提供可靠研究发现的实验呢？

设定假设

实验性研究始于对两个变量之间的预测关系进行陈述，这称为研究假设。一般而言，假设澄清并清楚地阐明研究人员的目的是了解什么。假设定义所涉及的变量并定义它们之间的关系，它可以采取多种形式：A导致B；A比B更大、更快或更令人愉悦；等等。

一个好的假设有如下几个特点。首先，好的假设应该是准确的。它应该清楚地说明实验的条件，或说明与对照条件的比较，还应从所用测量值的角度对预测关系进行描述。

其次，一个好的假设应该是有意义的。有意义的一种表现形式是它应该带来新知识的发展，并且在这样做时应该与现有理论相关或指向新理论。应用贡献服务中的假设也是一种有意义的表现，因为它们可以揭露正被调查的设计的一些情况，并说服我们新系统比当前最先进的系统更高效、更有效或更有趣。

再次，所描述的关系应该是可以被测试的。你必须能够操控一个变量（即自变量）的水平并对结果（即因变量）进行准确测量。例如，你可能受《楚门的世界》[韦尔（Weir），1998年]的极大影响，并假设"我们生活在一个大型鱼缸里，被其他人类观察，而我们无法与其接触"。虽然这个陈述可能是也可能不是正确的，但由于它不可测试，因此它只能是推测，而不是科学假设。

最后，预测的关系必须是可证伪的。一个常用于说明可证伪性的例子是"宇宙中存在其他有生命的行星"这样一个陈述句。这是可以被测试的，因为我们可以发送太空探测器并证明其他行星有生命存在。但是，未能探测到这样的行星并不能证伪这个说法。你可能会争辩说，"如果每个行星都能被观察到呢？"但现实可能是我们所使用的检测机制根本不够灵敏。因此，尽管这种说法可能是正确的，甚至是可以被证明是正确的，但它并不是可证伪的，因此这不是一种有效的科学假设。你必须能够用经验数据反驳该假设。

评估你的假设

建立了良好的假设之后，你需要证明它能够经受实验审查的程度。两种常用做法是检验假设和估计技术。

检验假设

假设检验，特别是零假设显著性检验的用途很广。在人机交互领域，该做法常常旨在回答"它奏效吗？"或"各小组不同吗？"的问题。

零假设显著性检验的第一步是形成原研究假设，作为零假设和备择假设。[①]零假设（通常写作H_0）是一个可证伪的陈述句，预测实验条件间不存在结果的差异。回到本文开头的例子，零假设可以这样表述："不同的帧率不会影响人类对连续运动的感知"。备择假设（通常写为H_A或H_1）捕获对零假设的偏离。继续这个例子，"不同的帧率的确影响人类对连续运动的感知"。

第二步是决定显著性水平。这是一个预先指定的值，它定义了在零假设确实成立时拒绝零假设的容忍度（也称为第一类错误）。更正式地说，这被称为alpha（α），它捕获了条件概率$\Pr$（拒绝H_0| H_0成立）。虽然可以随意选择，但惯例是通常选择$\alpha = 0.05$作为决定的阈值。

第三步是收集数据（这是一个主要步骤，将在本文后面做专门介绍），然后进行适当的统计检验，以获得一个p值。p值告诉你如果零假设成立，获得观测数据或更极端数据的概率。更正式的表达是，$\Pr$（观测数据|H_0成立）。因此，p值低说明如果零假设成立，不可能获得观测结果。

最后一步是将观测的p值与先前表述的显著性水平加以比较。如果$p<\alpha$，则表示你拒绝零假设。这样，通过拒绝"帧率不同不会影响人类对连续运动的感知"的零假设，我们支持帧率不同可能影响人类对连续运动的感知的这一证据（我们为备择假设收集额外的证据支持）。

虽然从方法论上讲可以直接应用该方法，但你应该认识到对于该方法存在一些担忧，这样才不会不慎误解结果。这些担忧主要集中在"接受"还是"拒绝"的二分成果、对结果的普遍误解和错误报告，以及未关注效应量级及其实际意义[科恩（Cohen），1994年；卡明（Cumming），第8—9页，2012年；克莱恩（Kline），2004年]。常见的几种误解源自对统计结果的误解，如由于抽样误差，错误地认为p

---

① 这里我们提到检验假设的内曼-皮尔森（Neyman-Pearson）做法（the Neyman-Pearson approach），该做法与费希尔（Fisher）的显著性检验做法不同。莱曼（Lehmann）（1933年）详细介绍了这两种常用做法的历史和区别。

值表明该结果出现的概率，或$p < 0.5$意味着第一类错误出现的概率不足5%。其他常见错误源自在接受或拒绝零假设后做出的错误结论，如指出未拒绝零假设证明了零假设的有效性，或p值较小意味着效应较大这一常见的误解。最后，研究人员不应忽略这一事实，即统计意义不代表实质意义或实际重要性。对这些误解和其他常见错误的详细介绍，参见[克莱恩，2013年，第95—103页]。

估计技术

零假设概念能有助于理解实验方法的基本逻辑，但对于我们真正想了解的数据，零假设检验常常不够。为了应对传统假设检验做法带来的一些挑战，现代方法依赖估计技术，这种技术侧重通过应用置信区间和效应量来确定效应的大小[近期情况，参见卡明，2012年；克莱恩，2013年，第29—65页]。①有关各种估计技术的易懂且详尽的介绍，参见[卡明和芬奇（Finch），2012年；埃利斯（Ellis），2010年；凯利（Kelley）和普里彻（Preacher），2012年]。贝叶斯统计（Bayesian statistics）是另一种替代方法，能更好地估计和比较各种假设的可能性。有关贝叶斯统计的介绍，参见[克莱恩，2013年，第289—312页；克鲁施克，2010年]。

估计技术保留了研究假设和积累支持或反对研究假设的证据的概念，但强调对效应的重要性进行量化，或显示小组之间、技术之间等差异的大小。在人机交互领域，估计法旨在回答更加复杂的问题，诸如"它在各种设置和环境下的效应如何？"或"各组之间差异的大小和相对重要性？"换句话说，估计法旨在对既定干预措施或处理的有效性进行量化，侧重分析效的大小及主张背后的确定性。当该方法将重点从统计意义转移到效应的大小和可能性时（我们往往更想了解这些数量值），它也许更适合人机交互等应用学科[卡弗（Carver），1993年]。

变量

对变量的选择可以成就实验也可以毁掉实验，这是在实施实验之前必须仔细测试的几个事项之一。本节内容将介绍四种类型的变量：自变量、因变量、控制变量和协变量。

自变量

自变量（independent variable，IV）由研究人员操控，自变量条件是被考察的关

---

① 我们将在"什么构成了良好的研究"部分介绍效应量和置信区间，介绍如何采用效应量和置信区间来更好地表述效应重要性及其对现实世界的影响。

键因素。自变量通常被称为*x*，它是因变量或*y*发生变化的假定原因。

对自变量的选择应考虑众多因素。首先是研究人员要能够在其条件或水平上建立良好受控的变化。这可以通过对刺激物（例如以不同帧率录制的同一部电影）、指令（例如将任务设置成合作性和竞争性）进行操控，或采用个体差异等测量属性（例如基于性别或受教育水平[①]选择参与者）来实现。该条件下受到操控的小组被称为实验组，通常与未受到操控的对照组相比较。

其次是能够提供清晰的操作性定义（operational definition），并确认你的自变量对参与者具有预期效应。你需要阐明自变量如何得以设置，以便其他研究人员可以构建相同的变量并复制工作。在某些情况下，这在测试不同的输入设备（例如，触控板与鼠标）时可以直接做到，但在其他情况下并非如此。例如，如果你要改变对提示音的暴露程度，操作定义应描述音调的频率和强度、音调的持续时间等。在考虑衡量构念的更具主观性的变量时，如情绪状态、可信度等时，这个问题可能变得特别棘手。操作性定义必须应对的一个难题是要避免操作性混淆（operational confound），当所选的变量不匹配目标构念，或意外测量和捕获了其他东西时，会出现操作混淆。

应开展操控检查（manipulation check），以确保操控对参与者施加了预期影响。操控检查通常被包含在研究中，或在研究最后开展。例如，如果你试图通过实验激励参与者为OpenStreetMap等大众网站发帖，操控检查也许能在研究结束时对自我报告动机进行评估，从而验证你的操控积极影响了动机水平。否则观测的行为可能因一些其他变量而产生。

第三个需要考虑的重要因素是自变量的范围（range of the IV），即变量最高值与最低值之差。回到激励为OpenStreetMap做贡献的例子，那么在确定参与者是否实际发生了动机水平的变化时，你选择的价值范围就非常重要。如果你给"未激励"组1美元，给"激励"组2美元，这样的差异可能不足以在合作行为上引起差异。也许一美元对10美元可能会有所不同。这个范围要现实并且落在有实际意义的范围内，这一点很重要。

选择变量时，另外重要的一点是要选择对研究来说有意义或有趣的变量。实践中，做到这一点甚至比上述其他方面更难。好的变量应该从理论或实践角度都是有趣的；变量应有助于改变我们的思维方式；旨在加深我们对事物的理解，提供新颖的看法，或处理文献中相互矛盾的观点。了解他人已经研究过的内容，并发现先前文献中的空白能够帮助我们实现这一目标。

[①] 当使用教育水平或测试表现等指标时，必须留心均值回归，确保不会根据参与者在因变量上的得分或与因变量紧密相关的指标，将其分配至你的自变量水平（也称为因变量抽样）[高尔顿（Galton），1886年]。

因变量

因变量（dependent variable，DV）通常称为*y*，是结果指标（outcome measure）。根据预测，其实际值将随着自变量水平的变化而变化。人机交互研究中使用的常见因变量类型是自我报告指标（如对界面的满意程度）、行为指标（如点击通过率或任务完成次数）和生理指标（如皮肤电传导、肌肉活动或眼球运动）。选择一个好的因变量对于实验成功至关重要，而一个因变量是不是良好的关键要素，是要看它在多大程度上能够准确、一致地捕获你期望测量的效应。

选择因变量时，可靠性（reliability）是一个重要考虑因素。如果每次在相同条件下重复测量时都能获得相同的结果，则测量就是完全可靠的。有很多步骤可以帮助提高因变量的可靠性[1]，并减少由于测量误差而发生的差异。针对每个因变量，请尝试：

• 明确规定用于量化测量的规则：与构建自变量类似，要能够详细描述因变量的构建和记录方式，包括为使测量得以量化而制定编码和评分规则，或详细说明记录因变量值时所使用的计算过程。如果不能阐明规则，很可能会在测量中引入噪声。

• 明确界定要衡量的范围和界限。需要阐明收集数据的情形、环境和约束条件。例如，假设要通过计算在一段会话中人们将链接共享至外部网络的次数来衡量在线内容共享。那么，什么算作"会话"？什么算作"链接共享"？必须是原链接，还是他人帖子的复制版本也可以？必须是关联到URL的实际链接，还是片段内容也可以？

在选择因变量时，效度（validity）是另一个重要的考虑因素。只知道某个测量很可靠这是不够的。我们还需要知道某个测量能够捕获到我们期望它去测量的构念——如果它能做到，它被认为是一个有效的测量。以下内容按照从最弱到最强[2]的顺序列出了一些评估测量效度的方式：

• 表面效度（face validity）是最弱的效度形式。它只代表你的测量貌似可以测量它应测量的内容。例如，假设你提议通过计算购买评价中存在的积极表情符号的数量来衡量网络购买流程的在线满意度。你觉得人们使用积极表情符号越多，他们就越满意，因此"表面上"它是有效的测量。

• 共时效度（concurrent validity）对同一构念使用多种测量，然后展示同一时间点两个测量之间的相关性。考查共时效度最常用的方法是将因变量与黄金标准测量或基准进行比较。然而，由于用于比较的次要变量或基准可能具有与正在研究的因

---

[1] 制定新指标时，应评估和报告指标的可靠性。可通过多种测试—重新测试评估来实现。
[2] 萨拉·基斯勒（Sara Kiesler）为思考效度形式的评估提供了这一结构化方式。

变量具有同样的不准确性，因此共时效度也会受到影响。

• 预测效度（predictive validity）是一种验证方法，其中因变量被证明可以及时准确地预测其他一些与概念相关的变量。典型的例子是利用高中GPA预测本科第一年的GPA。

最佳做法是使用标准化或已发布的现有测量。[①]主要的好处是先前经过验证和公布的测量已通过严格的评估。但是，使用预先存在的测量也有一个挑战，就是要确保它准确捕获你想要测量的构念。

另一个需要考虑的重要因素是因变量的范围（range）。一项任务如果太容易，使得每个人都能正确完成所有内容，那么这个任务就表现出"天花板效应"（ceiling effect）；相反，如果一项任务很难，使得没人能正确完成任何内容，那它就表现出"地板效应"（floor effect）。这些效应限制了测量结果的可变性，并导致研究人员可能错误地以为自变量对因变量没有影响。

与范围有关的因素是因变量的敏感性（sensitivity）。该指标必须敏感到足以探查出适当粒度级别的差异。例如，精度为2°的眼动仪将无法捕获潜在的显著且一致的0.5°的差异。

实用性（practicality）是选择因变量时最后需要考虑的因素。有些数据比其他数据更容易获得，因此它们对于给定的研究更加可行。需要考虑的一些实际方面有：事件有多常见？收集数据的成本将过高吗？您可以访问所有数据吗？您的出现将影响所观察的行为吗？

控制变量（Control variable）

除自变量和因变量之外，还有许多潜在变量必须保持不变；否则，未经测量变量的波动可能会掩盖自变量对因变量的影响。控制变量是保持恒定不变的潜在自变量。例如，在对反应时间进行研究时，你需要控制照明、温度和噪声水平，并确保它们不会随参与者不同而发生改变。保持这些变量不变是最大限度减少它们对因变量影响的最佳方法。然而，与自变量不同，控制变量不能变化而是要保持不变，以便"控制"其对因变量的影响。任何给定的实验都存在无数外部变量，因此研究人员利用理论、先前文献和良好判断力来选择所要控制的变量。

[①] 应注意，人机交互文献中，许多已发布的调查和问卷都没有经过验证，或没有使用经过验证的指标。虽然保持测量的一致性仍然有些好处，但在这些情况下，并不十分清楚指标是否有效地衡量了所陈述的构念。

协变量（Covariate）

　　一个好的实验固然会尽力控制可能影响因变量的其他因素，但它并不总能对所有额外变量（extraneous variable）都这样做。协变量（有点令人疑惑的是，它在回归意义上也被称之为"控制变量"）是可能影响因变量值的附加变量，但并不受研究人员控制，因此允许其进行自然变化。协变量通常是参与者基线指标或人口统计学变量，因为理论基本原理或先前的证据指出其与因变量存在关联。我们的想法是，由于随机分配并不完美，在小规模样本中尤其如此，需要对协变量进行控制，所以在处理前参与实验的各组可能并不完全等同。如果是这样，协变量能够被用于控制潜在的混淆，并能够作为统计控制被纳入分析。

研究设计

　　到目前为止，我们已经讨论了实验的基本组成部分。在本节中，我们将对各种研究设计进行研究，这些设计将这些组成部分汇集在一起，以便为研究假设提供最佳证据。虽然有几本书对实验设计进行了广泛介绍，但我们关注的是那些最常用于人机交互研究的设计。在本节中我们将研究随机实验（也称为"真实实验"）和准实验，并讨论这两种设计之间的差异。

随机实验（Randomized experiments）

　　我们首先来研究一类被称为随机实验的实验（费希尔，1925年）。这类实验的显著特征是给参与者随机分配条件，通常而言这会使群体之间很相似[沙迪什（Shadish）、库克和坎贝尔，2002年，第13页]。为了防止参与者的属性与被调查的变量相混淆，所有这些研究设计都必须随机、无偏见地将参与者分配到各种实验条件中。这通常可以通过掷硬币，采用随机数表或随机数字生成器来完成。[①]

　　我们首先对单因素设计进行描述，单因素设计可以让我们回答单个自变量和单个因变量是何种关系这类问题。随后我们继续研究多个自变量和单个因变量[被称为析因设计（factorial design）]的更高级设计，并简要讨论涉及多个自变量和多个因变量的设计。

---

① 拉扎尔（Lazar）和同事[拉扎尔、冯（Feng）和霍克海瑟（Hochheiser），2010年，第28—30页]一步一步地探讨了在各种实验设计中，如何使用随机数表向参与者分配条件。另外，许多在线资源能够生成随机分配实验条件的表格。

被试间设计（Between-subjects design）

被试间设计是最常用的实验设计之一，并且被许多人认为是随机实验研究的"黄金标准"。参与者被随机分配到单一条件（也称为自变量水平）中。

假设我们要研究一个相当简单的问题，该问题旨在评估显示器尺寸对任务沉浸的影响。自变量为显示器尺寸，它有小、中、大三个条件。还有一个单因变量：任务沉浸的行为指标。我们还是假设有24名参与者报名参加该研究。在被试间设计中，你将给8名参与者分配小显示器尺寸条件，8名参与者分配中显示器尺寸条件，剩下的8名参与者分配大显示器尺寸条件。

在被试间设计中，每个参与者仅暴露于单一条件，这是被试间设计的主要优势。因此，不必担心参与者会因暴露于一个条件而从中学到一些东西，并使其在另一个条件的测量受到影响。对于参与者可能学习或发展出能够影响其在另一个条件下表现的能力的那些场景，被试间设计尤其适用。

如果疲劳可能成为一个问题，那么被试间设计还具有持续时间较短的优势，原因是主体仅暴露于单一的实验条件。出于同样的原因，被试间设计还可适用于任务耗时较长的实验。

但被试间设计也存在许多缺点。被试间设计最大的劣势出现于当因变量所测量的表现存在较大的个体差异之时。这可能导致无法检测出存在的差异（即第二类错误），因为较高的个体差异（相对而言）比较难获得统计上显著的结果。图1证明了这一差异：看看图中左侧24个不同个体呈现的数据（每个条件下8人），你很难认为不同群体的表现存在差异；但看看图中右侧同样的数据分布，也是每个条件下8人（这是被试内设计，将在下一节探讨），其中，每个人的数据点都由一条线相连，很容易看出所有人的分数都在增加，即使参与者之间相对任务沉浸基线水平的差异很大。

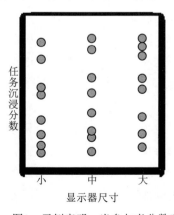 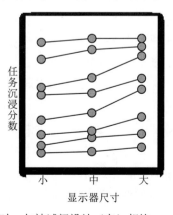

图1　示例表明，当参与者分数存在很大差异时，与被试间设计（左）相比，
被试内设计（右）更容易检测到差异

被试间设计的另一个缺点是，分配到各种条件的参与者群体可能不等同，并且在看不见的维度可能存在系统性差异——这就是为何随机分配是所有真实实验关键要求的原因。此外，被试间设计还面临许多实际挑战，例如它需要更多参与者对相同数量的实验条件进行考察。

被试内设计（Within-subjects design）

被试内设计是指参与者被分配到所有条件（即自变量的所有水平）或重复暴露于单一条件的设计[称为重复指标设计（repeated measures design）]。回到有关显示器尺寸和任务沉浸的研究问题，24名参与者，每人都暴露于小、中、大三种显示器尺寸。

被试内设计的主要优点是会在众多条件下对同一名参与者进行考察，因而可以有效地使各组实验成为自身的参照实验。当个体差异较大时，被试内设计在捕捉不同条件导致的差异时更具有灵敏性，原因是你能看到同一人在经历各种条件时出现的差异。如果每个人不受表现水平的限制，在一个条件下的表现优于另一个条件下的表现，那么你依然能发现显著的差异。一般的经验法则是，当因变量存在较大的个体差异时，被试内设计将更有效。

被试内设计也是非常高效的。与被试间设计相比，显示不同实验条件导致的显著差异，被试内设计所需的参与者数量更少。例如，如果你有三个条件，则被试间设计所需的参与者数量将会是被试内设计的3倍。在我们后面要讨论的析因设计中，这个倍数可能还会更大。在研究人群处于高风险，或较罕见（例如，患有罕见残疾，处于孤立的场合）或难以大量或长期招募（例如，名人、高级管理人员、外科医生等）时，这种效率就尤为有用。

被试内设计的主要缺点是，参与者暴露于一个条件之后可能发生改变，改变将影响他们在其他条件下的行为。例如，如果在第一次暴露中参与者学到一些东西，影响了后续表现，我们是没有办法让他们"忘掉"刚刚学到的东西的。如果研究涉及突然对先前困惑有所顿悟的学习或洞察方法，这个问题就尤为棘手。这些问题一般被称为顺序效应（order effects），因为结果也许会受到参与人员经历条件的顺序的影响。

被试内设计面临的另一个挑战与疲劳有关。对于在物理上或认知上具有挑战性的任务，让被试执行多个重复任务并不是理想的解决方案。如果参与者感到疲劳，那么数据可能会受到疲劳的影响。让测试分散在更长的时间里完成（如几个小时或几天）能够解决疲劳问题，但可能带来不必要的外部影响，更不用说协调研究人员时间和日程的现实问题了。表1总结了何时选择被试间设计、何时选择被试内设计的经验。

表1 在被试间设计和被试内设计之间进行选择的总结

被试间设计	被试内设计
当你需要更好地控制混杂因素时； 当个体差异较小，但各条件之间存在较大的预期差异时； 当学习和延滞效应可能会影响被试的表现时； 疲劳可能是一个问题时	当存在较大的个体差异时（即，在因变量上参与者存在高度差异）； 当任务不太可能受到学习的影响，不太可能发生延滞效应时； 与罕见或较难接触的人群一起工作时

学习和疲劳是人机交互研究中经常出现的问题。例如，一个研究想要调查两个不同的网站上信息检索的情况。如果参与者在第一次实验中了解了网站的基本结构，他们就会把这些知识带到第二个网站的相同任务中。这类问题通常被称为延滞效应（carryover effect），下面几节将介绍几种方法，可以将延滞效应的影响降到最低。

抵消平衡法（counterbalancing）。抵消平衡法是通过控制向参与者呈现条件的顺序，使得每个条件在每个时间段中出现的次数相同，从而最大程度地降低痕迹和顺序效应。在显示器尺寸的研究中，这意味着小、中和大三个显示器尺寸条件出现在每个显示位置的次数相同。

完全抵消平衡法（complete counterbalancing）要求参与者在所有可能的处理次序中都处于平衡。在仅有若干条件的简单实验里，做到这一点是相对容易的。表2展示了一个含有3个水平、6种可能排序的实验。不过，随着条件数增加，可能出现的排序是以 $n!$ 的方式剧增，其中 n 为条件数。

表2 针对自变量含3个水平（A、B、C）的被试内实验的完全抵消平衡

参与者	第一次处理	第二次处理	第三次处理
1	A（小尺寸展示）	B（中尺寸展示）	C（大尺寸展示）
2	A	C	B
3	B	A	C
4	B	C	A
5	C	A	B
6	C	B	A

由于完全平衡只适用于少数条件（仅仅5个条件就需要120种不同的顺序）研究人员已经开发出一种折中方法，使每个处理（treatment）在每个位置发生的频率都相同。拉丁方阵设计[①]（Latin square design）[科克伦（Cochran）和考克斯（Cox），1957年；费希尔与耶茨（Yates），1953年；柯克（Kirk），1982

---

① 可以通过许多在线资源获取拉丁方阵表。

年；罗森塔尔与罗斯诺，2008年，第192—193页]是一种部分抵消平衡（partical counterbalancing）的形式，确保每个条件在每个位置出现的次数相同。表3列出了一个简单的拉丁方阵，包含四种条件。

表3　针对自变量含四个水平（A，B，C，D）的被试内实验的拉丁方阵设计

参与者	第一次处理	第二次处理	第三次处理	第四次处理
1	A	B	C	D
2	B	C	D	A
3	C	D	A	B
4	D	A	B	C

关于拉丁方阵设计的一个常见问题是如何处理下一个参与者群体。一种选择是对于每个新的参与者群体（例如，1～4，5～8，9～12等）继续一遍又一遍地重复使用同一个拉丁方阵。如果使用这种方法，要确保测试部分抵消平衡是否系统地与条件所造成的结果有关。另一个选择是为每个额外的参与者群体生成新的拉丁方阵。这样做的好处是减低了部分抵消平衡与结果相关的可能性，但缺点是无法直接测试这种相关性（了解这些做法的详细内容，请参见柯克，2013年，第14～16章）。

比标准的拉丁方阵设计更好的是平衡的拉丁方阵设计（balanced Latin square designs）。在平衡的拉丁方阵设计里，每个条件同等频率地出现在彼此之前和之后，这样有助于使顺序效应降到最低。[①]例如，注意表4中4行里有3行A位于B之前。表4显示一个更好的设计会使A在B前和B在A前的次数相等。若条件个数为偶数，构造平衡的拉丁方阵时，可以对方阵的第一行使用以下算法[布兰得利（Bradley），1958年；威廉，1949年]：1，2，n，3，$n-1$，4，$n-2$，...，其中$n=$条件的数量。其后每行都在前一行的值上加1来进行构造（如果该值等于n，则减去1）。[②]

表4　针对自变量含4个水平（A，B，C，D）的被试内实验的平衡拉丁方阵设计

参与者	第一次处理	第二次处理	第三次处理	第四次处理
1	A	B	D	C
2	B	C	A	D
3	C	D	B	A
4	D	A	C	B

---

① 　该做法只能平衡一阶顺序效应。重复测量可能在几个方面会被系统地影响，如非线性或非对称迁移效应（non-linear or asymmetrical transfer effects）。如想更详细地了解这一做法，参见[柯克，2013年，第14章]或其他有关拉丁方阵设计或组合设计的文献。

② 　如果实验的条件个数为奇数，则需要两个平衡拉丁方阵。第一个方阵使用文中介绍的方法生成，逆转第一个方阵，可得到第二个方阵。

析因设计（Factorial designs）

到目前为止，我们专注在一次检查一个自变量的实验。但是在许多研究中，你会需要同时对多个自变量，如年龄、显示器尺寸和任务复杂性进行观察。在这样的设计中，每个变量被称为因子（factor），而利用许多因子的设计就是析因设计。[①] 析因设计可以是被试间、被试内，或是结合了这两者的混杂析因设计[②][也叫多层区集设计（split-plot designs）]。

因子的数量及其条件相乘能够得到给定实验的总条件数。一项有两个因素的研究，每个因子有两个条件，共产生四个条件。这种设计的名称是2×2析因设计。研究中可包含的因子数量理论上没有限制，但存在实际限制，因为每多一个因子都会大大增加所需参与者的数量，且分析和解释也会相应地变得复杂。例如，3×3×4×2析因设计将产生72种不同的配置，而每种配置都需要足够的参与者才能进行良好的实验。如果你使用了被试间设计，并且每个条件都有10名参与者，那么你一共需要720名参与者！如果你使用混杂析因或被试内设计，可以减少所需参与者的总数，但必须注意疲劳、排序和延滞效应。

析因设计的一个主要优势是可以针对数个自变量和因变量之间同时发生的关系建立更复杂的理解。换言之，你可以同时对主要影响和相互作用进行研究。主要影响是单个自变量对因变量的影响。当一个自变量对因变量的影响根据另一个自变量的水平而变化时，相互作用就会产生。

图2显示了某个2×2析因设计的三个样本结果，该设计使用两种不同的在线测试系统（一种有自动导师，一种没有）考察两个不同组（低社会经济地位和高社会经济地位）的表现。这种设计有两个潜在的主要影响：社会经济地位和在线测试系统。

图2（a）显示了当社会经济地位和在线测试系统存在主要影响时，图形可能的样子。社会经济地位的主要影响是高社会经济地位比低社会经济地位的分数高，在线测试系统的主要影响是有自动导师系统的分数比没有自动导师系统的分数高（即左边两点的平均分数比右边两点的平均分数低）。

---

① 顺带提一下，拉丁方阵设计是一般类型设计分式析因设计（fractional factorial designs）的被试内版本。当你希望同时探究许多因子，但无法让数以百计或数以千计的参与者实施完整的析因设计时，分式析因设计是有用的做法[见柯林斯（Collins）、德兹扎克（Dziak）和李（Li），2009年]。

② 实践中，混杂析因设计常被用于对不同参与者群体（如人口统计特征、技能等）进行考察的情况。例如，如果你想了解3个不同年龄群体的用户体验有何差异，被试间因子可以是年龄群体（青少年、成人、老人），而被试内因子可以是3种不同的互动方式。

图2（b）说明了另一种可能性并显示为什么调查相互作用①会有帮助。如果你只考查主要影响（通过平均第二个自变量的水平），你得出的结论将是被测试的组或系统之间没有差异。但这里的相互作用很明显。这种相互作用形式称为交叉相互作用，表明因变量所受影响与被调查的变量水平呈相反方向——它可以掩盖主要影响水平的差异。②

图2（c）显示的结果表明，在线辅导系统和社会经济地位可能都有影响。但存在社会经济地位与在线测试系统的相互作用，该相互作用显示，自动辅导系统主要使低社会经济地位的组受益。

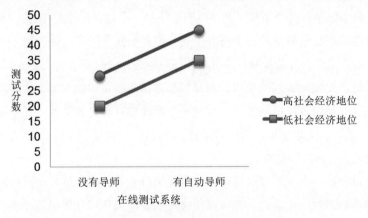

（a）有两个主要影响，没有相互作用

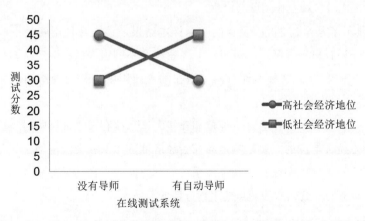

（b）没有主要影响，但有交叉相互作用

---

① 请注意数据的常见转换（如对数或倒数转换）能够影响对相互作用的检测和解释。当数据偏离统计检验的分布要求时，就会执行这种转换，研究人员在解释转换后的数据结果时，需要十分小心。
② 对于涉及多因子的析因设计，高阶互动作用能够掩盖低阶影响。

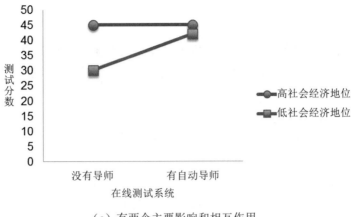

（c）有两个主要影响和相互作用

图2　来自2 × 2析因设计的三个样本结果

确定样本规模和统计功效

设计一项实验研究时，应计划好所需的参与者人数。参与人员太多会浪费时间和金钱，也存在发现小的甚至无意义差异的风险。参与人员太少，可能无法检测出实际存在的差异。理想情况下，你想要预估参与人员数，从而信心十足地得出准确的结论。

确定样本规模的系统化做法取决于特定的实验设计、条件数量、期望的统计置信水平（通常采用$p < 0.05$）、期望的敏感度或检测差异的功效（通常采用80%的功效）、对测量结果变化的较好估计，以及了解实验环境下什么是有意义的差异。

关于这一话题，鲍塞尔（Bausell）和李（2002年）以及科恩（1988年）进行了详细的探讨，肯尼（Kenny）（1987年，第13章）就实验条件少的研究，提供了一个很好的例子。多数统计软件包也提供工具来进行视觉再现，称为功效曲线（power curves），当缺乏测量预估的信心时，功效曲线特别有用。

准实验设计（Quasi-experimental designs）

在人机交互研究中，真正的随机分配可能是不实际、不可行或不道德的。例如，我们想在有新技术创新的课堂和无新技术创新的传统课堂比较学生的表现。在这种情况下学生就不是随机分配，而是根据之前分配给他们的课堂预先选择的。如果出现这种情况，在测量因变量时就可能受到其他也在起作用的因素的干扰。例如，技术创新班的老师也可能是一位更好的老师，而这可能是学生表现更优秀的主要原因。

准实验设计[①]旨在解决由缺乏随机化所导致的内部效度不足的威胁。准实验设计往往沿着两个主要维度变化：有无控制组或对照组，以及有无干预前和干预后测量。

非等组设计（Non-equivalent groups design）

非等组设计是最常用的准实验设计之一。非等组设计的目标是衡量由某种干预所造成的在表现上的变化，但这种设计不能很好地将参与者随机分配到实验组。这也是为何它被称为"非等"组的原因——因为这两个组在某种方式上不能像在随机分配里那样具有等同性。非等组设计的结构在很多方面类似于包含控制组或对照组的典型前测/后测设计：

A组：观察1-干预-观察2

控制组：观察1　　观察2

这种设计的理想结果是，前测几乎没有差异，但后测的差异很大。换言之，这些组在前测时（观察1）越等同，我们对干预后（观察2）出现的差异就越有信心。但内部效度仍面临一些威胁。一个是A组的潜在属性未在前测时显示，但在某种程度上与干预有相互作用。另一个威胁是，这些小组在前测和后测之间的时间内所接受的暴露并不均衡。回到上面课堂的例子，如果在有技术创新的课堂里，教师让学生还另外接触与因变量相关的其他东西，那么我们就有可能对因变量的变化进行错误归因。

中断时间序列设计（Interrupted time-series design）

中断时间序列是另一种常见的准实验设计。[②]这种设计通过比较干预前后的多个测量值来推断自变量所造成的影响，在自然发生事件或在无法获取控制组的实地研究中常被使用。

中断时间序列设计的基本形式是一系列测量，干预、处理或事件发生的时间

---

① 要进一步了解准实验设计，参见库克和坎贝尔，1979年；沙迪什、库克和坎贝尔，2002年。

② 对于时间序列做法，人们格外担忧统计问题，数据分析时必须对这些问题进行处理。尤其是，时间序列做法通常生成数据点，表现出各种形式的自相关——而许多统计分析要求数据点相互独立。大量书籍和手稿介绍了处理时间序列数据的正确做法，其中许多是计量经济学领域的书籍和手稿[古吉拉特（Gujarati），1995年，第707—754页；肯尼迪（Kennedy），1998年，第263—287页]。

点，以及在这个时间点之后的另一系列测量：

A组：观察1-观察2-观察3-干预-观察4-观察5-观察6

如果干预事件或处理产生影响，则与之前测量相比，随后的一系列观察值应该有一段可量化的不连续性。最容易看到变化的是平坦直线立即有了改变，但变化也可以通过其他多种方式表现出来，包括拦截或斜率变化。[①]

但是，时间序列设计中，内部效度也面临一些较大的威胁。主要的一点担心是，在干预发生的同时是否发生了另一个有影响的事件（例如，你为了改善网友参与线上发帖的热情而应用了一项新算法，但有一个有关在线新闻系统的大新闻稿也在同时发布），或者在第一组测量和第二组测量之间的时间里是否发生了大量的死亡或退出情况（例如，不怎么发帖的参与者在研究的后期阶段完全退出了）。

加强准实验设计的因果推论

非等组设计和中断时间序列设计在内部效度上都存在一些问题，其中大部分是由于缺乏随机分配或无法使用控制组。实际中为了解决这些问题也研发了一些变体。

第一种是在设计中融合了"处理去除"[②]（treatment removal）。如果干预是可逆的，那么可以在研究设计加入这一点来支持因果证据。这种设计中，研究的第一部分与中断时间序列设计相同，但下半部分对处理进行去除，随后进行测量：

组A：观察1-观察2-增加干预-观察3-观察4-删除干预-观察5-观察6

当然，你也可以通过多次添加和删除对这一设计进行拓展。如果因变量对干预很敏感，你会看到它对每次添加和删除都有反应，那么找到因果关系的可能性也会增加。

另一种变体使用了交换复制（switching replications）（沙迪什等人，2002年，第146—147页）。交换复制使用的实验组不止一个，目的是为了在不同时间引入干预：

组A：观察1-干预-观察2-观察3-观察4-观察5-观察6

组B：观察1-观察2-观察3-干预-观察4-观测5-观察6

组C：观察1-观察2-观察3-观察4-观察5-干预-观察6

如果处理确实导致因变量发生变化，那么每当干预发生时你应该能够看到曲线

---

① 有关中断时间序列的详细讨论，参见沙迪什等人，2002年，第171—206页。

② 也称作"A—B—A或撤销设计（withdrawal designs）"，与用于有多个基线的小N或单一对象研究（single-subject studies）的许多做法类似。更多细节参见沙迪什等人，2002年，第188—190页。

上的改变（如图3中的顶部两图所示），而如果因变量的变化是由另一个外部因素引起的（例如，前文所述的新闻稿），那么无论在何时干预，改变都会同时发生（如图3的底部两图所示）。在不同时间引入干预可以帮助回应由同步事件、历史甚至死亡问题的影响所导致的内部效度问题。

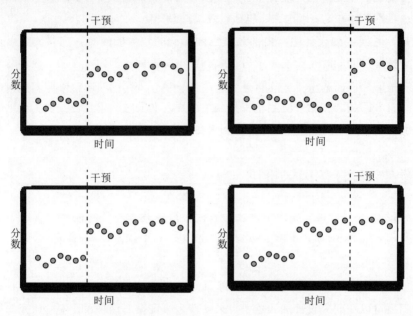

图3　此图说明了利用交换重复的时间序列所具有的优势，使用交换重复是为了检测出或最小化外源因素的潜在影响。在顶部两图中，在时间序列中存在与干预一致的不连续性，而在底部两图中，不管干预如何，数据的不连续性都发生在同一时间点

最后你还可以结合中断时间序列和非等控制组设计的方法。这种设计可以为因果推论提供最强大的支持：

组A：观察1-干预-观察2-观察3-观察4-观察5-观察6

组B：观察1-观察2-观察3-干预-观察4-观察5-观察6

组C：观察1-观察2-观察3-观察4-观察5-干预-观察6

控制组：观察1-观察2-观察3-观察4-观察5-观察6

概括来说，准实验设计有几个优点，最大的优点就是随机实验方法不可实现时，也可以利用准实验设计进行研究调查。对于人机交互研究人员而言，调查最好在自然背景下进行，这种情况通常就适用准实验设计。能在自然环境中证明有效果，在其所具有的现实意义上是非常有说服力的，因为它能够证明，即便在有各种外部因素作用的自然环境中，该效果仍然具有影响力。因此，准实验设计特别适用于评价某个背景下的社会问题，或对教育环境中对某些议题进行评价，或者目标人群难以接触或数量有限，以及不少辅助技术环境。

准实验设计的主要缺点是内部效度面临威胁。在本节中，我们讨论了解决效度问题的几种方法。但是，等到你发现问题的时候可能已经太晚了。另一个更实际的挑战是，在设计得当的情况下，这些设计通常需要额外的参与者作为控制组和对照组。如果目标人群数量有限，这个工作就会有很大的挑战性。最后，这些设计的实施和分析可能都会更加复杂。

统计分析

与研究设计一样重要的是提前规划统计分析，确保你能从实验中得出适当的结论。一旦数据收集完毕，描述性和推论性统计分析方法会被用来评估对该发现的信心。本文受内容所限，不能对统计数据进行详细介绍，读者可直接参考本文末尾的参考资料。

然而，这些年来我们发现，无论是设计实验还是评估研究结果，都需要一些指引告诉我们去哪里寻找正确的统计测试。因此，我们提供图4中的流程图帮助读者根据自己选择的实验设计相关的分析策略。

什么构成了良好的研究？

最终构成良好实验研究的是什么？正如罗伯特·阿贝尔森（Robert Abelson）在其开创性著作《统计学作为有理有据的论证》（*Statistics as Principled Argument*）中所描述的那样，是MAGIC：利用实验结果形成有说服力的论证有赖于研究的重要性（Magnitude）、清晰性（Articulation）、一般性（Generality）、趣味性（Interestingness）和可信度（Credibility）。尽管MAGIC这一首字母缩略词原本是为描述数据分析和展示而发明的，但在考虑什么是良好实验研究时它也很有用。

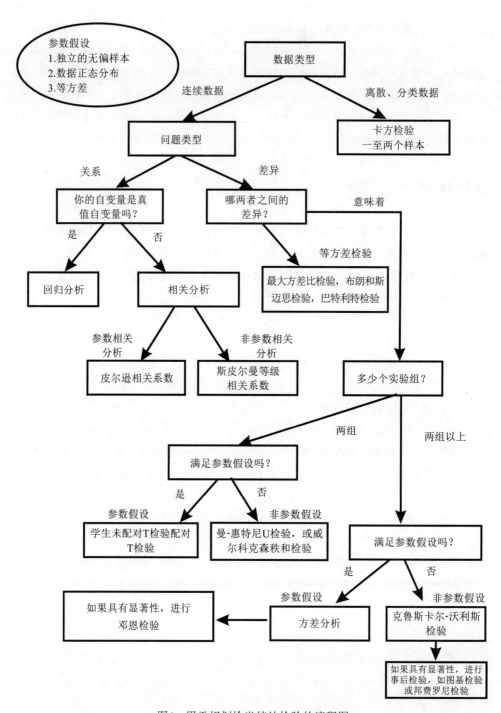

图4　用于规划恰当统计检验的流程图

MAGIC标准

（1）重要性（Magnitude）。

研究是不是具有重要性，要看研究报告的效应有多大，以及它是否足以对"现实世界"产生影响。仅仅获得实验条件之间的统计学显著差异不足以评估一个研究的重要性。实际上，如之前讨论的那样，一个常见的错误是用p值来表示效应的重要性。p值主要取决于两个方面：两组[①]之间差异的大小和样本的大小。因此，当实验组之间差异很大时，可以通过小样本获得显著结果；或者，如果有足够大的样本，也可以在组间差异非常小时获得显著的结果。因此，更好（即更小）的p值并不意味着它是"更重要"或"更大"的效应。p值可以告诉你被调查的组与组之间是否存在显著差异；但p值本身不会告诉你这个差异是否有意义。

效应量（effect size）这一概念可以帮助确定差异是否有意义。我们用效应量来量化组间平均差异的大小[阿贝尔森，1995年，第45—52页；科恩，1988年；格里索姆（Grissom）和金姆（Kim），2005年；罗森塔尔和罗斯诺，2008年，第55—58页]。可以以原始单位（即原始分数）或标准化形式来报告效应量，标准化形式还适用于变量单位不具有固有标度或含义的场合。效应量是重要性更清晰的衡量标准，不应与统计显著性混淆，后者只是描述两组之间差异发生的可能性有多大。不幸的是，大多数人机交互研究人员尚未接受效应量的使用，即使其他很多科学研究目前都强制使用效应量（例如，《美国心理学会》（*American Psychological Association*），2010年，第34页）。不过，模范论文也确实存在，尤其是那些对数字环境中的自我披露等课题开展汇总分析（meta-analyses）的论文[韦斯班德（Weisband）和基斯勒（Kiesler），1996年]，或者研究具现代理（embodied agents）中人形面孔对交互体验的影响的论文[余（Yee）、拜伦森（Bailenson）和瑞克特森（Rickertsen），2007年]，以及比较各种条件下的效应量的个体实验研究的论文（格勾等人，2013年）。

人机交互研究人员能对重要性更好地进行描述的另一种方式是报告置信区间（confidence intervals）[卡明与芬奇，2001年；史密森（Smithson），2003年]。置信区间为组间平均差异提供了更为直观和有意义的描述。置信区间不是提供单个数字，而是确定真实差异可能落于哪个范围。置信区间及其相应的置信界限（confidence limits）是一种直观的方式，不仅可以指明差异的估计值，还可以指明差异可能的最小值和最大值。奥拉斯维塔和同事的研究中有一个实地实验，从中可以看到一个很好的示例[奥拉斯维塔、塔米宁（Tamminen）、罗托（Roto）和库奥雷

---

① 为便于说明，我们使用有两个条件的例子。

拉蒂（Kuorelahti），2005年]。

最后，通过实验设计和操控的选择而确定的重要性还有更具实际意义的一面。设想有一项研究以相当微妙的操控展示了一个很大的效应，另一个研究以极端操控展示了一个很大的效应。例如，通过在个人资料页面上奖励图形徽章（微妙），而不是向用户支付100美元来让他们贡献更多内容（不那么微妙），使用户对在线大众生产系统的贡献增加。只要你能用前一种方式产生同等大小的效果，你的研究结果就更具有重要性，而且常常是现实意义。

（2）清晰性（Articulation）。

清晰性是指研究结果被报告的详细程度。假设一个3（输入风格）×2（性别）的析因实验，对结果进行讨论时请考虑以下三种描述，顺序由从最不详细到最详细：（a）"被试在三种用户界面输入风格上的表现存在显著差异"；（b）"被试使用不同输入风格的表现存在显著差异，而且不同性别的表现也存在显著差异"；（c）"所有类型的输入风格之间存在显著差异，风格1比风格2快75%，而风格2比风格3快18%。此外，输入风格所导致的差异在女性身上比在男性身上体现得更强，女性总体上比男性快7.2%。"虽然这些陈述都在为研究结果报告同样的总体趋势，但最后一个陈述的表达方式更为清晰。关于如何加强研究结果报告清晰性的讨论，参见阿贝尔森（1995年，第104—131页）。

（3）一般性（Generality）。

一般性表示研究结果在特定研究背景以外适用的程度。一般性的一个方面是外部效度，或者说是结果可以推广到其他情况、人群或时间的程度。

研究结论所源自的样本和人群通常限制了一般性。例如，如果你只是在研究脸书用户，那么你就不能做出可以推广至全世界人群的论断——尤其是还要考虑到，世界上绝大多数人实际上并没有大量使用脸书。但是，你可以对这一小群脸书用户得出结论。同样地，美国大学学生通常很容易被录取，因为根据课程要求，他们要做实验，因此在很多、很多方面都不能代表世界其他地方的人群。

另一个限制通常来自于研究所选择的实验和统计对照。在人机交互中，通常情况下，由互不相识的参与者参加的、高度受控的实验室研究，可能无法推广到环境可能嘈杂和混乱的现实世界环境，在现实中人们先前有关系历史，动机也更多样。在研究内使用更广泛的多样背景，在众多研究之间采用系统性的复制和扩展操作，并应用汇总分析（meta-analysis）（对该技术的介绍，请参见Borenstein，Hedges，与Higgins，2009年；对于人机交互的例子，参见McLeod，1992；Weisband与Kiesler，1996年；Yee等人，2007年），都是扩大研究成果范围和提高研究普遍性的方法。

（4）趣味性（Interestingness）。

前三个标准是比较客观的，最后这两个标准相对而言包含更多的主观因素。趣味性与研究结果的重要性有关，并且可以通过各种方式实现。这里我们关注趣味性的三个维度：理论、实践和新颖性。[①]

理论维度集中体现于旨在提供新知识的实验性人机交互研究。理论贡献通常包括新的或提炼升华的概念、原则、模型或法律。想要使实验工作在理论维度上具有趣味性，研究结果必须能够改变人们的想法。如果我们将理论视为对事物运作原理的最好概括，那么挑战这个假设或改进它以使我们的理论更完善或更正确，就是良好理论研究的标志。理论必须改变的程度，以及受你研究成果影响理论的数量，是评估研究重要性的两个关键方法。

有许多实验和准实验研究在理论这一维度上做出了贡献。例如，朱（Zhu）及其同事的研究工作对传统的线上领导力（online leadership）观念提出了挑战，认为线上领导力可能比我们之前所认为的更加具有平等主义[朱、克劳特和基图尔（Kittur），2012年；另见基冈（Keegan）和格勾，2010年]。达比什（Dabbish）及同事[达比什、克劳特和巴顿（Patton），2012年]使用创新在线实验揭示了促使网民加入线上团体的沟通行为和理论机制。最后，在费茨法则（Fitts' Law）领域的几项经典研究通过展示基于轨迹的转向定律进一步推进了该理论（阿科特和翟，1997年；沃布罗克等人，2008年）。

实际维度集中体现于寻求解决日常问题的实验性人机交互研究。实际贡献所采取的形式有开发出有用的新隐喻，设计指南或设计模式、新产品或服务，以及设计清单或最佳实践。这种类型的研究工作也采用更务实、有时是非理论的方式进行设计和开发。在这些情况下，实验研究技术通常侧重于评估或验证新设计或实践的实用性。科哈维和同事开展了有关使用网络实验来为设计选择提供依据的研究工作，这些研究工作中就列举了使用该做法的几个绝佳例子（科哈维等人，2007年，2010年；科哈维和朗博瑟姆，2007年）。

新颖性维度体现于寻求创造发明的实验性人机交互研究，通常包括新系统、新基础设施和架构以及新工具或交互技术的设计、开发和部署。虽然并非所有出现于人机交互文献中的这类新颖贡献都需要实验支持，但其中不少都伴有实验证明其实用性，以及它们在新设置里或相对于现有最佳实践或最先进的算法或系统表现得如何出色。

---

① 虽然我们将这三个方面分开介绍，以便讨论每个方面的相对贡献，但并不是说这三个方面相互排斥。事实上，有些最具影响力的研究涉及了全部三个维度。关于创新背景下的理论（基础）和实践（应用）研究相结合的更详细讨论，感兴趣的读者请参见斯托克斯（Stokes）（1997年）的《巴斯德象限》（*Pasteur's Quadrant*）。

古特文和彭纳关于远程激光笔（telepointer）痕迹的研究（古特文和彭纳，2002年），维格多（Wigdor）及其同事对LucidTouch系统[维格多、福莱恩斯（Forlines）、鲍迪施（Baudisch）、巴恩韦尔（Barnwell）和沈（Shen），2007年]的研究，以及翟和克里斯特森（Kristensson）关于SHARK速记手势系统的研究（克里斯特森和翟，2004年；翟和克里斯特森，2003年），都利用实验设计元素[①]严谨地展示了其新颖设计和系统的实用性。

（5）可信度（Credibility）。

如果能使读者和评论家确信你有效地执行了研究并充分考虑到了常见的误区和陷阱——这样可以提高所提出的主张的可信度，那么你就确立了可信度。我们在本文讨论的大部分内容都是为了帮助你建立和巩固研究工作的可信度。根据预先确立的最佳实践和指导方针正确行事，是使别人相信实验研究可信度的最简单方法。处理内部和外部效度，选择样本并了解其限制，识别潜在的混淆情况，报告有意义的大影响，执行恰当的分析并正确报告和呈现你的研究成果，这些都是建立可信的实验研究的关键。

为实验性研究撰写文章

要使实验性人机交互研究产生影响，就需要将其传达给其他研究人员。本文受内容所限，不会对编写和传播进行详细讨论，不过目前存在若干优秀指南可供参考[例如，贝姆（Bem），2003年]。下文简单描述了报告实验研究时所需的核心要素。

实验性研究文章一般遵循沙漏格式，开头和结尾都很宽，中间很窄。请记住，你研究论文的主要目标是详细介绍你的观点，展示你的所作所为，并向读者展示自己的贡献，而不是像流水账一样记录从第一天开始你做的所有工作，也不是将你所有的发现都事无巨细地详细阐述。你要提出一个有针对性的论点。下文将介绍实验性研究论文的标准结构，重点关注在我们看来人机交互相关领域经常报告不当或出现问题的要素。

（1）引言（Introduction）。

引言应该回答"问题是什么？"和"为什么有人要关心？"[②]这两个问题，应该对研究工作进行概述，为论文提出核心论点。引言应该确定问题，说明这个问题之所以重要并需要进一步研究的理由，在相关文献的背景下对自己的研究进行描

---

① 并非所有这些研究都严格采用了随机实验做法。例如，SHARK评估并没有使用控制组或对照组。但许多研究使用了实验性研究技术，以有效地展示其做法的可行性。

② 这一节的框架问题取自朱迪·奥尔森（Judy Olson）的"每名研究生应该都能回答的10个问题"。

述，将研究置于文献背景中，并以研究的具体目标结束，研究目标经常以假设或研究问题的形式予以表述。注意一定要尽早陈述研究问题，并让读者了解你的论点。使用通俗易懂的语言，提供示例，要具体。

（2）方法（Method）。

方法部分应该回答"我做了什么？"这个问题。这部分应该首先详细说明参与者是谁（例如，年龄、性别、社会经济地位、教育水平以及其他相关的人口统计变量）。了解激发参与者参加实验的动机也很重要。是为了课程学分吗？参与者是否有报酬？如果是，报酬多少取决于他们的表现吗？等等。

然后应该对抽样程序（sampling procedure）进行讨论。例如，参与者是从随机国家样本，还是使用雪球样本中抽取出来的？接下来，应描述将参与者分配到实验条件的方法。参与者是否被随机分配，是否使用了某种形式的配对任务，或者是否使用了预先存在的小组（例如，班级）？

方法这部分接下来需要对实验设计和实验条件进行描述，应清晰阐明设计类型（例如，被试间或被试内、混杂析因设计、中断时间序列等），还应描述因变量和自变量，以及收集数据所用的刺激物（stimuli）和材料（materials）。

最后，写出来的程序应详细阐释数据收集过程，描述所有特定的机械、软件或测量仪器。讨论如何在研究之前、期间和之后对参与者进行处理，并详细说明材料的呈现顺序。之后应对分析进行描述，介绍计划做哪些统计比较，讨论如何处理缺失的数据，说明如何捕获因变量，对因变量进行评分和注释，等等。

对于方法部分到底该写多详细，有个经验法则是应该详细到足以让另一位研究人员能够复制此研究。

（3）结果（Results）。

结果部分应该回答"我发现了什么？"这个问题。它应该展示所进行的分析和主要研究成果。你应该以最能支持论文所提中心论点的方式呈现结果，并在处理中心研究问题和假设时用语明确清晰。

结果部分应该关注最重要的研究成果或因变量。一定要记得，你是在呈现与论文中心论点相关的研究结果（包括支持和反驳你论点的结果）。务必在不使用行话的情况下以清晰的形式陈述每个发现，并用统计数据支持它。请记住，统计数据不是结果部分的重点。对研究成果的陈述才是这部分的重要内容，应使用统计数据来增强读者对该陈述的信心。以表格和图表的形式显示最为切题的发现，并确保在相关文字中说清楚图表和表格。尽管需要搞清楚实际研究结果是什么，以及对研究结果的解释是什么，但呈现研究成果时，做一定的解释也会很有用。最后在结束时，提醒读者该实验的目的，并简要总结与中心论点相关的研究成果。

（4）讨论（Discussion）。

讨论部分应该回答"所有这些有什么意义？"和"这些为什么重要？"这两个问题。请记住，讨论部分（以及整篇论文）应该是一个有针对性的论点。讨论部分是将研究结果置于上下文中进行考虑，不仅包括与中心研究问题和假设相联系，也包括与该领域先前的研究工作相联系。

在讨论部分，首先应该回顾你收集了哪些证据来证明自己的观点，并对相反的证据进行讨论。一定不要夸大你的成果。另外，务必讨论当前研究或做法的局限性，并针对你的研究发现提出可能的替代解释。

在对研究结果进行详细讨论之后，就可以开始讨论你的研究所具有的更广泛意义，可以是对设计、政策，也可以是对未来的研究。你可以描述新实验可以怎样执行才能解决悬而未决的问题，或者根据你所揭示的研究发现说明可以研究哪些新方向。

（5）结论（Conclusion）。

最后，你应该在论文末尾重新陈述你的工作。结论在很多方面都与引言类似。结论通常只有一个段落，提醒读者研究的最初目标、你的发现、研究的意义，以及它的重要性——不仅对被调查的特定问题重要，对更广泛的议题也很重要。

关于作者为何采取这种方法的个人故事

在本节中，我们将描述与同事兰迪·波许（Randy Pausch）和彼得·斯库派利（Peter Scupelli）一起研究大型显示器认知效应研究的个人经验。

当我们开始研究大型显示器时（大约在1999年），LCD制造已变得更加高效，为市场供应了大量更便宜也更大的显示器。此外，投影仪和数字白板在会议室中变得司空见惯，研究人员正在探索将这些大型显示器扩展到更传统的办公室空间之中。尽管研究人员已经阐明了大型显示器对团队工作在质量上的优势，但很少有研究来量化其对个人用户的好处，我们在各种新的显示器设置中已经注意到了这一点。因此，我们开始比较和理解显示器的物理显示尺寸（传统桌面显示器与大型壁挂式显示器）对任务表现的影响（坦、格勾、斯库派利和波许，2006年）。

我们开始这项工作时已经从之前研究中获得了理论基础。有相当多的研究表明，更大的显示器能提供更广的视野，而这对于各种任务是有益的[例如，切尔文斯基（Czerwinski）、坦和罗伯森（Robertson），2002年]。这项研究不仅指向大型显示器的实用优势，例如易于观看因而利于更好地社交互动，而且还指向更强的身临其境感，例如在虚拟环境中。然而，视野是两个变量的函数：显示器尺寸和距用户的距离。我们开始单独研究和探索物理显示尺寸的影响。

为此，我们必须适当地调整用户与显示屏的距离，以使用户对每个小型和大型显示器的对向视角保持恒定，因而保证仅是物理显示尺寸做出变化。实际上，我们考虑过将用户的头部固定到一个位置，防止头部移动导致视野的差异，但这令人很不舒服，之后我们又进行了各种试验性研究，显示头部的小动作不会影响所观看到的效果，所以我们施行主实验时没有这个限制。我们注意对各个显示器的其他显示因素保持恒定，如屏幕分辨率、刷新率、颜色、亮度、对比度等，这样我们可以使混淆因素降至最低，从而将所有效果都归因于显示器的尺寸。

一开始，我们进行了有各种任务的探索性实验以寻找我们感兴趣的领域。我们发现了一件有趣的事——显示器大小似乎并没有影响阅读理解任务（记住，我们无法"证明"条件之间的等价，所以这不是一个最终确定的陈述，只是帮助我们把精力集中在其他地方），但用户在空间定位任务中明显表现得更好，在这项任务中他们必须在想象中将一条船旋转。我们提出了一个假设，认为由于用户在每个显示条件下感知图像的方式不同，因此其选择执行任务的策略也不同。在试点研究中，我们尝试使用问卷调查和结构化访谈来确定用户所使用的策略，但发现无论是通过含蓄还是直白的方式，用户都无法清晰表达出他们的认知策略。因此，我们设计了一系列实验来更深入地探究这一点。

我们回归了理论基础，发现有两种可以用于空间旋转的认知策略：自我中心（egocentric）旋转，在这种策略中用户采取第一人称视角并想象在环境中旋转他们的身体，以及非自我中心（exocentric）旋转，在这种策略中用户采取第三人称视角并想象物体在空间中围绕其他物体进行旋转。心理学文献中的证据表明，在适当的情况下，自我中心旋转的效率要高得多。因此，我们做出以下假设：（a）我们可以通过对指令的操控来使用户偏向于采用一种或另一种策略；（b）对我们的任务而言，以自我为中心的策略确实比非自我中心策略更有效率；（c）在没有提供明确的策略时，显示器大小将（正如明确指令可能起到的作用一样）隐晦地使用户偏向于特定的认知策略。请读者阅读（坦、格勾、斯库派利和波许，2003年）参考实验设计和结果。该实验支持了这些假设。

在此基础上，我们开始了解是否有一些特殊的任务可以从这种效果中多多少少地获益。也就是说，我们假设大型显示器使用户偏向于使用自我中心策略，并且不会提高用户在完成"本质上就是非自我中心"型任务时的表现，因为在这些任务上自我中心策略不会有用。因此，我们选择了一组刺激和任务（即经过充分验证的Card、Cube和Shepard Metzler任务），我们从之前的研究中相信这些任务是明确的非自我中心任务，结果没有显示如第一轮任务一样的效果。请注意，这正是我们要求读者谨慎对待的等价性测试。事实上，我们没有证明与这个实验的等价性，只是得出没有观察到某种效果的结论，我们对此谨慎对待，将其与通过其他实验所收集的大量证据归到一起。

最后，我们将控制（也是人为的）任务的结果扩展到一组证明自然生态环境下更有效的实验，以证明效果的稳健性（坦、格勾、斯库派利和波许，2004年）。我们增加了任务和需使用的空间能力的复杂性，并在丰富的动态三维虚拟环境中增加了用户互动。

我们在第一个实验中表明：（a）当使用大型显示器时，由于使用自我中心策略的可能性增加，用户在心理地图形成和记忆任务方面表现更好；（b）当用户以互动的方式在虚拟环境中移动时，用户在路径集成任务中表现更好；（c）显示器尺寸引起的影响与互动性引起的影响无关。然后我们还在一个单独的实验中证明，即使在一个环境中设置了各种提示，例如独特地标和丰富纹理等，以显得逼真和帮助记忆，用户在使用大型显示器时也在心理地图形成和记忆任务方面表现更好，因为他们采用自我中心策略的可能性增加。最近，当我们证明，在一个协作任务中[包（Bao）和格勾，2009年]，大型显示器对自我中心和非自我中心视角的影响最终体现于语言上的差异（例如，在本地和远程参照物的使用中），我们展示了理论理解如何提供了强大的预测能力。

在这一节和整章内容中，我们介绍并讨论了采用实验性研究来回答研究问题和揭示因果关系时，需要考虑的多个关键概念。实验性研究使我们深思熟虑提出研究问题，认真进行研究设计，从而成为一种强大的认知方式，我们认为对于任何人机交互研究人员来说，实验性研究都是一个重要的研究方法。

在实验研究上更具有专业性的参考文献

在文中，我们提供了许多引用资料，以期更深入地解决各种问题。除了这些引用资料（可以用作范文或权威来源）之外，还有一些值得关注的特殊资料。

大卫·W. 马丁（David W. Martin）为新学者（甚至是需要复习的老前辈）写了一本很好的书来介绍实验性研究：《做心理学实验》（*Do Psychology Experiments*）（2004年）。虽然这本书主要关注心理学，但马丁的文字十分通俗易懂，而且书中所关注的应用型问题相比于诸多在此话题上深奥的理论诠释，反而更接近人机交互研究中发现的应用问题。

在罗森塔尔和罗斯诺的《行为研究要点：方法和数据分析》（*Essentials of Behavioral Research: Methods and Data Analysis*）（罗森塔尔和罗斯诺，2008年）

中，可以找到一种富有开创性且极为周全透彻，但也有些技术性的实验性设计。

人机交互面临的主要挑战是如何在实验室之外的现实世界环境中评估新设计的质量。在现实环境中评估时，我们常常不能做到大多数实验主义者都在努力获得的精确控制。几十年来，教育研究人员一直在努力解决类似问题，已经有一些优秀书籍和论文讨论准实验以及在这种环境中实现最佳控制的方法。这些方法通常在内部效度和外部效度之间找到了更好的平衡点，并且在没有严格控制实验室实验的情况下，找到了为证明具有因果关联的论点而获取证据的方法。坎贝尔和斯坦利[坎贝尔、斯坦利和盖奇（Gage），1963年]为准实验设计提供了较老版本但特别优秀的处理方法，而沙迪什、库克和坎贝尔（沙迪什等人，2002年）提供了一份更新、更全面的权威指南。

统计分析

针对统计分析的介绍，韦斯（Weiss）的入门统计教科书编写得非常好，全面、详细，全书都附有通俗易懂的示例（韦斯，2008年）。

此外，汉考克（Hancock）与米勒（Mueller）（2010年）所编著的《社会科学定量方法评论者指南》（*The Reviewer's Guide to Quantitative Methods in the Social Sciences*），针对使用各种统计技术时研究论文中应包含哪些内容，既从作者也从评论者的角度提供了一个内容很全面的资源。这本书以简洁易懂的方式介绍了方方面面的内容，从方差分析到因子分析、多层线性建模，到评分者信度、结构方程建模，等等。

还有一些人机交互研究人员关注直接面向人机交互研究人员的实验方法和统计数据。沃布罗克的《人机交互研究人员统计分析技术》（*Statistical Analysis Techniques for HCI Researchers*）（沃布罗克，2011年）是一本优秀的自学教程。在这本书中，沃布罗克专注于人机交互研究人员常用的方法和途径。他还为人机交互研究中的常见问题和挑战提供了示例。

致谢　非常感谢温迪·凯洛格（Wendy Kellogg）、罗伯特·克劳特（Robert Kraut）、安妮·欧尔道夫-赫希（Anne Oeldorf-Hirsch）、格雷·奥尔森（Gary Olson）、朱迪·奥尔森（Judy Olson）和劳伦·希泽兹（Lauren Scissors）对本文内容所做的深度评论。

练习

    1. 想出一个多变量的交互实验研究案例。

    2. 在自己的研究中，你会进行什么样的实验呢？会涉及多少对象？这些对象有什么行为？你需要什么材料？你会收集什么数据？

    本文作者信息、参考文献等资源请扫码查看。

人机交互中的问卷调查研究

Hendrik Müller

Aaron Sedley

Elizabeth Ferrall-Nunge

简要描述

　　问卷调查是向小部分人提问以收集信息的一种方法，其结果可被推广至更加广泛的目标总体。问卷的种类很多，对总体抽样和采集该群体数据的方式也很多。传统的问卷方式为邮件、电话或当面调查。由于互联网发放问卷的成本低、问卷管理方便快捷、易于接触世界范围的各类人群，因此互联网已成为一种广受欢迎的问卷调查模式。人机交互（HCI）研究中的问卷调查可用于：

- 采集人们习惯、技术交互或行为的信息；
- 获得人口统计或心理统计信息，以明确总体人群特征；
- 获得人们对产品、服务或应用体验的反馈；
- 采集人们对使用环境中的一款应用的态度和看法；
- 了解人们使用一款应用的意图和动机；
- 从定量角度，测量一款应用特定组成部分的任务完成情况；
- 了解人们是否知晓某些系统、服务、理论或功能；
- 比较人们在不同时间，对不同维度的态度、经验等。

　　对特定需求来说，问卷调查非常有效，但通过问卷调查无法观察受访者所处的环境或询问后续问题。因此，要研究精确的用户行为、根本动机和系统可用性时，其他研究方法也许更为适合，或可将其他研究方法作为问卷调查的补充。

　　本文将回顾问卷调查的历史、探讨问卷调查的正确应用，重点介绍问卷设计和执行的最佳实践。

历史、思想传统与演变

　　自古以来，人们就以普查的方式衡量人口状况，从而规划食物、分配土地、征收课税并实行兵役。19世纪初，政治性民意测验被引入美国，用以预测选举结果，并了解市民对一系列公共政治事务的看法。当代心理学出现后，弗朗西斯·高尔顿（Francis Galton）首先使用调查问卷对先天与后天之争以及人类个体间的差异进行调查，后者逐渐发展为心理测验学[克劳泽（Clauser），2007年]。近期，问卷调查被应用于人机交互研究领域，帮助回答有关人们态度、行为和技术体验的一系列问题。

　　19世纪的政治性民意测验放大了人们对问卷调查的兴趣，直到20世纪，问卷抽样方法和数据代表性才取得了实质性进展。由于主流民意调查两次错误地预测了美国总统选举的胜利者[1936年《文摘》（Literary Digest）预测兰登（Landon）当选，1948年盖洛普民意测验中心（Gallup）预测杜威（Dewey）当选]，因此，抽样方法因歪曲美国选民的意愿而受到抨击。人们仔细审查了这些失败的民意测验，基埃尔（Kiaer）、鲍利（Bowley）和内曼（Neyman）等统计学家开展了有说服力的学术工作，美国人口调查局（the US Census Bureau）也开展了广泛的实验，使得人们接受了随机抽样方法，将之作为问卷调查的黄金标准[康弗斯（Converse），1987]。

　　大致在同一时期，社会心理学家力争将调查问卷的误差降至最低，并优化数据采集。例如，在20世纪20年代和30年代，路易斯·瑟斯顿（Louis Thurstone）和伦西斯·李克特（Rensis Likert）向人们展示了衡量态度的可靠方法[爱德华兹（Edwards）和肯尼（Kenney），1946年]；李克特量表（Likert Scale）现在依然被调查从业者广泛采用。斯坦利·佩恩（Stanley Payne）在1951年开展了经典的研究——"提问的艺术"（The Art of Asking Questions），这是一项早期的问题措辞研究。随后专业学者详细查看了问卷设计的各个方面。图兰吉奥（Tourangeau）（1984年）明确表示，给出应答有四个认知步骤，指出人们必须理解所提的问题，检索适当的信息，根据问题判断信息，并将判断映射到所提供的选项上。克罗斯尼克（Krosnick）（1997年）研究了调查问卷设计的多项要素，如标尺长度、文本标签及"弃权"选项。格罗夫斯（Groves）（1989年）明确了有关调查的四种误差：覆盖误差（coverage）、抽样误差（sampling）、测量误差（measurement）和未应答误差（non-response）。随着在线调查受欢迎程度的增加，库珀（Couper）（2008年）联合其他人对互联网调查问卷的视觉设计误差进行了研究。

　　在人机交互研究领域，问卷调查的应用明显早于互联网，调查人机交互的目的在于了解用户计算机软硬件的使用体验。1983年，卡内基梅隆大学（Carnegie Mellon University）的研究人员开展了一项实验，将计算机采集的问卷应答与打印的调查问卷应答进行对比，发现数字问卷中社会期许偏差少于打印调查问卷，并且前者收集到的开放式问题的应答更多[基斯勒（Kiesler）和斯普劳尔（Sproull），1986年]。20世纪80年代，随着图形用户界面的普及，问卷与其他方法被共同用于可用性研究。人们制定了多个标准化调查问卷以评估可用性[如系统可用性量表（SUS）、用户界面满意度问卷（QUIS）和软件可用性测试量表（SUMI），下文将一一列举]。问卷是衡量满意度的一种直接手段，而满意度是ISO 9241第11部分可用性定义中的主要标准之一（其他两个主要标准为效率和有效性）[阿布兰（Abran）等人，2003年]。用户愉悦度是谷歌HEART框架的基础，该框架用于衡量Web应用是否以客户为中心[罗登（Rodden）、哈钦森（Hutchinson）和傅（Fu），2010年]。1994年，佐治亚理工学院（Georgia Institute of Technology）开始了每年一度的在线问卷调查，从而了解互联网使用情况和用户情况，探索基于网络的问卷调查研究[皮特科夫（Pitkow）和雷克（Recker），1994年]。随着互联网时代的发展，除通过问卷收集用户资料外，在线应用还广泛采用问卷的方法了解用户满意度、尚未解决的需求和遇到的问题。图1是调查历史关键阶段汇总。

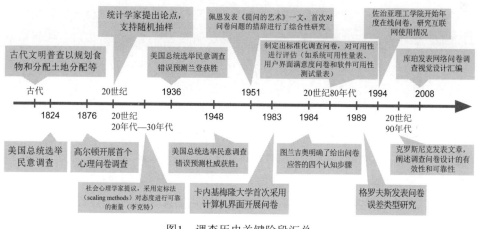

图1　调查历史关键阶段汇总

该方法能够解决哪些问题

在适合的情况下开展问卷调查，能够启发应用和用户研究策略，提供有关客户态度、体验、意图、人口统计和心理特征的信息。但要实现许多其他人机交互的研究目标，调查并不是最合适的方法。民族志访谈（ethnographic interviews）、日志数据分析（logs data analysis）、卡片分类（card sorts）、可用性研究（usability studies）等方法也许更加适合。有时，问卷调查可与其他研究方法结合使用，从整体上推动人机交互的发展。本文将阐述问卷调查的适合性、何时应避免使用问卷调查的研究方法以及问卷调查研究如何与其他研究方法互为补充，相辅相成。

何时适合使用问卷调查

总体来讲，在需要代表整个目标人群、衡量各群体间差异、明确人们态度和体验的变化情况时，适合使用问卷调查。下面将举例说明如何在人机交互研究中使用问卷调查数据。

（1）态度。问卷调查能准确衡量、真实体现总体人群的态度和看法。定性研究可收集态度数据，而问卷调查能提供有可靠统计数据支撑的度量，方便研究人员评估人们对一项应用或体验的态度，追踪态度的变化情况，并将自述的态度与实际行为相联系（如通过日志数据）。例如，调查可用于衡量客户体验网上银行后对网上银行的满意度。

（2）意图。问卷调查可采集人们在特定时间使用一款应用的原因，方便研究人员对不同目的用户的使用频率做出预估。与其他方法不同，问卷调查可在人们使用一款应用的过程中开展（即：一项在线拦截访问问卷），最大程度上减少受访者回忆不起来的风险。需要注意的是，单凭一项问卷调查也许无法全面了解受访者的详细意图和意图产生的背景。例如，可通过调查了解"为什么您没有访问该网站？"，但也许定性研究更适合明确人们对特定应用要素的了解程度，以及日常生活环境下用户深层次的动机。

（3）任务完成度。与了解意图类似，人机交互研究人员能够从定性角度，通过实验室或实地研究观察任务的完成情况，而问卷调查可对任务的完成情况进行可靠的量化。例如，受访者按照指示开展一项任务，录入任务结果，并在执行任务的过程中讲述自己的体验。

（4）用户体验反馈。采集有关用户体验的开放式反馈可了解用户与技术的互动情况，或为系统要求和改进带来启发。例如，通过了解产品主要优缺点的相对频率，项目利益相关方在分配资源时，能够做出明智的决定和权衡。

（5）用户特征。问卷调查可用于了解系统用户，更好地满足用户需求。研究人员可采集用户的人口统计信息、系统熟练度或技术熟练度等科技特征信息，以及对改变和隐私取向持开放态度等心理变数。这些数据方便研究人员发现用户细分群体，识别需求、动机、态度、看法和总体用户体验不同的各类用户。

（6）技术交互。通过问卷调查，让受访者自述其社会、心理和人口统计变量，同时记录下他们的行为举止调查，可在更广的范围内了解人与技术的交互情况，以及技术如何影响人与人的社交互动。人机交互研究人员通过调查，能洞察技术对一般人群的影响。

（7）认知度。问卷调查可有助于了解人们对现有技术或特定应用功能的认知情况。例如，这类数据可帮助研究人员了解，应用的使用率较低是由于用户认识不足造成的，还是由可用性问题等其他因素造成的。通过量化认知度，研究人员可决定是否需要采取行动（如开展市场宣传活动），提升该技术或应用的总体认知度和使用率。

（8）比较。可通过问卷调查，对不同用户细分群体的态度、看法和体验进行比较，对用户在不同时期、不同地点或使用相互竞争应用产品时的态度、看法和体验进行比较，并对用户使用实验版本和控制版本时的态度、看法和体验进行比较。这些数据方便研究人员探索用户的需求和体验是否随地点的变化而变化，评估一款应用相较竞争性技术的优缺点、每款应用与竞争对手应用的比较结果，评估应用有哪些需要改进之处，同时提供决策依据，方便研究人员从多种设计方案中选出适合的设计。

何时避免使用问卷调查

相比其他方法，调查的费用低廉，便于采用，因此许多人选择使用问卷调查的方法开展研究，即使问卷调查的方法并不适合他们的需求。这些问卷调查可能生成无效或不可靠的数据，导致研究人员对某一人群和用户体验不佳的认识不够准确。下文列举了一些其他方法，能够更好地解决人机交互研究中的问题。

（1）精确行为。虽然受访者可以自述其行为，但是从日志数据中采集用户行为是一种更加精确的方法。当试图了解精确的用户行为和用户流时，更是如此，原因在于用户很难记起点击的精确顺序或访问的具体网页。对于日志数据中没有记录的行为，可采用日记研究（diary study）、观察研究（observational study）或经验抽样（experience sampling）的方法，这些方法收集的结果比调查更为准确。

（2）根本动机。人们通常并不了解或无法解释采取某个行动或偏好某事物的原因。有些人也许能够在问卷调查中讲述自己的意图，但并未意识到自身对于特定行为的潜意识动机。探索性研究法（exploratory research methods），如民族志或情境访谈，也许比通过问卷调查直接询问根本动机更加适合。

（3）可用性评估。问卷调查不适合检验特定的可用性任务和了解工具及应用要素。如上文所说，问卷调查可衡量任务的完成度，但也许无法解释人们为何无法使用特定应用，为何不了解产品的某一特点，或为何无法找出导致任务的失败之处。此外，用户在困惑时依然能够完成既定任务，但通过问卷调查无法发现用户的困惑。任务型观察研究法（task-based observational research）和面谈法（interview methods）更适合实现这类研究目标。

将问卷调查与其他方法结合使用

问卷调查研究与其他研究方法结合使用时（如图2所示），收效也许更好。可在定性研究的基础上开展问卷调查，量化具体的观察结果。对许多问卷调查来说，在缺少前期研究的情况下，需要在调查前开展定性研究，为问卷的内容提供依据。另一方面，问卷调查也可用于初步明确高层次的见解，之后通过更有深度（指样本规模更小）的方法开展深入研究。

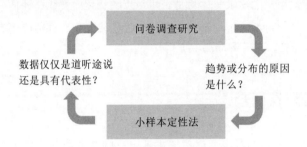

图2　在采用其他方法研究前或研究后，开展问卷调查研究

例如，如果可用性研究发现了具体问题，可通过问卷调查量化各群体出现该问题的频率。或者先开展问卷调查，明确问题或目标的范围，然后采用定性面谈（qualitative interviews）和观察性研究（observational research）的方法更深入地了解受访者的自述行为和不满来源。研究人员可与调查的受访者面谈，阐明回应内容[如杨（Yew）等人，2011年]，与同一群体中的另一组参与者面谈，将两者结果加以比较[如弗勒利希（Froelich）等人，2012年]，或与调查的受访者和新加入的参与者面谈[如阿尔尚博（Archambault）和格鲁丁（Grudin），2012年]。

问卷调查还可与A/B实验（A/B experiments）结合使用，帮助进行对比评估。例如，研究一款应用的两个不同版本时，可对两个版本用同一份问卷进行评估。这样，在通过日志档案数据观察行为差异的同时，可衡量并分析满意度和自述任务完成度等变量的差异。例如，日志档案数据可显示一款试验版本产生了更多的流量或参与度，而问卷调查显示该版本用户满意度较低或无法完成任务。此外，日志数据可对先前问卷调查中了解的情况做进一步的验证。例如陈（Chen）等人开展了一项社交推荐研究，首先通过问卷验证推荐的质量，之后开展大规模实地部署，通过日志记录验证推荐的质量。心理生理数据也是对问卷调查数据的又一客观补充。例如，游戏研究人员将调查与面部肌肉和皮肤电活动[纳克（Nacke）等人，2010年]相结合，或与脑电图传感器测量的注意力和沉思情况[席尔德（Schild）等人，2012年]相结合。

怎么做：成功的做法包含哪些步骤

这章节将问卷调查研究分为以下六个阶段：

（1）研究目标和构念；

（2）总体和抽样；

（3）问卷设计和误差；

（4）审核和问卷预试；

（5）实施和启动；

（6）数据分析和报告。

研究目标和构念

列出问卷问题前，研究人员应首先思考要衡量什么、需采集哪些数据以及将如何使用数据实现研究目标。在明确适合问卷调查的研究目标后，应将目标与构念，即无法直接观察到的单一属性相匹配。然后，应将明确的构念转化为一个或多个调查问题。构念可通过前期的初步研究或文献回顾加以明确。就同一构念提出多个问题并分析反馈，如通过因子分析，可帮助研究人员确定构念的效度。

下面通过一个例子说明构念转化为问题的过程。总体研究目标可以是了解用户使用一款线上应用的愉悦感，如Google搜索（一款广泛使用的搜索引擎）。由于使用一款应用的愉悦感常常是多维的，因此应将愉悦感分解为若干可衡量的部分——构念。前期研究可表明，"总体满意度""感知速度"及"感知效用"等构念会带给用户使用该应用的愉悦感。当明确所有构念后，可设计问卷问题以衡量每个构念。为验证每个构念，应使用相关性（correlation）、回归（regression）、因子分析（factor analysis）等方法评估构念与更高目标间的独特关系。此外，可使用认知预试（cognitive pretesting）的方法，明确受访者是否按研究人员的意图解读构念（详见预试章节）。

一旦确定研究目标和构念，则需要思考以下问题，明确问卷是否为最适合的方法，以及如何推进问卷调查：

• 问卷调查构念是否注重结果，借此直接实现研究目标并为利益相关方提供决策依据，而非仅仅提供数据？过多"很高兴知道答案"的问题延长了问卷时间，使受访者无法完成问卷的可能性增加，从而降低问卷结果的有效性。

• 问卷结果将用于纵向比较，还是一次性决策？若用于纵向比较，研究人员须规划多个问卷调查，同时不使现有受访者过于劳累。

• 需要多少条应答才能达到精确的结果？通过计算所需的应答数量（详见下

文），研究人员将确保关键指标和对比结果有可靠的统计数据作为支撑。应答数量确定后，研究人员可决定邀请的受访人员数量。

总体与抽样

要使问卷调查研究取得成效，关键是明确问卷调查对象及其数量。为此，须首先明确问卷调查的总体，或满足某些标准的个体集合，以及研究人员希望将问卷调查结果推而广之的总体。研究人员通常无法且无须触及该群体中的每个人（即：普查）。相反，研究人员通过可建立抽样框架，即：研究人员能够为问卷调查联系到的人员集合，来估计总体的情况。理想情况下，抽样框架与问卷调查人群相同，但问卷通常调查的抽样框架仅为该人群总体的一部分。来自抽样框架的受邀人员为样本，回答问题的人员才是受访者。各类人群示意图如图3所示。

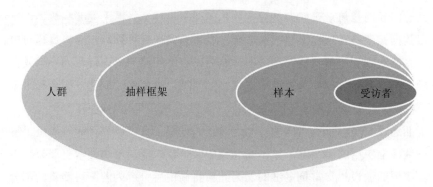

图3 人群、抽样框架、样本与受访者的关系

例如，通过问卷了解一款产品或一款应用的用户满意度。其中，目标总体包括使用该应用的每个人，样本框架包括实际能够接触到的用户。样本框架可排除放弃使用该应用的人员、匿名用户及无法联络的人员。尽管样本框架可能排除许多用户，但所包含的人数可能依旧远远大于采集有效统计应答数量所需的人数。不过，如果样本框架系统化地排除某类人员（如极不满意的用户或不再使用应用的用户），问卷调查将出现覆盖误差，得到的应答将曲解目标人群的想法。

概率与非概率抽样（Probability versus non-probability sampling）

可通过概率法和非概率法完成人群总体抽样。概率或随机抽样（Probability or random sampling）是抽样的黄金标准，因为抽样框架中每个人被抽中成为样本的机会均等；样本基本上完全随机选取。从抽样框架中随机抽取人员样本，以同样方式邀请样本中的每个人参加调查，这种做法将抽样误差，即选择误差降至最小。概率抽样法的例子包括：随机拨打电话、借助美国邮政服务递序文件[the U.S. Postal Service Delivery Sequence File（DSF）]按地址邮寄问卷表，以及从事先同意接受问卷调查的人中随机招募一组人员。在互联网问卷调查中，随机抽样方法包括：针对一款产品的用户的拦截访问问卷调查（intercept surveys）[如弹出式问卷调查（pop-up surveys）或产品内链接]、列表样本（如电子邮件邀请）以及预招概率小组（pre-recruited probability-based panels）（详见库珀，2000年）。要确保概率抽样，另一种方式是使用现有的抽样框架，即先前通过概率抽样法制订的候选人列表。例如，什克罗夫斯基（Shklovski）等人（2008年）针对搬家对朋友间沟通的影响进行了研究，研究从高度相关的公开抽样框架——全国地址变动数据库[the National Change of Address（NCOA）database]中抽取样本。另一个做法是分析现有的代表性问卷调查，如美国社会综合调查（General Social Survey）采集的部分数据子集[如赖特（Wright）和兰德尔（Randall），2012年]。

概率抽样虽然无可挑剔，但常常无法触及整个目标总体，从中随机选出样本；在针对小规模人群（如专业化企业产品的用户或特定领域的专家）时，或在调查问卷敏感、罕见行为时，更是如此。在这些情况下，研究人员可采用非概率抽样法，如志愿者"选择加入"小组、无限制自选问卷调查（如博客和社交网络上的链接），或采用方便样本（即商场购物人员等易接触的人群）（库珀，2000年）。不过，非概率法往往产生较高的抽样误差，与随机抽样相比，代表性降低。要评估代表性，一种方法是将目标总体人群的主要特征与实际样本人群的主要特征进行比较（详细内容，参见分析部分）。

许多学术问卷调查采用方便样本，从现有的大学心理学学生池中选择人员参与调查。这类样本不能代表多数美国人，但适合对年轻人的技术行为进行问卷调查，如色情短信[伟斯克奇（Weisskirch）和德勒维（Delevi），2011年；德劳因（Drouin）和兰德格拉夫（Landgraff），2012年]、即时通信[安纳恩达拉雅恩（Anandarajan）等人，2010年；朱昂科（Junco）和科顿（Cotton），2011年；扎曼（Zaman）等人，2010年]和手机使用[奥特（Auter），2007年；哈里森（Harrison），2011年；特纳（Turner）等人，2008年]。方便样本也被用于识别特殊人群。例如，鉴于涉及病人隐私，很难通过官方名单找到艾滋病和结核病患者。因此，在一项关于利用手机和短信开展艾滋病和结核病教育的可行性研究中，问卷表发给了在诊所候诊室的潜在受访者[坡森（Person）等人，2011年]。同样，在道恩（Down）的一项有关综合症患者使用计算机的研究中，借助特殊利益邮件列表邀请参与者（冯等人，2010年）。

确定适当的样本规模

无论采用哪种抽样方法，都应谨慎确定问卷调查的目标样本规模，即所需的应答数量。若样本规模过小，无法将问卷结果准确地推广至目标人群，可能也无法检测并概括各组人群之间的差异。若样本规模大于必要的规模，则参与问卷的人员过多，研究人员的分析时间可能延长，或者抽样框架很快用尽。因此，对每项调查来说，计算最佳的样本规模至关重要。

首先，研究人员需大致明确研究对象的数量。其次，鉴于问卷调查无法测量整个总体人群，因此必须选择调查的精确度，包括误差幅度和置信水平。误差幅度指问卷调查中的抽样误差数量，即总体测度估计的不确定范围，假定数据常态分布。例如，若60%的样本声称使用平板计算机，误差幅度为5%，则意味着，实际使用平板计算机的人占样本的55%～65%。常用的误差幅度为5%和3%，但根据问卷调查目标的不同，1%～10%的误差幅度都是适合的。不建议采用大于10%的误差幅度，除非较低的精确度也能实现目标。置信水平表示，如果重复调查，报告指标在误差幅度内的可能性有多大。例如，95%的置信水平意味着，95%的情况下，重复抽样的观察结果在误差幅度区间内。常用的置信水平为99%、95%和90%；不建议置信水平低于90%。

目标样本规模有多个计算公式。表1以科莱基斯（Krejcie）和摩根（Morgan）的公式（1970年）为基础，显示了在人群规模及问卷调查误差幅度和置信水平确定的情况下，对应的样本规模是多少。需要注意的是，表1中的总体人群反馈比例为50%，这是最保守的估计（即高于或低于50%时，所需的样本规模将减小以达到相同的误差幅度）。例如，总体人群规模大于10万人时，需要的样本人数为384人，以保证95%的置信水平和5%的误差幅度。需要注意的是，总体人群规模大于2万人时，所需的样本人数不会显著增加。研究人员可将样本规模设定在500人，以估计总体的单一参数，对于较大的总体人群规模，在置信水平为95%的情况下，误差幅度约为±4.4%。

问卷的目标样本规模确定后，研究人员需根据预计的每组人数和应答率，逆向推导出实际受邀参与问卷调查的人数。如果某亚组人员的出现率很低，则必须增加邀请的总人数，确保该组人数达标。调查的应答率指完成调查的人数占受邀总人数的比率[问卷调查并行数据（人们填写调查表所花的时间等信息。参见下文中的"监测并行数据"部分。）及如何最大程度地提高应答率，详见调查填写部分]。若之前开展过类似问卷调查，可将其应答率作为参考，计算此次所需的样本规模。若没有先前的应答率作为参考，可先在小范围内开展调查得出应答率，然后依据该应答率确定调查需邀请的总人数。

表1 　总体人群规模和准确度（置信水平和误差幅度）对应的样本规模

置信水平	90%				95%				99%			
人群规模＼误差幅度	10%	5%	3%	1%	10%	5%	3%	1%	10%	5%	3%	1%
10	9	10	10	10	9	10	10	10	9	10	10	10
100	41	73	88	99	49	80	92	99	63	87	95	99
1000	63	213	429	871	88	278	516	906	142	399	648	943
10,000	67	263	699	4035	95	370	964	4899	163	622	1556	6239
100,000	68	270	746	6335	96	383	1056	8762	166	659	1810	14227
1,000,000	68	270	751	6718	96	384	1066	9512	166	663	1840	16317
100,000,000	68	271	752	6763	96	384	1067	9594	166	663	1843	16560

　　例如，假定应答率为30%，某组人员出现率为50%，若从该组获得384个完整应答，则应邀请2560人参与问卷调查。这时，通过计算发现，研究人员也许需要比抽样框架人数更多的样本，因此，研究人员或许需要考虑采用其他定性方法进行研究。

问卷调查邀请的模式和方法

　　要触及受访者，有四种基本的问卷模式：邮件或书面问卷（mail or written surveys）、电话问卷（phone surveys）、面对面问卷（face-to-face or in-person surveys）以及互联网问卷（Internet surveys），这些问卷调查模式可结合使用。四种问卷调查模式各有利弊，应谨慎选择，如应答率、引起的误差（格罗夫斯，1989年）、所需资源和成本、触及的受众及受访者匿名程度方面均存在差异。

　　目前，许多有关人机互动的问卷调查以网络形式开展，因为互联网问卷调查的利大于弊。互联网调查有以下几大优点：

- 参与人员所处地理区域广泛（含国际地区），易于触及；
- 借助商业工具制定问卷，简单便捷；
- 节约问卷调查邀请成本（如无须纸张和邮资，操作简便，样本规模较大时成本变化不大）和分析成本（如应答的数据为电子版，无须再录入）；
- 填写时间短，实现数据即时采集；
- 问卷调查自行填写，无调查者在场，匿名受访，误差较低；
- 使用跳转逻辑（即根据前面一题的回答，询问后面相应的问题），能够针对特定受访者定制调查问卷。

　　互联网问卷调查也存在几点不足。最受诟病的是覆盖误差，即目标总体人群和抽样框架间可能存在的错配情况（库珀，2000年；格罗夫斯，1989年）。例如，在线问卷无法触及不使用互联网或电子邮件的人士。且互联网问卷邀请缺乏个性化，易被忽略，使得受邀参与问卷的人员可能不太愿意应答或提供准确的数据。这种调查模式也受制于受访者的计算机操作能力，因此为研究人员提供的受访者信息可能少之又少。（参见本书《人机交互研究中的众包》一章。）

调查问卷设计与误差

一旦确定需测量的构念和适合的抽样方法，就可设计调查问卷的初稿。由于调查问题的设计易引发误差，对数据的可靠性和有效性产生实质影响，因此应认真、充分地思考每个问题的设计（首次被佩恩所承认，1951年）。糟糕的调查问卷设计可造成测量误差，使受访者的回答偏离真实的测量值。库珀（2000年）表示，在自行填写的问卷调查中，测量误差可来自受访者（如缺乏动力、理解问题、故意失真）或工具（糟糕的措辞或设计、技术缺陷）。问卷调查大多只开展一次，与定性研究不同，问卷调查无法后续跟进。正因如此，研究人员应确认其问题设计可以准确测量对应的构念，这一点至关重要。

接下来将介绍问卷问题的类型、调查问卷的常见误差、应避免的问题、视觉设计注意事项、现有调查问卷再利用以及视觉调查设计注意事项。

问卷问题类型

问卷问题分为两类——开放式问题和封闭式问题。开放式问题（图4）要求受访者写下自己的回答，而封闭式问题（图5）提供若干预定义答案供受访者选择。

> 您对智能手机有哪些不满意的地方（如有）？

图4　典型的开放式问题举例

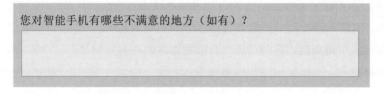

图5　典型的封闭式问题（特别是双向评级问题）举例

开放式问题适用于以下情况：

• 答案范围未知，如"你喜欢的智能手机应用是什么？"一旦明确答案范围，可制订同一问题的封闭式版本；

• 问题的答案选项过多，无法一一列举，如"过去一周，您使用过哪些智能手机应用？"

• 测量本身可计量的事物（即构念本身带有计量单位，如年龄、长度或频率），而时间、频率和长度等信息无法从日志数据中获得，例如"一般一周使用几次平板计算机？"（使用仅限数值的文本栏，之后可对回答进行灵活分段）

• 对用户体验进行定性测量，例如"您使用智能手机时最不满意的一点是什么？"

封闭式问题适用于以下情况：

• 答案范围已知，答案范围小且容易提供，如"您的智能手机使用哪个操作系统？"（答案选项包括"安卓""iOS"等）

• 单一事项的一维评级，如"总体上讲，您对智能手机的满意程度如何？"（从"极度不满"到"极度满意"7个等级）

• 测量本身不可计量的事物，如重要性、必然性或程度，例如"一天24小时使用智能手机对您来说有多重要？"（从"根本不重要"到"极度重要"5个等级）

封闭式问题的类型

封闭式问题有四种：单选、多选、排名和评级。

（1）单选问题最适用于现实世界中每个受访者只会有一个答案的情况（图6）。

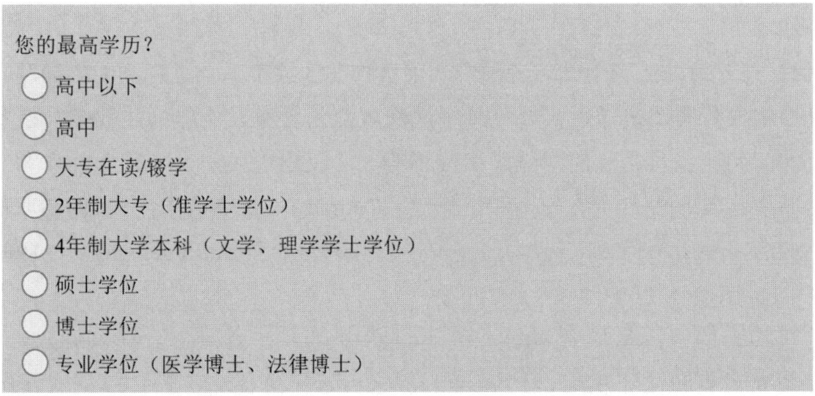

您的最高学历？
◯ 高中以下
◯ 高中
◯ 大专在读/辍学
◯ 2年制大专（准学士学位）
◯ 4年制大学本科（文学、理学学士学位）
◯ 硕士学位
◯ 博士学位
◯ 专业学位（医学博士、法律博士）

图6　单选问题举例

（2）多选问题适用于受访者有多个答案的情况。多选问题常配以"选择所有适用选项"的帮助文本。研究者也可指定最多可选的选项数量，迫使用户从多个选项中做出优先选择，表达自己的偏好（图7）。

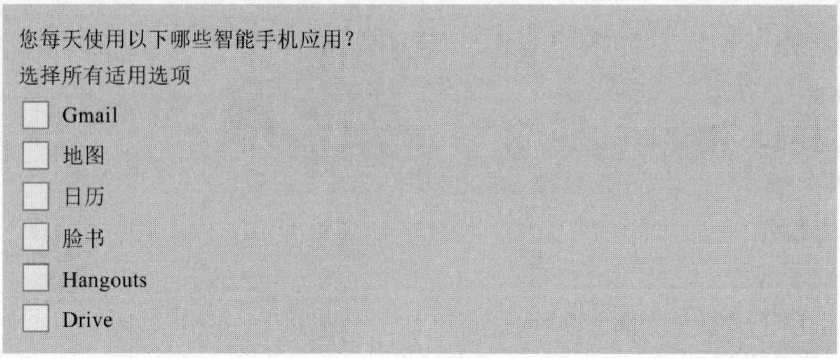

您每天使用以下哪些智能手机应用？
选择所有适用选项
☐ Gmail
☐ 地图
☐ 日历
☐ 脸书
☐ Hangouts
☐ Drive

图7　多选问题举例

（3）排名问题最适用于在现实情境下受访者必须将选项排出优先次序的情况（图8）。

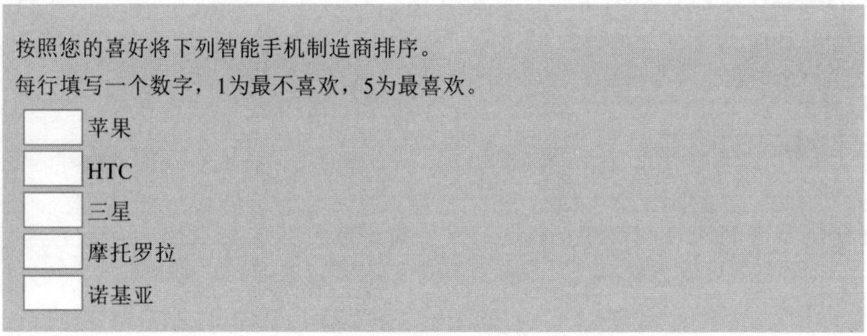

按照您的喜好将下列智能手机制造商排序。
每行填写一个数字，1为最不喜欢，5为最喜欢。
☐ 苹果
☐ HTC
☐ 三星
☐ 摩托罗拉
☐ 诺基亚

图8　排名问题举例

（4）评级问题适用于受访者须对一项事物在连续量表上进行判断的情况。为提高可靠性将误差降至最低，需要完整标注尺度点的含义，而非标注数字（格罗夫斯等人，2004年），尺度点的间隔距离应相等，避免出现误差，导致选择视觉上间隔更大的反馈选项[图兰吉奥、库珀和康拉德（Conrad），2004年]。评级问题应根据所测量的构念，使用单极或双极标尺[克罗斯尼克和法布里加（Fabrigar），1997年；谢弗（Schaeffer），2003年]。

单极构念的范围从零到极值，没有自然中点。单极构念最好以5级标尺来测量（克罗斯尼克和法布里加，1997年），这种标尺可提高可靠性，同时最大程度地减少受访者负担。单极构念使用以下标度标签："根本不……、有点……、一般……、很……、极度……"，这些标签在语义上等距[罗尔曼（Rohrmann），2003

年]。此类构念包括重要性（见图9）、兴趣、有用性和相对频率。双极构念的范围从极度负面到极度正面，有自然中点。与单极构念不同，双极构念最好以7级标尺来测量，最大程度提升可靠性和数据差异化（克罗斯尼克和法布里加，1997年）。双极构念可使用以下标尺标签："极度……、一般……、有点……、既不……也不……、有点……、一般……、极度……"。此类构念包括满意度（见图5，从不满到满意）、感知速度（从慢到快）、易用性（从难到易）和视觉吸引（从无吸引力到有吸引力）。

图9　评级问题（特别是单极构念的评级问题）举例

　　使用评定量表时，应考虑是否设置中点。有人认为，若设置中点，受访者会随便选择中点选项以快速提交问卷；另一些人则辩称，若不设中点，本来立场中立的受访者将被迫选择其他选项，不能真实反映他们的想法。奥姆里奇塔赫（O'Muircheartaigh）、克罗斯尼克和赫里克（Helic）（2001年）发现，在评定量表上设置中点，能提高可靠性，不会影响有效性，也不会降低数据质量。此外，"走捷径者"并非更可能选择中点。而若不设中点，则增加了随机测量误差的数量，导致实际上中立的人最后随便选择了其他选项。这些发现建议大家在使用评定量表时应考虑设置中点。

调查问卷的误差

　　撰写调查初稿后，应检查每个问题的措辞，查看是否会导致应答的潜在误差。下面介绍调查问卷常见的五种误差：满足即可、默许误差、社会期许、应答顺序误差和问题顺序误差。

满足即可

　　满足即可指受访者回答问题时没有尽全力思考作答。满足即可者通常选择最容易被大家接受的选项[西蒙（Simon），1956年；克罗斯尼克，1991年]。图兰吉奥（1984年）发现，满足即可者会省略以下四个认知步骤中的一项或多项：

（1）理解问题、说明和选项；

（2）检索特定记忆，帮助回答该问题；

（3）判断检索到的信息及其是否适用于该问题；

（4）将判断与问题选项关联。

满足即可者不会费力思考，而是完全跳过一个或多个步骤，走捷径回答问题；满足即可者不会费力理解问题，彻底搜索记忆，认真整合所有检索到的信息，或准确选择适当的选项（即他们会选择次优选项）。

满足即可分轻度和严重两种情况（克罗斯尼克，1999年）。轻度满足即可指受访者会努力地认真回答，但不会尽全力，重度的满足即可指受访者不会从记忆中搜索相关信息，只是随意勾选答案，匆匆完成调查。换句话说，前者会完成全部四个认知步骤，但有些粗心大意，后者则通常跳过检索和判断两个步骤。

受访者在以下情形更可能出现满足即可的情况（克罗斯尼克，1991年）：

• 回答的认知能力较低；

• 回答的动力不足；

• 问题难度大，四个步骤中某一步骤需要思考分析，费力完成。

为最大程度减少满足即可的情况，请参考以下做法：

• 避免设计复杂的问题，使得受访者过多地思考分析。

• 避免设计"弃权""不知道""不适用"或"不确定"等回答选项，受访者尽管有真实的想法，也会禁不住选择这类选项（克罗斯尼克，2002年；谢弗，2003年）。相反，应首先询问受访者，他们是否认真思考了提出的问题，形成自己的看法；没有认真思考、形成自己看法的受访者应被筛掉。

• 避免对一系列连续问题使用同样的评定量表。潜在的满足即可者会针对所有问题选择同样的标度点。这被称为直线型选择或项目无差别选择[克罗斯尼克和阿尔文（Alwin），1987年；克罗斯尼克和阿尔文，1988年；赫尔佐克（Herzog）和巴克曼（Bachman），1981年]。

• 避免设计冗长的调查问卷，受访者在疲劳感增加和兴趣下降时，不太可能以最佳状态回答问题[坎奈尔和卡恩（Kahn），1968年；赫尔佐可和巴克曼，1981年]。

• 向受访者解释问卷课题的重要性，告诉受访者他们的应答对研究人员来说至关重要，这样可提高受访者的积极性（克罗斯尼克，1991年）。

• 对于可能出现满足即可情况的问题，可让受访者解释选择相关答案的原因[麦卡利斯特（McAllister）、米切尔（Mitchell）和比奇（Beach），1979年；泰特洛克（Tetlock），1983a、1983b、1985年]。

• 陷阱问题（如"在下面的文本框中写出数字5"）可识别满足即可和不诚实的调查受访者。

默许误差

当面对"同意/不同意、是/否、真实/错误"表述的选项时，有些受访者更可能同意该表述，不考虑表述本身。这种倾向称作默许误差[史密斯（Smith），1967年]。

以下情形，受访者更可能出现默许误差的情况：

• 认知能力较低[克罗斯尼克、纳拉杨（Narayan）和史密斯，1996年]或积极性不足；

• 问题难度大[斯通（Stone）、盖奇（Gage）和勒维特（Leavitt），1957年]；

• 性格倾向于赞同他人[萨里斯（Saris）、克罗斯尼克和谢弗，2010年；科斯塔（Costa）和麦克雷（McCrae），1988年；高柏（Goldberg），1990年]；

• 按照社会习俗，回答"是"最为礼貌（萨里斯、克罗斯尼克和谢弗，2010年）；

• 受访者追求满足即可，只思考表述正确的原因，不费力思考不赞同的原因（克罗斯尼克，1991年）；

• 自我感知地位较低的受访者假定调查组织者同意该表述，出于恭敬心态产生默许误差（萨里斯、克罗斯尼克和谢弗，2010年）。

为最大程度减少默许误差，请参考以下做法：

• 避免设计"同意/不同意、是/否、正确/错误"或类似回答选项[克罗斯尼克和普雷瑟（Presser），2010年]；

• 如果可以，询问有关具体构念的问题（即以中立、非引导性的方式询问基本的构念），不使用同意性的表述（萨里斯、克罗斯尼克和谢弗，2010年）；

• 在同一调查中，通过正、反两种方式询问同一构念，然后将两个反馈的原始分数整合，以纠正默许误差。

社会期许

社会期许指受访者按照自认被他人认可的方式回答问题[施伦克尔（Schlenker）和魏因格尔德（Weingold），1989年；戈夫曼（Goffman），1959年]。"良好行为"易被过多申报，然而"坏行为"或不受欢迎的行为则会被过少申报。容易导致社会期许偏差的话题是：投票行为、宗教信仰、性行为、爱国主义、偏执、智力、违法行为、暴力行为和慈善行为。

以下情形，受访者倾向于提供符合社会期许的回答：

• 受访者的行为或观点有违社会规范[霍尔布鲁克（Holbrook）和克罗斯尼克，2010年]；

• 受访者被问及敏感话题，表达真实观点会感觉不舒服或尴尬（霍尔布鲁克和克罗斯尼克，2010年）；

• 受访者察觉到透露信息将面临威胁，或如实回答将承担后果[图兰吉奥、里普斯（Rips）和拉辛斯基（Rasinski），2000年]；

• 问卷会暴露自己的真实身份（如姓名、地址和电话）[保卢斯（Paulhus），1984年]；

• 数据由他人直接采集（如当面或电话问卷）。

为最大程度地减少社会期许误差，应允许受访者匿名回答或自行填写[图兰吉奥和史密斯，1996年；图兰吉奥和殷（Yan），2007年；霍尔布鲁克和克罗斯尼克，2010年]。

应答顺序误差

应答顺序误差是指受访者倾向于选择位于答案列表或量表首（即首因效应）、尾（即近因效应）的选项[佩恩，1971年；陈（Chan），1991年]；克罗斯尼克和阿尔文，1987年]。受访者下意识地解读选项的顺序，假定相邻的选项相关，认为顶部或左侧的选项为"第一"，标尺中部的答案没有自然顺序，代表典型值（图兰吉奥、库珀和康拉德，2004年）。若答案选项的列表较长[舒曼（Schuman）和普雷瑟，1981年]，或无法被看作一个整体（库珀等人，2004年），其首因效应和近因效应最强。

为最大程度地减少应答顺序效应，请参考以下做法：

• 将每份问卷的不相关答案选项随机排列，发到受访者手中（克罗斯尼克和普雷瑟，2010年）；

• 评定量表应按照从负到正的顺序排列，将最负面的选项列在首位；

• 每份问卷表顺序标尺上的排列顺序应随机颠倒，将两个标尺版本中同一标尺标签的原始值取平均数。这样，受访者的反馈顺序效应则相互抵消[如维拉尔（Villar）和克罗斯尼克，2010年]，但可变性随之增加。

问题顺序误差

顺序误差也存在于问卷问题中。问卷中的每个问题都可能影响受访者，导致随后的问题造成误差[兰登，1971年；延加（Iyengar）与欣德（Kinder），1987年]。

请参考以下指南：

• 将问题按照从宽泛到具体（即漏斗法）的顺序排列，确保问卷遵循谈话惯例进行；

•前面的问题应易于回答，与调查主题直接相关（帮助与受访者建立融洽的关系，让其参与进来）[迪尔曼（Dillman），1978年]；

•不重要、复杂且敏感的问题应放在调查结尾，避免受访者过早退出，确保采集到重要数据；

•相关问题应归为一组，减少上下文切换，方便受访者轻松、快速地获取记忆中的相关信息，不必在不相干的项目间来回切换，费力思考；

•调查问卷应分页设置，各部分有明确标记，便于受访者理解和思考。

需要避免的其他类型问题

除以上五种常见的误差外，其他一些问题也会造成问卷调查数据不可靠、无效的情况。这些问题包括：宽泛性问题、诱导性问题、双重含义问题、回忆性问题、预测性问题、假设性问题和优先级问题。

宽泛性问题缺乏提问的重点，内容没有明确的界定，或存在多种解读，如"请描述您使用平板计算机的方式"。该问题过于宽泛，因为可以从许多方面描述平板计算机的使用，如用途、所使用的计算机应用及使用地点。研究者应事先确定调查的目标和核心构念，有针对性地提问，而非由受访者决定从哪些方面回答。对于上述问题，更有针对性的提问方式为"上周您使用了平板计算机上的哪些应用？"及"请描述上周您使用平板计算机的地点"。

诱导性问题提供有倾向性的内容或暗示研究人员希望得到确认的信息，以此控制受访者给出特定的答案，例如，"该应用近期排在用户满意度第一位。您今天体验的满意度如何？"此类问题还可通过另一种方式引导受访者做出特定回答，例如，"您是否同意以下表述：我使用智能手机的频率大于平板计算机。"请注意，这类问题还可导致默许误差（上文讨论过）。为最大程度减少诱导性问题的影响，应以完全中立的方式提问，不提供任何例子或额外信息，诱导受访者做出特定的应答。

双重含义问题涉及多个项目，但只允许做出一个应答，这降低了数据的可靠性和有效性。这类问题通常带有"和"字。例如，被问及"您对智能手机和平板计算机的满意度如何？"时，受访者对两个设备的态度不一，被迫选出针对一个设备的态度或以平均态度作答。涉及多个项目的问题应被拆解为多个问题，每个构念或项目设置一个问题。

回忆性问题要求受访者回想过去的态度和行为，导致回忆误差（克罗斯尼克和普雷瑟，2010年）和回忆不准确。当受访者被问及"过去的六个月，您使用了多少次互联网搜索引擎？"他们很难或无法记起精确的数字，因此会想出一个合理的数字，尽力做出合理的解释。同样，对于"您喜欢过去版本的界面还是现有界面？"一类的问题，受访者需要将过去的态度与现在的态度加以比较，由于难以回想起过去的态度，受访者提供的数据会有失偏颇。相反，问题应集中在当前情况，如"今天您对智能手机的满意度如何？"或限定在最近时期，如"过去一小时，您使用了多少次互联网搜索引擎？"如果研究目标是比较受访者对不同产品版本的态度或行为，或不同时期的态度或行为，研究人员应针对每个产品版本或时期分别进行调查，再自行加以比较。

预测性问题让问卷受访者对今后的行为或态度进行预测，导致应答出现误差和不准确。这类问题包括"下个月，您使用互联网搜索引擎的频率是多少？"假设性问题需要受访者花费更多的精力理解和思考，即让受访者想象未来的一个特定场景，然后预测其在该场景下的态度或行为。例如"如果商店播放您喜欢的音乐，您会购买更多的东西吗？"以及"如果网站配色使用蓝色而非红色，您对该网站的喜爱程度如何？"都是假设性问题。其他常见的假设性问题让受访者确定未来功能的优先顺序，如"下列哪些功能将提高您的产品满意度？"尽管受访者可能对该问题有明确的答案，但他们的反馈不能预测今后的实际情况——若增加该功能，受访者将使用该产品或喜爱该产品。这类问题应完全被排除在问卷之外。

利用已有调查问卷

除制订全新的调查问卷外，还可使用他人制订好的调查问卷。已有的调查问卷通常已经过验证，方便研究人员将此次结果与采用同一问卷得出的研究结果做比较。选择已有调查问卷时，应根据自身的研究目标和研究需求，酌情调整现有问卷。以下介绍有关人机交互的常用调查问卷量表。请注意，由于问卷研究方法有了显著发展，因此应对每份问卷进行评估，找出潜在的测量误差来源，如前文提到的误差和应避免的问题类型。

• 《美国航空与航天管理局任务负荷指数量表》（*NASA Task Load Index*）（简称"NASA TLX量表"）。该调查问卷原本用于飞行员座舱调查，目前方便研究人员对人机系统操作者的工作量进行主观评估。该量表衡量脑力需求、体力需求、时间需求、业绩水平、努力程度和受挫程度[哈特（Hart）和士迪佛兰德（Staveland），1988年]。

• 《用户界面满意度问卷》（*Questionnaire for User Interface Satisfaction*）（简称"QUIS问卷"）。该调查问卷评估人们对一个系统的总体反应，包括软件、屏幕、术语、系统信息和可学习性[钱（Chin）、迪尔（Diehl）和诺尔曼（Norman），1988年]。

- 《软件可用性测试量表》（*Software Usability Measurement Inventory*）（简称"*SUMI*量表"）。该调查问卷测量可感知的软件质量，涵盖效率、情感反应、帮助系统、可控性及可学习性五个维度，最后汇总为满意度评分[克拉克沃斯基（Kirakowski）和科比特（Corbett），1993年]。

- 《计算机系统可用性问卷》（*Computer System Usability Questionnaire*）（简称"*CSUQ*问卷"）。该调查问卷由IBM制定，衡量用户对系统可用性的满意度[刘易斯（Lewis），1995年]。

- 《系统可用性量表》（*System Usability Scale*）（简称"SUS量表"）。SUS量表是最常用的用户体验量表之一，通过10个问题测量用户对系统效能、效率和满意度的态度，最后汇总评分[布鲁克（Brooke），1996年]。

- 《网站视觉美学量表》（*Visual Aesthetis of Website Inventory*）（简称"VisAwi量表"）。该调查表通过简洁、多样化、色彩和技艺四个分量表，对可感知的网站视觉美学进行测量[莫沙根（Moshagen）和蒂尔施（Thielsch），2010年]。

调查视觉设计注意事项

研究人员还应考虑问卷的视觉设计，因为特定的设计，包括使用的图片、间距和进度条，都可能在无意中影响受访者。本部分将对这类视觉设计因素进行总结；更多详情，参见库珀（2008年）。

客观的图片（如产品截图）有助于阐明问题，与问卷内容有关联的图片则会影响受访者的思维模式。例如，当受访者对自身的健康水平评级时，配以人躺在病床上的图片会产生框架效应，相比配以人慢跑的图片，受访者的健康评级会更高（库珀等人，2007年）。

选项的视觉处理也会影响受访者的回答。对于封闭式问题，如果水平标尺选项间的距离不相等，间距大的标度点的选择比例会更高；建议标尺选项的间距设置相等（图兰吉奥等人，2004年）。与单选按钮相比，下拉菜单更不易操作，耗时更长，误选的情况也更多（库珀，2011年）。最后，文本域更大，输入的字数也会增加（库珀，2011年），但可能会吓退受访者，导致更高的中断率（退出率）。

问卷问题可一页一题、一页多题，也可全部放在一页。关于分页对问卷完成率影响的研究尚无定论（库珀，2011年）。不过，同一页的问题相关性更高，这是测量误差的一个标志[佩伊特奇弗（Peytchev）等人，2006年]。实践中，带有跳过逻辑的互联网问卷大多采用多页设计，短的问卷通常只有一页。

进度条通常受到受访者的欢迎，也有助于简短的问卷，但在篇幅较长的问卷或带有跳转逻辑的问卷中，使用进度条会误导并吓退受访者。在长问卷中，页面之间的进展可能很小，导致中断率增加[卡列伽罗（Callegaro）、维拉尔（Villar）和杨（Yang），2011年]。而在短问卷中，进度条体现了页面之间的实质性进展，问卷完成率可能因此而提升[法恩（Fan）和殷，2011年]。

回顾与调查预试

在问卷准备周期中，应让潜在受访者接受并评估问卷，发现还有哪些让人困惑需要进一步阐明的地方。例如研究人员认为"移动设备"一词包含手机、平板计算机和车载设备，而受访者仅将其理解为手机。或者，当询问受访者使用哪些沟通工具时，问卷的备选项中也许未包含回答问题所需的全部选项。目前有两种评估法可改进问卷质量：一是认知预试；二是面向实际样本的子集，进行问卷实地测试。下文将详细介绍以上两种方法。通过对问卷进行前期评估，研究人员能够发现自己的设想与受访者实际阅读、解读和回答问题之间的脱节之处。

认知预试

认知预试会邀请一小部分潜在受访者当面面谈，面谈中使用有声思维法（the think-aloud protocol）（类似可用性研究）对受访者发放问卷。认知预试评估受访者对问题的解读、构念效度以及受访者对问卷中术语的理解，重点关注遗漏了哪些选项或问题[博尔顿（Bolton），1995年；柯林斯（Collins），2003年；德雷南（Drennan），2003年；普雷瑟等人，2004年]。需要注意的是，由于测试环境的限制，在认知预试中，研究人员不能了解周围环境对问卷的影响，周围环境可能引起问卷中断，或导致参与者一开始就没有填写问卷。

预试中，参与者需要在回答每个问卷问题时，做到以下几点：

（1）读出整个问题，用自己的话描述问题；

（2）选择或写出答案，并解释思考过程；

（3）描述所有不清楚的术语或问卷遗漏的答案选项。

面谈期间，研究人员应观察参与者的反应，识别其对术语、问题、选项或标尺项目有无误解，深入了解受访者如何处理问题并得出答案。之后，研究人员需要分析采集到的信息，改进有问题的区域，而后形成最终问卷。调查问卷可经过几轮迭代，最终达到期望的标准。

实地测试

在小规模样本中进行问卷试点，将有助于了解单凭认知预试无法了解的内容（柯林斯，2003年；普雷瑟等人，2004年）。通过实地测试，研究人员可评估抽样法的效果，查找常见断点和耗时较长的反馈，并检查开放式问题的答案。高中断率和耗时较长可能表明问卷设计存在缺陷（见下文），而不常见的答案可能暗示，提问的意图与受访者的解读脱节。为了从实地测试中了解更多信息，可在每页问卷下面或问卷最后增加一个问题，让受访者明确指出对问卷有哪些困惑不解之处。与认知预试类似，实地测试可多次改进调查问卷，调整抽样方法。最后，一旦所有问题得到解决，就可以面向全部样本开展调查。

实施和启动

敲定所有问题后，即可根据所选的抽样方法发放问卷。邀请受访者的方式包括：向专门指定的人员（如小组人员中选出的受访者）发送电子邮件，或在其使用产品、网站或点击应用中的链接时（详见抽样章节；库珀，2000年），弹出拦截对话框发出邀请。

开展互联网调查的平台和工具有很多，如ConfirmIt、Google Forms、Kinesis、LimeSurvey、SurveyGizmo、SurveyMonkey、UserZoom、Wufoo和Zoomerang等。在选择适合的平台时，应考虑平台的功能性、成本和易用性。调查问卷可能需要使用支持分支和条件语句，传递URL参数，支持多语言及一系列问题类型的问卷平台。研究人员可能还希望自定义问卷的视觉风格，或设置自动报告控制面板，这两项功能也许只有更加成熟的平台才具备。

将行为数据导入调查

有些平台（如ConfirmIt）支持将问卷应答与其他日志数据整合，称为"导入"（piping）。与日志数据得出的指标相比，自述行为例如使用频率、功能使用情况、占用时间和平台使用情况等，有效性和可靠性较低。通过整合问卷应答与行为数据，研究人员能更准确地了解受访者特征与其行为或态度的关系。例如，研究人员发现，某些类型的用户或使用水平可能与更高的自述满意度存在关联。行为数据可被导入结果数据库，作为问卷邀请链接的参数，或后期通过受访者的唯一标识符与其问卷反馈相整合。

监测问卷并行数据

问卷发出后，研究人员应对初始反馈和问卷并行数据进行监测，找出问卷设计中的潜在问题。问卷并行数据指问卷应答过程中采集的数据，如用来访问问卷的设备、完成问卷的时间以及与应答有关的各项比率。通过监测这些指标，问卷研究人员能在面向全部样本开展调查前，迅速对问卷进行改进。美国公众意见研究协会（The American Association for Public Opinion Research）对常用并行数据指标进行了界定（AAPOR，2011年）：

- 点击率：在受邀人员中，多少人打开了问卷。
- 完成率：在打开问卷的人员中，多少人完成了问卷。
- 应答率：在受邀人员中，多少人完成了问卷。
- 中断率：在开始填写问卷的人员中，多少人中途退出。
- 完成时间：受访者完成整个问卷花费的时间。

应答率与许多因素有关，在人机互动问卷研究中，很难明确一个可以接受的应答率。一项针对1986年至2000年的31份电子邮件问卷的荟萃分析显示，电子邮件问卷的平均应答率在30%～40%，通过后续提醒，应答率可显著提升[希恩（Sheehan），2001年]。另一项对69份电子邮件问卷的回顾显示，平均应答率为40%左右[库克（Cook）等人，2000年]。通过互联网拦截访问问卷（如弹出问卷或产品内链接）邀请受访者，其应答率可能为15%或更低（库珀，2000年）。对邮寄问卷的荟萃分析显示，应答率在40%～50%[克林格（Kerlinger），1986年]或55%[巴鲁克（Baruch），1999年]。实验结果表明，互联网电子邮件问卷的应答率比邮寄问卷低10%左右[凯珀罗维斯（Kaplowitz）等人，2004年；曼弗雷达（Manfreda）等人，2008年]。这些荟萃分析也反映出，几十年来，应答率总体呈下降趋势（巴鲁克，1999年；希恩，2001年；巴鲁克，2008年）；不过，该下降趋势可能始于1995年（巴鲁克，2008年）。

最大程度提高应答率

为采集足够的应答、以期望的准确度反映目标群体的想法，应最大程度提高应答率。影响应答率的因素包括：受访者对内容的兴趣、回应问卷的预期影响、调查问卷的长度和难度、有无奖励与奖励的性质，以及研究人员为鼓励应答所做的努力[范（Fan）和严（Yan），2010年]。

通过对邮件问卷邀请过程的实验，迪尔曼（Dillman）（1978年）制定了"完全设计法（Total Design Method）"，以最大程度提升应答率。该方法的应答率持续保持在70%及以上，做法是按时间顺序寄送四封邮件：第一周邮寄首次问卷邀请及问卷，第二周邮寄提醒明信片，第四周向未回应人员第二次邮寄问卷，第七周以挂号信形式向未回应人员再次邮寄问卷。迪尔曼将社会交换理论融入完全设计法，对邀请函进行了个性化处理，使用官方信笺增加收信方对调查赞助的信任感，解释问卷研究的实用性和应答的重要性，保证对受访者数据保密，并在调查问卷一开始就直奔主题（1991年）。迪尔曼认识到互联网问卷和混合问卷的必要性，对先前的工作进行了扩展，增加了"定制设计法（Tailored Design Method）"。定制设计法强调对过程和设计进行个性化设置，以契合每项问卷的主题、人群和赞助机构（2007年）。

提升应答率的另一做法是在开始填写问卷的人中，获得尽可能多的完整应答。佩伊特奇弗（2009年）表示，问卷中断的原因有以下三点：

- 受访者因素（问卷主题吸引力、认知能力）；
- 问卷设计因素（篇幅、进度指示、奖励）；
- 问题设计因素（开放式问题和冗长的网格问题使受访者感到疲劳，吓退受访者）。

上文介绍了调查问卷的设计原则，可有助于将中断情况降至最低，如尽量缩短问卷篇幅、设置必答题最小答题量、使用跳转逻辑，以及在短问卷中使用进度条。

某些情况下，提供奖励鼓励受访者反馈会产生积极的作用。金钱奖励比非金钱奖励更能提升应答率[辛格（Singer），2002年]。特别是向所有样本人员提供的非随附性奖励，通常比问卷完成时才提供的随附性奖励[丘奇（Church），1993年]效果更好。即使非随附奖励比随附性奖励小得多，也依然有更好的激励效果。要最大程度地发挥奖励的效果，可向所有受邀人员提供小额的非偶然性奖励，然后向一开始没有回应的人员发放更大金额的随附性奖励[拉弗拉卡斯（Lavrakas），2011年]。抽奖也是一种随附性奖励，受访者通过抽奖获得小额的金钱奖励或其他奖品。不过，这种抽奖的效果并不明确[史蒂文森（Stevenson），2012年]。尽管奖励通常会增加应答率，但并不确定问卷结果的代表性是否得到提升。奖励在问卷面向小规模人群或抽样框架且需要高应答率获得足够精确的评估结果时，可发挥最大价值。当样本中的一些小组对问卷主题兴趣不大时，奖励也可发挥作用（辛格，2002年）。此外，联系每个潜在受访者需要花费成本时，如上门面谈，若采取奖励措施，将减少需要联系的人数，进而降低成本。

数据分析与报告

一旦采集好所有必要的问卷应答信息，就可开始数据分析工作，步骤如下：

（1）准备和探索数据；

（2）彻底分析数据；

（3）整合有关问卷目标受众的看法。

数据准备与清理

低质量的数据可导致问卷出现误差，因此在彻底分析数据前，必须清理并准备问卷数据。梳理数据时，研究人员应查找低质量应答的迹象。对于低质量的问卷数据，可保持原样不动，将其删除，或与可靠数据分开。如果研究人员决定删除低质量数据，必须审慎决定是否在受访者层面删除（即成列删除），在单个问题层面删除（即成对删除），或仅从受访者数据质量开始下降的地方删除。调查研究人员应留意以下迹象，找出质量低下的问卷应答：

• 重复应答。在自行填写的问卷中，受访者可能多次填写调查问卷。如果可以，应借助受访者信息，如姓名、电子邮箱或其他唯一标识删除重复应答。

• 超速者。完成问卷异常快的受访者，即超速者。他们也许并没有认真阅读并回答问题，随意填写问卷。研究人员应检查应答时间的分布情况，删除速度异常快的受访者。

• 直线型答题者（straight-liners）或其他可疑模式。若受访者总是或几乎总是选择同一答案选项，则被称为直线型答题者。回答网格式问题时，受访者尤其容易采用直线答题方式（如给一系列事物评级时，常常选择第一个答案选项）。受访者也许以固定的模式回答问题（如回答问题时，交替勾选第一个和第二个选项），试图以此掩盖自己随意勾选的做法。如果受访者整张问卷都采用直线答题方式，研究人员可将其数据全部删除。如果受访者从某一处开始采用直线答题方式，研究人员可保留该处之前的数据。

• 数据缺失与中断。有些受访者完成了问卷，但跳过一些问题没有回答。还有些人在问卷中途中断填写。这两种情况都造成了数据缺失。首先应明确没有回答某些问题的受访者是否与回答该问题的受访者存在差异。应对未回答的情况进行调查，评估每个问题未回答误差的程度。如果未回答某些问题的受访者与回答的受访者没有显著差别，研究人员可保持数据原样，不做处理；如果两者存在差别，研究人员可选择根据类似受访者的回答推测合理的答案选项[德莱乌（de Leeuw），2003年]。

此外，还需逐个问题地查看以下迹象：

• 项间可靠性低。使用多个问题衡量单一构念时，受访者的回答应相互关联。如果受访者的应答前后矛盾或不可靠（如在评价速度构念时，有的问题选择"很快"选项，有的问题选择"很慢"选项），说明受访者可能没有认真阅读这一系列问题，应考虑将其应答删除。

• 异常值。明显偏离多数应答的回答被视为异常值，应认真检查这类应答。对于涉及数值的问题，有些人将所有应答前2%和后2%的应答视为异常值，有些则将距离均值两到三个标准差以外的所有应答视为异常值。研究人员应明确，保留异常值得到的变量平均值与删除异常值得到的变量平均值有多大差异。如果差异明显，研究人员可将异常值完全删除，或使用距离均值两到三个标准差的值代替异常值。还可用中值而非均值描述集中趋势，最大程度减少异常值的影响。

• 开放式应答不足。由于开放式问题需要消耗较多的精力，因此开放式问题的应答可能质量较低。明显的无用信息和不相关回答，如"asdf"，应被删除，并对同一受访者的其他回答进行检查，明确是否需要删除其填写的所有应答。

封闭式应答分析

要了解问卷数据的总体情况，必须采用描述性统计（descriptive statistics）。研究者可通过查看频率分布、集中趋势（如均值或中值）和数据分布（如标准差），发现新的规律。频率分布体现每个答案选项的应答占比。集中趋势衡量频率分布的"中心"位置，由均值、中值和众数计算得出。离差检查数据围绕中心位置的分布情况，由计算标准差、方差、极差和四分位差等得出。

描述性统计仅描述现有的数据集，而推论统计（inferential statistics）可举一反三，将样本的问卷结果推广至整个目标人群。推论统计包含两部分：估计统计（estimation statistics）和假设检验（hypothesis testing）。估计统计使用问卷样本粗略估计整个人群的值。估计前，需明确样本数据的误差幅度或置信区间。要计算某一答案选项应答占比的误差幅度，只需要明确样本规模、应答占比和置信水平即可。不过，要明确均值的置信区间，还需知晓均值的标准误差。因此，置信区间代表了某一置信水平下，一个人群均值的估计区间。

通过t检验（t-test）、ANOVA或卡方检验（Chi-square test）等方法进行小组间的比较时，可采用假设检验明确一个假设为真的概率。开展假设检验需明确研究问题、研究人员的预测类型以及变量类型（即定类、定序、定距和定比），并有经验丰富的定量研究人员或统计人员参与。

推论统计也可用于识别变量间的联系：

• 双变量相关分析（bivariate correlations）广泛用于评估变量间的线性关系。例如，相关分析可表明哪个产品维度（如易用性、速度、功能）与用户总体满意度的相关性最强。

• 线性回归分析（linear regression analysis）表示方差在一个连续因变量（受一个或多个自变量影响）中的占比，以及自变量每个单位所影响的变化量。

• 逻辑回归（logistic regression）预测在一个或多个自变量单位发生变化的情况下，二元变量中得到特定值的概率变化情况。

• 决策树（decision trees）根据变量间的关系，评估实现特定结果的概率。

• 因子分析（factor analysis）识别协变量分组，有助于将大量变量减少为少量变量。

• 聚类分析（cluster analysis）查找相互关联的受访者群体，常被市场研究人员用于识别和划分细分群体。

目前有许多协助开展问卷分析的软件包。Microsoft Excel等软件，甚至某些调查平台，如SurveyMonkey或Google表单（Google Forms），都可用于基本的描述性统计和图表。更多高级软件包，如SPSS、R、SAS或Matlab，可用于复杂的建模、计算和制图。需要注意的是，使用这些工具分析数据前需要进行数据清理。

开放式应答分析

除分析封闭式应答馈外，对开放式应答的分析也有利于从整体上更深入地了解所研究的现象。分析大量的开放式应答看似一项艰巨的任务，但如果操作得当，可揭示封闭式应答无法获得的重要结果。分析开放式问卷应答可源自扎根理论法[格拉泽（Glaser）和施特劳斯（Strauss），1967年；伯姆（Boehm），2004年]（见本书《扎根理论方法》一文）。

一种名为编码（coding）[萨尔达尼亚（Saldaña），2009年]的解释法（an interpretive method），可对开放式问题得到的定性数据加以组织和转化，以进一步开展定量分析（如准备代码的频率分布，或对各组反馈加以比较）。这种定性分析的核心是向每条应答分配一个或若干个代码；每个代码包含一个词或一个短语，对有关该问卷问题目标的应答实质内容进行了概括（如描述的挫折、行为、感觉和用户类型）。代码从编码方案中选择，编码方案可以是该团体或先前的研究制订好的方案，或需要研究人员自己制订。多数情况下，由于所用问题是根据每项问卷的具体情况定制，因此需要研究人员采用演绎或归纳法制订自己的编码系统。

使用演绎法（a deductive approach）时，研究人员自上而下地定义完整的代码列表，即：首先定义所有代码，然后回顾定性数据并向应答分配代码。使用归纳法（an inductive approach）制订编码时，自下而上地生成代码并持续修改代码，即反复阅读开放式问题的应答，明确分类，根据分类对数据进行编码。如果研究人员在阅读实际应答前没有想到的分类，那么建议采用自下而上的归纳编码法（inductive coding）；不过，使用归纳编码法时，若有多个编码员参与，需加强编码员间的协调（类似讨论参见本书《扎根理论方法》一文）。

为评估现有编码系统和对应答进行编码的可靠性，应由同一编码员对部分应答重复编码，或增加第二名编码员。评分者内信度（Intra-rater reliability）指同一研究人员对数据集再分析的一致程度。评分者间信度（Inter-rater reliability）[阿姆斯特朗（Armstrong），1997年；格崴特（Gwet），2001年]比较至少两名独立研究人员编码结果的一致程度[使用相关性或科恩（Cohen）的Kappa统计量]。如果一致性较低，研究人员需查看编码，找出不一致背后的原因，并调整编码员培训，或修改代码并达成一致意见，以实现分类的一致。若需要编码的数据集过大，需要将编码分给不同的研究人员。研究人员可通过对应答重合部分的编码结果进行比较，或将编码与现有标准相比较，或加入另一名研究人员去审核编码员与主编码员结果的重合度，去评估编码者间的一致性。

分析完所有应答后，研究人员可准备描述性统计，如代码的频率分布，开展推论统计检验（inferential statistical tests），总结关键主题，制作必要图表，并引用有代表性的内容突出具体细节。为比较各组的结果，可采用前文分析封闭式数据所用的推论分析法（inferential analysis methods）（即t检验、ANOVA和卡方检验）。

评估代表性

任何一份问卷，结果准确反映目标人群的程度是衡量其质量的一个关键标准。如果问卷的样本框架完全覆盖目标人群，且样本从抽样框架中随机抽取，在应答率为100%的情况下，能够确保问卷结果具有代表性，达到样本规模可达到的精确程度。

若问卷的应答率不足100%，那些没有给予应答的受访者可能会提供不同于收集到的答案分布。

例如，一份问卷想要了解人们对最近投放市场的一项技术的态度和反应。由于新技术的早期使用者通常非常乐于提供自己的想法和反馈。因此，相比随机抽取的用户，调查早期使用者的反馈，可能会将高估该技术产品用户的反映和产品好评率。因此，即使未应答率不高，也会极大影响未应答误差的程度。

由于多数纵向调查的应答率会随时间的推移而下降[德莱乌和德希尔（de Heer），2002]，人们一直致力于了解未应答误差及其对数据质量的影响。人们寻找方法，通过调整问卷结果，以减小未应答误差。传统的问卷调查假定，应答率最大化可最大程度减少未应答误差（格罗夫斯，2006）。而格罗夫斯在2006年通过荟萃分析发现，在邮件、电话和当面问卷中，应答率与未应答误差并没有实质性的关联，该结果令人震惊，并具有开创意义。

报告问卷发现

在逐题完成分析后，研究人员需整合所有问题的结果并针对问卷目标做总结。在此程中，研究人员会发现更高层面的主题并回答最初设定的研究问题，而后发现转化为适当的设计建议以及对于人机交互的意义。应一一介绍分析数据时采用的所有运算及必要的统计要素（如样本规模、p值、误差幅度和置信水平）。此外，还应列出问卷的并行数据，包括应答率和中断率（见"监测问卷并行数据"章节）。

与其他实证研究一样，问卷调查不仅应报告结果，还应介绍最初的研究目标和采用的研究方法。详细介绍研究方法时，将解释问卷所研究的人群、抽样方法、问卷模式、问卷邀请、答题过程和应答的并行数据。调查报告还应列出实际问卷问题的截图，并介绍评估数据的质量的方法。通常，研究人员还需包含就如何比较受访者和整个目标人群所做的讨论。最后应概述问卷结果误差的潜在来源，如抽样误差或未应答误差。

致谢 感谢雇主谷歌公司和推特公司对本文撰写工作的协助。许多人对这项工作做出了贡献，我们想尤其想感谢：卡罗琳·魏（Carolyn Wei）找出了已发表的使用问卷调查方法的论文，桑德拉·洛萨诺（Sandra Lozano）提供了对于问卷数据分析看法，马里奥·卡雷伽罗（Mario Callegaro）为我们提供了启发，纪怀新（Ed Chi）和罗宾·杰弗里斯（Robin Jeffries）审阅了本文的几份初稿，斯坦福大学的乔恩·克罗斯尼克（Jon Krosnick）教授和密歇根大学的米克·库珀（Mike Couper）教授为我们的问卷调查有关的知识打下了基础，并帮助我们联系了很多的问卷研究团体。

练习

1. 调查和问卷在概念和设计上有什么区别？

2. 在您自己的研究领域中，创建一个问卷并与5位同学一起测试。 你认为每个同学需要多长时间来填写它？ 他们实际上花了多长时间？

本文作者信息、参考文献等资料请扫码查看。

人机交互研究中的众包

Serge Egelman

Ed H. Chi

Steven Dow

引言

众包指的是通过在网上招募一批人，依靠每人贡献一点力量，得以最终完成一个大目标的过程。越来越多的人机交互研究人员通过招募网上群体来尝试完成各种任务，例如评估用户生成内容的质量[科图（Kittur）、苏（Suh）和纪（Chi），2008年]、选取一组照片中的最佳照片[伯恩斯坦等（Bernstein et al.），2010年]、配合光学字符识别（OCR）技术转录文本[比格姆等（Bigham et al.），2010年]，以及用户研究[科图、苏和纪，2008年；赫尔和博斯托克（Heer & Bostock），2010年]。

本文综述人机交互研究中众包的使用方法。我们将探讨当下的人机交互研究人员是如何使用众包的。为本领域的新手，我们也会提供具体教程并分享众包研究中常见的挑战和技巧。本文最后会以三个具体的研究案例结尾。

什么是众包？

很多众包平台会为任务提供少量报酬[奎恩和贝德森（Quinn & Bederson），2011年]，但也存在一些无偿众包平台。无偿众包平台一般为用户提供非金钱价值，如将任务包含在有趣的游戏中[冯·安和达比什（von Ahn & Dabbish），2004年]。或者让人们参与有意义的项目，例如，像Fold It一样的公众科学项目（蛋白质折叠研究项目）[汉德（Hand），2010年]。越来越多的众包平台帮助人机交互研究人员招募大量的用户研究参与者，评估和生成第三方内容，或设计创新的用户体验。

工业界中，付费众包的一个经典例子是名片数据输入。即便非常高级的OCR算法也无法处理现实世界中各式各样的名片设计。相反，一家名为CardMunch的公司将名片上传到Amazon Mechanical Turk（MTurk）进行转录。用户在会议上收到的几百张名片，可以通过MTurk低成本地快速转录。转录界面如图1所示。这个例子展现了众包将算法与人类智慧相结合的能力。当算法存在缺陷的时候，线上群体的群众智慧可以作为补充。

图1　MTurk名片转录示例[截图使用已获得领英（LinkedIn.com）许可]

也有许多其他非营利性的众包例子。例如说由成千上万投稿人撰写和编辑的线上百科全书——维基百科。同样，提拉米苏项目（the Tiramisu project）靠GPS和通勤者的报告实时预测公交的到达时间[齐默尔曼等（Zimmerman et al.），2011年]。

无偿众包的另外一个例子是reCAPTCHA项目（冯·安等，2008年）。数以百万计的互联网用户为了登录或开通账户而标注一小段干扰过的文本。这套系统有双重目标。一是通过验证确认用户是人不是某种脚本；二是通过让用户同时标注一个已知和一个未知的单词，以将绝版的旧图书转录成电子版。慢慢地，系统收集到众多用户的标注并计算出未知单词的概率分布，并最终翻译完整套图书。这些无偿众包平台展示了各种激励机制的可能性。

简要历史

在电子计算机发明之前，人们一般使用"人类计算机"团队来完成各种数学计算[格里尔（Grier），2005年]。在过去的十年里，人类计算的概念再次流行起来，不仅是因为线上众包平台数量的增加，也因为研究人员更好地理解了机器计算的局限性。

在人机交互研究文献中，冯·安和达比什的先驱性研究首先探索了在"ESP游戏"中使用博弈机制来标注图像（冯·安和达比什，2004年）。后来，科图、纪和苏（2008年）建议使用MTurk来开展用户研究。

在这两项早期研究之后，越来越多的人机交互研究人员开始研究和利用多种形式的众包。顶级人机交互会议（如ACM CHI会议）中的专项大讨论会，以及聚焦众包的新讨论会和会议（如HCOMP会议和Computational Intelligence会议），都说明了这一点。

人机交互研究人员通过以下几种方式来研究众包：

（1）研究专注于脑力任务的群众平台，如维基百科和社交搜索；

（2）创建"众感"应用，如CMU的Tiramisu[齐默尔曼等（Zimmerman et al.），2011年]或明尼苏达州的Cyclopath[普雷霍斯基和特文（Priedhorsky & Terveen），2008年]；

（3）设计"有目的的游戏"，如CMU的ESP游戏（冯·安等，2004年）或华盛顿大学的PhotoCity[图特等（Tuite et al.），2010年]；

（4）利用微任务平台（如MTurk）进行各种活动，例如用户研究招募或是众包标注打分。

虽然人机交互领域通过研究现有大型线上社区（如推特、Google+、Reddit或维基百科）或构建基于群众的新平台（如齐默尔曼等，2011年）还可以取得更多丰硕的成果，本文旨在为刚刚接触本领域的人提供有用的资源。考虑到本领域的研究方向繁多，本文将主要聚焦于研究人员如何使用泛用型众包平台。这些众包平台提供大量可按需扩展的廉价劳动力，方便进行多种人机交互研究。

在本文接下来的内容中，我们首先讨论如何在经典人机交互领域中使用众包，例如开展参与者实验和招募独立评判员；其次，我们提供了一些使用众包的注意事项和技巧，包括使用MTurk的简短教程；第三，我们分享了3个具体案例研究，并探讨这些作者们是如何使用众包的；最后，我们介绍了一些新的可用于众包的人机交互应用和其他众包资源。

人机交互研究人员是如何借力群众的

很多人机交互研究项目都能得益于线上群众的规模、多样性、在线时间和性价比。本节介绍了一些利用泛用性众包平台的传统人机交互研究项目。最后以众包的更高级用法收尾。

开展线上调查：众包是问卷调查很好的招募渠道。如后文详述，研究人员通过众包可以接触到大量人群，聚焦特征人群，并招募到背景多样的样本。

为更好地选择众包工人样本，许多研究人员通过MTurk了解更多关于工人群体本身的信息（奎恩和贝德森，2011年）。例如，罗斯和同事们（2010年）发现在过去的几年里MTurk工人群体从主要为美国人转变为美国人和印度人。造成这个转变的一个原因是MTurk开始允许使用印度卢比付款。

开展实验：众包为用户研究或用户实验提供了廉价快速的招募途径。早期的一个例子是科图、苏和纪利用MTurk开展了关于维基百科文章质量的用户研究（2008年）。后来，赫尔和博斯托克（2010年）复制和扩展了先前的有关空间编码对比的图形感知研究。赫尔和博斯托克估计，他们的众包研究节省了6倍的成本（同上）。埃格曼和同事们也开展了一些关于互联网用户安全行为的研究[埃格曼等，2010年；克里斯汀等（Christin et al.），2011年；科曼杜里等（Komanduri et al.），2011年]。

与实验室环境相比，线上群众帮助研究人员节省了时间和成本，并得以开展更多不同种类的实验。例如，招募100名实验室参与者可能要花一周时间，10分钟的实验就需要付给每人10美元。如果把实验发布到众包平台上，可能会招到一千多名线上参与者，并且只需要支付每人1美元。图米姆（Toomim）和同事们（2011年）使用MTurk比较用户界面（UI）设计。他们提出MTurk工人的任务成功率可以作为一个评估UI设计的新指标。他们假设一个更易用的用户界面可以使更多的工人完成任务，同时花费更少的钱。当数千名工人使用不同的UI进行实验时，研究人员就能够计算出特定UI质量和支付金额条件下的相对流失率。

机器学习算法培训：其他研究人员通过线上群众收集培训数据以便开发机器学习新应用。例如，库马尔等（Kumar et al.）（2009年）开发了一套可以改变线上内容设计风格的系统。研究人员招募MTurk工人来帮助优化算法，将网站文档对象模型（DOM）转变为另一种设计风格。在这个众包任务中，线上工人需要对比两个网站。然后他们要为一个页面内所有的设计元素，都在另一个页面中找出其相应的元素。在积攒了足够的对照数据之后，机器学习算法就能"学会"如何把不同的设计风格应用到同样的内容上。

分析文本或图像：ESP游戏是众包研究项目中的最早的和最好的例子之一。玩家玩游戏时就能顺便"标记"图像（冯·安等，2004年）。两名玩家看到同一张图像，为了更高的得分，玩家要在无沟通的情况下猜中同一个单词或词组。这种游戏交互为图像提供了描述性语言（即"标签"）。从那之后，人机交互研究人员就开始在研究中用众包来分析文本和图像。文本信息的分析/分类包括博客文章、维基百科词条、推特[安德烈等（Andre et al.），2012年]。至于图像分析，一个早期的著名例子是NASA的点击工人。这些网络志愿者来自天南海北，在一个众包网站上帮忙识别火星上的陨石坑并加以分类。这也是最早的公民科学项目之一。

另一个新颖的众包研究例子是分析情绪促发对头脑风暴的影响。刘易斯等（Lewis et al.，2011年）首先使用MTurk工人来判断图像对情绪的影响。通过群众的评分，研究人员筛选出一个正面、一个负面和一个中性图像作为头脑风暴实验的自变量。研究结果发现，与中性图像相比，正面和负面图像的促发可以产生更多的原创想法。

收集主观判断：许多研究人员通过众包来收集关于内容质量评估数据。例如，科图、纪和苏针对维基百科的研究显示，MTurk工人的评分与维基百科资深社区成员的评价（2008年）高度相关。

同样是利用群众的主观判断，道等（Dow et al.）雇用线上群体评判实验参与者制作的横幅广告（2010年）。在设计过程中，他们试验同时并行地为多个设计方案收集反馈（而不是串行地迭代同一个方案）是否会影响设计效果的探索过程。参与者在实验室里制作网页横幅广告，之后在MTurk上收集相关反馈，如设计水平和独特性。线上工人的评分表明，与串行过程相比，并行过程可以激发更多样探索，并产出更高质量的设计成果。

众包的注意事项和技巧

本部分讨论研究人员在考虑使用众包时需要回答的一些问题。许多问题是关于任务的类型以及工人们如何完成这些任务的。例如

- 研究任务是否适合使用众包？
- 如果是用户研究，那么线上与线下实验各有什么样的利弊？
- 群工应得到多少报酬？
- 如何确保众包的效果？

在这里，我们将这些重点问题进行分类，讨论使用众包的常见挑战，并提供一些克服这些挑战的技巧。

最后，我们提供一个使用众包平台的实例（MTurk），同时提供一些其他众包平台资源。

什么时候适合使用众包？

众包通常可以帮研究人员低成本快速地收集大量用户数据。虽然众包可以用于不同的任务，也存在很多不同的众包平台，但不是每个研究项目都适合使用众包的。研究人员在评估众包能否收集到足够的数据时，必须要考虑任务的复杂性和主观性，以及哪些用户信息可以（或需要）被推断出来。

同其他研究项目一样，研究人员应首先定义希望回答的问题。之后，他必须确定什么数据可以回答这些问题。最后，他要决定众包平台能否产生所需数据，以及数据质量和众工的人口特征是否符合要求。

举例来说，一方面，当进行一个非常简短的民意调查并希望在极短时间内收

集尽可能多的回复时，MTurk或谷歌的消费者调查可能是最合适的平台，因为这些平台侧重于提供大量的公众样本。另一方面，如果研究项目需要参与者掌握高级技能，则专注于领域专家的平台可能更合适，例如oDesk或99designs。

众包通常应用于那些可以线上执行的、不需要太多监督的任务。常需要研究人员实时参与的任务可能不适合众包。然而，这些指导原则也是视情况而定的。例如，虽然MTurk本身并不支持与众工实时沟通，但研究人员可以将众工引导至自己的网站，并在那里更深入地互动。

其实对于什么样的项目最适合使用众包，并没有硬性规定。未来新的众包平台和方法会支持研究人员执行曾经被认为不适合众包的任务。

众包的利弊有哪些？

仅仅是因为研究人员认为他能够利用众包来完成研究项目，并不代表他就应该这么做。虽然与直接接触参与者的传统实验室或田野调查相比，众包拥有很多优势，但同时也有一些弊端研究人员需要考虑。

在实验室或田野（或实地）调查中，实验对象与研究人员直接接触，因为有人监督，他们可能更有动力提供符合要求的数据（即"霍桑效应"，兰斯伯格尔，1958年）。这是进行无监督任务时需要权衡利弊的一点。例如说，除非有清晰明确的品控，用户就可能会"作弊"。作弊用户很少出于恶意，多是出于懒惰。这是经济学常识：如果工作更少就能获得同样的回报，那么很多用户就会这么做。在许多众包平台中，研究人员会最终决定哪些用户能够获得报酬。因此，问题不仅是防止或减少作弊，而是通过品控机制来发现作弊并拒绝付费。稍后我们会详细讨论这一点。

使用众包的另外一个缺点是无法进行定性观察。除非研究者花时间营造一个监控任务过程的环境，否则很难收集到观察数据。同理，在传统实验室和田野调查中，研究人员可以随时观察提问，例如说深究某个行动背后的原因（参见本书《往回看：人机交互中的回溯性研究方法》）。

最后，众包的一个好处是成本比较低，研究人员得以不断改进实验设计。在实验室或田野调查中，由于时间和成本的原因，前导实验一般参与者数量有限，导致识别和纠正错误的机会大大减少。对于众包而言，因为每个用户成本通常要低几个数量级，研究人员完全可以在较大的样本中反复进行实验。同样，研究人员利用低成本来提升品控：如果多名工人完成了同一项任务，可以检测并删除其中的异常值。

群体工人都是哪些人？

在众包平台出现之前，那些需要招募多样背景样本的人机交互研究造价往往极为高昂。研究人员通常只在本地招募，多是身边的同事或学生。这些便于招募的样本常有较大偏差。但是由于没有好的替代办法，这种模式在学界已经得到普遍认可。当然，所有的研究对象样本都存在同一个偏差：样本只包括那些愿意参与研究的人。然而，众包的出现让研究者可以为实验招募到更为多样化的参与者群体（科图、纪和苏，2008年）。可以在全世界范围内招募参与者也引发了其他问题；其中最重要的是如何描述参与者的人口统计特征。简单来说，这些工人都是什么人？

一些人机交互研究并不需要确保研究结果普适于目标群体之外的大众，那么参与者的人口统计特征就不是很重要。例如，对于纯粹的创意性项目来说，例如收集用户生成的艺术设计，可能就不需要关注参与者的地理分布或教育水平。同样，当基准真相容易验证时，如众包翻译或誊写，人口统计特征也不重要。但是当研究目的是挖掘普适于广大群体的知识时，例如评估照片的情感表现，了解受试者的人口统计特征就可能对研究的生态效度至关重要。

与其他靠自我报告来收集人口数据的问卷调查方法一样，众包也存在同样的缺陷：调查对象通常会忽略某些人口统计问题，或干脆说谎。同样，所有的研究都存在同样的偏差，参与者都是那些看到招募广告并决定参加的人。当使用传统方法招募用户时，如在特定地理位置或针对兴趣爱好招募（如线上论坛），研究人员马上就会知道样本的一些信息。但是，众包却不同，因为用户可能有更多样的背景。作为辨识工人的第一步，研究人员可能要考虑将样本限制在某个地理位置。例如，研究表明，美国的MTurk工人与美国的互联网用户总体上来说比较相似。尽管前者稍微年轻一些，而且受教育程度较高[罗斯等（Ross et al.），2010年；伊佩罗提斯（Ipeirotis），2010a]。如果众包平台无法通过位置来筛选用户，用户IP地址的地理位置或许可作为备选。

其他人口统计信息，如教育水平、年龄或性别，可能很难收集到可靠的数据。如果这些信息非常必要，可以要求用户自己填写。正如靠自我报告的传统方法一样，这样收上来的信息也存在同样的缺陷（即用户可以忽略或提供错误信息）。自我报告数据的可信度也因平台而异。第三方服务（如CrowdFlower）已经收集了用户的人口统计数据，所以任务发布者可以获得更多的人口数据，包括用户的任务历史记录。归根结底，研究人员应了解众包可以接触到不同样本的潜力，并想清楚具体需要哪种工人。

群体工人应该得到多少报酬？

一些众包平台提供非物质回报，包括特殊内容的访问权限、玩游戏的乐趣，或仅是知道自己对社区做出了贡献。举几个具体例子，用户为维基百科贡献内容，以扩充公众可随意访问的知识量；reCAPTCHA用户誊写单词，以证明他们是真人而不是程序。不过同时，一些平台的用户希望参与研究能获得金钱报酬。这就引出一个问题，工人应得到多少报酬？

报酬金额对实验结果影响很大。报酬过低的话，就有可能招不到足够多的工人，或是仅能吸引特定类型工人（即愿意为少量报酬工作的人）。报酬过高的话，可能会很快花光预算，或是劝阻因看到报酬过高而错估工作量的工人。当然，报酬是否合理取决于许多因素，最重要的包括：学术界对平台的报酬标准、完成任务所需的时间以及任务的类型。

了解目标群体对于确定报酬金额至关重要。例如，在设计众包平台（99designs）上征集logo设计可能比在MTurk上征集要贵两个数量级。不过，99designs的用户多数为专业设计师，他们的经验与专业知识也和更高的报酬相匹配。当然，使用MTurk时，研究人员需要筛选掉许多低质量的结果。这个过程可能会拉近成本差异（即雇用99designs的设计师需要100美元，同时在MTurk上雇用100名一美元的工人也可以生成合格的设计）。

对于不需要特定技能的任务，通常来说报酬接近普遍的最低工资标准就可以了。当然，具体的最低工资金额很难界定，尤其当工人来自世界各地时。如果没有明确地将工人限制在特定地理位置或社会经济阶层，那么支付金额将增加样本的选择性偏差。例如，克里斯汀等（Christin et al.）发现，当同一个任务报酬从0.01美元提高到1美元时，发达国家的参与者占比显著增加。这很可能是因为如果报酬太低，发达国家的参与者就认为不值得为此付出时间。

在发布新的众包任务之前，研究人员应通过前导实验来了解任务所需时长。一些众包平台也会提供"沙盒"。研究人员可以先在实验环境中免费测试，然后再发布正式任务。在沙盒中，研究人员可以从工人的视角检查任务设计并进行调整。当任务时长确定后，研究人员可以快速调查一下其他复杂程度相似的任务都提供多少报酬，以了解该平台的行情。如果预算允许，研究人员可以提供略高于其他类似的任务的报酬（如其他任务报酬为25美分，可定价为30美分）。稍高的价格有助于吸引更多的工人。但另一方面，报酬太高容易吸引那些想赚快钱而不专心做任务的人，从而影响结果的质量。一些工人抵抗不了金钱的诱惑总是会钻空子的。

在报酬固定时，任务的复杂程度会在很大程度上影响工人接任务的意愿。研究人员发现，需要创意或个性化答案的脑力任务往往要支付更高的报酬。例如，与10分钟长的多选调查问卷相比，花10分钟写一段独特的产品评论可能需要更高的报酬。

如何做好众包品控？

因为众包会接触到各式各样的群众，所以减少低质量的回复就尤为重要。除此之外，任务设计应该利于筛选低质量的回复，以便事后删除。其中一些技巧来自于数十年的问卷设计研究，下文将详述（参见本书《人机交互中的问卷调查研究》）。

提高结果质量的最简单的方法是阻止有不良记录的工人参与。一些众包平台允许任务发布者为工人留评价。其他平台可以提供工人相关数据，如完成并达标的任务比例。这样，发布者可以设一个门槛，只有超过门槛的工人才有资格参与任务。不过，不同众包平台的信誉系统质量也参差不齐。

提高工作质量最重要、也是最困难的方法是精心编写任务说明。一般来说，说明要尽可能具体，同时尽可能简洁。由于工人背景不同，且做任务时没有监督，任务说明应避免误解，并尽量减少事后解释。研究人员可能希望根据参与者的阅读能力来编写说明[弗莱士（Flesch-Kincaid）易读度]，但是一般需要几轮反复试验和修改才能最终定稿。这种加强完善实验步骤的过程在传统实验室实验中也很常见。但众包实验中这个过程可能更加重要，因为研究人员不能与参与者同处一室随时答疑。

研究人员可能设计了最简洁明了的任务，但仍会收到大量欺诈性回复。如果提交不相干的回复就能容易地得到报酬，那么很多人就会一直这么做。科图、纪和苏认为，品控关键在于能否用老道的调查设计技巧来监测欺诈性或低质量回复（2008年）。最简单的方法是增加一些答案清晰明确的问题（也称为"黄金标准"问题）。例如，确定用户是否仔细阅读问题时，研究人员可以问"dog一词有几个字母？"或更简单的问题，如"请选择'否'选项"。

另外一种识别欺诈性回复的方法是使用开放性问题。这样我们可以确定工人阅读并理解了问题，而不是恰好选择了正确答案[福勒（Fowler），1995年]。例如，在多选调查问卷中，研究人员应考虑将一道选择题换成开放文本题，以便评估工人的努力程度。文本题有两个作用。首先，提供不合格的文本答案所需精力与提供合格答案类似，这样便可劝阻潜在的作弊者。其次，文本题便于甄别欺诈性回复，因为这样的回复不是胡言乱语就是跑题。而多选题中则很难区分开欺诈性与合格的回复。

最后，众包实验的最大优点之一是任务设计的容错率更高，因为任务修改、调整和重新发布都很容易。如果研究人员发现样本量不够，只需提高报酬然后重新发布即可。如果没有收集到所需的数据，只需重新编辑任务或添加新的说明和问题。传统实验修改并重新进行往往极为昂贵并且非常耗时。但在众包平台上，研究人员可以容易地迭代完善实验设计。

MTurk使用教程

在此我们提供一个具体的众包平台实例：MTurk的简短教程。MTurk是著名的众包平台。很多众包平台是为具体的任务类型设计的，相比之下MTurk是流行的通用众包平台，因为它实质上可以在任何网页浏览器中完成任务。也是因为这个原因，MTurk被广泛应用于各种各样的研究任务中，包括问卷调查、行为实验和创意设计探索。

基础知识

与大多数众包平台一样，MTurk主要有两种用户：工人和发布者。工人是使用该平台完成任务的人，而发布者是在MTurk上发布任务并支付报酬的人。这些任务也被叫作"人类智能任务"（HITs）。在这个例子中，假设研究人员计划招募用户来完成某项线上调查。为此，他需要将调查问卷发布在MTurk上。

在MTurk上创建HIT时，研究人员需要确定以下变量：

- 每个有效回复的报酬金额；
- 需要收集的回复总数；
- 工人可以完成HIT的总数；
- 工人做HIT时的时间上限；
- HIT的截止时间（不管完成多少任务）；
- 回复自动批准的时间（发布者未及时批准/拒绝单个结果时）；
- 资质要求（例如任务通过率、地理位置等）。

研究人员可以选择使用MTurk的网页界面来创建非常基本的、不包含复杂逻辑判断的网页表格；或者选择使用API来实现更复杂的功能（例如说将托管在外部服务器上的内容嵌入在MTurk里）。使用API意味着研究人员可以通过通用编程语言（C/C++，Java，Python，Perl等）自动发布HIT、批准回复并最终支付报酬。用这种方法，研究人员可以通过自己的软件来和工人互动，而不是手动在MTurk上操作。在本教程中，我们假定研究人员使用的是MTurk的网页界面，并且问卷上的所有问题都是基本的HTML表格元素。

资格任务

如果研究人员希望招募某特定类型的工人，朴素的做法是在问卷中添加筛选问题，然后将所有不符合要求的参与者剔除。当然，这种方法的成本很高，因为需要给每位合格完成任务的人支付报酬，包括目标群体以外的工人。MTruk提供了另一种定向招募的方法，即通过"资质认证HIT"（qualification HITs）。

资质认证HIT可以筛选工人，获准他们参加之后更复杂的HIT。例如，如果发布者想要调查准备购买新车的人，那么他可能会创建一个非常简单的资质认证HIT来调查工人们近期的购物计划。这种调查一般比较简短而且报酬比较低；研究人员可以问10个关于购物计划的问题，并支付工人0.05美元。根据工人的回复，发布者给工人一个和他账号挂钩的资质，以表明他通过了审查问卷并有资格参与后续的HIT。

最后，发布者应在主任务中加入工人必须通过资质认证的要求。这个"真正"的调查问卷会比之前的资质认证HIT长很多，并要给工人多很多的报酬。但由于已经剔除了一些不合格的工人，这笔花销不会有太多浪费。通过这种方法，研究人员可以建立一个合格工人的名单。这样未来的研究任务就可以反复利用这组工人。

基本调查之外

MTurk提供了简单的问卷所需要的标准HTML元素（例如，表格和单选按钮等），但如果想使用更高级的交互逻辑或动态嵌入内容怎么办？幸好发布者不仅限于MTurk支持的HTML界面元素，他们还可以引导工人用自建网站来完成HIT。以前文提到的购车者调查为例，我们假设研究人员希望工人们用Flash小程序来设计理想的汽车。为此研究人员可以把这个Flash小程序架设在自己的网站上，之后通过用两种方法来引导工人访问这个网站。第一种方法是建立一个"外部问题"HIT，即该任务托管在MTurk以外的网站，然后以嵌入式框架的形式出现。研究者按照自己的想法设计HIT内iframe所显示的内容，同时只要确保收到的数据会作为HTTP POST参数提交到特定的MTurk网址。

当然，一个更容易引导工人的方法是在HIT中加入一个链接（例如，"单击此处在新窗口中打开问卷"）。这种方法的问题是如何将完成问卷的用户与MTurk工人的身份对应起来。共享密钥可以解决这个问题。举例说：

（1）工人在MTurk上接受HIT；

（2）在HIT中，工人在新窗口中访问另一个网站然后完成问卷；

（3）完成问卷后，工人会在问卷最后一页看到一个密钥，然后将它提交到MTurk上就可以获得报酬；

（4）当研究人员检查MTurk任务回复时，MTurk并不能告诉我们工人是否真的完成了外部网站上的问卷。然而，因为任务要求工人提交问卷最后的密钥，我们可以拒收不包括这个密钥的回复（因为没有证据表明他们完成了问卷）。

这一方法有明显的缺陷：工人们可能会互相交流。工人们常在几个流行的论坛上讨论近期完成的HIT。完成任务的工人非常容易就可以将密钥透漏给其他人。一个解决方法是为每一个工人设定一个独特的（或足够独特）密钥。例如，一些问卷调查网站允许研究人员随机生成数字，以便在外部托管调查时使用。研究人员可以让工人们将同一数字提交到MTurk上。验证回复时只需检查这个数字就可以决定是否要拒收。或者研究人员可以用可验证的算法来生成密钥。

结果管理

工人提交结果后，研究人员可以下载CSV格式的最新数据。除了任务本身收集的数据之外，MTurk还会提供工人账号ID和时间戳之类的信息。

任务完成后，发布者需要决定是否接受提交的结果。通过API，发布者可以编写脚本自动下载新回复并决定是否批准。同样，发布者也可以手动访问MTurk网站查看新结果。如果一个回复在指定时间内没有被审核，那么该回复将自动批准。如果工人没有遵守任务说明，或者发布者有足够的理由认为回复是不合格的（例如，回复语言不通，没能回答"黄金标准"问题等），发布者可以拒绝该回复。当被拒绝时，工人不会收到报酬。同时工人的信用记录也会受损，因为MTurk用任务批准率来衡量工人信用。信用下降可能会妨碍工人完成其他设有信用门槛的HIT。

关闭任务

最后，当收集到足够回复后，研究人员应该阻止更多的工人完成该HIT，并向已合规完成任务的工人支付报酬。当收到足够的回复或任务到期，该HIT会变成"过期"任务（不再需要更多工人了）。[①]当任务过期后，研究人员当通过网页或API向所有合规完成任务的工人支付报酬（否则所有工人都会自动得到报酬，无论回复质量如何）。如果回复没有达标，发布者也可以拒收并说明理由。

案例研究

本部分简要介绍我们在研究中使用众包的经验。具体来说，对遇到的困难进行非正式描述，并讨论如何解决这些困难。

案例研究1：维基百科质量评估

纪怀新（Ed H. Chi）

2007年，安尼特·科图和我一起在PARC的研究组里实习。实习初的一天，我们在探讨如何评估维基百科的文章质量。当时媒体上有很多关于维基百科文章质量的讨论，特别是与传统的大英百科全书相比[贾尔斯（Giles），2005年]。我们开始对一个想法产生了浓厚的兴趣，即利用线上群众来评估线上群众的工作质量。也想看看是否可以用MTurk评估每一篇维基百科文章的质量。

当时已经有一些关于维基百科质量的基准真相数据。特别是一套由维基百科整理的文章质量评估标准。参考点包括文章是否写得通顺、事实是否准确、是否按规秉持了中立观点[Neutral Point of View（NPOV）]等。该项目对一些短文章进行了分级，字母等级包括FA（特色文章）、A、GA（好文章）、B、C等。通过将这些评级视为基准真相，我们开始探索MTurk工人能否批量复现专家的评分。

我们要求工人使用既定的标准给文章用李克特量表（Likert scale）评分，包括是否写得通顺、事实准确、质量好等。我们还要求工人就如何完善文章提供开放性的建

---

① 如果研究人员想要提前终止人类智能任务，使用网页界面和API都可以终止。同样，通过这两种方法也可以将任务延期。

议。工人完成每项任务会得到0.05美元的报酬。仅仅两天的时间我们就收到了想要的数据，58名用户总共评分210次，合每篇文章15次，总花费10.5美元。我们欣喜万分！

然而，工作的质量让人大失所望。工人和维基百科专家评分只有轻微显著的相关性（$r=0.50, p=0.07$）。更糟糕的是，我们逐例检查数据后，发现59%的工人回复无效。49%的工人并没有就如何完善文章提出任何好建议。31%的回复是在1分钟之内完成的。这么短的时间远远不够读完一篇文章并形成一个观点。更糟的是，8名用户只完成了75%的任务！我们感到沮丧和失望。

我们几乎都要放弃众包，但决定再试一次。在第二次实验中，我们彻底改变了任务设计：

第一，我们决定问一些看一眼界面就能回答的简单问题，来让用户知道我们在监控结果。例如说"这篇文章中有几张图片？"我们事后能轻易地检查这些答案。

第二，我们决定设计一些提供恶意答案和合格答案一样难的问题，例如"用4～6个关键词来总结本文的主要内容"。这些问题使工人很难"假装"阅读了文章。这些问题不仅需要一些认知处理，而且还能使我们看到常见的标签类型。

第三，我们确保回答以上问题有助于完成主要任务。在弄清楚文章的图片数量和段数的过程中，工人需要注意文章结构是否合理。这反过来有助于他们评估文章质量。

第四，我们把验证任务放到主要任务之前，这样工人必须在完成验证之后才能评估文章的总体质量。

出乎我们的意料，第二次实验效果提升了很多。124名用户评分277次，平均每篇文章20次。这次我们发现工人评分与维基百科评级存在显著的相关性（$r=0.66, p=0.01$），而且恶意回复的数量大幅减少（3%的无效评论，7%的回复少于1分钟）。而且，花在任务上的时间大大提高了。我们很高兴取得这样的成果（图2）。更多细节请参见我们在CHI 2008上发表的论文（科图、纪和苏，2008年）。

	实验 1	实验 2
无效评论	49%	3%
短于1分钟的回复	31%	7%
中位时间	1:30	4:06

图2 工人的维基文章评分质量显著提高

案例研究2：引导线上群众

史蒂文·道（Steven Dow）

当我在斯坦福大学人机交互小组做博士后时，我开始用众包来开展研究。当时的一个研究原型设计的项目需要评估一组视觉设计的质量和相似性。我们开始使用MTurk和oDesk.com的线上群众（道等，2010年）。事后我们意识到像MTurk这样的平台并没有便利的沟通渠道以助于我们提供反馈并帮助他们完成任务。我们与比约恩·哈特曼（Bjoern Hartmann）、阿南德·库尔卡尼（Anand Kulkami），以及斯科特·克莱默（Scott Klemmer）一起创建了Shepherd（引导员）系统，以探索实时反馈引在众包平台上的效果（道等，2012年）。

我们的目标是让低技能群众能更好地完成复杂的工作。其他研究通过计算方法来达到这个目标，侧重于重组和协调有一个个微任务组成的任务流[利特尔等（Little et al.），2010a；伯恩斯坦等（Bernstein et al.），2010年；科图等，2011年；库尔卡尼等（Kulkarni et al.），2012年]。相比之下，我们的Shepherd系统采取了更以人为本的立场。如果我们想让众包成为社会经济中稳固的一部分，就不能满足于仅支付众包工人2～3美元的时薪。我们的研究探索了如何能使众包工作以及众包工人更有价值。

我们相信改进流程可以训练和激励工人完成更复杂的工作。具体来说，我们假设实时提供建设性的反馈并引导工人会提高工作质量、学习效果和任务中表现出的韧性。所以我们建立了Shepherd系统，以将实时反馈纳入众包流程。工人在我们的实验任务中为他们自己拥有的产品写评论。当收到一条条工人的评论时，请求者通过一个仪表板审阅评论并提交反馈。之后工人会在写下一个评论前收到这个反馈。反馈中包括工人之前的评论，一个高质量评论要点的列表，以及评论收到的李克特量表评分。

为弄清外部反馈对众包效果的影响，我们进行了一个包含三种条件的被试间实验。"无反馈"条件与多数众包任务环境一致，参与者不会收到即时反馈。在"自我评估"条件下，参与者会评判自己的工作。在"外部反馈"评价条件下，参与者会收到来自专家的反馈。我们发现"自我评估"条件比"无反馈"条件更能激发高质量的评论，也更有助于工人一次次不断完善。"外部反馈"也会产生类似效果，但是会增加工作量。收到外部反馈的参与者会做更多的修改。关于更多实验设计和结果的细节请参考我们2012年在CSCW上发表的论文（道等，2012年）。

案例研究3：招募更多更多元的众工

瑟杰·埃格曼（Serge Egelman）

我侧重于研究人类有关隐私和安全的决策过程。这意味我至少用一半的时间在实验室内或实地进行人类实验。在尝试众包之前，大规模的线上问卷调查非常费时费力。当我还是卡内基梅隆大学的研究生时，许多研究人员会使用主要由学生和工作人员组成的参与者库。为了能接触到更多样化的人群，我所在的研究团队通常避免使用这个参与者库，而是在网上招募参与者。

我们一般在线上论坛（如Craigslist）发布任务请求人们完成我们的调查问卷，并通过抽奖增加吸引力（例如，我们会随机抽取调查对象并赠送礼品卡）。发布这些招募通知是一项需要全职专注的工作。以Craigslist为例，我会在尽可能多的城市发帖以获得不同的样本。我需要稍微修改发布在不同城市贴吧的帖子，以免触发Craigslist的垃圾邮件过滤器。事后还要跟踪这些帖子，以便及时重新发布过期的帖子。所有这些努力（花费一个研究生两周的时间）能换来每周约100～200个回复。

由于巨大的时间投入，调整实验设计是不可行的。如果我们收集的数据引出了新的研究问题，而这些问题只能通过额外的问卷来解答时，我们的结果可能会晚几周时间才出来。

这种情况一直持续到我在2009年年底读到一篇有关众包的文章。作者对比了MTurk工人与市场调查公司招募的受访者的人口数据和工作效率[雅各布森（Jakobsson），2009年]，并发现他们基本相同。除了阅读伊佩罗提斯关于MTurk工人的人口结构的文章外，我开始研究是否可以用MTurk在更短的时间内招募不同样本的调查对象（2008; 2010a; 2010b）。

在第一个实验中，我招募工人来调查他们工作中文件共享的习惯。我们支付每个参与者0.25美元，整个任务大概用时10～20分钟。我们在48小时内收到了超过350份合格的回复。更有趣的是，超过95%的受访者是利用午休完成问卷的白领。这说明他们不是"专业的"实验对象，只是在工作中以此为娱乐，而不仅仅是为了获得报酬。对比我们与其他招募途径的研究结果，我们发现众包不仅成本低、招募速度快，而且"作弊者"（即那些提交无意义回复的人）的数量并没有增加。

从那时起，众包成了我网上招募的默认选项。除了问卷调查以外，工人们还可以通过嵌入式网页程序完成交互式任务（埃格曼，2010年），以及下载定制软件完成任务[克里斯汀等（Christin et al.），2011年]。再举一个例子，我和同事们通过众包招募了5000名参与者并研究他们的创建密码习惯[科曼杜里等（Komanduri et al.），2011年]。每位参与者的成本大约是1美元，但结果的质量却没有受到影响。该论文在CHI 2011上获得了最佳论文提名奖。

于众包出现之前，在一周时间内用不到1000美元招募超过1000名受试者是闻所未闻的，但这却成为新的现实。

众包研究和相关资源

除了利用现有的通用众包平台来展开人机交互研究活动外，越来越多的研究人员开始创建新的众包平台（从零开始或基于现有平台上），以探索新的系统和应用程序。

众包驱动软件：Soylent项目可能是将群众作为软件核心组件的最著名先例。伯恩斯坦和同事们（2010年）创建了一个文字处理界面，使作者能按需"雇用"MTurk工人来缩短、校对或编辑文本。Soylent首创了一种发现—解决—验证（Find-Fix-Verify）模式，通过将任务分成一系列生成和审核微任务管理群工。自该项目出现以来，一些其他的众包驱动系统也出现了，包括PlateMate。该系统利用群工来分析照片中食物的营养成分[诺劳亚等（Noronha et al.），2011年]。

即时众包：众包驱动系统开发人员的一个重要目标是（接近）实时地用众包解决问题。例如，为了及时地回答视障遇到的日常问题，VizWiz系统通过众包同时向多人提出同一个问题（比格姆等，2010年）。为达到接近实时的回应速度（平均仅2分多钟），VizWiz主动招募工人并安排他们先处理其他简单任务，然后根据需求将他们随时拉进VizWiz系统。此后出现了许多其他实时众包系统，包括Adrenaline，该程序可以让群工快速检阅一段短视频并找出最好的单张照片（伯恩斯坦等，2011年）；以及Legion，该系统让群工操控UI，如机器人的远程控制界面[拉塞基等（Lasecki et al.），2011年]。

有约束的复杂任务：众包的一个关键特性是让工人解决一个更大更复杂的问题的一小部分。张和同事们（2012年）研究了众包在旅行行程规划中的功用。任务发布者提供规划的主要目标和约束条件（如"至少有一家本地特色的餐馆"）。研究人员创建了一个叫Mobi的协作规划系统。群工在那里可以查看解决方案以及相关信息，并根据当前需求做进一步修改。这种方法使发布者可以反复添加、缩减或重新确定规划中的优先目标；工人可选择只解决一个小问题或连续处理提出的需求。

众包工具包：管理群工可能会很困难，特别在处理复杂的工作时。许多研究项目专注于开发群工可视化和工作流管理工具。科图和同事们（2011年）基于MapReduce架构开发了CrowdForge工作流管理工具。该系统先将任务分为很多子任务，再分配给工人，最后重新组合成一个结果。库尔卡尼（Kulkarni）和同事们（2012年）在Turkomatic系统中采用了相似的方案。该系统会问工人，"能否在一分钟内完成任务？如果不能，请将任务分解为多个小任务"。论文作者还开发了工作流可视化界面，以帮助任务发布者更好地协助这一过程。

众工研究：其他众包研究通过收集经验性数据来研究特定工作流程和任务设计条件如何影响众工的工作表现和态度。例如，利特尔和同事们（2010b）探索了HIT串行和并行设计之间的利弊。他们发现，串行式地迭代可以提高工作质量。但一个例外是创意性任务，例如说头脑风暴等。这种情况下展示前一位工人的想法可能会限制下一位工人的创造力。除了具体的众包流程中问题以外，研究人员还研究了任务反馈（道等，2012年）、社会透明度[斯图尔特等（Stuart et al.），2012年]和劳动力问题（奎恩和贝德森，2011年）。

结论

　　众包技术使在网上招募大量人员来完成任务成为可能，这一点有可能改变人机交互研究。通过利用有偿众工和无偿志愿者，研究人员可以大大提高数据的多样性，减少进行用户研究和大规模数据分析所需的时间。虽然众包是一种很强大的研究方法，但仍然存在许多潜在问题。本文总结了这些常见的问题，并举例说明如何克服他们。我们还简单介绍了MTurk的使用方法，以便研究人员快速上手。然而，众包是一项不断快速发展的新技术。因此，我们也预计本文的某些内容在将来会过时。总的来说，我们希望人机交互研究人员能够利用本文所提供的技巧，进一步完善和拓展众包这一有价值的新研究方法。

　　本文作者信息、参考文献等资料请扫码查看。

传感器数据流

Stephen Voida

Donald J. Patterson

Shwetak N. Patel

方法概述

由于传感器价格不断降低，处理能力不断增强（甚至在移动设备中也是如此），再加之高宽带无线网络，以及大量的数据存储空间，持续采集有关人们及其生活环境的数据变得切实可行。这种方法使研究者可以详细地记录人们与世界之间互动的各种情境因素（contextual factors），同时也可以潜在地记录并分析他们的位置、生理状态、与他人的联系、设备的使用及其他数字痕迹。无论参与者是否有相关知识，相关研究是否包含干预行为，各种数据都可以在长时间内以几乎任何频率被采集。这种自动化方法使得研究者能够以相对较低的成本快速地收集大量数据。不过，该方法的自动化程度涉及实用性方面的考虑和分析：首先，需仔细进行实验设计，以确保选择或设计恰当的传感器；其次，需要考察如何部署研究，训练参与者，保护隐私权和符合数据存要求等。

虽然利用这种方法捕捉的大量数据很适合于定量分析——例如一项事件序列中信号的频率、持续时常或变化——但是数据的分析和解释常常需要使用定性分析方法。

起源、历史和演变（简述）

长久以来，各种科学领域都利用传感器来收集有关人们及其活动的数据。我们在此描述的数据收集和分析技术，主要还是从实验心理学的各种定量数据收集方法演变而来的。我们在此可将其与心理学研究进行一个类比。心理学家常常对不同的个人或群体行为进行客观衡量，并开发出各种技术性工具或非技术性工具来收集数据，根据特定的研究问题来对可衡量的现象进行特征分析、定量分析或调查其变化。类似地，在计算机和信息学中，数据流就是与之对应并广泛采用的方式。为了利用数据流研究人、群体或环境，研究人员采用一个或多个传感设备来自动收集数据。功能强大的计算设备和传感器成本不断降低，可获得性也越来越强（Weiser，1991年），这使得研究者可以利用各类传感器来观察单一现象、环境或个人。在完成数据采集之后，研究人员便可利用创新的数据融合、用户建模和干预技术来整合、过滤并解释数据，回答研究问题。

对参与者行为的自动捕捉也可以与现场调查技术互补，如经验取样法（experience sampling method，ESM），由拉森（Larson）和契克森米哈（Csikszentmihalyi）于1983年提出，也称为生态瞬时评估法（ecological momentary assessment，EMA）（Stone，Shiffman & DeVries，1999年）。与传感器数据流一样，经验取样法也是从参与者的日常活动中收集数据；一般来说，参与者在收到提醒、提示或者电话通知的时候，需要回答一个问题或者完成一个简短的调查。经验取样法是一种社会学数据收集技术，可以获取参与者日常活动中即时的行为以及想法等各方面信息。在采访、日记等研究方法中，参与用户往往存在回忆受限的问题，而经验取样法则可以避免这一问题。虽然技术导向的经验取样法（例如，Consolvo & Walker， 2003年；Intille et al., 2003年）已在普适计算研究界应用了一段时间，这种方法仍然依赖数据收集期间研究参与者的主动回应。因此，对于长期研究，或是那些引入中断或强调研究目标会影响参与者行为的研究而言，这种方法并不理想。传感器数据流可以成为收集用户情境相关数据的一个备选方法（或至少是一种补充），但与经验取样法不同，此方法的行为数据采集过程是被动的、隐形的，无须参与者主动回应。

该研究方法适合解决的问题

我们可以通过收集传感器数据流，来了解人们的活动和行为。这些传感器通常来自：

• 个人（Bao & Intille, 2004年；Choudhury et al., 2008年；Choudhury & Pentland, 2003年；Consolvo et al., 2008a；Consolvo et al., 2008b；Liao et al., 2006年；Marmasse & Schmandt, 2000年；Olguín Olguín & Pentland, 2008年；Olguín Olguín et al., 2009年；Patterson et al., 2005年；Patterson et al., 2003年；Philipose et al., 2004年）；

• 外界环境，例如办公室（Begole & Tang, 2007年；Fogarty et al., 2005年；MacIntyre et al., 2001年；Mark, Voida & Cardello, 2012年）；

• 家庭环境（Brumitt et al., 2000年；Cohn et al., 2010年；Cohn et al., 2010年；Froelich et al., 2009年；Froelich et al., 2011年；Gupta, Reynolds & Patel, 2010年；Intille, 2002年；Intille et al., 2006年；Kidd et al., 1999年；Kientz et al., 2008年；Orr

& Abowd, 1999年；Patel et al., 2007年；Tapia, Intille & Larson, 2004年）。

围绕携带这些传感器的用户，或在装有传感器的空间中活动的人们，传感器数据流可用于研究各种问题，例如

- 人们一天去过哪些地方？
- 他们一般与谁沟通或合作？
- 他们在一天的不同时间用过什么工具或信息资源？何时？何地？和谁一起？
- 哪些日常活动有助于定义"典型"或"非典型"的一天？
- 一个人日常行为的健康程度如何？他/她的日常生活是否有利于健康？

HCI研究人员常常利用这种方式收集到的信息来了解人们当前的行为——例如，评估一天中使用某种技术的持续时间或频率。这些数据也可构成研究人们长期行为变化的基准，如研究新技术的应用对用户行为的影响（例如，Hutchinson et al.，2003年）。这些数据可以用来进行这种比较非常重要，可以帮助研究人员更好地理解由于工具或环境的变化所带来的影响。

传感器数据常常始于精细的事件流。这些通过传感器记录的事件信息（时间戳和持续时间），比绝大部分人类观察者的实时记录更准确（对于通过视频记录的数据，利用实时记录就无须在事后通过回放视频进行编码）。可识别的行为在很大程度上取决于这些行为与特定传感器的耦合紧密程度。例如，座椅上的压力传感器或许能显示一个人出现在了办公室，但是却不能很好地显示用户的中心任务是否中断（Horvitz, Koch & Apacible, 2004年；Mark, Voida & Cardello, 2012年）。行为越抽象，越从生理性转向心理性，阐释的不确定性也会越大（即便可以获得相关传感器数据）。尽管如此，这些数据还是能回答有关人们的行为、影响行为的因素以及生理或社交方面的限制（例如一个社群成员查看社交网络状态的频率，Miluzzo et al.，2008年）等方面的问题。目前，便宜且广泛应用的传感器（例如加速计和气压计）可以在同一时刻测量例如运动特征和气压变化那样截然不同的事物，对于参与者的活动水平、运动姿势和其他身体运动等相关问题的研究，这些数据可以提供富有价值的参考信息。电容、压力和声学传感器可探测人们和物体之间或物体与物体之间物理接触的强度和次数。摄像机和深度摄像机系统可以计算出一个空间中人或物体的数量、他们之间的相互位置以及正在进行的手势或动作，这有助于开展一系列关于参与者之间互动和空间关系的研究。

我们可以通过分析这些不同传感设备收集的底层数据来确定更高层次的行为，例如日常动作（Bao & Intille, 2004年；Tapia, Intille & Larson, 2004年）、行进路线（Patterson et al., 2003年）、交互手势（Westyn et al., 2003年）或者沟通角色（Wyatt et al., 2011年）。通过统计总结，这可能有助于对某一现象的研究，例如与其他方法进行三角互证，或是形成预测模型。（参见本书《往回看：人机交互中

的回溯性研究方法》。）

在历史上，普适计算学界早期研究最透彻的一类问题是与方位有关的，即涉及位置感知能力的一些问题。许多项目都成功地解决了有关参与者访问的位置或地点（Abowd et al., 1997年；Liao et al., 2006年；Patel et al., 2006年；Patterson，2009年），他们附近有什么人（Want et al., 1992年；Choudhury & Pentland, 2003年；Choudhury et al., 2008年）以及参与者的路线和移动模式（Consolvo et al., 2008年；Liao et al., 2006年）等一些问题。不同的收集数据的地理定位技术，以及数据描述和存储数据的精确度水平，会导致这些信息流的精确度水平差异很大；海托华（Hightower）和博列洛（Borriello）2001年发表在电器和电子工程师协会《计算机》（*IEEE Computer*）（2001b）期刊上的概述文章中探讨了许多相关问题，瓦沙夫斯基（Varshavsky）和帕特尔在2009年提供了更贴近目前最新技术水平的视角[《普适计算原理》（*Ubiquitous Computing Fundamentals*）（2009年）]。

多分析角度的研究问题

从数据流来理解人们的活动和行为的优势在于能够跨越一系列的分析角度来解答研究问题。这种分析灵活性的主要权衡因素是考虑传感器数据源的"正确"数量、类型和整合方式，和具体研究范围及不同的研究问题之间的关系。

自我为中心式传感器数据流

侧重于监测单个个人动作、活动与互动的传感器能够解答以自我为中心分析角度的问题。从个人计算机、智能手机或其他设备上收集日志数据的一些研究；测量个体的生理状态；用手机里的传感器来监测人们的动作、位置或互动；收集在私人或半私人空间内所发生的活动的信息，以上均可被描述为自我为中心式。这是一种源自实验和工程心理学典型的研究设计，可以被复用到其他用户群体来了解其模式或趋势。自我为中心式数据流通常被用于解答以下研究问题，如人们怎样分配时间和注意力？日常生活中的各种因素是如何影响人的精神状态和情绪的？电子通信或移动计算交互是如何影响人们日常惯例行为的？普适计算应用或工具会自动感知到一些内容，而这与人们自身对其行为、同事或环境的理解或阐释与有何不同？

群组为中心式传感器数据流

传感器还能用于同时为多个群体的人配备，并解答与之相关的研究问题。这种以群组为中心式的方法可能仅捕捉与单人相同的信号类型，但区别在于同一时间捕捉一群人的信号，或者可能会在共享/社区空间内放置涵盖更广泛的一系列环境传感器或基础设施传感器，或收集更多人际互动方式的数据（例如，社会计量类的数据，参见Choudhury & Pentland, 2003年）。这种基于传感器数据流的研究方式常常被用于理解有关团体动力学的研究问题，如一个群体内的成员互动的频率有多高？这些互动涉及哪些方面？不同工作环境下或在不同工作小组中有着怎样的权力关系？

空间为中心式传感器数据流

最终，如果了解空间内适宜的仪器配置，在不考虑具体人员的情况下，研究人员便能够用传感器数据流数据来解答有关空间使用的问题。通常在博物馆（Hornecker & Nicol, 2012年; Sparacino, 2003年）等半公共或公共空间内进行这类以空间为中心的研究。空间为中心式传感的标准方法是应用多种类型的传感器来探测空间内感兴趣的信号。普遍采用的设备包括：高信息密度传感器，如照相机和麦克风，以及低密度传感器，如压敏地砖（Orr & Abowd, 1999年）、被动式红外（PIR）运动探测器或射频识别读写器。如果在一项实验中需要在环境里布置大量的传感器，则应安装额外的特殊网络支持（有线或无线），以便将数据从采集点转移到存储或分析服务器上。为了最大化这些传感器的覆盖面积，通常需要将其放置在房间墙壁、天花板或门上以使传感器能够具备大面积视野；由于这些传感器的存在，一方面影响美观，从而降低户主选择安放这些传感器的比例，而另一方面，由于参与者知晓自己被人观察，这有可能改变其行为。如果在某些空间中使用高信息密度传感器，则需要权衡所要使用的数据流的价值和监视问题所带来的影响，在家庭空间中这一影响尤为突出。

除此之外，低信息密度传感器包括许多简易的、低成本的传感器，如运动探测器、压力垫、分束传感器及接触开关等，都可以用来捕捉活动和动作。低密度方法的主要优势在于对带宽和数据处理的需求更低，而且可能减少参与者对隐私的担心。出于保护参与者隐私的考虑，高信息密度传感器在某些情况下并不适合使用，尽管这类使用很有可能有助于解答一些具体的研究问题，例如在洗手间安放摄像头。在这种情况下，低信息密度传感器可能是唯一的替代选项。有一些著名的以空间为中心式传感的案例，是为部署多种传感器而专门设计的，包括佐治亚理工学院的感知住宅（Aware House）（Kidd et al., 1999年; Kientz et al., 2008年）及麻省理工学院的住宅n（House n）（Intille, 2002年; Intille et al., 2006年; Tapia, Intille & Larson, 2004年）。

为了解决空间为中心式研究的局限性，研究人员发明了一项名为"基础设施介导传感"（Infrastructure Mediated Sensing，IMS）的技术。基础设施介导传感采用已有的家庭基础设施来探测家庭中的活动（Patel et al., 2007年; Patel et al., 2008年; Froehlich et al., 2009年; Gupta et al., 2010年）。全世界许多地区均已广泛采用电力、管道及空气调节系统、天然气管道及计算机网络。这些已有的基础设施可以配备相关的仪器，从而探测家中人员何时进行使用这些设施的活动（例如，通过监测整个家庭中的电流来探测何时使用了各项设备）。此外，这些基础设施还可以用来通信家中的探测信号。采用这种方法之后，研究人员便没有必要在一个空间内安装大量的传感器了，同时也能让研究人员解答以下问题，如家庭人员每天是如何度过的？独居的老年人是否保持健康的运动？在各种类型的家庭中，为提升保护环境意识的普适反馈（例如，在人们进行烹饪、清洁卫生等活动时进行提醒）会带来什么影响？

研究人员采用基础设施介导进行传感，这与用智能手机实现自我为中心式传感的方法是平行的。在这两种情况下，研究人员均通过已有的设备进行传感，但这些设备的初衷并不包含数据收集。伊萨克曼（Isaacman）和同事（2012年）的研究是一个将两者结合的例子。他们开发了一项综合以自我为中心式数据流和基础设施介导传感的技术，该技术能够通过手机账单记录来分析大规模通勤模式。

基础设施介导传感的吸引力在于成千上万的人和地方都已经配备了人们十分了解并且十分精良的技术设备。此外，多种类型的地方和人都可能配备有这些设备。然而，为利用这些基础设施而所必须做出的额外改进在不同地方可能大相径庭。例如，基础设施介导传感等新方法所需要的改进，要比基于地点的服务更多。一旦实现利用这些基础设施收集数据，这些技术能够达到的传感规模远超传统传感器。

传感器数据流能够捕捉何种数据

传感器数据流与其他常用的捕捉和分析用户行为的方法类似，但其来源（现实世界）更为明确并且阐释保真度更高。传感器数据流是可实时追踪的从物质环境中采集的数据，它普遍存在于用户交互当中。在这些研究当中，可使用的传感器类别实际上是无限的；例如，各类电器开关、运动传感器、压力传感器、电压表、光度计、温度计、湿度传感器、近距传感器、射频识别标签和发射台、麦克风或照相机（例如，Greenberg & Fitchett, 2001年; Villar, Scott & Hodges, 2011年）等都可以用来帮助实现数据收集。目前，新的传感器正不断被开发并整合到消费级设备和研究工具包当中。

数据流还可能来自设备用户界面的日志文件或统计使用数据（参见《往回看：人机交互中的回溯性研究方法》）。由于这些数据在交互过程中被采集，它们是对数字世界而非现实世界的观察结果，因而这些日志可以被视为"虚拟传感器"数据流。"虚拟传感器"数据流的另一个来源，是研究者对用户交互的实时观察追踪过程中对事件的标注，但这种方法更加昂贵且精度更低（例如，Mark，Voida &

Cardello，2012年）。这种方法包括对录制的音频或视频数据的观察，其与传感器数据流的不同之处在于，虽然所收集的数据种类可能会更丰富，它的信息量通常要小很多。例如，在日志文件分析当中，可能会把用户用鼠标点击"保存"键当作一个"虚拟传感器"事件。一个人类观察者可能将视频中一个非常类似的数据标注为某人在视频某一时刻将"文件保存"。然而，典型的传感器数据流却会记录点击鼠标的声音、人与计算机互动的一些事件，或者计算机的供电变化，等等。日志文件分析、人类观察、基于传感器数据流的数据收集之间的界限有时很模糊，而且许多相同的数据存储、处理及分析技术都可以用于来自任何数据来源的信息。显然，这些数据来源可以相互支持、补充。

此类定量数据收集和分析可用于理解人类活动，人机交互领域应用此方法已有一段时间了，主要用于通过将现有数据记录功能作为虚拟传感器或者增加对于新事件的记录功能来分析交互过程，如台式计算机系统（Brdiczka，Su & Begole，2010年；Hutchings et al.，2004年；Kaptelinin，2003年；MacIntyre et al.，2001年；Nair，Voida & Mynatt，2005年；Stumpf et al.，2005年）、社交网络（Begole et al.，2002年；Monibi & Patterson，2009年；Patterson et al.，2009年；Tang & Patterson，2010年）或万维网（例如，Perkowitz et al.，2004年）中的事件。

应用其他数据收集技术常常可以补充自动收集的现实和虚拟传感器数据流。这样可以研究跨越现实和虚拟世界的现象，如工作场所干扰（Bailey & Iqbal，2008年；Bailey & Konstan，2006年；Bailey，Konstan & Carlis，2001年；Horvitz，Koch & Apacible，2004年）。此外，这一补充还可以在海量数据中标出某些明确的时刻，用于后续的定性采访。这样可以在一定程度上降低被访者回忆某个时刻的难度（参见《往回看：人机交互中的回溯性研究方法》）。

为平衡这一章的内容，我们将侧重于用现实传感器来研究人及其行为的内容。尽管我们所讨论的许多方法或多或少普遍适用于虚拟传感器用户或日志分析，我们建议读者到本卷其他章节中寻找对这些具体话题的深入讨论。

传感器数据流与情境感知计算

数据流研究方法与情境感知研究方法也有不少类似的地方，如数据源和分析方法。对情境感知计算的完整概述超出了本文的范围，但这方面已有几篇非常全面的综述文章，Baldauf，Dustdar，and Rosenberg（2007年）；Bolchini and colleagues（2007年）； and Hong，Suh，and Kim（2009年）。总体而言，情境感知计算是一种交互计算，其中用户的内隐行为——即其位置、身体活动或与他人的互动——或系统应用的环境均可成为系统的备选或辅助输入（Dey & Abowd，2001年；Salber et al.，1999年）。为理解用户行为而收集传感器数据流与将数据流作为情境感知计算系统输入的主要区别在于：

- 研究目标（前者为研究用户行为，后者为开发交互系统）；
- 处理和分析所收集数据的时间（前者为分析的一部分，后者为实时分析）；
- 前者相关技术主要目的是创建用户模型，而后者为基于已有模型来预测用户行为。

大体上，在收集传感器数据流时没有实时处理或进行推理的要求——通常在完成收集后在线下进行这些处理。由于解除了对多数情境感知计算系统的制约，这将减轻数据收集的分析压力。在情境感知计算中，数据收集和分析常常严格并行，以便在实体互动发生后能够尽快产生数据流分析结果。交互系统要求研究人员尽量减少传感数据分析的延迟，这可能需要大量删减数据、与已有的泛化用户模型进行比对或者进行启发式近似；而用于理解用户的数据收集则没有必要应用这些优化方法。尽管存在这种差别，普适计算和情境感知计算研究领域开发的许多推理技术仍是很好的原始数据加工工具。这些工具对研究人员来说仍有帮助，因为他们能够利用数据流来了解参与者及其行为和环境。

方法局限性

传感器数据流对于收集大量、连续、高保真的数据很有用，这些数据有关人们在现实世界的行为和交互方式，但涉及捕捉、处理、存储和分析传感器数据流却有几项重要的局限性。

作为一项理解参与者的技术，传感器数据流的主要缺点在于，传感器数据不能很好地解答现实世界事件发生的原因（why）。由于单个传感器的数据可以有多种解释，解释原因远比仅仅回答发生了什么（what）要困难得多。甚至对于能够精确感知的参与者行为（或交互、情境），数据也只体现了所发生事件对现实的影响；这些数据几乎无法提供关于行为背后的目的以及参与者更宽泛的目的、目标或内在精神状态等信息。解决这种局限的方法之一是三角互证或数据融合，即将多个数据流和方法结合到一起。

在研究伊始便应很好地理解要测量或观察的现象，并且配备（在许多情况下都是从零开始）并安放一个或多个适宜的传感器，以便捕捉"正确"的数据组来衡量或观察这些现象。有时虽然传感器安放设计十分完善，但仍需其他技术来自动处理采集的数据，以便提取、测量感兴趣的现象并将其置于情境当中考量。传感器数据流中所捕捉到的内容与现实世界中所真实发生的事件之间存在差异，可能需要从概率角度进行阐释，这可能会影响到所产生的结论（例如，探究日志中显示计算机活动停顿的原因，这既有可能是由于外界干扰，也可能仅仅是由于参与者在重新阅读某一内容或寻找额外信息）。由于在运用这种方法时，数据收集设备（传感器）与研究设计密不可分，相比在由人执行的研究（例如，现场采访或调查）中进行调整，改变基于传感器的数据采集方案常常要更难。

研究中传感器（以及与之相关的处理和记录技术）所能收集到的数据的质量方面存在局限。有些传感器很昂贵（从而限制了传感器的数量），有些则不稳定，有些容易输出噪声，有些只能记录有限范围内的活动。基于传感器的研究方案应当运用一组传感技术来平衡这些问题；然而，这么做除了在设计和调整传感器时需要额外工作，还会增加创建、存储、维护和分析所产生的数据的管理成本。但是传感器数据流研究的结果不会超越采得的数据本身所蕴含的信息，这是应用传感器数据流进行用户研究的一个核心原则。

如果目标是捕捉日常活动或行为，则必须注意传感器的选择，其应能够以合理的保真度有效捕捉正确类型的数据，并且还能尽可能减少对研究参与者的干扰。为了探测精确度足够高的活动，在研究设计中可能会要求参与者戏剧化、放大或改变其正常日常惯例中的部分行为（例如，走到房间的某个区域来表示在场），这样可能会破坏应用这种方法的在真实行为中的有效性。此外，由于传感器可能可以在不引人注目的情况下收集数据，研究者需要避免在参与者未知或未经其同意的情况下收集数据。应注意，要清楚地向参与者描述传感器的数据收集功能（至少是概括性的描述），并且事先声明正在采集什么样的数据、采集数据的时间和频率、数据如何存储分析以及如何与研究人员分享、为尽可能降低参与者的隐私风险而采取了哪些保密或匿名方法。

在中等长度的部署和数据采集过程中，许多传感技术都已产生大量的数据流（主要为底层数据）。尽管产生海量数据是这种研究风格的一个有用的特点，但如何管理这些大规模的数据组，是一个具有挑战性的问题。在不同网络间传输数据会消耗大量时间和电池电量，在数据采集过程中也会有隐私风险。在开展对输出数据的分析之前，可能需要对传感器数据流进行充分筛选、集合以及同步。

传感器可能会给研究项目带来一定的技术复杂性。这些类型的研究通常需要一定的技术专业知识，例如以能够选择合理的传感器；配置记录频率、保真度和输出方式；管理传感器内部或是在联网服务器上存储的数据；在传感器或记录设备出故障时给予技术支持；将记录的数据分析或转换为适合分析的格式；避免数据意外泄露；最终分析结果，等等。

做好此类研究的关键

为了能够更好地解答相关的研究问题，设计传感器数据流研究时有必要确保实施几项步骤，具体包括：

- 提出研究问题并计划如何分析数据流；
- 制作、获取或提供传感器；
- 确定收集数据样本的频率和保真度水平；
- 安装传感器；
- 存储数据信息；
- 解释所收集的数据。

在每一步中，根据所提出的研究问题类型与采用自动化系统进行数据收集相关的限制，研究人员必须对研究设计的各个方面进行决策。

提出研究问题并界定所收集数据的范围

基于传感器数据流的研究与其他类型的现场实证研究有许多相同的特点。根据研究所提出的研究问题、所选择的分析角度（自我为中心式、群组为中心式或空间为中心式）、具体传感器设备的记录能力以及收集样本的频率和保真度，研究者需要考虑可能存在的关于参与者的隐私风险，以及研究本身可能为参与者带来的干扰。

通过传感器收集数据与研究者亲身或"跟随"观察之间的一个主要区别在于，无论人类观察者的技能水平和谨慎程度如何，参与者总是能够明显发觉自己被人观察，也能够（大致上）知道研究人员了解他们的活动能够细致到什么程度。如果长时间佩戴的传感器体积较小，或者传感器以"不可见"的方式安装到一个空间或是支持该空间的基础设施内，知情参与者和偶然路过的人的行为可能会在未被其发觉的情况下被记录。研究人员不论是有意或者无意的行为，都有可能影响参与者，使其歪曲或者放大数据。而如果让传感器"消失"在背景中，则受到影响的数据的比例会更低。但在参与者未知的情况下捕捉数据会产生伦理问题。

在其他观察性研究中，很重要的一点是要预先告知参与者研究中所要捕捉数据的范围、持续时间、频率和保真度。在请求参与者同意时，一种可取的做法是与他们分享一套样本数据，使得参与者能够具体了解研究人员能够"看到"什么样的内容。还有一种很好的做法是提供一种机制，让参与者能够撤回他们同意被记录的决定——例如，一个能够暂停收集数据一段时间的按钮，或者删除在按按钮之前的几分钟内传感器所收集的数据。

当以研究目的使用自动化传感或记录设备时，许多机构、学校的审查委员会都有关于如何获得参与者知情同意的指南。在进行这种风格的研究设计之初，提前了解所在机构的各项规定会对研究很有帮助，同时避免在数据收集和分析的过程中出现与政策相关的拖延。

选择、制作和提供传感器

选择用于采集数据的传感器可能涉及成本、获得的难易程度、技术能力、对参与者的干扰程度或方法要求。一项好的研究要求研究人员选择一个或多个能够稳定并准确感知目标现象的传感器，或者定制（并验证）能够达到这一目的传感器。可以用于这种类型研究的传感器可以分为两大类：一类是参与者可以佩戴或携带的传感器，另一类是在某个空间中安装并记录该空间内的人的活动的传感器。

图1是可佩戴/携带的能够收集人在一天当中的压力水平数据的传感器。智能手机通过捕捉人的声音的音频来记录压力水平升高的情况；这种腕表风格的传感器是一种商业皮电分析设备，用于根据皮肤导电性变化来记录压力和兴奋状态（Poh, Swenson & Picard, 2010年）。

图1

图2是能够收集空间中人的数据的各种类型的传感器。图2（a）和图2（b）是两种基于基础设施的能够检测家庭用水活动的系统。图2（c）是能够收集办公室内多任务活动数据的整套传感设备，多任务活动包括开/关门、与桌上的物件有关的活动、电话使用以及人坐在办公室座椅上的活动。

（a） （b） （c）

图2

与给参与者配备设备相比，给空间配备设备的问题在于只能在已配备设备的环境当中收集数据。如果研究问题需要自我为中心式的数据收集方式，并且能够承受这种方法的其他缺点，则可能需要使用佩戴式传感器。所收集的数据样本有关一个人在一天当中所进行的所有活动、所做出的所有行为以及所开展的所有互动（例如，在家、车里、咖啡厅、办公室等）。

某些技术在某些特定环境中要比在其他环境中能更有效地收集数据，因此在选择或设计传感技术是，另一项考虑是要正确预见数据收集所发生的环境。例如，GPS在开阔场地能够提供优质的户外定位信息，但如果设备电量耗尽，或是在室内，或者由于在户外时间太短而无法进行卫星锁定，则不利于定位。在这些情况下可能更适合采用其他定位技术（例如，Wi-Fi或蓝牙信号强度三角互证，配备红外或超声定位信标）以捕捉被观察的动作或位置信息（Hightower & Borriello, 2001a; Hightower & Borriello, 2001b）。在某些情况下，如果了解传感器硬件的局限性和现有条件，情境感知计算能够从数据源中进行选择。英特尔的位置实验室（Place Lab）便是这样一个为捕捉位置信息而开发出来的平台（La Marca et al., 2005年）；后来，这种位置感知数据融合功能便被整合到移动计算操作系统当中，其中包括谷歌安卓及苹果iOS系统。

传感设备对参与者的干扰程度也会对研究成功与否，以及参与者的舒适度产生实质影响（Klasnja et al., 2009年）。参与者长时间佩戴生理传感器（例如，心律监测仪、皮肤电流反应计、瞳孔扩张检测器）可能很不舒服，或者说由于生理限制或社会原因而使参与者更难进行日常活动。另一方面，在参与者家中或他们的工作环境中安装几个相对"不可见"的传感器，如帕特尔及其同事所开发的基于基础设施的传感器（Cohn et al., 2010年; Cohn et al., 2010年; Froelich et al., 2009年; Froelich et al., 2011年; Gupta, Reynolds & Patel, 2010年; Patel, Reynolds & Abowd, 2008年; Patel et al., 2007年）或麻省理工学院住宅n项目中遍布各处的传感器（Tapia, Intille & Larson, 2004年），可能会提高研究数据的可靠程度，因为传感器的存在不太可能影响到参与者的行为。

规定收集数据样本的频率和保真度水平

一旦制作或获得了传感器，则需要在研究中为收集数据而对传感器进行设置。需要重点考虑几个核心问题，即在数据流采样率与存储/带宽、处理及电量要求之间如何实现平衡。在使用整合到移动电话等平台上的传感器时，这些问题更加重要。过度传感有可能导致：

- 迅速消耗手机上有限的机载存储；
- 如果通过手机的蜂窝式无线电台持续将所收集的数据传输至某个服务器上，

可能会大量消耗手机数据流量；

•快速消耗手机电量，可能造成潜在数据损失，还可能使参与者在一天当中无法正常使用手机。

数据收集保真度涉及传感器能够捕捉到多少细节的问题。在很多情况下，传感器在高采样率的情况下能够收集非常精确的数据信息，但对于某些具体研究问题来说，这些数据可能是没有必要的。通常可以通过概括、抽象或模糊处理数据来降低处理和存储要求，并且实现研究目标的同时保护参与者的隐私。但是由于从低保真度数据中也有可能完全重建用户的行为，因此保护参与者隐私可能需要更加细致的考量和评估。即使进行降低保真度的数据采集，参与者还有可能心存疑虑，因为他们知道传感器能够采集具有更高保真度的数据，并且在研究人员表示并未进行此类采集时表示质疑。例如，在将摄影机当作运动探测器来使用时便会出现上述问题。由于这些问题，人们会因为自己成为监视对象（Klasnja et al. 2009年）而做出负面反应，而这些问题也会影响到数据的自然采集过程。乔杜里（Choudhury）及其同事详尽地探讨了这种制衡关系，他们用社会计量铭牌（2003年）来收集音频数据并进行言语韵律的分析，这种设备可以戴在脖子上并自动记录面对面交谈这类活动。

此外，由于一个分析角度的情境数据可以有多种解释，研究人员选择采用哪种解释来建模，会对"参与者如何看待自己的隐私保护"以及"能用数据进行哪些类型的分析"这些问题产生很大的影响。例如，可以用多种方式来呈现位置数据（Liao et al., 2006年）：可以用纬度/经度/高度数组来呈现，可以用地理位置信息来呈现[例如，"唐纳德·布伦大厅（Donald Bren Hall）"]，可以呈现为某个市辖区之内或之外（例如，"在尔湾市"或"在加州大学尔湾分校"），还可以用语义位置来呈现（例如，"工作中"）。细致的位置数据能够提供关于参与者行为的有价值的信息，包括他们的日常工作、旅游路线、是否与他人有路线交叉，或者是否与他人进行近距离交流，等等。但这些数据还可以被用来辨认某位参与者。这些数据还可能呈现某个人活动的一些细节，而该参与者可能不愿或不想披露这些信息。海托华（Hightower）及其同事对这一问题有很好的介绍（Hightower, 2003年），帕特森等人还采集了一些有关用户对此的担忧（Patterson et al., 2008年）。

但总体上来说，包括行为识别及手势识别在内的许多不同领域都存在情境数据如何解释的问题。一种解决方法是根据其他传感器的输入内容来调整数据采集的保真度。例如，在自我为中心式研究当中，仅仅当加速计数据信息显示出参与者处于非静止的情况时，才采集GPS位置数据信息。这样可以减少所收集的数据量，且对于数据质量不会产生太大影响，同时还可以节约电量。另一种常用的解决方法是，在参与者连上Wi-Fi之前将数据保存在智能手机里，而在连接Wi-Fi之后再将数据传输到存储服务器上。这样便无须进行昂贵且消耗电池电量的蜂窝式连接。如果手机上有足够的空间来存储两次Wi-Fi连接点之间的数据，那么对数据收集的影响也很小。

安装传感器

在较大面积内安装大量传感器是一个复杂问题。在家庭中安装与维护几十个传感器（这是一种典型情况），或者是在酒店、医院或辅助生活设施等更大的建筑物内安装成百上千个传感器，这些都会产生较高的人工成本，并且在日常运行中很难持续进行传感器网络管理。同时，这些传感器需要电池等某种类型的电源进行供电，这又会产生额外的维护时间和成本。此外，在家庭内进行感知的价值和传感基础设施的复杂程度也很难平衡。关于这一点的一个具体的例子是数字家庭肖像（Mynatt et al., 2001年；Rowan & Mynatt, 2005年），它能够将老年人的活动信息从家中远程发送给护理员。在这一系统中，老年人的动作数据是通过一组地面压力传感器采集的。安装这些传感器的难度较高、耗时长，而且需要安装到地板下侧。虽然已经证实了这种应用的价值，但由于传感器的复杂性，只能在数量有限的家庭中才可以部署这一系统。如果事先并不清楚像这样安放传感器的价值，可以用幕后模拟法（Dahlback, Jönsson & Ahrenberg, 1993年）来降低安放传感器的风险。通过让一名研究人员事先来替代、模拟传感基础设施，这种方法可以检验一套完美的传感器系统的功能，即是否能记录与亲身到现场手动记录相应类型的数据，以及是否拥有足够的保真度。如果结果很有力，便可实际安放传感器了。

存储所收集的数据

应用数据流来进行研究有一些很实际的问题，从采集数据到整合并分析数据流之间，研究团队应决定如何存储所收集的数据，以及存储在哪里。数据收集的频率和保真度水平会直接影响到研究人员所能采取的方法。

采集数据最常见的两种方法是：（1）在与数据源相连接（或在其附近）的设备中记录所观察的事件数据，随后在研究过程中各个时间点上复制该设备上存储的数据流；（2）通过网络连接来持续将所收集的数据传回中央服务器。这两种方法都有优缺点。虽然将研究数据在本地存储是更为直接的技术手段，但当需要存储大量数据（如视频或音频）时这种方法便会出现问题，而依靠多种存储媒介来捕捉研究数据也会增加数据收集的复杂性。如果将数据传输至与互联网连接的研究文件服务器，则研究人员更易于监测数据流中的数据量、动态增加存储容量，以及持续备份所收集的数据。但这种方法要求每个传感器都能够连接到网络当中，还需要额外的技术支持以确保不会因为连接的空档而漏掉数据，并且在传输中参与者的数据不会丢失。这种技术还要求研究人员考虑是否/何时整合、过滤或删减数据以保护参与者隐私、衡量对传感器电池的要求以及考虑是否会产生数据传输成本（例如，当需要通过蜂窝式连接来上传大量数据时）。

由于成本降低、数据存储能力增强以及微型移动计算设备的处理能力增强，很多情况下在感知的过程中（例如，在智能手机上），存储尽可能多的数据对研究人员很有帮助。但这并不是唯一的选项。尤其是在应用多种类型的传感器数据源时，在采集数据时将多个数据源的数据集合为一个"数据流"能够大大简化后续的分析。创建单个事件数据流能够消除（或至少减少）暂时性同步不同数据源的所需的成本。此外，还可以通过在数据中添加标记来实现同步，这与用电影制作隔板来同时在视频中加入视觉标记以及在音频中加入可识别的声音类似，然而在操作前仍须用这些标记来排列这些独立的数据流。在需要同步许多不同的数据流时，这一过程会很烦琐。

解释所收集的数据

研究人员可以用标准统计软件包来进行各种后期分析。一个常见的例子是在不同条件下对比所感知事件的频率和分布，可以看出这些条件和所观察行为之间的相关性。然而，由于通过自动化系统所收集的传感器数据的规模很大，以及传感器数据源本身带有噪声，更有价值的方式是采用机器学习技术，基于传感器数据对参与者的行为进行识别或分类，或进行假设检验。这种分类的具体例子包括明确具体事件发生的时间、在某一时刻识别参与者情绪，或确定参与者的所在处。对解释数据流有帮助的机器学习技术包括数据过滤和数据平滑[例如，粒子滤波或卡尔曼滤波（Krumm，2010年）]、活动探测（Philipose et al., 2004年）以及传感器融合[例如，采用隐马尔可夫模型（Patterson et al., 2005年）、朴素或动态贝叶斯网络（Fox, 2003年）或时间序列数据分析（Liao et al., 2007年）]。

将数据流分段或在数据中识别具体事件（一种特殊的分类方法），这通常是在传感器数据流研究中分析所收集数据的第一步。例如，在行为识别或手势识别等任务中便是如此。若是对其频率或目的进行研究，这种分类就会成为分析的重点。另一种情况是在情境感知计算中，这些分类结果会成为另一个系统的输入，例如，列出基于用户位置的搜索结果或地图指引。这两种情况下都很重要的一点是在将其广泛应用之前，需要仔细评估依据机器学习的分类算法。

用户建模和事件检测

解释传感器数据流的第一步是明确将哪些数据输入分类器。这等同于发现机器学习任务的因变量或"特征"。然后需要明确分类类别或者是目标度量值；这些是机器学习模型的自变量或分类器所输出的内容。在分类时，对于一组因变量输入，输出是n个类别中的一个（例如，在智能手机上将加速器的数值识别为坐、站、卧中的一个）。对于一个连续变量的分类，即回归，会将输入映射到某个实数度量值（例如，将皮肤电流反应传感器和心律监测仪的数值范围设置为-1.0到1.0，代表情绪效价）。

如果研究人员能够得到从因变量到自变量——这样的基准数据有时也被称作"金标准"——的几个（最好是多个）已证实的映射实例，这时便可以用监督机器学习来构建分类器。在这种情况下，映射值便形成可以自动训练分类器的训练组。如果研究人员没有训练分类器的实例，也可以考虑无监督机器学习（例如，聚类）。

在这两种情况下，很重要的一点是研究人员应考虑训练数据是否具有可推广性，以及这种推广是否是正确的。例如，用某一个人的数据训练的手势分类器应能从此人其他数据中很好地识别手势。然而，由于只是一个人的训练数据，这个分类器可能不适用于另一个人的无标注的数据。如果在人群中即使是同一个手势也会有很大不同，便会出现上述情况。另一个可能导致推广失败的例子，是用从某种特定类型的硬件上收集到的加速计数据来训练分类器。如果将从其他类型的硬件上采得的加速计数据作为输入，这个分类器可能会失效。如果由于校准、敏感度或其他原因，不同设备记录同一现象的信息有所不同，便会出现上述情况。需要注意的是，研究人员要确保使用与目标相关的数据来训练分类器；尽管这一点很明显，但有可能出现一些以难以察觉的方式违反这一原则的情况。例如，如果一款人员追踪应用使用运动探测器数据来识别某人出现在某个房间里，而如果训练数据包含来自家庭宠物的运动探测器数据，则这个分类器将无法进行正确分类。

很遗憾，金标准数据的量通常较小；捕捉并且正确标注传感器数据流会非常耗时，也十分昂贵，尤其是当数据流涵盖多种类型或来自分布在各处的人群。但是，用户建模的目标是设计一种算法，既能正确分类现有的金标准数据，又能适用于现实世界传感器数据。用户建模所产生的一个问题叫作"过拟合"，即有可能做出或调试一个适用于金标准数据的分类器，但却不适用于目前不可见的数据。研究人员常常用交叉验证的方法来解决过度拟合的问题，具体见下文。

验证用户模型

交叉验证是指在一组训练实验当中，将一组数据分成几个子数据组，并且以不同的组合来构成训练和测试数据。每个序列叫作一"折（fold）"并与某个训练实验相呼应；所进行的实验的数目和折数相同。各折序列通常能囊括所有现有的标注数据——每个数据点会被放入测试集中一次，并在其他时间将其用作训练数据。一个具体的例子是10折交叉验证：金标准数据被平分为10个子数据组。一共进行10项实验，在每个实验当中采用9个子数据组来训练分类器。在训练阶段结束后，第10

个被"拿出来"的子数据组进行测试（在测试时，这部分数据中的标注对分类器是隐藏的）。最后，将分类器计算的结果与隐藏的实际标注进行对比，从而可以评估这个分类器的表现。常常可以对10项实验所产生的准确率进行平均值、方差等统计分析。

总体而言，折数的选择范围是从2到所收集的数据样本的个数，笼统称作"n折"交叉验证。无论n的值是多少，每个数据样本都只测试（分类）一次。一种特殊的情况是"留一交叉验证法"（LOOCV），这种情况发生在n等于数据样本数目之时。由于分类器必须经过n次学习，因而这种情况需要进行大量计算，这一过程所需的计算成本常常要比测试过程高很多。很多软件框架都可以自动化生成交叉验证的过程，如十分流行的WEKA机器学习工具包（Hall et al., 2009年）。

在用n-折交叉验证来训练和测试分类器时，很重要的一点是在交叉验证的过程中不能将任何信息从训练数据组"泄露"到测试数据组；即分配给训练数据组的样本应尽可能与训练用的样本不同。即使泄露的是无关紧要的信息，也有可能对分类器的精确性造成很大影响，而在实际应用这一技术时分类器便可能彻底失效。在实验中这种微量的泄露是如何发生的呢？一个具体的例子是：收集存储的传感器数据信息（例如，公寓空间内的温度信息）是当前读数与所有以往收集的数据点的总平均值的差值。在这种情况下，独立性被破坏；当金标准被分成n折以后，所给出的任何测试折都隐秘地通过共同平均数，与训练折发生关联。这样训练数据便在一定程度上"了解"了将要测试的数据。解决这一问题的方法是应仔细考虑所存储的传感器数据的表达，并且在计算跨折（或其子集）的统计数字之前，将原始数据样本就划分成折，以便进行交叉验证。

一些特殊的情况需要以独特的方式来给数据分组，以便实现应有的独立性。例如，在手势识别当中，最适合分折的方法是：将从不同个体收集的样本放到他们各自的折里。虽然这种情况下每个折所包含的样本数量可能各不相同，但却能够确保分类器所学习到的手势能够推广到未见人群而不是已知人群的未见样本。这一点能够帮助证明，当这种技术应用于一个新个体时是有效的。另一种特殊情况与数据流的时间属性有关：在某个时间点上从传感器中收集样本，通常该样本直接或间接地与其前后收集的样本有关。其结果是，当测试样本与某折或多折样本具有一致的时间关系时，将数据分成n折以后会出现特别好的结果。在这种情况下，可能更适合以天来分折，或者当某个时刻的样本作为测试集时，如使用过去一小时的数据样本作为训练集。WEKA等分析工具具有各种根据各类标准来将数据组分割成折的功能，在应用这些技术时会非常有帮助。

交叉验证本质上假定在离线的情况下，可以按要求反复以不同顺序获取所有数据。这种方法的一种常见应用是用多次交叉验证进行详尽测试，来生成分类器，使其具有固定参数，并且能够在真实测试环境下使用。例如，在情境感知应用中可以使用这种分类器。机器学习的文献中包括上述方法的各种不同变体，它们以各种方式放宽了所描述的方法的各种维度，以实现不同的效果、保持样本独立性，或解释不同类型的输入数据。有关利用机器学习方式生成分类器的问题，可以参见Langely，2000年；Domingos，2012年。

　　研究目标及研究人员所感兴趣的问题也会影响分类器的评价度量。衡量预测金标准的总体准确率似乎是一种自然的评价，但实际上根据系统最终的使用情况，这种方式可能并不适宜。例如，研究人员应不应该关注分类器是否准确判断了医生是否走进了检查室？99%以上的时间这种分类器都能做出正确判断，但如果目标是统计医生不看病人的时间，假阳性便可能是一种更重要的指标。与之类似，如果能在合理的时间范围内检测到每个动作（例如，用户什么时候走出去、生气、和孩子说话或吃东西），这就已经足够了，准确地检测具体时间可能并不重要；相关文献深入探讨了有关评价指标的问题（Ward, Lukowicz & Gellersen, 2011年）。最后，除了考虑指标预测的准确性，很重要的一点是也要考虑结果在统计学上的显著性。这些显著性数值能够帮助研究人员了解在小数据集上的算法改进，是否与在大数据组上的算法微小改进一样重要，在基于分类器的数据分析当中，这是一个常常被忽略的要素（另见Demšar，2006年）。

使用传感器的研究的报告内容

　　虽然收集有关参与者的数据流是一种非常有效的观察现有行为的技术（或者参与者适应新技术的行为变化），但是却需要经过详细规划才能将传感器数据整合到实验方案中。此外，在基于传感器数据流的研究成果报告中，定量分析应考虑到噪声传感器源、所感知数据的模糊性或传感器技术问题，因为这些问题可能会导致数据丢失、数据错误或出现误导性数据。描述完善的研究能够提供有关实验的充足的细节，让另一名研究人员能够重新展开研究并得到同样的结果。这些描述包括：

　　·硬件：应用了多少个以及什么类型的硬件？硬件采用什么样的模式？硬件组件是以何种方式配置的？组件采用什么模式？

　　·实验计划：传感器安放在何处？为什么选择那些地方？谁安装的传感器？硬件安装以后是什么样的环境？计划有变化吗？在哪一点上有变化？这对参与者有什么影响？实验是怎样结束的？硬件最后是怎样安排的？

　　·参与者知识：关于硬件和数据收集，参与者到底了解多少？是怎样告诉他们的？在研究中是否要求他们做一些与正常活动不同的，或是正常活动以外的行为？在进行研究的过程中，参与者与研究硬件的互动是否发生了变化？如何给参与者报酬？

• 实验执行：在进行研究的过程中透露了实验计划的哪些内容？这是否会使实验中断？对此进行了哪种类型的维护？维护了多少？

• 软件基础设施：数据是如何收集的？是否使用了专门用来收集数据的软件？软件有着什么样的配置环境？数据是怎样进行传输和保护的？是如何确保数据的完整性的？

• 分析：对数据进行了哪种分析？是在实验的哪个阶段进行的分析？能否给出一个所收集的数据的例子？在分析的过程中有没有做出改动？是否使用了专门的软件来进行分析？所使用的算法的参量有哪些？根据金标准，分析的准确性如何？为使方法成立还评估了其他哪些度量标准？分析是否具有统计学意义？

• 为什么做出这些而不是其他的选择？

个人经历：有关作者如何开始使用这种方法、是什么吸引他们使用这种方法以及此外他们还使用了哪些方法

在一项研究中，福尔达（译者注：本文的作者之一，故这一小节将大多采用第一人称）和同事组合使用了下列方法，该研究有关电子邮件在一个信息工作场所对个人多任务以及小团体信息流的作用（Mark, Voida & Cardello, 2012年）：

• 半结构化的采访；
• 调查；
• 个体"跟随"；
• 用日志记录电子活动（例如，桌面窗口切换）；
• 环境、社会及生理传感器。

我们收集了大量有关工作节奏、人际交流节奏以及工作场所使用的沟通渠道的数据。目的是将组织内的参与者平时情况下的行为与停用电子邮件一周的情况进行对比。（在所设置的电子邮件"假期"期间，我们将所进行的研究告诉了参与者的经理及同事，并告知他们参与者会在办公室工作，但无法通过电子邮件与其进行沟通。）

收集传感器数据流在研究的过程中十分重要，主要有三个原因。第一，我们想要收集尽可能多类型的有关这些个人在研究期间的工作实践的数据。我们对比用同一组传感器进行多次测量的差异，这样便可以检验工作的多个方面并观察工作实践上的不同。第二，我们能够收集的有关工作场所内的协作和多任务的更有趣的衡量标准——也是人们所知较少的——是参与者在工作日的压力水平。我们每天用商用心率监测仪收集成百上千次有关心率的信息以理解压力水平的变化。第三，研究场地和我们的研究所之间的距离大概有3000英里。为了收集足够的数据以使我们能够

得出有关工作实践的结论，我们需要从每天每个参与者在信息工作活动方面的变化来考察他们的工作行为，我们安装了传感器，然后连续几个星期用传感器来收集有关每个参与者的数据。这种方法大大减少了开展研究所需在行程和在场地所花费的时间方面的成本。

基于所收集的数据流，我们能够量化参与者每天进行各类活动的时间（基于观察台式计算机窗口变化的"虚拟传感器"），考察工作场所内社会关联的构成和强度（基于用社会计量铭牌所感知的面对面交谈），还能在使用或不使用电子邮件的两种情况下衡量压力水平的变化（基于商用心率监测仪上的数据信息）。在完成数据收集后，我们手动对所收集的事件流进行统计分析，以解释这些数据流。总体上，我们通过对这些事件进行以天为单位求平均值、方差分析、t检验及参数统计等分析方式，探究是否能由使用/禁用电子邮件干预、个体差异或其他因素来更好地解释我们在研究的不同阶段所观察到的事件频率或持续时间方面的变化。即使配备设备的参与者人数相对较少（$n = 13$），环境、社会及生理传感器在研究过程中也收集到了几百万个数据点。

我们研究的另一个重要方面，是我们将日志数据（每个参与者主要使用的台式计算机中记录的窗口变化）与研究者亲历的观察记录结合起来帮助标记传感器数据。这些非连续（但更清晰）的数据点让我们能够对所感兴趣的事件进行三角互证，还能帮助我们理解大量复杂的有关现实世界的传感器数据信息。目前，我们在尝试探究所收集的日志和传感器数据在多大程度上能被用于训练分类器，以便预测我们观察得到的多任务数据，传统上这种类型研究所谓"金标准"。这项研究的结果能够帮助我们弄清楚哪些数据流最有助于理解信息工作，此外，还有传感器在什么样的环境下能（或不能）替代基于民族志记事的实地调查研究。

在另一项研究中，帕特尔及其同事想要通过几个星期的连续观察，深入进行有关手机机主与手机之间的距离的实证调查（Patel et al., 2006年）。整项研究的目的是考察手机的方位是否适合用来代表机主的方位（过去文献中从未有过对这种假设的实证研究），了解机主离开手机背后的原因及对应用进行指导。这项研究混合使用多种方法，需要借助某种邻近度感知技术来收集数据。所使用的传感器是要求用户整天佩戴的使用电池的小型定制版蓝牙标签。这些标签会持续传输信标信号，手机则会根据无线电信号散播的时间来记录其与每个标签的距离。这种方法能够让我们持续记录用户与其手机之间的距离并且收集到用其他任何调查手段都收集不到的定量数据。由于经验抽样法（ESM）或让用户进行自我报告会改变用户日常使用手机的行为（因为用户需要拿起手机填写问卷），因此应采用自动感知。此外，我们从定量数据中能够找到应用机器学习技术来预测接近程度的可能性。最后，由于用户的行为改变仅仅是佩戴了蓝牙标签，并且在后续采访中没有出现反面的定性证据，我们有理由认为，在调查过程中用户有关其与手机之间的距离的自然行为并没有产生明显的变化。所产生的定量距离轨迹在使用混合方法的采访过程和最终分析中很有价值。

由于是在用户手机上记录日志，研究人员需要小心进行设计以使其不会影响到用户手机的正常使用。我们还设计了一个工具，能够每天以一分钟的间隔来显示人们与手机之间的距离。由于无法进行完美的传感（例如，会受到着装、在蓝牙标签与手机之间出现多个人、嘈杂射频环境等因素的影响），我们在采访参与者的过程中用一些视图来引导他们回忆一天的行为，这也是回顾性分析技术的一个具体的例子（参见《往回看：人机交互中的回溯性研究方法》）。他们可以携带记事本来帮助他们记录和手机分开的原因。结果表明，完美的传感并不是必需的。甚至仅仅根据传感器捕捉到的高层次的活动信息，参与者便可以弥补记忆的空缺、回忆他们的一天并说出他们是如何使用手机的。在许多情况下，我们发现参与者在真正看到他们的活动数据之前就已经回忆起了细节。如果将自动收集的传感器数据与根据传感器数据所进行的采访相结合，这将是一种研究行为细节及其背后原因的强有力的工具。它能在定量和定性研究结果之间进行平衡，而以单一的方法则可能很难实现这一点。几年后另一个研究小组重新进行了此项有关智能手机邻近性的研究，他们同样获得了成功（Dey et al., 2011年）。

在另一项的研究中，帕特森等人用便携式计算机里的各种传感器来考察并预测用户何时出现在某个特定的地方（Patterson et al., 2009年）。这项研究要求用户在他们的便携式计算机内安装一个软件，该软件定期让他们采用经验抽样法提供有关他们将在何处录入训练数据组（Larson & Csikszentmihalyi, 1983年）。由于地点是情境的一个核心要素，这一信息被用于改变特定即时通信软件上的用户状态信息，其中包括用户所选择的地名。这项工作的重点是在收集传感器数据的同时收集准确的地点数据信息，以便最终开发出信息充分的情境感知服务。虽然软件可能会影响参与者对其便携式计算机的使用，但却不太可能影响到他们的日常活动行为，而后者是研究的重点。这项研究需要花很大的精力去设计安装到参与者计算机中的软件以支持多种软硬件的设置。

结论与延伸阅读

传感器数据流能够为观察研究提供大量细致的数据并帮助人们理解行为或现象，而其他方法则几乎无法在同样的细节水平条件下研究这些行为或现象。在准备用这种方法来研究的过程中，需要进行详细计划，以确保使用、配置并管理正确的硬件。此外，按比例存储、处理及分析数据具有一定的技术复杂性及方法和统计的严谨性。最后，由于传感器通常不易被看到（或者在时间较长的研究中会被忘记）并且传感器所收集的数据会带来与隐私相关的风险，应以适当的方式告知参与者数据收集的范围和性质。当对这些问题都仔细进行处理之后，传感器数据流便能为严格的、可复现的研究提供基础，在将其作为对其他类型的数据收集方法的补充时，也具有很高的价值。

有关这些话题的延伸阅读，可以考虑以下已发表的文献，在本文参考文献列表中已用粗体字标出。我们在下方列出了这些文章在哪些方面会有所帮助，此外，它们在其他方面也都提供了大量信息，包括其使用传感器数据流的动机、具体的分析方法，此外还包括他们向研究群体提供结论的过程中应用这种研究技术的方式：

• 有关机器学习、分类及事件探测方法的更多内容参见兰利Langley（2000年）和Domingos（2012年）。用这种技术来解答具体研究问题的优秀实例参见Patterson et al.（2005年），Liao et al.（2007年），以及Horvitz et al.（2004年）。

• 有关数据处理与过滤的更多内容参见Krumm（2010年）。

• 有关参与者隐私管理的更多内容参见Langheinrich（2010年）和Klasnja et al.（2009年）。

• 自我为中心式研究的一个很好的例子参见Fogarty et al.（2005年）。

• 小组为中心式研究的一个很好的例子参见Choudhury & Pentland（2003年）。

• 基础设施为中心式研究的一个很好的例子参见Cohn et al.（2010年）。

• 有关传感器三角互证的一个很好的例子参见Mark et al（2012年）。

练习

1. 你可以使用哪些黄金行为标准来比较您对传感器流的解释？ 你认为必须有黄金标准吗？

2. 请对比可穿戴传感器与固定传感器（例如，在墙上）可以感知的行为类型？举例说明什么情况下更适合哪种传感器？

本文作者信息、参考文献等资料请扫码查看。

眼动追踪概述

Vidhya Navalpakkam

Elizabeth F. Churchill

表情是思想的写照，眼睛是心灵的窗户。

——马尔库斯·图利乌斯·西塞罗（Marcus Tullius Cicero）

当我们在脸前伸出手，我们看到的拇指大小几乎是最高清的。而当我们把手臂移往视野周边，视觉清晰度就大大下降。尽管如此，令人惊异的是，我们还是能轻而易举地感知、浏览、识别和追踪处理视野中的各种信息，这主要归功于眼球运动。由于外围周边分辨率受限，我们的眼球以每秒3～4次的速度迅速移动位置，来获取环境中有意思的视觉信息。大脑会将这些信息碎片实时地拼接在一起，以良好的视觉分辨率呈现周围世界的完整画面。眼球快速运动情况下出现的眼球注视方位的突然跳动叫作眼跳（saccades）。

通常认为信息处理发生在注视（fixations）[①]阶段，也就是眼球相对静止的时候。因此，注视是衡量认知注意力[②]和专注问题解决能力的一个良好指标，近来在知觉、认知和社会层面信息加工的研究领域引起了广泛兴趣。

在本文中，我们将简要介绍眼动追踪在人机交互中的研究应用。具体来说，我们将介绍如何使用眼动追踪评估人们感知、处理数字、计算机技术的图像信息和交互界面并与之互动的过程。此外，我们也将思考如何利用眼动追踪在技术辅助的环

[①] 除了眼跳、注视这两种常用于信息处理任务的眼动以外，还有追随运动（pursuit）、集散运动（vergence）、前庭运动（vestibular）。追随运动比眼跳速度更慢，发生在视线追踪移动物体的时候（White，1976）。集散运动发生在双眼互相靠近时，把视线聚焦到附近的物体上。前庭运动负责在身体或头部位移时，调整眼部来平衡保持对目标的注视方向。其他微小眼动还包括漂移（drifts）、微眼跳（microsaccades）。

[②] 注意力有两种类型：外显（overt）（注意力与视线方向一致）和内隐（covert）（注意力与视线方向不一致）。举例来说，在我们朝上看以集中精神的时候，眼睛视线的方向与所思所想并不一致。这就是内隐注意力。一些研究认为在大多数自然视觉条件下，注意力的焦点与视线方向相关。在下文中，我们把外显注意力一概叫作注意力。

境中更好地理解和支持人与人之间的沟通与协作。我们将简要地进行举例并且提出问题：眼动追踪如何能帮助我们理解人与人、人与机器界面的交互方式？

我们将简要介绍眼球的解剖结构，梳理当代常用的眼动追踪指标，探讨眼动追踪的优点和局限性，并举例说明如何有效地在人机交互研究中应用这一方法。

眼动追踪是什么？

眼动追踪指的是测量注视点（"我们视线的落点"）或者眼球相对于头部的运动过程。眼动追踪这种方法在近年来获得了广泛的关注，但其在19世纪就已经用于理解有意识和无意识的信息处理（如，Javal, 1990年）。早期的眼动追踪研究多是直接观察人们的注视。而如今市场上有许多可靠的技术供应商，他们提供一系列先进的眼动追踪技术，以及相关服务和软硬件产品。眼动追踪仪是测量眼球位置和眼球运动的装置，用于研究人类（灵长类）的视觉系统，可应用于心理学、认知科学、市场营销和产品设计等诸多研究领域。眼动追踪仪可以以不同的方式测量眼球运动，我们会详细介绍眼动数据的测量、收集和解读的方法，在此之前，我们先简要介绍下眼球的解剖结构以及获取眼动数据的各种方法。

眼球的解剖结构

人眼是不完全对称的球体，眼内充满了一种无色透明的胶状物质，叫作玻璃体。要理解眼动追踪，就要了解人眼的7个组成部分（如图1），包括虹膜（含有色素，呈不同颜色）、角膜（虹膜外的透明半球形结构）、瞳孔（虹膜中心的开孔，光线从此处进入眼内，呈黑色）、巩膜（眼白部分）、结膜（一层透明的不可见组织，但覆盖眼球中除角膜以外的所有部位）、晶状体（位于瞳孔和虹膜后，将入射光聚焦到眼球背面）以及视网膜（由眼球内侧的感光细胞组成）。

视网膜的中央是黄斑区，黄斑中间轻微的凹陷叫作中央凹，负责视力的高清成像。光波通过角膜进入眼睛，穿过瞳孔。瞳孔的大小会随着光的强度变化，光线强时，瞳孔收缩；光线弱时，瞳孔扩张。视网膜将光转化为电脉冲信号，视神经通过视觉传导通路将这些脉冲信号传输到大脑，到达大脑后部的枕叶皮质区。

视网膜中有两种感光细胞：视锥细胞和视杆细胞。中央凹的视觉来自其中紧密排列的视锥细胞，这些细胞只占视网膜感光细胞总数的6%，且需要充足的光线来形成清晰画面和细节内容。而视杆细胞占视网膜光受体的94%，需要的光线较少，形成的是模糊的、缺乏色彩的周边视觉。

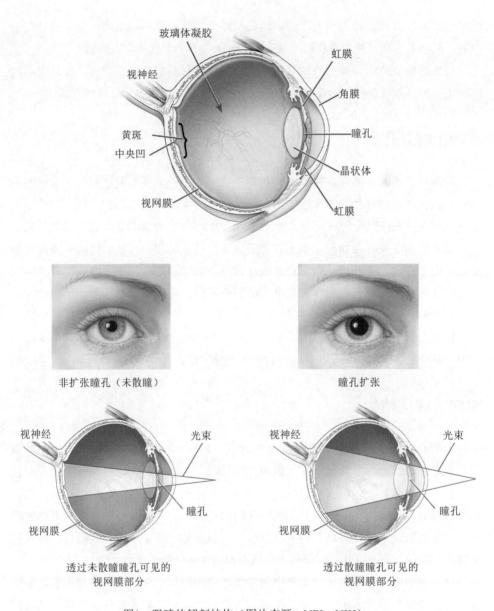

图1 眼睛的解剖结构（图片来源：NEI，NIH）

电信号到达大脑后，大脑将其解读或生成视觉图像，也叫作"视野"。视野是中央凹视觉（成像高清且色彩丰富）和周边视觉（成像模糊且色彩单调）的结合，这两者在概论中都有提及。周边视觉还可以在昏暗的环境中提供视觉信息。周边视觉对大幅度运动、颜色和形状的变化进行处理，如果需要中央凹视觉进一步检验的话，我们往往会转过眼睛和/或头部，让相关物体进入中央凹视觉来识别和行动。

想要了解更多关于眼睛解剖结构的内容，请参考理查德·格里高利（Richard L.

Gregory）的《眼睛与脑：视觉心理学》（*Eye and Brain: The Psychology of Seeing*）
和安德鲁·杜乔夫斯基（Andrew T. Duchowski）的《眼动跟踪技术》（*Eye Tracking
Methodology*），尤其是书中第二章关于神经基质的内容。

眼动追踪方法

既然眼动追踪被认为能够观察用户的注意力，那我们首先来讨论一下当前方法
的优缺点。眼睛的注视揭示了用户不为人知的许多方面，包括用户看了哪里，看了
多长时间以及观看的顺序。眼动追踪仪易于使用，多数商业眼动仪都有方便的数据
收集功能和数据管理界面，有的还内设有数据分析软件。[①]

眼动追踪方法能以高时间分辨率（约2～20毫秒/样本的采样速度）和高空间分
辨率（低于0.5°的精确度误差）追踪用户的注视。这种高时间和空间分辨率对于许
多领域都很有实用价值，包括诊断医学疾病障碍和判别用户查看网页搜索页面的方
式。就后者而言，这种方法能够了解用户查看搜索结果的顺序，在标题、URL链
接、摘要内容上花费的时间，这对于推断内容的相关性、搜索排序和搜索优化等应
用都非常关键。这一方法当前的局限性在于眼动仪价格昂贵（商用设备价格至少在
1万美元），以及研究规模往往较小（10～30名用户），而且都是在条件控制的实
验室环境中展开（这就涉及生态效度的问题，也就是说，研究结果是否可以推广到
真实情境中）。在本文结尾我们也会谈到，当前一些研究已经开始着手解决这些
局限。

眼动追踪方法自问世以来，已取得了长足的发展。在早期的注视（"注视行
为"）研究中，研究人员仅仅是录下研究受试者查看图片或视频片段的过程，之后
对录像进行手动评估，来大概了解注视的方向。自此之后，多种眼动追踪方法相继
出现，可以更为准确地确定注视的方向，包括：

（1）表面电极，眼电图（EOG）；

（2）红外角膜反射；

（3）基于实时摄影的瞳孔监控；

（4）巩膜电磁追踪线圈。

---

① 许多公司提供眼动追踪研究的硬件和软件，不仅用于实验室，也用于受控桌面或可移动环境的研
究。知名公司包括由温弗里德·泰维斯（Winfried Teiwes）博士和他的学术导师于1991年成立的SMI
（SensoMotoric Instruments）、由约翰·埃尔维斯（John Elvesjö）、亨里克·埃斯基尔森（Henrik
Eskilsson）和马丁·斯科戈（Mårten Skogö）于2001年成立的拓比科技公司（Tobii Technology），由
卡尔·弗雷德里克·阿灵顿（Karl Frederick Arrington）博士于1995年创建的阿灵顿研究所（Arrington
Research），也是麻省理工学院技术转化计划的一部分。其他的公司包括应用科学实验室（Applied
Science Laboratories, ASL）、EyeTech、Mirametrix、视觉机器公司（Seeing Machines）和SR。还有一
些公司提供基于网络摄像头的眼动追踪解决方案，如GazeHawk和eye-track Shop。

　　这些方法的效用和身体侵入性各不相同。眼电图有助于测量眼跳反应时，但是不适合测量位置；巩膜电磁追踪线圈能确保高空间分辨率（0.01°）时间分辨率（1000Hz），但是要侵入研究受试者眼部，佩戴体验并不舒服，所以除了在临床实验外，并不是最佳选择。这些方法也区别在研究受试者的头部是否可以自由移动。一部分设备通过前额托、咬合棒等固定受试者头部，来确保眼睛位置的稳定。此外也有设备允许受试者头部自由移动，并通过头戴式磁性或实时摄影设备来追踪头部移动。

　　图2为当代眼动追踪设备示例：（a）头戴式可移动眼动追踪仪，眼动追踪眼镜（图片来源：Tobii拓比科技）；（b）台式远程眼动跟踪仪（图片来源：Tobii拓比科技）；（c）移动和个人设备端的眼动追踪设备（图片来源：Tobii拓比科技）；（d）眼电图电极（图片来源：犹他州医学院）。

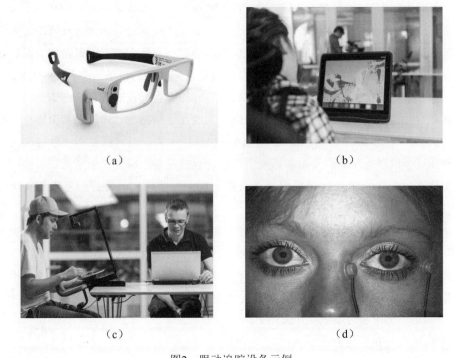

（a）　　　　　　　　　　　　　　　（b）

（c）　　　　　　　　　　　　　　　（d）

图2　眼动追踪设备示例

　　随着轻量化、可移动、高分辨率和红外网络摄像头等新技术不断涌现，计算机视觉技术不断进步，眼动追踪方法也在不断发展。基于桌面和实验室的眼动追踪设备设计精良、轻巧舒适，已然成为产品可用性分析实验室、心理学和视觉科学实验室的标配。此外，摄像头和录像技术不断进步，可移动眼动仪能够追踪记录人们在探索现实环境时的注视，帮助研究人员调查复杂环境对眼睛注视的影响，以及眼睛注视在面对面和技术辅助的人际互动中的作用。例如，在葛格尔（Gergle）和克拉克（Clark）（2011年）的研究中，可移动眼动追踪技术被用来调查现实情境中的人际协调和交流。研究结果指出，在同一地点的情境中，相对于固定坐着交谈的两个人来说，两个边移动边对话的人往往会使用更多局部指示词来指代物体（例如，"这个""这些"），而且注视重叠更少。

最后，基于网络摄像头的眼动追踪有望推动大规模研究的开展，用来采集数十万人在自然状况下的注视模式。现在越来越多的设备都安装有网络摄像头，数据收集和分析软件也配备完善。这意味着可以把眼动追踪变成一种易用的网络服务，摄像头捕捉到的眼动视频会发送到云端架构的服务器，服务器从视频中提取眼睛位置，分析眼动追踪数据，并将分析结果发回用户设备，这样在低算力的移动设备和电话上也可以使用眼动追踪。眼动追踪作为网络服务价格低廉，可能会催生一些有趣的应用，如在使用联网或有网络摄像头的设备（无论大小）时，可以用眼动取代手动来控制滚动、滑动、浏览、输入和游戏，这些设备可以是智能手机、平板计算机、笔记本计算机和台式计算机。更重要的是，运动障碍患者可以借此实现与计算机和移动设备的交互。但问题是，当前这些方法的准确度仍然较低，还未达到高精度商业眼动仪的规格。所以，眼动追踪的准确度和规模程度尚不能兼得。但总的来说，摄像头等高分辨率、廉价、轻巧和可自定义配置的传感设备越来越多，而且准确度也在不断提高，所以研究人员能够越来越多地使用价格低廉的眼动追踪设备。

在收集眼动追踪数据的过程中，时间采样和空间注视点的分辨率因眼动仪的类别和型号而异。如今，眼动仪的价格越低意味着准确度越低。博拉斯顿（Boraston）和布莱克莫尔（Blakemore）（2007年）列举了不同方法的时间采样差异，并指出技术一直在不断改进。在该论文发表之时，瞳孔和瞳孔-角膜眼动追踪仪的采样率一般在50～2000Hz（即以0.5～20毫秒/样本的速度对眼睛位置进行采样）；中央凹的直接追踪速度高达200Hz（5毫秒/样本）；空间分辨率在0.005°（Clarke et al., 2002年）到0.5°视角，如果直接追踪中央凹则大约在0.1°（Gramatikov et al., 2007年）。事实上，目前可用性研究对屏幕像素水平的准确度要求相当高，因此，为了评估设备的可用性，研究人员（Johansen et al., 2011年）对眼动仪开展了一系列的测试，对比了开源远程眼动追踪系统和最先进的商业眼动仪。两种设备跨时长的追踪测量都比较稳定，但是商业眼动仪的像素级别显然更高。研究结论指出，在可用性研究中，如果不需要分辨研究受试者查看的特定单词或菜单选项，低成本的眼动追踪设备可以代替昂贵的设备。如果研究的重点是较大的目标兴趣区，例如，研究受试者观察空间中的某个物体或人，那便宜的设备就足够了。

当前最常用的是视频眼动追踪仪，也是一般意义上最常被提及的方法。多数商业眼动仪都使用高变焦红外摄像头来捕捉眼睛的高分辨率图像，之后从图像中提取兴趣点，如瞳孔中心和角膜反射，以定位用户的注视点或者眼睛位置（Goldberg & Wichansky, 2003年）。为了确保眼睛位置（位于眼睛成像上）对应于用户注视位置的内容（例如位于屏幕上），研究人员会要求用户看向显示器上的各个点（通常是3×3网格），这个简短的过程叫作"校准"，这样就建立了两个坐标系（人眼图像上的瞳孔中心/角膜反射，以及屏幕上呈现内容的坐标）之间的对应关系。校准完成后（高精度一般在0.5°误差之内），研究就可以开始了。

要确保校准的准确度和可靠性，一般需要遵循以下做法。首先要确保眼睛的初始视野良好以及广角扫视的可靠精度（尤其是对于戴眼镜的研究受试者），并且使用与测试刺激物距离相近的校准网格（例如，不要先在墙上校准，然后在旁边的显示器上测试，反之亦然）。其次要确保校准网格能够覆盖受试者实验中的视觉边界，并且在校准和研究过程中，要求受试者移动眼睛，保持头部不动。

采用上述方法获得眼动追踪原始数据后，要对数据进行解析以得出各种测量指标，如注视（眼睛位置的短暂停顿，平均持续200～250毫秒）和眼跳（快速眼球运动）。多数商业眼动仪都带有配套软件，用于提取注视和扫视，并输出连续的注视序列（带有时间戳、坐标、持续时间以及对应显示器上所呈现内容）。这些结果是眼动仪自动生成的，所以我们在这里就不再讨论计算方法，感兴趣的读者可以参阅（Salvucci & Goldberg, 2000年）来详细了解具体的算法。

接下来，我们将重点介绍从眼动记录中推断有用信息的过程，包括如何定义显示器或界面上的"兴趣区域"，并分析这些区域内的眼动。测量兴趣区域的常用指标是注视时长（用户注视视觉场景某一部位的停留时长）、注视次数（用户注视视觉场景某一部位的频率）、注视顺序（用户注意到视觉场景不同部位的顺序）以及不同兴趣区域之间的注视转换（用户从一个兴趣区域看向另一个兴趣区域的频率）。图3显示的是用户的注视顺序，以及过程中间零散出现的眼跳。

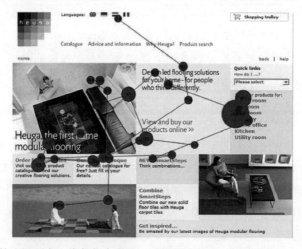

图3　单个用户的注视顺序，线条代表眼跳，圆圈代表注视。圆圈的大小与注视时长成正比

（来源：Nielsen & Pernice, 2009年）

眼动追踪测量的是什么？这个方法能够回答什么问题？

注视源于感知的显著性和关联性，以往经验决定了注视的内容是重要或有用的（Loftus and Mackworth, 1978年）。根据知名的"眼-脑"假设（Just & Carpenter, 1976），眼睛是通向用户大脑处理内容的窗口，可以"动态追踪个人注意力在视觉场景中的运动轨迹"。不过也有报告指出这个假设并非绝对（例如，在内隐注意的情况下，用户的注意力焦点和眼睛注视的位置并不一致）。但是在多数自然的观看场景中，还是认为注视反映了用户当前的注意力焦点以及对注视目标的认知加工程度。

在当代研究中，"热点图"常用于汇总多个用户的眼动追踪结果。图4中的热点图清楚地显示了用户的阅读习惯是F形，以及他们对信息列表的关注。

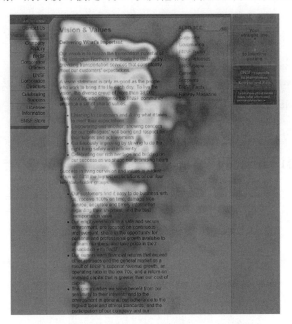

图4　F形热点图示例[来源：尼尔森诺曼集团（Nielsen Norman Group）]

热点图用不同的颜色代表用户的注意力/兴趣水平，这种方法很常用，但也有许多其他方式呈现和解释注视。Duchowski（2002年）阐述了眼动追踪分析的三个历史发展阶段。第一阶段是1879—1929年，这一时期的关注重点是眼动的心理生理特征，主要研究眼部的运动特征，如眼跳的延时反应时。第二阶段正值研究人类行为的行为主义运动盛行时期（1930—1958）。第三阶段的重点是开发技术和更为精准可靠的系统。Mele和Federici（2012年）全面综述了眼动追踪的研究动向，并提出了眼动追踪研究的"第四阶段"：这一阶段更为注重神经、认知和社会心理学以及社会学等多学科的合作，来综合理解对于不同情境下眼动的重要性和相关性。

下面我们将进一步细分眼动追踪这种方法在不同学科的应用。很多应用在人机交互文献中并没有直接提及，但是却能够让人更好地理解这一方法的重要作用。

视觉科学（神经科学/心理学）

眼动追踪已经广泛应用于注意力的感知和认知过程研究（如视觉搜索、记忆、场景感知）。对于注视点，我们可以想象它是被特定场景的视觉特征"牵引"到某一位置，或者经由我们的经验、意图等认知因素"推送"到该位置（Henderson，2003年）。例如，一个色彩明亮丰富的场景能够吸引眼球可能仅仅是因为这些视觉特性，这里的注视反映了人脑的低水平加工。而且注视位置与非注视位置的图像统计分析显示，注视位置图像像素的边缘密度更高、亮度对比度更高、图像显著性也普遍更高（Reinagal & Zador, 1999年; Parkhurst & Neibur, 2001年; 参考Itti & Koch, 2001年）。然而在更高水平的加工层面，用户可能更关注与当前任务和目标相关的场景区域，这些区域在视觉上也许并不突出。因此，注视区域和非注视区域的图像统计特征和语义内容都不相同（Henderson, Brockmole, Castelhano, & Mack, 2007年）。这个方面继续研究的重点是弄清楚刺激对注视的吸引程度以及认知过程对注视的推动程度。读者可以阅读Hayhoe和Ballard（2005年）全面了解自然行为中的眼动。

计算机视觉：注视的感知模型

研究人员根据眼动追踪的结果开发了一些计算模型来预测用户对图像和视频的注视。这些模型根据视觉特征（如颜色、方向、大小、亮度、运动等）的差异来计算图像区域的视觉显著性或局部吸引力，其中（伊蒂和科赫，2000年）的显著性模型广受欢迎，该模型是基于灵长类动物的视觉皮质功能开发出来的。其他方法还包括：

• 基于贝叶斯定理的视觉"惊喜"，即对于世界上的视觉特征分布，计算先验和后验假设之间的概率差异（Itti & Baldi, 2009年）；

• 基于信息论的测度指标（Bruce & Tsotsos, 2009年; Zhang et al.，2008年）；

• 使用机器学习的分类来区分图像中的注视位置和非注视位置。

这些模型在预测用户对图像和视频的注视上相当准确，尤其是观看的前几秒。因此有望用于评估网页设计和广告的视觉吸引力。

除了单纯基于图像属性的视觉注意模型外，研究人员还尝试基于用户对世界的了解建模。例如，人们在寻找汽车或行人时，往往会查看图像下半部分中的显著物体，因为街道最有可能出现在这个位置。所以，注视受到了视觉显著性以及场景有关经验的双重影响。托拉尔巴（Torralba）及其同事研发的注视模型就同时考虑了这两个因素，能够更准确地预测用户在自然场景中的注视点（Torralba, Oliva, Castelhano, & Henderson, 2006年）。

对于注视预测模型的研究来说，将低层次的图像显著性与高层次的图像语义和用户意图结合起来始终是一大难题。纳瓦尔帕卡姆（Navalpakkam）和伊蒂（Itti）的一系列研究（2002年、2005年、2007年）对这个方向进行了初步探索，并改进了具体视觉搜索任务下的模型。此外，也有观点认为注意和眼动策略可以优化人在视觉任务中的表现（Najemnik & Geisler, Nature 2005年；Navalpakkam & Itti, Neuron 2007年；Renninger et al. 2007年；Stritzke et al.，2009年），因此越来越多的研究者开始基于此观点建模。

心理学：阅读行为

阅读过程中的眼动研究由来已久，可以追溯到19世纪下半叶[参见Rayner（1998）的综述]。研究人员用眼动追踪来对阅读时的认知过程进行关键分析。例如，在阅读英语时，人的注视时长大约200～250毫秒，平均眼跳距离为7～9个字母。有意思的是，眼睛会跳过很多单词，所以不必对每个单词进行中央凹处理。单词长度越长，注视点停留的可能性也越大（Rayner & McConkie, 1976年）。随着文本概念难度增加，注视持续时长也会增加，眼跳距离会缩短，而且回视眼跳的频率会增加（Jacobson & Dodwell, 1979年；Rayner & Pollatsek. 1989年）。

语言处理

就方法而言，人们往往下意识把目光投向谈话中提及的目标对象，这对于研究在线语言处理来说是非常重要的依据。例如当说话者提到某个对象时，观众往往会看向对象所在的场景区域。因此，注视就相当于是一种指示或对应（Ballard, Hayhoe, Pook, & Rao, 1997年），将语言理解等认知过程锚定到现实世界中的实体上（Henderson & Ferreira, 2004年；Tanenhaus, Spivey-Knowlton, Eberhard, & Sedivy, 1995年）。

神经科学：医学症状/异常

眼动追踪还可以用于检测一些医学症状或异常，例如自闭症和注意力缺陷障碍。肯纳（Kanner）最初在解释自闭症时，强调了这一病症的社会和情感因素，并用眼动追踪数据予以支持（Kanner, 1943年）。研究中最常用的刺激物是人脸照片，不过也会使用社交录像带、人声和抽象动画。正常成年人在查看人脸时会主要注视眼睛，但也会注意鼻子和嘴巴，也就是所谓"核心特征"（Walker-Smith et al., 1977年）。而自闭症患者较少注视眼睛（Pelphrey et al.，2002年；Dalton et al.，2005

年），而是更多地看向嘴巴和身体以及场景中的其他目标。因此，眼动追踪可以用于诊断和理解自闭症患者的认知过程（Klin et al., 2002年）。

市场调查

眼动追踪已广泛应用于市场研究，以评估产品设计，了解广告对品牌、标识和产品的显著性和易记性的影响。常见的方法是开展对比实验，来判别最吸引注意力的广告设计（例如Lohse, 1997年），并追踪互联网用户是否会查看网站上的横幅广告（Burke et. al., 2005年）。例如，最近的一项研究使用眼动追踪来检验设计的视觉显著性及其感知价值对用户选择的相对影响（Milosavljevic, Navalpakkam, Koch and Rangel, 2011年）。

人机交互（HCI）

在人机交互领域，使用眼动追踪这个方法有多种目的：
- 了解显示界面上用户的注意知觉（用户注意到什么）；
- 了解注意力的认知方面（用户关注什么或花时间处理什么）；
- 了解注意力的社会方面（例如，人际互动中的相互注视，稍后会做更多解释）；
- 将注视作为输入方法，取代键盘和鼠标。

我们将在下一部分概述这些不同实例。

眼动追踪在人机交互中的多种应用

多年来，研究人员研究了人在驾驶、飞行和查看X光图像时的注视模式。最近，越来越多的研究人员使用眼动追踪来了解桌面和手持设备上用户查寻、搜索和浏览信息的过程。从眼动录像推断有用信息的过程中，研究人员需要确定所评估的显示屏或界面上的"兴趣区域"，并分析这些区域内的眼动。之后使用热点图和前文提到的注视时长等指标来客观评估具体界面元素的可见性、意义和位置，研究结果有助于改进界面设计（Goldberg & Kotval, 1999年）。例如，人机交互中的可用性研究往往使用注视热点图和注视顺序来评估网站和设计（Neilson and Pernice, 2009年）。达比什（Dabbish）和克劳特（Kraut）（2004年）也用眼动追踪来评估注意分布，以便更好地理解协作任务中的意识。

眼动追踪还可以用来研究人们的网络搜索行为（Granka and Rodden, 2006年；Cutrell and Guan, 2007年）以及鼠标追踪和眼动追踪之间的关系（Rodden and Fu, 2007年；Rodden at al., 2008年）。例如，罗登（Rodden）等人发现了几种不同类型的眼动-鼠标协调行为，包括鼠标随机移动且与眼动毫无关联，鼠标停留在页面某个位置上，使用鼠标标记某些重要内容，鼠标随眼睛垂直移动或者偶尔水平移动。在最近的一项研究中（Huang and White, 2012年），研究人员发现眼动轨迹和鼠标轨迹之间的相关性会随着页面加载时间而变化，并尝试从鼠标位置来构建眼位置模型。我们的一项研究（Navalpakkam and Churchill, 2012年）也发现注视和鼠标的轨迹模式可以预测用户何时存在阅读困难。考虑到鼠标追踪可以实现规模化（而且跟眼动追踪不一样，不要求用户佩戴特殊设备），所以研究热点开始着力于通过鼠标追踪与眼动追踪的相关性来了解用户注意力和其他行为。当然，其他一些眼动追踪新技术也具有较好的规模化水平（例如，嵌入式笔记本计算机摄像头和网络摄像头），但如上所述，这些技术精确度较低，而且还存在一些挑战。如果基于网络摄像头的眼动追踪能够顺利实现，将对人机交互和其他领域（广告、网页优化、市场研究）的研究带来深远的影响。

眼动追踪还有助于研究社会互动和人际对话。社会学研究人员通过视线来了解相互注视在社会组织过程和社会互动中的作用（Goffman, 1984年；Goodwin, 1984年；Kendon, 1967年；Argyle & Clark, 1976年）。戈夫曼（Goffman）特别指出，注视在发起和维持社会交往的过程中发挥着关键的作用，他称这是"视线的自然交汇（"eye-to-eye ecological huddle"）会被对话参与双方小心地维护来最大限度地监控彼此间的感知"（Goffman, 1964年，第95页）古德温和肯顿详细地记录和阐释了人们在对话中采用视线变动来进行话轮交接中使用注视的方式，以及在对话中或对共享资源进行具身相互定向的方式。在人际交流中，视线有两种使用方式：

• 作为理解的"手段"（例如，消除面对面对话中话语的歧义（Henderson & Ferreira，2004年；Tanenhaus，Spivey-Knowlton，1995年）；

• 作为理解的"先决条件"，视线可以充当面对面交流中注意力和意图的明确信号（Hanna & Brennan, 2007年）。

眼动追踪不仅可以用于确认人们在视频会议中的成功相互注视，甚至还可以运用到合成角色和屏幕虚拟角色身上（Steptoe et al., 2009；Roberts et. al., 2009）。

在计算机支持协同工作（CSCW）领域，眼动追踪也用于了解和支持技术中介环境中的人际交流，不仅有助于更好地理解这个过程，也可用于设计和开发协调和协作的支持系统。例如，福塞尔（Fussell）及其同事研究发现，视线转移能够极大地支持远程协作场景中的沟通和协调（即将说话者的注视转移或投射到听众的系统上，来与听众分享说话者的视线），注视转移（例如：Fussell, Setlock & Parker, 2003年；Ou, Oh, Fussell, Blum, and Yang，2005年）。进一步研究（Ou et al., 2005年、2006年和2008年）则使用注视预测了视觉环境中的注意力焦点和注意力分布。

在以往研究的基础上，研究人员最近开始在移动环境下同时对两个人做眼动追踪（双人眼动追踪），以了解主动性、引导和跟随模式、注意力、歧义消除、协调失败等情况（Gergle & Clark, 2011年；Brennan et al., 2008年；Cherubini et al., 2008年；Jermann & Nussli, 2012年）。Richardson等人（2007年）一文中讨论了这个热门的研究课题以及双人（甚至更广泛意义上的多人）眼动追踪过程中出现的一些方法问题。

最后，尽管近期研究致力于传统的网页交互，但是也采用了眼动追踪的方法来探究人机交互的模式，并着重于社会参与而非认知信息处理的视角（Moore and Churchill, 2011；2011）。

眼动追踪不仅可以用于评估人与设备的交互以及技术辅助的沟通（例如，视频会议中的人际沟通），还可以作为自适应界面的输入方法（Jacob & Karn, 2003年）。实验表明，用注视来选择是可靠的输入/选择方法，甚至比用鼠标更为快捷。2007年，奥耶科亚（Oyekoya）通过实验证明，注视可以用于视觉搜索任务的选择，而之前使用鼠标完成视觉任务的经验可以产生"训练效果"（Oyekoya, 2007年）。迈乐和费代里奇通过研究辅助技术和所谓"心理技术"（Mele & Federici, 2012年）总结了眼动追踪技术圆满实现注视输入的一些机会点。

如何着手：良好的研究包括哪些方面？

眼动追踪与其他方法一样，要用于理解用户行为的话，首先要有清晰的实验设计。[①]我们以下举例介绍眼动追踪研究涉及的主要方面（Navalpakkam, Rao, and Slaney, 2011年；Navalpakkam and Churchill, 2012年）（详细内容参见Duchoswki, 2007年）：

（1）假设：提出明确的虚无假设和备选假设，设立研究动机并陈述假设的前提条件。

例如，在我们的案例研究中，动机在于了解网页上的干扰因素对注视模式的影响；虚无假设$H0$是注视模式不受网页上的干扰因素影响；备选假设$H1$是用户看干扰因素的时间更长；第二个备选假设$H2$是用户看网页内容的时间更长。

（2）设计：确定做观察研究还是实验研究。如果是后者，则设计对照组和实验组来检验假设；确定自变量和因变量；在保持其他变量基本不变（避免出现干扰因素）的情况下，改变自变量的值，衡量对因变量的影响。同时确定采用被试内设计还是被试间设计。不同研究受试者在同一任务的眼动可能会有所不同，所

---

① 有关实验设计的更多详细信息，请参阅本书中有关人机交互实验性研究的章节。

以使用被试内设计更为妥当，有助于进行有效的结果对比（Goldberg & Wichansky，2003年）。

在案例研究中，对照组在网页上没有看到任何干扰因素；实验组1看到中度干扰因素是位于页面右上角的内容无关的静态图；实验组2看到高度干扰因素是位于页面右上角的内容无关的动画，如图5所示。研究采用了被试内设计，实验条件的顺序是随机选择的，来保持熟悉感和疲劳感的平衡。每位受试者看了3篇文章（选自英语流利性测试），每篇文章随机搭配一种图像类型。每篇文章有300～400个单词，并附有5个事实性/主题性多项选择题（以确认用户确实阅读了文章并按照要求完成了任务）和2个主观问题，主观问题要求受试者对自己的用户体验愉悦程度按照1～5打分。

在本研究中，自变量是受干扰程度（对照组为"无"，实验组1为"中等"，实验组2为"高"）。因变量包括用户看网页内容和干扰因素的时间、相应的注视次数、首次注视的时间以及用户自身报告的体验愉悦程度。

图5　图中展示了对照组（无干扰）、实验组1（弱干扰）和实验组2（强干扰）的实验设计

资料来源：纳瓦尔帕卡姆等人，2011年。

（3）任务描述：分配给受试者的任务是什么？他们是在随意地查看显示屏幕，还是在执行任务，如搜索显示屏幕中的特定对象？任务描述是眼动追踪研究的关键一部分，其重要性在一项经典研究中（Yarbus，1967年）有详述。该研究表明，在观看一幅画时，如果其他条件不变，用户的眼动是受其任务影响的。

眼动数据表明，当用户的任务是确定画中人物年龄，他们会注视人脸，如果任务是评估这个家庭的经济条件，他们会注视人物衣着、家具以及视觉场景中的其他特征（如图6所示）。在我们的示例研究中，受试者的任务是阅读理解——"阅读网页上的文章并回答随后的问题"。我们研究的目的是测试网页上干扰因素对注视的影响，参与者对此并不知情，这样就可以避免受试者因知晓研究目的而可能出现的行为偏差。

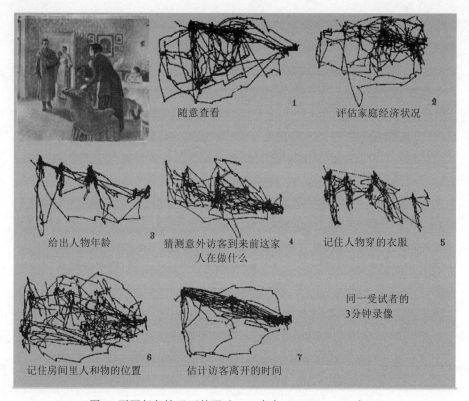

图6 不同任务情况下的眼动——来自（Yarbus, 1967年）

（4）受试者、仪器和程序：良好的眼动追踪研究要包括以下内容：受试者描述（例如，人数、年龄组、性别、人口统计）、报酬或激励形式（是否基于表现给予额外奖励？）、所用仪器（眼动仪模型、监视器分辨率、显示器可视角度、校准精度）以及研究程序（研究前说明、研究流程、任务后反馈）。

该案例研究中有20名受试者（8名女性、12名男性，都是美国居民），年龄段为19～60岁，正常或矫正视力。参与者英语流利（包括口语和书面语），已完成或正在接受本科教育。在任务执行过程中，我们使用的是拓比1750眼动仪（50Hz采样频率）和17英寸液晶显示器（分辨率1024×768）来记录受试的注视模式，屏幕的视距约为85厘米。我们收集了眼睛和鼠标移动的数据记录。

受试者的报酬如下：参与研究15美元，此外，每答对一个问题会额外得到1美元（每篇文章5个问题×3篇文章）。在数据清理过程中，3名参与者被排除，原因如下：校准不佳（2人的头部没有保持在正确的位置）、注视时间或注视次数异常（1名参与者超过了3个标准差）。

该项研究在屏幕上进行5点校准程序后显示任务说明，接下来是一篇配有动画的练习文章，帮助受试者熟悉阅读理解测试中的任务、图像类型和问题形式。在练习之后，受试者会依次看到3篇文章，随机配有静态图或动画，或者没有配图（即，随机顺序呈现对照组，实验组1和实验组2）。在研究结束时，受试者会基于任务表现获得报酬。

（5）分析：眼动追踪研究的最后一部分是良好的结果分析。眼动追踪数据可以进行定性分析（例如，热点图可视化、观察人们注视的位置）和严格的定量分析。定量分析包括确定兴趣区域、提取每个兴趣区域的指标，如注视次数、注视时长、眼跳次数、首次注视时间以及返回眼跳次数（叫作"回视"，表明用户感到困惑或受到干扰）。在后文关于挑战的部分也将提及这一点，确定用于分析的兴趣区域（AOI）十分复杂，尤其对于动态和/或长时的任务。如果是稳定的2D图像的话就会容易许多，因为需要分析注视的兴趣区域都是预先确定的。如果想要了解"用户接下来看向哪里"，可以根据注视点随时间的位移来计算转移概率$P(x, y)$，也就是用户从注视显示屏上的刺激或位置"x"随后看向刺激或位置"y"的概率。纳瓦尔帕卡姆等人的研究（2012年）使用了上述的眼动追踪指标和分析，来理解及模拟图像的存在与否、位置坐标、用户兴趣对用户关注和选择网络新闻内容方式的影响。我们下面举例介绍其他常用的分析方式，如热点图和注视指标。

图7和图8表明，随着网页上的干扰因素增加，用户处理页面内容的时间也更长了。鼠标的轨迹也呈现类似的结果。为了便于比较，我们将多个受试者的热点图互相叠加在网页图上，但要注意的是，在"没有"干扰因素的情况下，页面右侧没有图。

研究结果中很有意思的一点是，用户看页面的时间更长并不一定是好事。我们发现，在干扰程度较高的情况下，用户看页面的时间更长，但是他们表示感觉更厌烦（愉悦程度得分很低）。眼动追踪数据分析显示，时间增加是因为用户阅读困难，由于页面上存在高度干扰的图像，用户处理内容信息需要更多的认知努力。例如，在图8中，用户最早注意到干扰性强的动画（图8c），但是也是最快抵抗了干扰（图8b），而且用户处理和重新阅读页面内容的时间也更长了（图8a），这表明用户阅读困难。作者进一步证明，这些眼动追踪模式能够精准地预测用户的挫败感，请阅读论文了解更多细节（Navalpakkam, Rao, Slaney, 2011年）。

图7　热点图示例（来自Navalpakkam, Rao and Slaney, CHI 2011年）

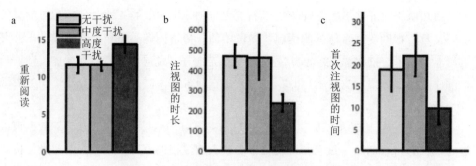

图8　干扰因素研究中的眼动追踪指标示例

（6）阐明假设：最后，研究人员要阐明基于数据得出的结论所依附的前提。例如，一个常见前提条件是，用户查看页面上某一项内容的时间反映了该项内容上的用户注意力和认知处理程度，时间越长，意味着注意力和认知处理程度越高。之前已经提到，这个前提适用于多数情况，但是有时候注视和时长与用户的认知处理程度并不相关。例如，有时候，人们在集中精神或深度心理活动的时候会抬头向上看。所以，研究人员有必要检验注视方向、焦点和时间是否存在相关性这一前提，避免过度概化。

当前的挑战

现代计算机界面的动态性对于注视研究来说是一种技术挑战。例如，界面上有弹出消息和动画图形，用户可以自主移动和浏览内容，内容对象也可以在屏幕上移动或者移出2D屏幕之外。这样就很难定义兴趣区域。如果仅仅知道一个人注视的是显示屏幕中心上方10°和左侧5°的位置，我们无法确定这个人看的是计算机界面上的哪个对象，除非我们追踪屏幕呈现内容的变化。分析人员在研究动态内容呈现的时候一定要特别关注这一点。如今，眼动仪供应商出售的软件包里有了可定义并可随时间变化的兴趣区域，但是这往往也是事后处理生成的。Gergle 和 Clark （2011年）一文中提出了另一种解决方案，那就是使用"兴趣对象"而非静态的兴趣区域来把眼动追踪和视觉追踪技术结合起来。

结论

现代计算机的界面在不断缩小（从台式机到笔记本计算机到平板计算机，再到手机），并且移动性越来越好，所以我们很有必要了解用户在世界各地移动时是如何处理信息的。新的技术不断涌现，例如基于网络摄像头的眼动追踪技术前景广阔，非常令人期待，但是我们还要解决校准和精确性方面的问题（这往往因为用户和设备之间的距离变化、头部姿势变动、光线条件的不同而相当困难）。

最后，Chi及其同事（2009年）讨论总结了在理想条件下眼动追踪方法应该具备的要素：

（1）准确度；

（2）可靠性；

（3）稳健性；

（4）非侵入性；

（5）可以实现头部自由移动；

（6）无须事先校准；

（7）实时反应。

我们再补充几点：动态性；允许研究参与者的移动；可规模化。

目前还没有一个系统同时具备以上所有要素。考虑到系统仍然需要校准，而且准确度和非侵入性、准确度和可扩展性都不可兼得。然而，随着摄像头技术不断升级，移动眼动仪支架越来越轻便，我们有信心未来会出现更强大的眼动追踪技术。届时，我们就能更为精准地辨别和评估注意力水平、兴趣水平以及对认知和社会互动的调控程度。

练习

1. 与常规实验不同，眼动追踪实验必须从什么开始？ 要如何进行实验？

2. 什么时候眼睛的方向不能很好地指示人们正在看什么或想什么？ 如何将这些与"真实"感知区分开来？

本文作者信息、参考文献等资料请扫码查看。

通过日志数据与分析来了解用户行为

Susan Dumais

Robin Jeffries

Daniel M.Russell

Diane Tang

Jaime Teevan

人机交互日志数据与分析概述

行为日志是指通过传感器记录到的用户行为痕迹。这些行为包括从基础的按键行为到用音频和视频记录下的复杂活动。自20世纪30年代[斯金纳（Skinner），1938年]起，心理学研究就开始对行为痕迹进行收集。随着计算机应用程序的出现，收集各种各样的交互行为并以日志文件的形式保存起来，用于后期分析成了一种常用方法。近年来，基于网络的集中式计算使得人们能够以前所未有的规模获取大量人类与网络服务的交互数据。在大规模日志数据的支持下，人机交互研究人员能够观察信息是如何在突发事件中以近乎实时的速度通过社交网络传播的[斯塔伯德（Starbird）和佩林（Palen），2010年]，描述人们是如何重访网页的[阿达尔（Adar）等人，2008年]，以及比较不同的电子邮件管理界面是如何影响用户最初使用和长期增长的[迪迈斯（Dumais）等人，2003年；罗登（Rodden）和莱格特（Leggett），2010年]。

在本文中，我们对行为日志在人机交互中的使用进行了概述。我们会着重介绍行为日志如何帮助我们了解用户和现有系统的交互，以及如何帮助我们用实验来比较不同的新系统。我们会具体介绍如何设计和分析线上实验，以及如何以负责任的方式收集、清理和使用日志数据。本文的目的是使读者能够设计基于日志数据的研究，并能够对日志研究的结果进行解读。

什么是行为日志？

人机交互研究中的行为日志来源于人们与计算机系统和服务交互时所记录的活

动。相关的行为可以包括：基础的操作，如与信息处理软件交互时按下的键；通过浏览器或电子阅读器浏览的内容；网络搜索引擎记录的查询字句和结果点击；电子商务网站中的浏览和购买行为；在社交媒体上原创和分享的内容；维基或其他文件的编辑历史；玩游戏时眼睛注视位置移动的轨迹；驾驶时的身体反应等。

日志数据的一个重要特点是其记录的是真实的用户行为，而不是回忆的行为或主观的印象。虽然日志可以在实验室场景下获得，但越来越多的日志是在人们与程序和服务的真实交互场景下获得的。客户端设备或远程服务器都可以被用来收集用户行为数据。客户端的日志可被储存在操作系统、浏览器或电子阅读器等应用或专用的日志软硬件中。服务器端的日志通常由服务提供商使用，如搜索引擎、电商网站或在线课程网站。有些行为日志可以公开获取和使用[如维基百科（Wikipedia）上的内容和编辑历史、推特（Twitter）上的推文、脸书（Facebook）上的公共信息、Flickr上的图片和拼趣（Pinterest）上的收藏品]，但许多行为日志是私密的，只有个人或服务提供商才能获取。

我们能够从行为日志中了解到什么？

要理解人机交互研究和应用人员能够从行为日志中了解到什么，我们可以将行为日志与其他类型的数据加以比较。本书总结了多种用来了解用户行为和改进设计的方法。表1简要列出了其中的几种研究做法，用以与日志研究进行对比，这些研究的详细情况将在其他章节进行介绍。表1列出了两个维度，分别是：（1）观察性研究还是实验性研究；（2）收集到的数据的自然性、深度和规模。

表1　人机交互研究中的用户数据类型

	观察性	实验性
实验室研究 行为可控并可精细地测量	对实验室内的行为进行观察	对处于控制下的实验室内任务，进行系统间的比较
田野（或实地）研究 自然环境下，可探究细节	人员类别、个例分析、专门小组（如尼尔森小组）	临床试验和现场测试
日志研究 自然环境下，几乎没有明确的反馈，但有大量的隐含信号	单个系统的日志数据	对不同系统或算法进行A/B测试

实验室研究是可控性最强的方法。在实验室研究中，参与者被带到实验室，要求完成某些任务。参与者的人员类别统计学属性及其他数据可以很容易获取。实验室的设置可便于把控无关的变量，并且能够给那些不便于部署在较大范围内的新型系统安装精细的测量仪器。通过这种方式，虽然研究人员能够充分了解参与者及其动机，但观察到的行为发生在经过人为设计并受控的情境下，因而也许无法代表自

然环境下的行为。例如，在实验室中，参与者为使研究人员高兴，可能会花比平时更多的时间去完成一项任务[戴尔（Dell）等人，2012年]。此外，用实验室研究收集数据往往需要更高的时间成本，这限制了研究对象中人员和系统的数量。实验室研究可以是观察性研究，例如研究与某一特定系统的交互情况；也可以是实验性研究，例如对两个或以上变量和系统加以比较。

实地研究收集在自然环境下参与者活动数据，通常还会不时地向参与者询问额外信息。通过这种方式收集的数据往往比实验室研究的人工干预性小，但同时可控性也较低。与实验室研究一样，实地研究可以收集参与者的人员类别统计学属性和其他数据，但当研究人员询问参与者在做什么时，依旧会干扰参与者和被研究的系统的交互。实地研究可以是观察性的（如记录尼尔森小组中参与者看电视的行为），也可以是实验性的（如在临床试验中比较新药物治疗组与对照组）。

日志研究收集的是，在不受实验人员或观察人员影响的情况下，所观察到的人们以通常方式使用系统的最自然情况。随着可被收集的日志数据量的增加，日志研究覆盖了在世界各地开展各种任务的各类用户。不过，受日志数据的采集方式所限，对于被观察人的意图或目的，或是被观察的行为所发生的环境，研究人员知之甚少。观察性日志研究可使研究人员抽象地了解被观察者在现有系统上的行为，而实验性日志研究则可使研究人员对两个或多个系统进行比较。

日志研究是对其他类型研究的有益补充，原因有以下几点。日志研究记录的是不受观察人员影响的用户自然行为的痕迹。因为日志数据展示的是不受审查的行为，所以能够更加完整、准确地将全部行为展现出来，包括人们不太可能谈论或记不准确的行为。例如，早期的网络搜索日志分析发现，搜索色情片的行为较为普遍，并且与其他类型的搜索相比有着不同的交互模式[西尔弗斯坦（Silverstein）等人，1998年]。同样地，蒂凡等人（2007年）还发现许多查询反复出现，而这种行为不太可能在实验室研究下观察到。

日志的另一个优点在于能够轻易地获取大量的数据。实验室研究和实地研究通常涵盖数十人或数百人的数据，而日志研究则能轻易地涵盖数千万人或数亿人的数据。这样大的样本规模意味着，即使是人群间的细微差别也能被日志研究观察到。特别是，大规模的日志能够清晰地展现小规模研究所无法发现的不寻常但重要的行为。例如，如果不足1%的人点击了横幅广告，则意味着在实验室环境下，需要开展大量的工作才能得到此类点击的可靠数量。与此相反，由于人们在网络浏览器上数百万次地点击了广告，因此通过网络浏览器日志能够深入可靠地了解这一行为。另一个例子是，大规模在线教学期间记录的学生行为，能够让人详细地了解个人的学习方法以及这些学习方法与学习成绩有着怎样的关联。

尽管存在上述优点，日志也有着不尽如人意之处，其中包括非随机抽样（人们必须选择使用系统）；任务不受控；缺少对动机、成功率或满意度的信息。日志就人们正在做什么提供了大量信息，但对人们为何这样做以及人们是否满意，则只能提供较少的信息。分析时必须将这一点考虑在内，并采取其他方法加以补充，从而更加完整地了解人们的行为。

在本文余下部分，我们将更加详细地介绍大规模的日志研究，举例说明观察性研究（观察性日志研究：通过日志分析了解行为）和实验性研究（实验性日志研究：通过日志分析比较不同系统），并讨论如何收集、清理（收集、清理和使用日志数据）和分享日志（以负责任的方式使用日志数据）数据。尽管公开的日志数据，如维基百科的编辑历史或推特帖子能够帮助我们进行有趣的观察性分析，但较少有报告描述大规模的在线实验设计和分析。因此我们在这部分将特别详细地介绍。本文列举的大多数例子来自我们在搜索引擎上收集和分析大规模行为日志的经验，但相关方法的应用范围更加广泛，而不仅局限于搜索引擎系统。

观察性日志研究：通过日志分析了解行为

观察性研究所收集的日志数据通常能够对用户行为进行一个概括的描述。单单是观察大规模的行为就能够让我们了解人如何与现有系统和服务进行交互，并常常让我们有意料之外的发现。例如，对早期的超过100万次网络搜索的分析发现，查询词条其实很短，平均每条查询词条只有2.35个词，同时所有查询中80%以上没有包含高级逻辑运算符（西尔弗斯坦等人，1999年）。尽管这些发现符合我们对于现今网络搜索的理解，但在早期这是令人惊讶的发现，因为它们与以往在图书馆等其他环境下观察的搜索模式迥然不同。图书管理员的查询词条往往更长，包含的高级逻辑运算符也多得多。另一个对早期网络搜索引擎日志的重要发现是，查询词条出现的频率并不一致。有些查询频繁出现（在西尔弗斯坦等人开展的研究中，最常见的25条查询占所有查询的1.5%），而其他查询则很少出现（64%的查询只出现一次）。要更多地了解网络搜索日志观察性研究，我们推荐西尔弗斯坦等人（1998年）、斯平克（Spink）等人（2002年）、詹森（Jansen）（2006年）的文献。

分析日志数据时，研究人员会提取各种指标。指标对用户或系统运营者来说是很重要的可测量的度量值。指标可直接来源于数据，如搜索时的查询词条长度或频率。其他指标可以间接地通过数据分析得出，是研究人员推断原始数据中没有直接体现的信息。例如，研究人员根据用户点击和停留的行为定义了推断搜索成功的指标[福克斯（Fox）等人，2005年]。虽然这类间接推断的指标可能带有噪声且存在瑕疵，但大规模的日志数据能够克服一些由随机性造成的失真。这些非系统性因素产生的噪声将在大量的观察中趋于消失。

为了能在具体的背景下理解指标的含义，我们需要在不同的背景下对类似的指标进行比较。因此，在通过日志数据了解用户的行为时，通常要将数据划分为有意义的子集，称为分区（partitions），然后对不同的分区加以比较。对行为日志数据进行分区的方式有很多，包括按语言[哥拉布（Ghorab）等人，2009年]、地理[爱菲米亚迪斯（Efthimiadis），2008年]、设备[巴伊赞-耶茨（Baeza-Yates）等人，2007年]、时间[贝策尔（Beitzel）等人，2004年]和用户[科托夫（Kotov）等人，2011年；蒂凡等人，2007年]进行分区。日志数据分区还能够基于不同系统版本，即根据两种不同的系统条件（例如不同的用户界面）划分数据。至于如何分区、收集和分析不同系统版本中的实验数据将在实验性日志研究：通过日志分析比较不同系统进行探讨。

两种常见的日志数据分区方式为按照时间分区和按照用户分区。按时间分区是因为日志数据常常带有显著的时间特点，如周期性（包括日、周和年上的重复模式）和重大事件期间的行为峰值。通过比较日志数据中人们过去和当前的行为，常常可以了解人们此时此刻正在对系统进行的最新行为。例如，研究人员能够通过搜索引擎日志数据，准确地预测前一日的季节性流感的严重程度[金斯伯格（Ginsberg）等人，2009年]。相比之下，美国疾病控制预防中心（CDC）通常要延迟一两周才能报告这些信息。在按照时间进行日志数据分区时须多加小心，因为日志中的观察内容来自不同时区。这部分内容将在收集、清理和使用日志数据进行探讨。

按照用户特点对日志数据进行分区是另一种方法，例如，研究人员研究了高级搜索用户与新用户的区别[怀特（White）和莫里斯（Morris），2007年]，以及领域专家与不了解该领域的人相比，使用哪些不同的词汇、资源和搜索策略[怀特等人，2009年]。除了比较不同的用户，还可以探究同一个人的不同行为模式。研究人员通过这种方式发现，人们在搜索时常常重复的之前搜过的主题（科托夫等人，2011年），甚至经常重复同样的查询词条[蒂凡等人，2009年；泰勒（Tyler）和蒂凡，2010年]。按照用户对数据进行分区的一个困难是，有时会很难从日志数据中准确地找出一个用户，我们将在收集、清理和使用日志数据探讨常见的用户识别方式。

理想情况下，不同的日志分区数据，在除了要研究的主题之外的其他方面都要是相似的，以便控制其他可能导致观测差异的变量。对各分区开展合规理性检查（sanity check）有助于确保研究主题之外各项指标实际上是一致的。例如，怀特等人（2009年）研究了领域专家和新手在搜索策略和结果上的不同之处。在他们专业的领域内，专家使用了不同的词汇，访问了不同的网站，搜索的成功率更高。但在专业领域之外，两者间的搜索表现并无不同。这说明搜索差异仅针对相关变量，与两组人群间更为普遍的差异无关。

尽管观察性的日志分析非常有用，但这种做法也存在缺点。其一是我们对于所收集到的用户的情况知之甚少：不清楚他们的年龄、性别，甚至不知道不同时间或不同设备上观察到的事件是否来自同一人。对于用户的动机，则了解得更少。日志无法告诉我们用户的意图、是否完成了任务、经验、注意力或对于系统的理解，例如，当人们没有进行任何点击就离开搜索页面时，可能是因为他们没有找到所查找的内容，或者结果页面显示的内容足以满足他们的需求。另一个例子是，点击熵，即大量用户对于同一个查询词条的搜索结果的点击差异，常常被用来近似这个查询词条的模糊程度。不过，虽然用户的点击差异可能因用户有不同的意图，但是这种差异也可能因为用户看到的搜索结果不同，或是需要查看多个页面才能满足查询需要[蒂凡等人，2008年]。此外，我们也并不了解人们在交互过程中何时出现困惑。例如，人们也许在不经意间从网页搜索换成了图片搜索，但仍然以为他们在进行网页搜索。

另外，当系统使用日志数据优化自身的性能时，有人也许会别有用心地（常常是恶意地）刻意留下一些行为数据来为自己牟利。例如，当搜索引擎将不断被点击的查询结果推升到搜索结果的前列时，垃圾信息制造者也许会钻系统的空子，例如重复点击某一查询结果从而使该结果排在搜索结果的前面[费特里（Fetterly）等人，2004年]。

要减少上述这些缺点，方法之一是尽量控制外部因素。例如，在量化查询词条的模糊度上，考虑的指标应该不仅包括点击熵，还包括返回结果的熵以及每个用户的平均点击次数。开展这种深度分析的最佳方式是直接查看一些用户行为痕迹的样本（通常人工查看具有代表性的样本），而不仅仅只是计算这些样本的某些指标。这样才能确保一些重要的信息不会隐藏在大量的数据的平均值中。我们将在收集、清理和使用日志数据详细介绍如何查看和处理数据。

要更好地理解日志数据中到底发生了什么，另一个方法是尽可能多地记录环境信息，以对日志加以补充。事先尽可能多地获取环境信息，包括交互系统的版本以及用户实际看到的内容，对于理解日志或比较不同时间的日志至关重要。此外，我们还可以通过现场实验或关键事件研究来了解用户在交互过程中的行为，并用这些信息来丰富日志数据的内容。例如，布罗德（Broder）（2002年）开展了一项关键事件研究，在用户查询时，偶尔会弹出窗口，询问他们进行当前查询的动机是什么。这项研究引出了如下的查询分类：导航类查询（旨在访问特定的网页）、信息类查询（旨在查找互联网上的信息）或事务型查询（旨在完成一个任务，如网络购物）。

即使日志数据非常丰富，研究人员也不应仅仅依赖日志来了解用户的行为。采用多种方法可有助于确认和更好地理解从日志数据中了解的信息。与日志数据互补的方法包括：可用性研究（usability studies）、眼动跟踪研究（eye tracking studies）（参见本书《眼动跟踪概述》）、实地研究（field studies）、日记研究（diary studies）、回顾性分析（retrospective analysis）（参见本书《往回看：人机交互中的回溯性研究方法》）和调查研究（surveys）（参见本书《人机交互中的问卷调查研究》）。例如，蒂凡和哈迈耶（Hehmeyer）（2013年）对一款能预测用户是否有空的常用企业通信系统进行了日志分析。他们发现，当人们的状态为忙碌时反而更有可能接听电话，但单凭日志无法判断为何出现这种情况。通过开展补充性的问卷调查，他们发现，正是因为对方选择打电话而非电子邮件进行沟通，状态设为忙碌的人反而觉得打进来的电话格外重要。该项问卷调查有助于解释说明日志文件对应提供的丰富复杂而真实的景象情况，让我们理解了这是一个用其他方法很难解释的沟通行为。

除了能启发补充性研究和提示更深的研究方向，观察性日志研究的结果还能让我们的系统设计面向是支持用户的实际行为，而非假定行为。例如，搜索引擎中的页面缓存设计就是因为对查询日志的分析显示，其实相当大一部分的搜索流量仅仅是针对一小部分的查询词条（西尔弗斯坦等人，1999年）。

日志数据还能够用于对假设的用户行为进行检验。刘（Lau）和霍维茨（Horvitz）（1999年）从日志数据中学习了一个概率模型用来描述用户如何反复改进自己的查询词条的过程，并用日志数据评估其能否精确地预测用户在这个过程中的下一个行为。类似的研究中，科托夫等人（2011年）使用日志数据来构建一个预测模型，来预测网络搜索者是否可能在未来返回当前搜索任务。为避免高度重合，应从一部分的日志数据中建立模型，然后在相似的日志数据上对模型进行评估。

以上介绍的所有研究都是基于现有系统的日志数据。因此，研究结果也仅限于对现有交互的理解。仅仅通过观察性的日志是无法了解用户是如何与非现有的系统进行交互的。例如，人们可能希望使用分面（facets）来浏览网络搜索结果，例如根据内容的新鲜程度或网站质量对结果进行过滤。但如果现有的搜索引擎还没有分面的选项，那么日志无法提供这方面的信息。同样地，人们也许希望在推特上搜索旧的帖子，但研究人员很少观察到这一行为（蒂凡等人，2011年）。这也许是因为旧的帖子并不有趣，但也有可能是推特搜索界面目前只返回最新的一些推文。观察性日志分析仅能够揭示人们使用现有工具的行为。如果研究人员想要测试新的交互方式，那么他们需要在实验中让用户与不同的系统交互，然后比较各系统间日志记录的行为有何不同。这部分将在下一节中详细介绍。

实验性日志研究：通过日志分析比较不同系统

为了解人们对不同的用户体验有何反应，通常采用原地实验来比较人们在不同系统中的行为。网络实验通常用于理解和改进各类服务（科托夫等人，2009年；唐等人，2020年），也被俗称为A/B测试（A/B tests）（指将系统A与系统B相比较），或水桶测试（bucket tests）（用户被置于不同的体验情境）。

基于日志的实验常常是评估系统细小改变的唯一方式（如字体的改变；按钮上或状态消息里的文字的改变），同时也可以用于评估较大的改变（如全新的网页设计或用户任务的流程上的变化）。确定实验类型和分析方法取决于要研究的具体系统改变。大的改变往往会产生更大的噪声数据，因此需要收集更多的数据以获得统计上可靠的信号。对于小的改变，分析人员通常能够确定少数几个指标来标志这个改变的成功与否。对于大的改变，分析人员有可能会着重观察与该实验特别相关的具体指标（如多少人完成了任务；人们花了多少时间在新版的网站上），但是也有可能还需要查看更广泛的一些指标，尤其是当很难预测用户行为会如何改变的时候。即使现有工具，如Google Analytics（谷歌，2012年）能够自动计算出常用的指标，但对于大的改变，研究人员也许还是需要进行一些定制的分析。如果新设计的目标是使用户从点击某一类用户界面组件改变为更多点击另一类用户界面组件（如从点击"查看下一个物品"变为点击"更多探索当前物品"），则需要开展定制的分析，对这些点击进行有针对性的分析。

有时人们觉得没有必要进行正式的实验对两种方法进行比较，因为他们觉得答案显而易见（通常是新的设计"更好"）。不过实际经验表明情况往往相反：我们这些进行过很多日志分析的人已经多次见过实验结果与设想的结果不相同的情况。例如，改变文本按钮的字体让其更醒目和更容易被点击，有可能反而会让该按钮看起来不像是按钮。而且，即使得出了预期的结果，同时也可能会产生意料之外的负作用。例如，在实验组中的用户可能会在搜索中使用实验组才有的自动拼写纠正功能，但他们的搜索速度会减慢，因为他们感觉需要点击提示出来的自动纠正过的搜索词条。副作用通常很难预见，但也许大到足以抵消一个系统变化的积极的方面。如果不进行实验，不对广泛的指标进行检查，团队可能无法发现系统变化中需要权衡利弊的因素。

日志数据收集的基本知识将在"数据收集"部分介绍。接下来我们介绍如何设计实验才能得到有效的结果（即不同的人同样的实验都将得到类似的结果），以及分析实验结果的基本知识和常见错误。

定义

为了对实验进行讨论，我们需要规范一些用词。以下是一些重要的定义，对于我们理解基于服务器的网络实验非常有用。

请求：用户对信息的操作或请求。对于网络应用来说，新页面（或更改当前页面）是通过一组参数（一个搜索词条，或是表格底部的提交按钮等）来请求的。请求的结果通常是调研人员所感兴趣的分析单元（如一项搜索词条、显示出的一条邮件信息、正在调试的程序）。

cookie：一种识别浏览器中一个特定会话的方式。我们通常将cookie等同于用户，但是这种方法其实会给日志研究造成偏差。

分流（diversion）：描述如何将一些流量引导至特定实验条件下。分流可能是在请求层面上进行；也可能是通过用户ID、cookie，或通过cookie与日期的组合（在一天内来自既定cookie的所有请求要么全部在实验组内，要么全部排除在实验组之外）实现的。通常，有关用户体验的实验是基于用户ID或cookie的。

触发（triggering）：即使一项请求或cookie包括在实验组中，所实验的变化也不一定能够被触发。例如，如果所实验的变化是当有天气查询时，根据用户地址显示用户所在地的天气情况，那么仅在小部分天气查询时才会触发这一改变；对于其他查询，实验组和非实验组的体验都相同。对比之下，如果实验是改变所有页面左上角的标识的大小，那么所有被分流至实验组下的查询都将触发这一改变。

实验设计

在网络实验中，不同实验组会将所有的用户请求分流出一部分，然后用与当前系统不同的方式处理这些请求。例如，在一个探索页面左上角标识大小的效果的实验中，对照条件下标识大小不发生改变，一个实验条件会将标识变大，另一个实验条件将标识变小。

设计实验时，首先要提出一系列想要回答的问题。在人机交互实验中，问题将类似于"这种用户体验会比另一种体验（也许是当前体验）更好吗（需要加以明确和量化）？""更好"可能意味着，得到结果的速度更快，或意味着更有趣，能让人们在网站上停留更长的时间。只有当研究的问题具体且有针对性时，日志实验才会有意义。如果涉及的改变较小，可能比较容易提出问题。例如，如果用户界面更改了文本字体，那么对应的假设很有可能与该界面的参与度有关。但对于较大的改变，如改变网站主页上链接的位置和措辞，那么将更难将用户的行为归因于特定的改变。例如，改变界面布局的一个结果也许是更多的人点击"联系我们"链接。首先，更多地点击"联系我们"是一件好事吗？其次，如果实验的最重要指标是在网站层面的（如人们花多长时间在网站上，人们最后离开网站时是否使用了网站的核心用途），那么更多的人进入"联系我们"网页如何对该指标做出贡献？是正面的贡献还是负面的贡献？

之后，需要将这些问题转化为假设，以便定性、定量地对行为变化进行测试。例如，实验人员可以假设大的红色"注册"按钮将显著增加注册量。一个实验可能有好几个可检验的假设，每个假设和不同的指标有关。或者，如果实验的目的是探究设计选择的空间（如是1英寸、2英寸还是3英寸高的按钮能最大程度增加注册量），那么我们只会有一个一般性的假设，即用户在不同实验条件下的行为会有所不同。

我们可以根据可检验的假设设定一系列测试条件。一项条件可能是、也可能不是"用户所见"的（例如实验者会测试不同的页面延迟情况，这改变了用户的体验，但用户看不见延迟），甚至不被用户察觉（除非用户能够看到不止一项实验条件，他们很可能没法察觉到搜索结果在页面上的排列顺序的改变）。

一项特殊的条件为对照条件。对照是用户体验的"基线"，可与"新的、改进后的"体验进行比较。网络实验中的典型对照包括保持当前的功能，或不显示在另一项条件下的功能。如果有两种新的设计，则这两种做法都不是对照——需要设定第三项条件作为对照。有些实验可能存在多个对照。

理想情况下，人们将对一系列参数（最简单的情况是两个参数：某功能为"开"或"关"）的全部组合进行测试。但实际操作中，我们只对一部分的可能的组合进行测试。这可能是因为受到了以下情况的限制：

实际限制：如果参数包括页面的背景颜色和文本颜色，那么将两者设为相同的值将导致页面上的字无法识别；

逻辑限制：如果在某一条件下不显示图片，那么图片大小没有意义；

资源限制：可能没有足够的流量，无法在大量不同的条件下进行具有统计意义的比较，除非不切实际地长时间进行实验。

正因如此，日志实验很少是析因实验（factorial experiments），通常是一些包括对照组的成对比较实验。

我们已经介绍了实验设计中和研究的问题相关的部分；接下来我们将讨论实验设计中影响分析阶段或具有实用意义的部分。

使条件具有可比性

许多时候，对不同的条件比较时会出现各种各样的问题。

如果可能，应同期运行各项实验条件。人们有可能想要在不同时期运行对照条件的实验。这有可能是因为进行实验的网站流量较小，同时这样做相比将流量随机分流到不同网站版本，所需要的工作量也更少。但是，在不同时期进行实验会有很多干扰因素：与网站有关的重大事件（如对体育网站而言的一项体育赛事）；情人节等重要的购物节；特殊情况使人们在线时间更长（或更短）。如果网站有许多不同国家的人员访问，实验人员可能甚至没法考虑到所有的相关节日或重大新闻。

用户应随机被分配至各项条件，而不是自行选择加入某条件。如果要收集一项特定用户体验的反馈，那么自行选择加入能提供有效的反馈，但这种做法不构成有效的实验。这样的实验条件下的参与者将主要是早期尝试者——他们喜欢新技术，也许正需要目前提供的这一功能。对照条件下的参与者将是那些不喜欢改变、不关心最新技术的人——他们也许会认为新功能将妨碍他们的操作。这两组人即使在相同的用户界面下，也可能会有不同的行为，所以我们无法准确地将见到的不同行为归因于新的用户体验。此外，这样的实验仅仅测试了一小部分预期人群的反应。

当然，许多其他因素也会令各个条件存在细微的差别。所有的条件都应被分流到同一国家、说同一语言和使用同类型设备（如平板计算机与台式计算机不同）的用户。同样，所有请求都需要按照同样的方法分配至各个条件，如请求（每条进入请求被随机、独立地分配给一项条件）、cookie（整个实验过程中，来自一个cookie的所有请求都处于一个特定的条件下）。在决定使用哪种方法进行分配时，应考虑用户体验的一致性、用户学习过程可能导致的改变和观察的独立性（如按照cookie分配的观察不是独立的）并加以权衡。

反事实的概念对于设计和分析日志实验至关重要。通常，并不是每个请求都会触发用户体验的改变。如前文所述，如果相关功能是当用户搜索"天气"时会直接显示当前的天气状况，那么在实验条件下的用户中只有一小部分搜索了天气的人会触发这个功能并直接显示天气信息。反事实是指这样的请求：在对照条件下用户发出了一些请求，这些请求若是在实验条件下发出会触发新功能让用户看到天气信息，但因为这些用户是在对照条件下，所以这些请求并没有触发这个功能。因此，应在对照组的日志中标出反事实事件是非常重要的。这便于分析人员识别可比较的请求子集。否则，如果大部分的行为是不会触发改变的，会触发改变的少部分搜索中的任何效果都会被稀释。

确定实验规模

确定实验规模是指确定要检测到相关差异所需的统计功效（Power）[赫克（Huck），2011年]。统计功效分析（维基百科：统计功效）是指假定差异确实存在，能够观察到统计意义上可靠的差异所需的观察数量。这决定了每项实验条件所需的最小数据量。实验人员希望控制规模的原因之一是日志实验通常有现实世界用户的参与并有可能带给用户负面的体验，因此尽可能快地发现体验是正面的还是负面的非常重要。

在确定日志实验的规模时，应认识到我们通常想要衡量的改变（如预订酒店客房的游客数量增加5%、订阅新闻通信或签署请愿书的访问数量增加3%）都需要大量的观察对象。这一方面是因为要衡量的改变通常较小。但更主要的原因是日志数据存在很大的干扰。不同类型的人做出看似"同样的"行为，其任务和意图却各不相同。许多情况下，用户来自不同国家，说不同的语言，有着不同的文化背景，等等。因此要得出有意义的结果，常常需要进行数以万计的或更多的观察。

因为要获得统计上可靠的结果需要收集数量庞大的观察数据，所以如果发现实验组和对照组的区别仅有现实意义上的差异但是缺少统计意义上的差异时，会令实验者觉得沮丧。

为了预估检测令人感兴趣的差异所需要的观察数量，分析人员需要明确：

—感兴趣的指标；

—对于每项指标，想要检测出的具有统计意义的最小效果量（effect size），如点击率（click-through-rate）上2%的变化；

—每项指标的标准误差。

我们接下来会进一步解释以上三点。

确定多大的效果量才有意义并不容易。这需要分析人员或整个团队已经开展了足够多的实验，并了解到何种程度的改变才在现实中是重要的。但更大的困难在于如何预估标准误差，特别是当指标为两个量的比时（如点击率——点击次数与查询次数之比）。最常见的问题是分析单位与实验单位不一致。例如，对于点击率，分析单位是每个查询，但对于基于cookie的实验（大多数用户体验的实验将基于cookie）来说，实验单位却是cookie（对应一系列的查询），而且我们无法假定这些来自同一cookie的查询是相互独立的。我们可通过一些特别的方法计算非独立观察的标准误差——两种常见方法是差异法（delta method）（维基百科：Delta method）和"均匀性试验"法（uniformity trials）（汤等人，2010年）。

实验规模也会受到触发率的影响，即实验中的引起改变实际影响的那部分流量（见"定义"部分）。如果一项实验的改变仅影响5%的流量，那么与所有流量都会触发改变相比，将要花费20倍的时间才能看到相同的效果。表2显示了不同的触发率对所需要的观察（搜索）数量的影响。表中第5列显示对于较低的触发率，需要更多的搜索；第7列显示在没有记录反事实的情况下，甚至需要收集更多的搜索，因为实验中的差异将被各种条件下都相同的观察所稀释。在实践中，应参考历史信息做出有依据的假设，根据既定的统计效力水平所需要的（被分流的）观察数量，来判断需要设定的触发率。

表2 不同的触发率对所需要的观察（搜索）数量的影响

指标的标准误差	触发率/%	对于被实际影响的流量的效果量/%	所需的（被实际影响的）查询量	实验所需的查询量（如果记录反事实）	对于没有记录反事实的效果量（衡量所有流量）/%	实验所需的查询量（如果未记录反事实）
5	1	10	52500	5250000	0.1 (10%×1%)	525000000
5	5	10	52500	1050000	0.5 (10%×5%)	21000000
5	20	10	52500	262500	2 (10%×20%)	1312500
5	50	10	52500	105000	5 (10%×50%)	210000

解读结果

当完成了实验设计，让用户接触了不同的实验系统版本并记录了用户的行为信息后，研究人员需要进行日志分析，解答最初的实验问题。

合理性检查（sanity check）：分析人员的第一个任务是确保数据是有意义的。第一步是计算相关指标的均值、标准差和置信区间。这些计算可以通过图形概要工具（dashboard），如Google分析中的仪表盘，或通过用Python之类的通用语言写一个脚本来计算，也可以用专门为日志分析而设计的程序（如Hadoop等map-reduce语言）来进行。特别重要的是要检查各个条件下的整体流量应该符合随机分配的结果。如果不同条件下的整体流量存在差异，那么在假定观察到的差异是真实效果之前，应先排除可能的人为因素（如记录日志过程中的软件漏洞），还应按照尽可能多的方式对数据进行细分，如按浏览器、国家等细分。有些差异可能是由一小部分人群引起的，而非由实验操作引起的。

解读指标：在日志分析中，通常做法是使用置信区间（赫克，2011年），而不是方差显著性检验分析（analysis of variance significance testing）。其原因一是网络实验很少是包含交互项（interaction term）的析因设计（factorial design），二是置信区间能提供在显著性检验中不容易表明的有关效果量和现实意义的信息。按照惯例，在比较实验条件和对照条件时采用95%的置信区间。

如前所述，常见的日志分析中会考量多项不同的指标，如结果、广告和整个网页上的点击进入率、第一次点击的时间、网页停留时间。鉴于指标数量众多，有些所谓显著差异是假的（约占1/20）。如何判断哪些指标上的差异是可信的？研究人员应当寻找趋同的证据；是否有其他指标理论上也应该随着这个指标的升高（降低）而升高（降低），这些指标是否朝相应的方向变动？会不会是日志错误导致了这样的效果？之前在其他实验中出现过这种差异吗？寻找趋同证据取决于领域和先前的经验——例如，在搜索时，每个广告的点击量和每个页面的点击量通常具有相关性，但这些点击指标与转化率（通过广告进入网页并购买）不太可能具有相关性。判断哪些改变由实验造成需要经验，在某种程度上甚至是一项艺术。但是最重要的是，对于那些直接影响决策的指标，我们需要找出趋同性的证据。我们同样要注意是否出现辛普森悖论（Simpson's Paradox）的情况，即当对分母不同的比率性的指标进行比较时会出现的一个悖论情况（维基百科：辛普森悖论）。这种情况在日志实验中很常见，所有实验人员都应留意这类情况，知道如何识别，并清楚这类情况如何影响了我们的分析。

当我们找到产生了显著变化的指标，那么对这个结果如何解读呢？通常情况下，大家会对一项指标的理想变化是增加（点击量）还是减少（延迟、点击时间）有一个共识。最有可能的情况是，有些指标将朝"好的"方向发展，有些则朝"坏的"方向发展。如果这不是日志错误，那么就需要我们进行权衡。人们点击的次数也许会增加（因为实验条件下的用户界面上有更多东西可点），但点击所花的时间也更长（因为需要做更多的决定）。总体来说的净效果是积极的还是消极的？这是我们自己需要做出的判断，不过广泛的指标也许会使我们做出更加全面的回答。例如，我们可以考虑该网站的所有交互情况，而不仅仅是单独一个用户界面部件的点击量。另一个方法是我们可以回顾研究最初的目标。如果最初的目标是让人们获取最佳信息/结果，那么人们具体点击了什么是最重要的。如果目标是让人们快速获取信息，那么延迟是最重要的（也许以更多的点击作为代价）。如果目标是让尽可能多的人发现有用的信息（或注册，或能够发送消息），那么最关键的指标是点击直到"最终结果"页面的用户所占的比例。有时我们无法简单地说什么才是"好的" ——我们通常需要在速度、效率、可用性和设计一致性之间做出权衡。分析人员需要做出决定，并向利益相关方（或会议论文评审人员）解释为何做出这一决定。

实际意义：虽然我们前面一直在强调统计意义的重要性，但考虑实验的实际意义也很重要。实验也许会显示统计上可靠的差异，例如"撤销"指令的占比从0.1%变为0.12%，但这样小的数值也许不具有任何实际意义（因为这取决于应用以及人们使用"撤销"来做什么）。不要被容易计算得出的统计蒙蔽，以至于在讨论时忽略了可能更加难以确定，但同样重要的现实意义。

有可能的话，我们需要了解所使用的指标在稳定状态下的数值范围——如果用户先前没有使用过相关产品或原型，很显然不可能做到这一点。不过了解典型值以及这些值的改变有多难（基于先前的实验）将有助于评估指标中有意义的变化。

到目前为止，本文一直默认日志数据已经存在了。但是在下面两节我们将讨论如何收集日志数据，重点关注实践中面临的3个主要挑战：数据收集、数据清理和负责任地使用数据。

收集、清理和使用日志数据

典型的网络服务日志需要有（在服务器端）生成用户与服务交互数据的基础设施。这些设施必须对后续分析所需的全部相关信息进行记录。如果要利用这些基础设施开展实验，则必须确保能根据随机方案选出不同用户，并向他们显示与不同实验条件对应的页面。

这样的基础设施也许是网络服务器本身的日志文件[欧布吉（Obuji），2009年]，或由Google分析等特殊软件创建的日志（谷歌，2012年）。研究人员应当能在这些基础设施上对日志记录程序进行配置，以记录实验或研究人员感兴趣的活动的特定参数[布朗（Brown），2012年]。

日志还能通过在客户端使用代码进行创建，但这要求用户下载某种日志程序，并由该程序将数据传送回服务器[卡普拉（Capra），2011年；福克斯等人，2005年]。客户端和服务器端的日志记录都是有损的，但损失的数据类型往往不同：服务器端的日志可能不会接收中止的或超时的操作的数据；客户端的日志不会记录那些没有报告给客户端日志记录程序的数据。在决定是采用服务器端日志记录还是客户端日志记录时，我们需要考虑它们不同的数据损失类型和用户是否需要另行安装日志记录程序。

数据收集

让我们考虑一个简单的例子——如何理解用户使用网络搜索引擎的成功率和他们所使用的策略。最简单的日志至少应该记录人们查询的内容、点击的搜索结果（如有）以及上述每个行为的时间戳。理想情况下，日志还能够让实验人员精确地重现行为做出的那一刻用户的所看到的情况。但至少网络服务应该记录：

- 事件发生的时间；
- 对应的用户会话（常常通过cookie）；
- 实验条件，如有；
- 事件类型以及相关参数（如在登录页面上，用户选择了"创建新账户"）。

记录一个简单的查询词条并不难。但从业者需要了解在收集数据进行深入分析时需要应对的不同挑战。

记录下准确、一致的时间常常并非易事。在搜索交互期间，网络日志文件会记录下许多不同的时间戳：用户发送查询的时间、服务器接收查询的时间、服务器返回结果的时间以及用户收到结果的时间。服务器数据更加可靠，但包含未知的网络传输时间。这两种情况下，研究人员都需要将各个设备上的时间标准化和同步化。

在研究多个国家用户的行为时，用户用来进行交互的语言也常常是一个重要的变量。如果需要按照语言分组对数据进行分析，那么必须明确"语言"意味着什么。注意不要将用户所属国家与他们所使用的语言相混淆，或者将用户界面显示的语言与用户交互或查询时键入的语言相混淆。上述语言常常会有所不同，当实验所在国家的人们说多种语言时更是如此。根据具体问题，我们可能有时需要按照查询使用的语言进行分组，有时需要按照用户界面的语言进行分组。

用户ID是准确识别不同用户的另一个难题。超文本传输协议的cookies、IP地址和临时ID都广泛存在，并且使用方便，但这类ID的变动性较大[丘比特研究公司（Jupiter Research Corporation），2005年]。此外，cookie和临时ID并不唯一地归属于某一个人——几个人可以共用同一台计算机上的浏览器，同一个人也可能使用多台设备。用户登录或用户端代码能有助于进一步明确ID与个人的对应关系，但需要人们注册或下载用户端代码，进而会带来其他问题（如偏置取样问题）。上述两种方式都会造成获得的数据出现偏置，这将可能严重影响实验结果，但是常常被分析人员所忽视。

在网络日志中，了解查询等页面请求来自哪里将对了解行为模式起到重要作用。查询产生的入口点有很多，如搜索引擎的主页、搜索结果页面、浏览器搜索框或地址栏、安装的工具栏、点击建议的查询或其他链接等。其他应用也将有许多程序入口。这类元数据（如关于请求源点的数据）也许对后期分析有帮助，但需要在这一阶段开展额外的规划和工作。如果没有此类环境信息，数据的解读和分区将困难得多。最终，所有收集的数据和元数据都需要为分析的总体目标服务——这个目标明确了需要日志记录的内容。

数据可能因外部因素而被扭曲，因此还需要考虑这些因素。网站也许会被SlashDot、Reddit或《纽约时报》（*the New York Times*）选中而意外走红。爆红可能对记录的行为造成巨大的波动。当博主分享的链接中包含隐含参数，而将所有访问者分配至同一实验条件时，通常会出现这种情况。即使爆红不会改变用户分配至实验条件的方式，出于好奇而访问网站的人的行为也与常规用户的行为不同。如果新用户蜂拥而至，使得网站速度下降或宕机，会导致数据更加失真。此外，实时事件（如重要体育人物去世）或政治事件也常常导致人们以不同的方式与网站交互。所以我们再次重申，开展合理性检查时应保持警惕（如检查是否有异常的访问人数），并排除相关数据，直至数据回归正常。

数据清理

众所周知，日志分析的一条原则是不能假定原始数据能够正确地、完全地表达所记录的事实。校验是数据清理的重点：了解任何可能已经进入数据的错误，进行数据转换，在保留数据原含义的同时去除噪声。尽管这部分讨论的是网络日志清理，应注意这些原则更广泛地应用于各类日志分析；与大规模的采集一样，小型数据集也常常面临类似的清理问题。在本部分，我们将对这些问题进行讨论，并探讨如何解决问题。

日志会出现各种数据错误和失真问题。我们在实践中看到的常见错误来源有以下几类。

事件缺失：有时客户的应用程序进行了优化，而这些优化（实际上）漏掉了本应记录的事件。一个这样的例子是网络浏览器使用本地缓存的网页来进行"返回"操作。虽然用户可能访问了3个网页，但仅有2个网页被日志记录下来，原因是在服务器上看不到对缓存页面的访问。

数据遗漏：随着日志规模的扩大，它们经常会被程序收集和整合，这些程序可能并不稳定。日志缺失的情况并不少见，虽然可视化软件能够轻易发现这些缺失，但依然需要对日志的完整性进行检查。

语义错位：出于各种原因，日志将一系列事件进行编码时常常带有简短的（有时神秘的）标签和数据。如果不仔细、持续地管理这些标签，日志事件的含义或对事件的解读可能就丢失了。即使是记录方式上微小的改变，也会改变所记录的数据的语义。（例如，记录代码的第一版可能从第一次点击开始测量事件时间；之后的版本从页面完成呈现开始测量事件时间——这个微小的改变可能带来很大的影响。）由于数据记录和解读常常在不同的时间由不同工作团队进行，因此保持语义一致性是一项持续的挑战。

数据转换：数据清理的目的在于保留所需要的数据含义。我们学到的经验一个是数据清理必须对所有数据转换进行跟踪。由于数据经过了修改（如去除虚假事件、合并重复数据，或消除某些"没有意义的"事件），因此每次数据转换时，数据清理人员都必须记录元数据来描述转化。理想的情况是，整个清理转换链都维护得很好，并关联了每一步转化前后的日志数据的备份。虽然不是所有的数据转换都可逆，但应能够根据数据转换记录，从原始数据集重新进行而得到转换后的数据。

如果其他分析人员也要了解日志文件包含哪些内容，那么他们需要日志文件的元数据。元数据应包含足够的信息，以便从原始文件跟踪到最终的用于分析文件。如果丢失了清理日志文件的元数据，分析人员将无法了解所分析的数据的语义。如果没有元数据，无论记录看起来多么完整，研究人员都无法确定数据的完整性和正确性。他们对于分析出来的结论也会感到信心不足。

为了正确地处理日志数据，研究人员必须了解每条记录的含义、相关属性以及对应数值的解读。生产日志的系统的相关环境信息应与文件直接关联，以便在必要时可以对生产日志的代码进行检查，从而在执行清理操作前回答有关记录含义的问题。以下，我们通过对缺失数据的编码和对最大值的编码来说明可能发生的对数据的误读。

使用"0"（或"零""-1"）对缺失数据进行编码时，常常给数据清理带来麻烦。只有了解日志文件记录了什么内容，结合对缺失数据意义的判断，分析人员才能合理地决定如何处理缺失数据。理想的情况是，数据记录系统将缺失的数据表示为NIL、ø或某个其他不会产生混淆的数据值。但如果记录器没有这样做，而是使用一个可能像行为数据值一样有效的值，那么分析人员将需要区分有效的"0"与缺失数据"0"，并手动使用不会产生混淆的值代替缺失的数据。

有些数据是有定义好的最大（或最小）值。这些数据可能会引发清理和分析两方面的问题。除非分析人员了解获取的数据值在范围是在整数0～9，否则数据核验和清理数据的决定都会受到影响。例如，如果我们知道日志记录的数据值最高为9，那么我们就理解一长串9突然出现在日志文件中的意义。

我们想要表达的是，虽然日志不会撒谎（它们代表了日志系统实际记录的值），但对这些值的解读取决于解读者对所获取的数据的了解和专业知识。知道在某个时间发生了某个操作并不够，分析人员还需要了解数据值可能的范围，测量结果是否有最高限制，以及如何对缺失数据进行编码、检测和解读。

所有数据集都有预计的值域，而任何实际数据集也都可能包含预计范围以外的异常值，详见[巴奈特（Barnett）和路易斯（Lewis），1994年]。如何清理异常值主要取决于分析的目的和数据的性质。

异常值通常表明人类行为可能的范围，并通常是实验人员（和系统设计者）没有预料到的。日志研究中发现异常值的情况并不少见，这些异常值距离均值的标准差很大。例如，网络搜索查询会话的均值通常为每个用户会话中约有2个查询，但查询分布的上端可能多达好几百个。人们的行为存在很大差异。

如果系统要在行为分布如此广泛的情况下正确地运行，那么异常值就能为我们提供有价值的信息，告诉我们界限是什么，以及系统需要如何做出反应。另一方面，异常值还常常能够表明日志系统或被记录系统中潜在的异常情况，或是日志流的假信号。我们应当检查异常值，来检验信号是否准确。即，异常值数据点是实际数据，还是由某种系统或日志错误所造成？核实异常值出现的原因将为决定采用哪种数据清理做法提供依据。

如果读者想要阅读更完整的数据清理介绍，可以参见[奥斯本（Osborne），2012年]。

总之，分析人员应了解他们所分析的数据。刊登日志分析研究的出版物中应详细介绍所采取的数据清理步骤，以及采取该步骤的原因。日志数据集由一名研究人员交接给另一名研究人员时，数据集中必须包含数据清理的元数据，并包含对清理做法的介绍（最好对所使用的工具和设置进行提示，以便在必要时能够重新进行分析）。

以负责任的方式使用日志数据

企业和高校也许已经制定了有关数据收集、保留、访问和使用的政策，研究人员有责任找出这些政策，了解这些政策的影响，并且确保在开展日志数据研究的过程中遵守相关政策。这些政策来源于内部业务实践、与服务用户签订的使用协议，有时也来源于政府对特定类型数据或隐私保护的规定。可以说，人们在努力地平衡对于隐私的担忧与深入了解用户行为可能带来的益处，而标准和最佳方法在不断地发展和完善。要进一步了解这些政策和问题，参见本书《研究伦理与人机交互》一章。

当研究人员想在更广的范围内分享数据时，通常是支持学术研究的开展，将会出现其他问题。在分享数据前，必须处理好有关个人身份信息或敏感信息的风险。这类风险也许并不明显，因此研究人员必须非常小心。下面我们以近期发生的两个事件为例，来强调与间接身份信息相关的不易察觉的风险——一个事件中使用了地点和姓名；另一个事件中多个信息来源被关联起来。

2006年8月4日，美国在线向学术界发布了搜索数据。该数据包含〈AnonID、查询文本、查询时间、点击项的排名、点击项的URL（统一资源定位系统）〉。两天后，《纽约时报》文章透露AnonID 4417749为来自佐治亚州利尔伯恩（Lilburn GA）的62岁老妇人西尔玛·阿诺德（Thelma Arnold）[巴尔巴罗（Barbaro）和蔡勒（Zeller），2006年]。两周后，两名美国在线员工被解雇，首席技术官辞职。匿名数据如何指向了老妇人西尔玛·阿诺德？她多次查询了位于佐治亚州利尔伯恩（一个约有11000人口的小镇）的几家企业。她还多次查询了姓为阿诺德的人（在利尔伯恩仅有14人姓阿诺德）。《纽约时报》的一名记者联系了全部14个人，西尔玛向记者承认她进行了这些查询。真正将日志记录匿名化可能异常困难（维基百科：美国在线搜索）。

2006年10月2日，网飞宣布举办网飞奖（the Netflix Prize）。这是一场公开竞赛，旨在开发新的协同过滤算法（collaborative filtering），以预测用户对电影的评分。第一个击败网飞现有算法10%的团队将获得100万美元的奖金。该数据包括：
"电影ID、用户ID、评分、评分日期" "电影ID、片名、年份"。向公众发布的
数据经过了很多处理，其中甚至包含随机出现的噪声。第一轮的获奖者在2009年9
月21日宣布了，网飞也随之举办了另一个竞赛。纳拉亚南（Narayanan）和什马缇科
夫（Shmatikov）（2008年）发表了一篇论文，文中描述了如何不受数据中的噪声干
扰，借助网络电影资料库（IMDB）中的影评背景知识对网飞ID去匿名化。2009年12
月17日，一名通过这种方式被确认身份的人提起诉讼。2010年3月12日，网飞的第二
个竞赛宣布取消，也再没有对外发布过新的数据（维基百科：网飞）。

当将数据分享给被隐私政策保护的原始数据用户以外的人的时候，研究界也
许会从中受益，但对于那些行为被记录的用户来说却存在隐私风险，而这些风险他
们很难提前预计。出于这个原因，发布数据，即使是匿名发布也存在严重的道德
风险。

总结

在本文，我们讨论了一种越来越重要的用来了解人与计算机系统如何交互的方
式：日志分析。对计算机系统来说，记录下人与技术的交互变得越来越容易，但人
机交互的研究人员和从业人员也必须知道应如何理解这类信息。本篇开头旨在理解
说明我们能够从观察性日志数据和实验性日志数据中了解到怎样的人机交互知识。
观察性日志研究能够让人机交互的研究人员总结用户与现有系统的交互模式。实验
性日志研究能够让研究人员对两个或两个以上系统中的行为进行比较。

大规模的日志研究能够产生各种各样的实际问题，这些问题需要我们解决，从
而得到可靠的结果。从建立日志系统，到实验设计，再到数据收集、数据清理和解
读，只有仔细地跟踪每个步骤，日志分析才会真正有用。正如我们看到的那样，认
为不完整或不可靠的日志系统是不能揭示人类行为的真实情况的。不断进行合理性
检查，并对样本日志数据集进行核验，才能够让我们更有信心地说：我们的日志所
记录和解读的内容能够准确反映人类的使用情况和行为。

网络日志是了解人们如何与网络服务交互的常用方法，但要更熟练地掌握这一
方法，相关资源少之又少。科哈维（Kohavi）等人（2009年）和汤等人（2010年）
列举了一些网络实验的实例，并介绍了开展此类实验所需的基本实验基础设施和相
关分析工具。克鲁克（Crook）等人（2009年）和科哈维等人（2012年）给出了有
趣的常见错误，强调要得到可靠的结果，必须始终小心地进行实验设计、日志记录
和分析。目前，有些软件工具能够对网络服务器日志进行自动分析，并总结相关
指标。

尽管处理海量数据集存在挑战，但使用日志来了解人们与科技的交互正在成为更加常见、更加有益的人机交互研究方法。

练习

1. 说出所有你能想到要记录的数字事物。你可以从中得出什么推论？有什么是你想推断但推断不出的？

2. 日志和传感器数据流之间有什么区别？他们之间的哪些分析方法细节是相同的？

本文作者信息、参考文献等资料请扫码查看。

往回看：人机交互中的回溯性研究方法

Daniel M. Russell

Ed H.Chi

有声思维法（think-aloud）[埃里克森（Ericsson）和西蒙（Simon），1985年]要求实验被试在做出实验行为的同时说出声音。虽然这是一种很常用的方法，但在实验行为过程中讲话会带来社会和认知负担、产生注意力偏差以及一些不自然的行为反应[威尔逊（Wilson），1994年；迪克森（Dickson）等人，2000年]。从另一方面来说，如埃里克森（2006年）和西蒙所指出的（1985年），在回溯性线索回忆法（retrospective cued recall，RCR）中，行为执行时的心理活动与对心理活动的回忆之间存在时间间隔，会不可避免地在原本的心理活动基础上引入人为的杜撰与加工，从而影响回忆的准确性。可见两种方法都有缺陷。

与上述方法不同的是，回溯性分析这种研究方法可以使实验参与者在进行正常行为的过程中不必同时做出扰断行为，如被要求写实验日记、说出自身的行为或对打断做出回应等。回溯性线索回忆法（以下简称RCR）可以被用于重构参与者行为、动机、情感反应及对所记录事件的反馈。简而言之，RCR就是让参与者根据行为发生时的照片、事件影像、在任务执行时的眼动轨迹等线索，在实验结束后回忆（或解释）他们之前的行为。这种方法的核心在于实验过程中需要捕捉到有助于回忆的线索，并将其用在实验后的讨论与分析当中。通过这种方法，只要很好地设计回忆线索的搜集方式和实验后的采访方法，即使在实验行为与事后回忆之间有较长的时间间隔的情况下，也能十分准确地了解用户的行为。

回溯性方法：简介

传统的人机交互研究方法通常非常主动、即时、并且是事件驱动，采用许多在本书各章节中介绍的方法。对长时间人机交互研究或实验过程中所发生的事件的分析大多采用日记研究法[里曼（Rieman），1993年；切尔温克西（Czerwinksi）等人，2005年]、体验抽样法[拉森（Larson）和赫克特纳（Hektner）等人，2007年；契克森米哈（Csikszentmihalyi），1983年]或系统日志数据分析[参见本书《通过日志数据与分析了解用户行为》章节（*Understanding Behavior through Log Data and Analysi*）]。

相比而言，虽然在实验室内的用户研究实验方法能够有效发现一些用户与界面交互行为的规律，但众所周知这种方法无论是在实验室内还是在现实世界中都很难追踪用户更自然更长期的行为[拉塞尔和格赖姆斯（Grimes），1993年]。专门的追踪设备，如实体或电子日记、干扰性研究[如"体验采样法"（experience sampling methods）][勃兰特（Brandt），1993年；库纳夫斯基（Kuniavsky），2003年]都会从根本上影响用户行为，因为它们会不断提醒用户其行为正在受到追踪或监视。由于观察者期望效应[斯蒂尔-约翰逊（Steele-Johnson），2000年]，仅仅是实验参与者处在实验室环境中｛参见霍桑效应[麦卡尼（McCarney）等人，2007年]｝，或者是他们有意识地更新实验日记这一行为，都会导致其实验行为发生重大变化。

与之类似，单纯通过日志数据分析无法了解用户行为的动机。日志数据也无法提供实验者在行为之前、之中和之后所做的事的上下文关系，尤其是当某一实验行为发生在所研究的系统之外时。

日记研究和采访则很难持续很长时间，因为这些方法依赖参与者的自我驱动力，而这种动力会随着研究时间的拉长而降低[布莱克威尔（Blackwell）等人，2005年]。此外，日记和采访研究会因其对于具体事件和任务的关注，因此对于用户行为的观察也会受到事件和任务的局限。当用户只是进行一些被动观察并且与系统互动不积极时，这种方式便不利于研究用户行为。

当需要观察参与者在正常情况下、非实验情景下的用户行为，并且研究人员同时希望了解到实验参与者行为之间的上下文联系和动机时，回溯性方法通常是一个可以采用的很有效的方法。当需要了解用户的认知以及观察非事件和任务触发的行为的情境时，这些方法会尤其有用。

让我们首先对这些方法进行定义：

回溯性研究是一种在一段时间内记录实验参与者行为数据的方法。在实验过程中记录的数据将由实验参与者在实验结束后审阅，并在检查这些数据的过程中提供行为的背景以及对行为进行评论。

回溯性研究是由几项重要的实验设计维度来定义的：

（1）数据收集：提供给参与者进行审阅的数据的收集方法（以及数据类型）；

（2）研究时长（从几分钟到几天）；

（3）参与者用来引起对以往事件的回忆的审阅工具、采访方法及过程；

（4）数据收集的采样频率（样本数/时间单元）；

（5）收集后的审阅延迟：数据收集后到审阅样本时经历的时间。

在本文中，我们对人机交互中的回溯性方法加以分析。首先我们对人类记忆的性质加以探讨，之后我们列出了开展回溯性研究的一些方法，进而展示一个回溯性研究的样本并用上述维度对其进行分析，最后我们探讨了这些方法的特征和挑战。

人类记忆及其机制

回溯性分析方法利用的是人类众所周知的一种能力，即在视觉上认出他们之前所处的一些情境并能对其加以评论。在正常工作进程中所产生的图像，尤其是有关环境的图像（例如，计算机屏幕），最能让人回想起当时的情形。在实验结束后采访参与者时使用的实验过程中的图像，则能在不易被参与者察觉的介入下，更好地了解在实验进行时所发生的事[布鲁尔（Brewer），1986年、1988年]。这些方法的关键便是人类的这种能够在受到当时的数据、声音或视觉形象的提示后回想起一些情境信息的能力。

但同时，众所周知人类的记忆是十分脆弱的，容易在回忆中出现很多种类型的错误；记忆通常在准确性和质量上会有所缺失。充分了解哪些记忆更容易产生偏差将更有助于我们设计回溯性方法，使其为人机交互研究提供有用的数据[罗迪格（Roediger）和麦克德莫特（McDermott），1995年]。造成记忆偏差的重要因素在于：

（1）实验参与者倾向根据某类事件普遍存在的典型模式来重构记忆[凯恩（Kane），2008年；沙克特（Schacter），2001年]而不是基于对具体事件的准确回忆来进行重构；

（2）实验参与者倾向在研究人员的引导下去回答有关事件的问题[韦斯伯格（Weisberg）等人，1996年；斯蒂尔-约翰逊，2000年]；

（3）实验参与者倾向根据所回忆的事件与其他相类似的体验之间的相似性来关联事件，而这些相类似的体验会影响到对与之前事件相类似的事件的记忆[安德伍德（Underwood），1965年]。

为避免错误记忆并且提高回想准确度的核心技术之一是运用提示技术。在回溯性研究中会使用参与者的行为记录作为提示（通常是图像或视频）。研究表明，如果不给参与者关于事件的提示，即使是回想非常有意义的事件也会缺乏精确性，而提供提示则会提高回想的准确性。拉明（Lamming）等人（1994年）及舍夫曼（Shiffman）等人（1997年）证明了对12个星期前的行为的回忆质量很低，即便所回忆的事件是实验参与者在个人手持设备上积极记录的日志事件，而记录事件这一行为似乎对回忆的质量几乎没有影响。相比之下，回溯性研究中的一个重要环节便是让实验参与者看到包含时间、地点及行为等显著标志的事件背景提示。

未加提示的记忆的精确性大约会在一天之后快速下降，因此回溯性回忆的准确度也是一件值得质疑的事情。有一些研究对回溯性方法的准确度提出质疑，特别是在没有提示的前提下回忆超出一周以前的事件（如在事件后的采访及调查中）[诺维克（Novick），2012年]。然而，如果谨慎使用来自参与者个人经历的提示，便可以让其对过去某一时间的回忆更准确并且更有用。（见"回溯性分析法的一个样本"部分。）

因此，回溯性研究的方法应注意数据收集和参与者审阅事件的细节以避免引入错误的记忆，并应避免让参与者回忆他们能准确记起的内容以外的事情[洛夫特斯（Loftus），1996年]。

以往回溯性研究

用核心事件的照片来提示回想有着很悠久的历史背景。科利尔（Collier）（1967年）最为深入地探讨了人类学背景下的拍照技术，这些照片既被用来触发回忆又被当作事件的背景。凡·戈（van Gog）（2005年）对比了即时陈述与回溯性描述解决问题的行为过程，并得出回溯性描述通常更具优势的结论，因为它能避免干扰到解决问题的过程。

凡·豪斯（Van House）（2006年）及因蒂耶（Intille）等人（2002年）提出图像也可以用于人机交互回想当中，虽然这些（及其他类似的）系统捕捉的是自然环境下的图像，不能像日志系统那样详细地从内部追踪用户的人机交互体验。

有很多种回溯性方法都是通过对过去的行为加以回忆并产生理解。下面我们将讨论用于追踪参与者行为并用来做后续分析的方法，包括记录日志、视频的录制与回放、眼动追踪与任务后评论、昨日重现法（Day Reconstruction Method，DRM）及体验抽样法。

（1）记录日志：很多日志记录系统的研发目的都是为了在不易察觉的情况下记录用户事件日志以供后续分析使用，其中包括明显的网络行为日志分析系统以及客户端以极其精细的粒度记录用户行为的工具。这些系统能够让用户在事后看到自身的行为并准确评价他们以某种方式所做出的行为（及其原因）。

日志查看器（布莱克威尔等人，2005年）是一种能够记录用户事件并筛选网络行为图像以供后续分析使用的工具。日志查看器可以生成的可视化树状图，可用于分析某一次点击触发了哪些后续的网页浏览行为。收集这些数据的主要目的是实现对用户行为的追踪——例如用户点击了多少次后退键来返回之前浏览的页面以及地标页中导航的组织形式等。他们在采访参与者时还使用了屏幕截图来对其进行提示，但采访的目的主要侧重于收集用户行为的上下文信息以指导应用的重新设计。

凯勒（Kellar）等人（2006年）创建了一套附加在定制浏览器（修改了IE浏览

器）上的日志记录系统，用户可以在该浏览器上完成任务的同时对自己的行为进行标记。与所有要求实时进行手动标记的系统一样，人们很难忽略日志记录系统的存在，与此同时凯勒（Kellar）指出有明显证据证明用户会因为日志记录系统的存在而调整他们的行为。回溯性研究也曾对这一系统加以讨论，不过讨论的侧重点在于用户是否准确地标记了行为及其先后次序，而不是用事件日志来作为对整体行为回忆的提示。

也有人[琼斯（Jones）等人，2007年；西奥奇（Siochi）&希德（Hid），1991年；智等人，2000年；阿尔-卡伊马里（Al-Qaimari）等人，1999年]先后提出了其他日志记录工具用于理解在网络搜索和信息浏览任务中的用户行为，通常也涉及其他类型的用户数据的记录（例如，现场观测）。艾沃蕊（Ivory）（2001年）的工作总结了许多用于追踪和记录网络行为的工具以对它们进行可用性分析。

（2）视频：卡普拉（Capra）（2002年）开发并评估了回溯性分析版本的自述式关键事件技术。在该项研究中，研究人员向实验参与者展示了记录他们整个工作过程的视频回放，并让他们观察并描述视频中的关键的事件。

为了从参与者角度加速实验进程并简化系统交互，埃克斯（Akers）等人（2009年）记录了参与者在使用CAD实体建模系统SketchUp时的关键事件，并自动从每个事件前后截取了20秒的视频作为事件关键。在整项任务完成后，参与者观看了每个事件的视频片段时并回答了一系列有关其行为的问题。这种方法给参与者以充分的视觉上下文信息和全面的视角（在任务完成后），以便他们解释为什么这个时刻对他们来说是至关重要的。

在将视频用作提示时，所涉及的事件（刚刚完成的任务）在参与者头脑中仍旧保持清晰，因此参与者能够对其行为做出准确、有用的评论。

（3）眼动追踪：在参与者进行任务的过程中跟踪其视线是另一种从视频中获取信息的方式[参见本书中的《眼动追踪概述》（*Eye Tracking in HCI: A Brief Introduction*）]。由于眼动信息是在任务完成后不久收集的，参与者能够描述他们曾将注意力放在哪里以及为什么。西斯基卡里（Hyrskykari）等人（2008年）及关（Guan）等人（2006年）均用视线轨迹视频作为提示来帮助参与者大致描述其视觉行为。通过将实验对象的回溯性叙述与其眼部运动进行对比，他们发现事后的描述非常有效可靠，为参与者在完成任务时注意力的位置提供了非常有用的线索。他们还发现在这种情况下出现捏造的风险较低，并且整个任务的复杂性也不会对信息搜集的有效性产生影响。

通过视线轨迹还能让人们回想起在用户界面上所看到或没看到的内容。穆拉里达伦（Muralidharan）等人（2012年）介绍了一种回溯式有声思维（retrospective think-aloud，RTA）方法。这种方法要求参与者在完成任务后，查看任务的（带有视线轨迹的）屏幕截图，并向研究人员描述他们当时正在做什么。研究人员会继续询问以确保答案清晰明确，并在一项任务的问题结束后会与参与者讨论另一项任务。

如果参与者从未提及所测试的界面属性（即使在所有任务中都可以看到该种属性），研究人员会在屏幕抓图上指明这种界面属性并询问参与者一系列的问题："这是什么？你注意到了吗？用户界面上的这一元素对你来说有着什么样的含义？请告诉我你是怎么想的？"目标是了解参与者如何理解这一属性，是否注意到了这一属性，他们认为这一属性是否有用以及为什么。

（4）昨日重现法："昨日重现法"（DRM）在心理学研究中有着广泛的应用。卡尼曼（Kahneman）等人（2004年）在介绍中称昨日重现法结合了离线方法的优点及体验抽样（见下文）等回溯性方法的准确性。

昨日重现式研究让参与者把日常的体验重构为一些连续的片段并为每个片段命名。参与者在回忆每一个体验片段时都会同前一个体验片段关联起来，使其用插曲式的回忆来讲述体验[施瓦兹（Schwarz）等人，2009年]。为了最小化回想中的偏差，通常在报告当日或第二天一早使用昨日重现法。这样参与者更能抓到某个体验片段的特点，避免了实验过程的整体体验对片段体验的影响。当参与者了解实验的本质时（例如，参与者明白实验的目的是要搜集某个系统带给参与者的享乐体验），昨日重现法能够收到很好的效果，但如果研究的问题是参与者多天的体验，这种方法的效果则不太好。

（5）体验抽样："体验抽样法"（ESM）可以被看作一种日记研究。日记的记录是通过一些外部信号驱动的，例如通过哔哔声、手机信息、文字信息或其他一些信号，来提醒参与者在收到信号的时候在问卷中填写自身的体验。（库纳夫斯基，2003年；拉森，1983年）为使其更接近提示回想法，体验抽样法的一个变式是"基于图像的体验抽样与思考"（因蒂耶，2002年），这种方法更接近回溯性线索回忆法：在抽样时捕捉参与者所处环境的静止图像（或短视频片段），在后续的分析中让参与者利用这些图像和视频进行回想。

回溯性分析法的一个样本

我们用IE浏览器捕获工具[拉塞尔&奥伦（Oren），2009年]来验证人机交互中的回溯性方法。这是一种浏览器插件，可以用来捕捉用户使用网络浏览器的行为以及整个屏幕的图像（全屏范围——不仅仅是IE浏览器窗口）。结果证明整个屏幕的图像有助于参与者准确回忆其行为。

　　根据上文提到的方法设计维度，IE捕获工具得到的数据具有如下特点：

　　• 数据：全屏幕图像截取、网页链接、时间戳；数据在浏览器完成某个网页加载时开始收集。

　　• 研究时长：1周到6周不等（多数为2周）。

　　• 审阅工具：参与者将用定制的数据查看器来审阅所收集的屏幕截图，他们可以按时间顺序前后反复查看数据。每次有网页加载完毕都会进行截屏，因此采样频率依用户浏览网页情况的不同而变。通常情况下，在研究过程中会出现成百上千次采样。

　　• 采样频率：每当参与者使用IE作为浏览器时（网页加载）。

　　• 审阅延迟：数据收集后1周到6周（多数为2周）。

　　IE捕获工具设计的初衷是帮助人们了解搜索引擎用户是如何查找需要长时间探索才能回答的问题。这些任务本质上很难在实验室环境中来捕捉；因为需要一种不易被察觉的数据捕捉方法，因此研究人员设计了一套不会对参与者产生任何干预的日志记录系统。

　　但是，这项研究的关键是了解参与者在几小时、几天或几星期的研究过程中是如何思考和拟定问题的。在此项研究中，IE捕获工具记录了两个星期（有时会更长）的屏幕截图；之后参与者在家中或在工作场所进行回溯审阅。如图1所示，在采访前收集了一系列屏幕截图。图2是这个截图序列中的某一帧。在提供所有其他视觉信息的情况下（如正在使用的应用程序、同时查看的文件、当前工作的进展情况），参与者可以根据种种提示回忆起当时的具体情况。

　　在采访中，参与者会审阅所收集的多个系列的屏幕捕获，并且根据采访者所提出的问题给出背景信息。由于可能有成百上千个屏幕图像和日志所记录的事件，研究人员会选择一些事件作为样本来进行详细审阅。

　　在提示回想研究中，采访者通常会先让参与者熟悉审阅工具的使用（如何向前或向后浏览所捕捉的屏幕图像），之后让参与者从研究中最早收集的数据开始审阅。再之后采访者会问一系列半结构化的问题，以明确参与者在研究过程中的体验的各项属性，关于这部分内容将在下一节中进行详细阐释。

Dec-14-2006-162441.jpg　　Dec-14-2006-203034.jpg　　Dec-14-2006-203103.jpg　　Dec-14-2006-203115.jpg

（a）

图1　回溯性采访中所使用的一系列屏幕截图

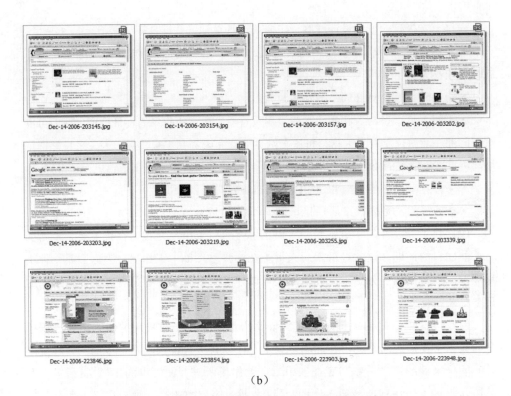

（b）

图1　回溯性采访中所使用的一系列屏幕截图（续）

这些捕获的提示能够向参与者提供大量的背景信息，以便帮助他们准确回忆在相关事件发生时的情况（在所示的情况下，浏览器已全屏最大化）

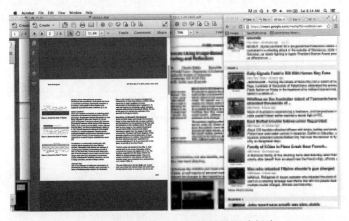

图2　提示的选择对回想的质量影响很大

用用户整个桌面的图像来提示参与者回答有关整项任务的目的及搜索行为的问题（拉塞尔&奥伦，2009年）。如果提示中缺乏有用的背景信息（例如，只给出浏览器屏幕图像），则效果要差很多，回溯分析的数据的质量也会降低采访提问程序：在采访开始时，实验人员首先应向实验参与者介绍审阅的工具并审阅第一天所收集的数据，之后实验人员会用IE-捕获查看器查看日志中每一天的部分访问，我们制作的工具IE-捕获查看器能够让参与者拖动查看数据日志和屏幕截图（IE-捕获查看器见图3）。因为这项研究调查的是人们能记起多少有关搜索任务的内容，几乎所有参与者都在研究所涉及的每一天当中进行了搜索。在少数几个参与者未进行搜索的情况下，我们则用最近的下一次搜索替代（例如，用第4天取代第3天）。

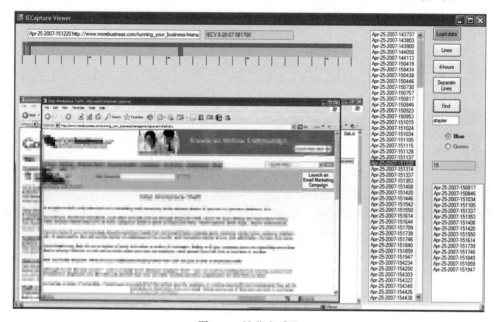

图3　IE-捕获查看器

这是一种可以查看参与者行为日志以及用于讨论和回想提示的屏幕图像的工具。参与者所看到的屏幕图像显示在显示屏的中央，其中包括截屏时实验者屏幕上的一堆窗口，这对于回想较久时间以前的事件来说是一个重要的提示。右侧的列表是为了在与参与者进行讨论时能够快速浏览日志事件和所捕获的图像

在查看每一天的搜索记录时，实验人员会让参与者跳到每一天的第一个搜索条目。（应注意很重要的一点是要"跳"到需要查看的屏幕图像，这样可以避免让参与者看到序列中后面的一些屏幕图像。）

实验者之后让参与者描述"在搜索过程中后面发生了什么"。当参与者认为对发生的事情"比较了解"时，就会被指示描述下一个事件。实验者尤其侧重于了解参与者所使用的搜索关键词以及下一项搜索是否成功。

虽然实验者在实验过程中并未要求参与者提供某种类型的答案，但实际搜集到的答案各式各样。单纯使用这项搜索是否成功？在这个时间点之后参与者有没有继

续搜索的需要？如果他们继续搜索了，他们是在继续完善当前的搜索条目还是进行了完全无关的搜索？这种自由式的问题能够帮助我们了解参与者是否能回忆起当时的情况，因为我们已经掌握了之后发生的事情的数据。

如果参与者回忆不起来，实验者就会调整时间轴给参与者一张接一张地看后面的图像，直到参与者想起所发生的事并能够预测下一个搜索事件。

我们感兴趣的是参与者准确说出搜索过程中的下一个主要事件的能力。即，在给出他们回忆一个事件的提示的情况下，我们衡量他们回想起过程中下一步骤的能力。（例如在参与者看到6天前的一个屏幕图像时，问参与者"在此之后你进行的下一项搜索是什么？"）研究人员评估参与者记忆无非是以下情况：参与者能够准确预测日志的下一项或者是他们想不起来。只有很少的情况下参与者对他们的猜测很自信；大部分情况下他们会说他们是猜测的并且表示对自己的预测缺乏自信。

结果：每位参与者我们都考量两个方面——在提示后做出了几项正确的预测以及他们需要尝试几次才能回想起搜索时发生了什么。如果参与者在仅看到一两个屏幕图像"提示"后便能准确回想起下一项搜索，这就是很成功的回想。

如图4所示，大多数参与者在4天内的访问中都能准确回想起下一个搜索事件。如果搜索的频率相对较低的话，这样的结果并不十分令人惊讶。这群参与者平均每人每周的搜索量为11次。如果搜索发生在三四天前，那么所发生的时间并不遥远，并且由于其是较少见的、目标明确的网络行为（搜索是一种为达到目的而进行的明确的行动），因此搜索很容易被人记住（并且回想起来）。

然而当测试涉及更多天数的时候（6天和7天前），参与者回想的结果仍然很不错。即使过了将近一周的时间，参与者正确回想起下一个搜索事件的概率仍高达75%。如果让参与者用IE捕获工具查看器看到隐藏的下一页屏幕截图，参与者能够在只看到3张日志/屏幕文件中的屏幕图像的情况下准确回想起下一项搜索。（要知道用来提示的屏幕图像通常不是搜索事件，而只是参与者访问的下一个网页。）

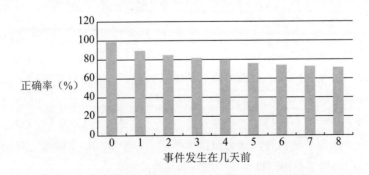

图4　参与者预测不同天数前的下一个事件的正确率

在采访中我们清楚地认识到，参与者不仅仅能回想起下一个事件，还能说出该项搜索所发生的背景。即使事件是发生在几天前，参与者也不仅能预测下一项事件，还能讲述完整的故事并评判整个任务（搜索只是任务的一部分）是否成功。我们认为这种"讲故事的能力"代表参与者按顺序回想起了所有的行为，而不只是单单回想起了某次搜索。在提示后回想的正确率相对较高说明重建背景信息需要的不只是序列中的单一事件——在图像序列的提示下似乎回想的正确率最高。（埃克斯等人，2009年）介绍了上下文捕获法，并提出真正有效的回溯性分析，是在实验过程中捕获行为发生的背景以及含有视觉背景的那些可以被记住的事件。

十分有趣的是参与者在采访中似乎能够很确定说出发生在很长时间以前的事。但我们却担心回想起的内容的准确性。就像我们在图4中所看到的，虽然回想越早发生的事件准确度会越低，但在我们所测试的一周内，准确率却保持在了合理的范围内。

我们同时意识到，某些问题会比其他问题更容易回答。总体上，大致描述之后发生的事（例如，"之后你做了什么？"）所得到的答案要优于询问具体细节的问题（例如，"你的下一个搜索条目是什么？"）。同时我们发现，参与者能够准确回忆起这些事件的原因很明显是用作提示的屏幕图像的存在。不只一位参与者曾表示回忆起所发生的事非常简单。由于他们常常能在屏幕图像中看到背景中的其他窗口（例如Excel表格的一角），这些周边小的提示会引发他们对时间、活动和地点的印象。（威尔逊等人，1997年）。

图5说明事件发生得越早，就需要越多页面来帮助准确回忆下一个搜索事件。

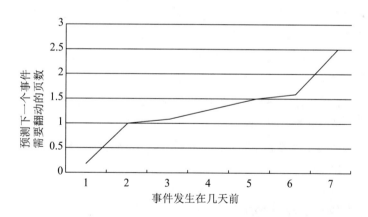

图5　参与者预测不同天数前的下一个事件需要翻动的页数

人机交互的回溯性方法：三个时间跨度

在人机交互回溯性研究中，参与者可能会需要回想几分钟乃至几周前的事情。

由于事件发生了多久会在很大程度上影响到参与者的记忆（以及回想），因此我们将回溯性研究根据时间跨度分为三大类，并讨论每种时间跨度其鲜明的特征以及各自的挑战性和构成。

（1）短期研究（实验时间<2小时；任务完成后立即进行回想）通常用于可用性研究，参与者通过其实验过程的录像、录屏或其眼部运动轨迹的回放，通过有声思维来进行回想。（西斯基卡里等人，2008年；关等人，2006年）虽然这种研究有助于理解参与者届时的动力以及所做出的选择的原因，但这些研究的意图也可能是让参与者讲出"行为本身以外"的内容。如果询问参与者自身没意识到的行为背后的动机（如"你为什么选择读那段文字"），参与者则很有可能引申到并没有充分回忆起来的之前的行为。从另一方面来说，参与者仍可以精确描述包含明确信息的（而不是有关动机的）各种交互的属性（例如，为什么之后采取某种行为）[库塞拉（Kuusela）&保罗（Paul），2000年]。

（2）中期研究（2小时≤研究时间<2天；在任务完成一两天后进行回想）在有关人机交互的文献中比较罕见，但其在短期研究与长期研究之间实现了一个良好的平衡。时长为一两天的研究要比短期研究更为自然，因为短期研究通常要在实验室环境内完成，且时间非常紧张。

（3）长期研究（研究时间>1天；研究结束一两天后进行回想）在长期回溯性研究中，参与者无法忽略实验过程中的一些记忆和体验。参与者知道实验最终的结果，因此总会根据结果来进行回想。这对于参与者回忆其行为会很有用（通过报告行为的结果和所做的决策），但也可能会导致"参与者倾向于忽略其本身的行为，并且讲出经过更缜密思考的更有条理的事件而不是正常发生的事情"（库塞拉和保罗，2000年）在长期研究中，研究人员通常会每日询问参与者。远程可用性研究有时采用这种日常访问方案来与参与者保持联系，这样就可以在与他们建立关系的过程中了解到研究要求范围外的一些信息[布拉什（Brush），2004年]。此外，回想几天前的事件还可能会出现一些偏差——忘记其他可以探索的选项（尤其是实验当下涉及但在回想提示线索中没有留下记录的选项）、实验当时的情绪以及研究开始后所形成的观念（沙克特，1999年）。

人机交互回溯性方法的评估

很多人机交互研究都采用了回溯性方法。如果在行为发生一段时间后对行为进行评价，这样的研究就可以称为回溯性研究，虽然在实际情况下可能不会这样去定义。（特别值得注意的是，多数这类研究都不是带提示线索的回溯性研究。）人机交互的很多研究成果都运用了回溯性方法。例如，在调查中让用户通过实验软件来回想自身的体验，或者在纵向研究中询问用户在研究之前如何使用某个系统……这两种情况都进行了回溯性分析。

对于人机交互业内人士来说，回溯性研究普遍有用的信息究竟有哪些？我们认为应该有两个方面。第一，在研究过程中的时间间隔造成了哪些偏差并且对参与者的反应产生了什么影响？第二，所采用的实验方法对回想的有效性产生了哪些影响？

从重要的实验设计决策方面来思考回溯性研究会很有帮助（在前面"以往回溯性研究"中有粗略的描述）。

•数据收集：如何收集数据以及收集什么类型的数据？是否自动收集数据？或者（在昨日重现法及手动标记法当中）是否手动收集数据？手动注释会在多大程度上影响到研究中的实际行为？

•研究时长：研究会进行多长时间？持续时间较长的研究的优势是能够收集更多的数据以便更好地观察所真正感兴趣的事件，但时间越长可能造成的偏差越大。

•审阅工具：参与者和研究人员如何审阅数据？通常需要某种回放系统来从数据流中摘出某些有代表性的片段或事件。这类回放系统应具备"跳"到需要用的提示的功能，并且不会在此过程中泄露中间的事件。（这样就不会因为给参与者一些意外的提示而降低回想的价值。）

•采样频率：数据采样频率有多高以及触发数据收集的事件有哪些？采用的是随机采样（体验抽样法）还是事件驱动采样（例如，由用户的行为驱动）还是周期性采样（例如，每小时或者是在每天结束时）？

•审阅延迟：参与者何时审阅数据？周期性审阅在长期研究中比较有用，但难以避免的问题是会给参与者一些难以察觉的有关"正确"行为的提示（或者反过来说——从研究人员的角度难免会表现出惊讶）。

回想偏差有没有价值？人们也许想知道回想偏差会对回想准确性造成多大影响，即便这个回想是有线索引导的。正如我们所看到的，随着时间的流逝必然会出现偏差。但如何认识这个偏差有一点非常重要：记忆本身才是最重要的。重建的体验的真实性其实无关紧要，因为这些记忆只会指引个体未来的行为以及传递记忆中的信息给他人[卡拉帕诺斯（Karapanos）等人，2009年；诺曼（Norman），2009年]。换言之，虽然参与者的记忆可能会与当时的体验不同，但经过多次回想的记忆却可以为未来的行为提供有价值的信息。因此，未来决策的基础是记忆（无论多么不准确）本身而不是当时真实发生的事情（Karapanos et al.，2009年、2010年）。

在多数心理学或人机交互实验设计中，回溯性研究中的实验方法对结果会产生很大影响。那些长久使用的实验设计模型也不例外。众所周知，哪怕是简简单单地向参与者分配任务（而不是完成他们在自己生态下有效的任务或者对自身重要的任务）也会对结果产生很大影响。（拉塞尔和格赖姆斯，2007年）类似的，回溯性实验方案设计的选择也会对结果有很大影响。

例如，我们发现回想中线索的选择会带来完全不同的结果，线索要么毫无用处要么高度可靠[拉塞尔和奥伦，2010年；凡·哈克（van Haak）等人，2003年]。在我们的研究的一个早期（不成熟的）版本中，我们尝试用一连串日期相互关联的搜索条目来提示参与者回想之前的行为。例如，"你在2007年11月7日搜索了"温哥华酒店（Vancouver hotel）"，你的下一项搜索是什么？"我们很快发现这样的提示完全没用——人们在遇到这样的问题时根本想不起来他们的网上搜索行为。

当我们把提示变成浏览器窗口截屏后（如图1所示），回想的效果明显变好了，但错误率仍然很高。当我们又稍微调整为整个屏幕的截屏以后（而不仅是浏览器窗口），参与者又能回忆起很多任务以外的背景信息。

实验方案必须同时包含能够验证参与者所回想起的行为的真实性的方法。众所周知，在调查设计当中[参见本书《人机交互中的问卷调查研究》（*Survey Research in HCI*）]，导致回想偏差的原因还包括参与者试图去符合社会预期、试图单纯去令实验者满意或者试图合理化那些在事后审阅中看起来很奇怪的行为。

回溯性方法中的语用学

虽然优秀的回溯性方法实践技巧可以用一整本书来详述，对于研究人员来说，以下几条语用学建议会很有帮助。

选好提示：在设计回溯性研究的实验时，很重要的一点是应捕捉到能够提供有用提示的数据。总体上是用带有大量可快速识别的背景信息的图像或数据来提示回忆。因此，有关用户行为的屏幕截图或视频等图像可以被用作提示。如果所重建的情境（例如，一个包含几个变量的模拟实验状态）没有易于记忆或识别的背景细节信息，这样的内容就不适合用作提示。例如，在一项未加提示的有关搜索结果记忆性的研究当中[蒂文（Teevan）和卡尔格（Karger），2005年]，在搜索后的60～90分钟内用户忘记了搜索结果页面的很多特征。他们所记住的只是那些排序靠前的结果或者是因其符合用户的目标而被其点击的结果。在没有很好地提示周边背景的情况下，用户会回忆起搜索结果。

采访过程设计方法：在采访参与者时，如果能够提供更早的数据并按时间顺序排列事件通常会很有帮助。也就是说，如果从比较近的时间点跳到更远的时间点（再跳回来）并且乱序对每个部分提问的话，只会让参与者感到迷惑。与之类似，如果在回溯性数据之间跳跃，不应该让参与者知晓跳跃点之间的任何数据。应注意的是提示的线索应该是唯一用于让参与者回忆的信息。如果让参与者看到更多的提示，他们对后续采访问题会给出很不同的（而且是更好的）答案。

让参与者预测：虽然有很多方法可以验证通过提示回想起的内容的准确性，但让参与者预测是其中一种尤其有效的方法。（类似于"你看到这个屏幕之后做了什么？"）虽然形式不一定完全一样，但衡量回想过程中的一致性会很有价值。这与调查设计中常用的一种方法类似，就是在调查的不同阶段询问同样的问题，但对问题稍加变化，以便测试在这种情况下答案的一致性（韦斯伯格，1996年）。

面对面采访：在回溯性访问中，参与者和研究人员面对面的方式要比远距离进行访问（例如，电话调查）更有效。霍尔布鲁克（Holbrook）等人（2003年）在研究中证实了一项结论，参与者在电话采访中更容易出现迎合采访人或者社会期待的反馈偏差。

避免出现假记忆效应的方法：众所周知（洛夫特斯，2005年），采访者在提问的时候很容易（常常是意外地）因为采访问题的设计从而引入受访者虚假的记忆。虽然在避免引入假信息的采访技巧方面有着充足的文献资料[梅蒙（Memon），1997年；洛夫特斯，2005年]，但是这一问题在人机交互当中要简单很多。通常情况下，人机交互实验所研究的行为不涉及情感（因此在情感事件当中避免了目击人证词效应），所使用的提示也源自有关参与者自身行为的数据。在对以往行为进行提问时，可以遵循以下几条很好的建议：

（1）避免问到应该注意行为的哪些方面。即，避免提示参与者研究特别关注的那些行为。如果参与者跳过了重要的部分，研究人员可以通过后续提问，让参与者直接对问题进行回答。

（2）避免在提问中引入对实验者行为的评价，例如，"这种较差的情况到什么时候为止？"或者"你是从什么时候开始喜欢这款新的特别棒的互动小工具的？"人们很容易因为这种带有感情色彩的措辞而改变自己的答复。

（3）避免根据过去的体验寻求整体实验感受的反馈。（施瓦兹等人，2009年）表明要求实验者对过去的情感体验进行准确的评估对实验结果没有帮助，并且实验者的反馈往往会受到后续事件甚至是对整个体验的看法的影响。再多合理化也无法克服这种强烈的自我感受认知偏差效应。参与者起初可能从知性上喜欢使用某个系统。但如果后来出现了较差的体验，参与者就很难对整个体验给出积极的反馈，虽然很可能平均而言参与者有着较好的体验。虽然以往事件的客观事实可能是准确的，但带有感情色彩的记忆会对事件进行重构，从而影响到信息的准确性。

避免测试儿童：提示回想需要注意的另一个因素是参与者的年龄。凡·克斯特伦（Van Kesteren）等人（2003年）发现6～7岁的儿童很难同时记住多个概念，因此他们在观看自身行为的回溯性视频时，几乎不具备描述自己当时正在做什么的能力，虽然他们能够正确说出研究过程中自己想法的变化｛另见[海斯涅米（Hoysniemi）等人，2003年]，其也发现幼儿在回想之前行为方面的认知局限性｝。

然而，巴乌（Baauw）和马尔科普洛斯（Markopoulos）（2004年）发现在任务后就可用性问题采访9到11岁的儿童，其效果和实验室中的实时可用性分析一样好。

与年龄有关的另一个问题是，由于审阅视频的过程不总是令人兴奋，因此在研究的回溯性审阅阶段会出现幼儿注意力转移的情况。对儿童的回溯性采访常常是研究人员最具挑战性的任务之一。

小结

综上所述，回溯性研究是了解用其他方法难以了解的行为的一套方法。正如我们所看到的，回溯性线索回忆法可被用于重构参与者行为、行为原理、情感反应及对所记录事件的反馈。但如果想要精心设计一项回溯性研究，则需应对多项挑战。这样的研究必须精心设计，特别注意捕捉对回想有帮助的提示，所提出的问题不能让参与者过多去推断他们所无法准确回想起来的内容，还需用实际行为的记录来不断验证反馈。

即使在行为与回想之间有较长的时间间隔，只要精心准备提示并设计好采访方法，我们仍发现用这种方法能够非常准确地了解用户的行为。

拓展阅读与相关资源

由于我们很长时间都无法观察到正常的用户行为，这促使我们开发了RCR技术。日志分析是一项很棒的技术[参见《通过日志数据与分析来了解用户行为》（*Understanding Behavior through Log Data and Analysis*）]，但这种技术无法分析态度数据以及较长时间段内的个体反馈。

为解决这一问题，我们设计了IE捕获工具来让我们的用户"讲自己的故事"，这也让我们更加了解他们是如何使用我们的系统的。我们采访的参与者越多，我们越发现RCR方法十分敏感也非常有效。当我们发现参与者在采访中对已经说过的话换了一种说法时，我们开始担心实验者是否存在对数据解释过度的问题。由此我们开始考察回想的行为的准确性，并训练我们提问的技巧使参与者的回答不要出现偏差。

有关在回溯性采访中问问题的语用学的更多内容请见比蒂（Beatty）&威利斯（Willis），2007年及威利斯，2005年。

有关体验抽样法（在每一天结束时重构当天的事件）的使用指导请见赫克特纳等人，2007年。

练习

1. 这本书中其他哪些方法与回溯性研究方法可以进行很好的配合？

2. 当人们回顾他们过去行为的记录和/或可视化时，通常什么类型的报告是不准确的？

本文作者信息、参考文献等资料请扫码查看。

通过代理人建模设计多用户系统

Yuqing Ren

Robert E.Kraut

为何采用基于代理人的建模（Agent-Based Modeling）？

人机交互领域的出现已有几十年的时间。互联网的兴起将研究人员的注意力从了解人与计算机如何交互转向了了解人们如何通过计算机技术互动。各种为多个用户设计的系统已经被贴上了群件、协同计算、多用户应用以及近来出现的社会计算技术（social computing technologies）等标签。设计这类系统比设计单用户系统更具挑战性，因为他人及他人的行为都是用户所体验到的系统的一部分[格鲁丁（Grudin），1994年]。因此，系统本身是不确定且不断发展变化的，有些用户的体验在一定程度上是早期用户所做决定的结果。由于在大量用户制订常规的系统使用方式前，多用户系统的行为并不稳定，因此在达到稳定状态前很难预测用户群体对某一设计的反应。正因如此，交互设计和评估迭代尽管也许是系统设计所需的最成功的人机交互技术，但对于多用户应用设计来说依然不够。

考虑假设我们要设计一个在线健康支持网站，并决定是否雇用版主，以确保小组成员将时间用于讨论与癌症相关的主题，将偏离主题的内容引导到子论坛，或防止用户发布广告。一名成员是否决定加入社区，一定程度上取决于其他成员发布的内容，如果设置版主，则也取决于版主允许发布的内容。但设计者该如何判断版主是否会改进该网站？搭建不同版本的网站，实施各种替代设计方案，这种做法既不切实际，又花费巨大。另一个做法是在建立系统前使用计算模型模拟该系统。可通过模拟进行虚拟实验，评估用户对替代设计选项可能做出的反应，并预测系统在不同场景下的实际使用情况。假设模拟能够在其试图复制的现象中复制已知的行为模式，则模拟也可以用于预测用户对尚未开发的功能的反应。

计算机模拟是一种程序，体现了某些现象如何运行的局部理论（a partial theory）。在过去的几十年里，社会科学家运用这种方法了解多种社会动态和社会过程。例如，谢林（Schelling，1971年）创建了一个简单的模型，显示在多数社区成员能够容忍住在多种族混合环境的情况下，居住隔离是如何出现的。该模型的可运行性体现在科学家能够打开和关闭模型，或改变输入参数（如族群的最初规模、成员对多样性或住房周转速度的偏好程度），通过模拟输出结果，预测社会将在多大程度上形成种族隔离。

可以采用类似的做法来研究以自下而上、自我组织和用户间复杂的互动为特点的人机交互现象。例如，在许多组织中，维基（wikis）、博客（blogs）、社交网络（social networking）和社会书签（social bookmarking）等社交媒体的使用变得非常普遍[特丽姆（Treem）和伦纳迪（Leonardi），2012年]，这引起了人机交互研究人员[如迪米科（DiMicco）等人，2008年；沙米（Shami）等人，2009年；托姆-圣泰利（Thom-Santelli）等人，2011年；吴（Wu）等人，2010年]的极大兴趣。模拟能够解答诸如以下的问题：社交媒体的使用如何实现组织内的传播？单个用户在使用和采用这些技术时将出现哪些模式？此类技术的采用和使用将如何改变组织层级？组织如何协调设计、激励措施及其文化和政策以鼓励有效地利用技术？

为模拟社会系统，科学家和工程师已创建了若干模拟类型，包括统计模型、因果模型（causal models）、数学模型（mathematical models）、系统动力学模型（system dynamics models）、神经网络（neural networks）、细胞自动机（cellular automata）、多层次模拟（multi-level simulations）、进化模型（evolutionary models）和基于代理人的模型[泰伯尔（Taber）和蒂姆波尼（Timpone），1996年]。在本文，我们重点以基于代理人的建模为工具，为多用户系统的设计提供依据，并深入了解这些系统如何借助我们正尝试模拟的系统间同构以及模拟技术来运行。基于代理人的模型通过模拟构成系统的单个用户的行为及用户间的互动来模拟多用户系统。首先我们将简要回顾基于代理人的建模，然后介绍我们主要的贡献——七步路线图，人机交互研究人员可根据路线图建立或评估基于代理人的模型。之后将介绍我们如何以遵循上述步骤建立起了基于代理人的模型，为在线社区的设计提供依据。最后，我们将分享亲身经历，介绍我们如何找到这一方法，并列出参考文献，方便读者做进一步的了解。

什么是基于代理人的建模？

基于代理人的建模是计算机模拟的一种形式，这类模拟"能够让研究人员创建和分析由某一环境中互动的代理人组成的模型，并进行模型实验"[吉尔伯特（Gilbert），2008年]。代理人能够模拟多种物理和社会实体，如人类、动物、粒子或分子。从严密程度上看，基于代理人的建模类似于数学建模，但更适合代理人自治和异质的情况，即代理人之间的互动复杂，且低级别的行为和互动能够导致系统级结构的出现。与传统的社会科学理论开发方法相比，基于代理人的建模特别适合自下而上地建立理论[科兹洛夫斯基（Kozlowski）和克莱因（Klein），2000年]，以及了解随时间推移内代理人个体行为如何互动，如何导致新兴的系统级模式。

系统级规律往往是多种力量共同作用的结果。力之间的张力可以是时间的、结构性的，也可以是空间的，经常导致非线性关系，如临界点（tipping points）[戴维斯（Davis）等人，2007年]。一个著名的例子是雷诺兹（Reynolds）的"类鸟群（boids）"模型（1987年），对鸟群的行为进行模拟。该模型中的代理人是认知有限的鸟类，如图1所示，该模型的程序中有三个简单的规则：分隔，避免与其他鸟相距太近；队列，与邻近同伴采用相同的速度；凝聚，向邻近同伴的中心位置前进。该模式出色地复制了鸟群如何飞行而不会发生碰撞。这种希望跟随大众但不相距太近的张力也适用于人类群体。

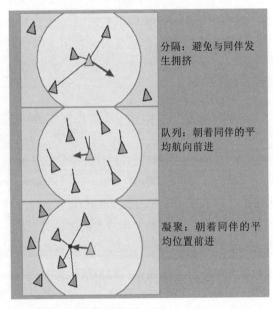

图1　雷诺兹的类鸟群模型（经http://www.red3d.com/cwr/boids/许可后可转载）

基于代理人的模型的历史可追溯至冯·诺依曼（Von Neumann），20世纪40年代晚期冯·诺依曼开发了一台能够自我复制的机器[吉尔伯特（Gilbert），2008年]。他是在没有计算机的情况下发明的自我复制自动机，最终导致了细胞自动机的诞生。这是一种基于代理人建模的流行技术，将个体代理人放置在二维方格或细胞网格上，观察他们与邻近个体互动时会出现怎样的模式（戴维斯等人，2007年）。这一想法激励康威（Conway）发明了"生命游戏（Game of Life）"[加德纳（Gardner），1970年]，渐渐地该方法从数学发展到经济学、社会科学以及其他学科。该游戏的社会科学版本称为糖域模型（the Sugarscape model），由爱泼斯坦（Epstein）和阿克斯特尔（Axtell）创建（1996年），用于模拟和研究人类社会。

在过去的二三十年，随着计算能力的指数级增长，基于代理人的建模已经变得愈加普遍。目前已经开发出多种模型来模拟沙桩流（flow in sand piles）等物理和社会现象、鸟类和蚂蚁等动物的活动[索耶（Sawyer），2003年]、合作和集体活动中的社会和组织行为[梅西（Macy），1991年]、学习[玛驰（March），1991年]、社会影响和规范形成[阿克塞尔罗德（Axelrod），1986年、1997年]、文化传播[哈里森（Harrison）和卡罗尔（Carroll），1991年]以及创新扩散（innovation diffusion）[斯特朗（Strang）和梅西，2001年]。

基于代理人的建模如何能为人机交互理论和设计提供依据？

基于代理人的建模用途非常广泛，可用于行为描述、培训管理人员以更好地做出决策[波顿（Burton）和欧贝奥（Obel），1995年]、发展产生特定行为的条件或机制的理论开发（戴维斯等人，2007年）、发现局部交互作用意想不到的后果以及有关更好的运作或组织方式的指示（哈里森等人，2007年）。我们认为在人机交互研究中，至少可以通过两种重要方式运用基于代理人的建模：推动多用户系统相关理论，以及为这些系统的设计及相关干预措施、政策和实践提供依据。前者利用基于代理人的建模来解释导致某些行为的机制、流程或条件，后者利用基于代理人的建模来指示采取哪些行动以获得预期的效果。

南（Nan）和同事开发的形状工厂模型（the Shape Factory model）（2005年、2008年）是通过基于代理人的建模来推动理论的一个范例。研究一开始采用了实验室实验，调查地理位置的分离如何影响本地工人和远程工人的表现。10名参与者，包括5名本地工人和5名远程工人分别制造和购买不同形状的部件，根据"客户"订单供货。令人费解的模式出现了，尽管本地参与者具有沟通优势，但本地参与者和远程参与者都很好地完成了任务。两种理论上合理的机制[内群体偏好（in-group favoritism）和沟通延迟（communication delay）]本应发挥作用，但在实验中这两种机制混杂在一起，无法明确各自独立的影响。

基于代理人的建模很适合解决这类问题，它能从计算方面赋予调查人员启动和关闭一项机制的能力，并观察结果如何变化。南和同事（2005年、2008年）以实验室实验中观察到的行为模式为基准，开发出一种基于代理人的模型，将内群体偏好和沟通延迟的影响分开。他们将这两种机制作为两条行为准则：内群体偏好意味着在联系远程代理人之前，本地代理人总是优先与其他搭档代理人进行商业交易；沟通延迟意味着与所有远程代理人的沟通落后一步。模拟结果显示，内群体偏好事实上对本地代理人的表现产生了不利影响（只与当地代理人交易限制了自身的表现），尽管（不存在）沟通延迟对他们的表现产生了积极影响。在实验室实验中，两种影响相互抵消，如果没有基于代理人的建模将很难把两者分开。

在该实验室实验中，南的研究显示了如何使用基于代理人的建模来弥补其他实证研究方法的不足，以此丰富我们对于多用户系统运作的理论认识。正如戴维斯等人（2007年）所指出的那样，模拟在案例分析（case studies）和形式化建模（formal modeling）等理论创建方法与调查（survey）和实验等理论检验方法之间，占据了"最佳位置"。该模型需要以理论见解和实验证据为基础，反过来也能够摆脱早期研究中观察到的条件的限制，扩展我们的认知。

管理、公共政策和社会学的研究人员已经记录下如何使用模拟来开发和检验理论[阿克塞尔罗德，2005年；戴维斯等人，2007年；哈里森等人，2007年；梅西和威勒（Willer），2002年]，因此在本文中，我们将重点介绍在人机交互研究中，如何使用基于代理人的建模为多用户系统的设计以及相关政策和实践提供依据。我们以在线社区作为多用户系统的例子。设计在线社区的一个主要挑战是设计者必须就相关功能、结构和政策做出数不清的决定。即使是经验丰富的设计者也会因为决定中的各种权衡而不堪重负，因而无法预料用户将会如何反应。例如，在建立在线社区时，如果一个社区实行贡献积分制，将贡献最多的人列在公共"排行榜"上，那么对于该功能，如果贡献最少的参与者认为自己做得不够，可能因此多做贡献，而如果多做贡献者认为自己做得过多，可能因此少做贡献；此外，如果多数社区成员认为排名靠前的贡献者已经提供了足够的内容，可能因此不再做任何贡献。

这些相互矛盾的预测源于两个社会科学理论：社会比较理论（social comparison theory）[费斯汀格（Festinger），1954年]和集体努力模型（the Collective Effort Model）[卡劳（Karau）和威廉（Willams），1993年]。前者认为人们有动力将自身表现与那些类似自己的人的表现相比较，因而当得知他人比自己的贡献多时会加大努力[哈珀（Harper）等人，2007年]。后者认为人们在群体中工作时付出的努力比单独工作时少，原因是他们认为自身的努力并非是实现群体成果的必要条件。也许因为存在这些相互矛盾的预测，人们才会更多地使用社会心理学理论、组织行为理论、社会学理论和经济学理论来描述在线社区中的行为，而不是以指令性的方式应用这些理论，为成功建立社区提供解决方案[例外情况参见林格（Ling）等人，2005年]。

上述社会科学理论不适用于在线社区设计的一个重要原因是，设计逻辑与社会科学研究逻辑冲突，设计逻辑是对数十个或数百个可能影响成员行为的参数进行权衡，而社会科学研究逻辑是检查当其他要素相同时一小部分变量产生的影响。基于代理人的模型能够缩小两者间的差距，整合多个理论的见解以找出前行的路径，以做出可以实现设计者期望效果的设计选择。换言之，基于代理人的模型能够连接和整合戴维斯等人（2007年）称作的"简单理论（simple theories）"，从而推断"若干理论假设的综合影响或实证结果"（泰伯尔和蒂姆波尼，1996年，第6页）。

成功的做法包含哪些步骤：七步路线

在这一部分，我们将介绍使用路线（表1）和一系列指导方针，帮助人机交互研究人员创建基于代理人的模型。为了使指导方针形象具体和切实可行，我们使用亲身经历来展示我们如何遵循这些指导方针并建立了基于代理人的模型，从而为设计基于文本的在线社区提供依据。我们假设您已经提出了一个研究问题，想知道基于代理人的建模是否适合研究该问题。

步骤1：评估基于代理人的建模对于研究问题的适宜性

基于代理人的建模是否适合您的研究取决于若干要素：感兴趣的现象、对您所研究问题的分析水平以及可从中借鉴为模型奠定基础的知识体系。非常适合使用基于代理人的建模的现象通常具有以下特征：

（1）涉及单个代理人的行动和互动；

（2）单个代理人具有不同的动机、兴趣或行为；

（3）单个代理人构成一个大的社会体系，其结构由个体的行动决定，反过来社会体系的规模和结构决定又形成了个体的行为；

（4）随着时间的推移，系统会随着单个代理人之间的互动而动态地发展，因此，它可以具有多层级、非线性和动态的特点。

表1　使用基于代理人的建模的路线

步骤	活动/问题
①评估基于代理人的建模对于研究问题的适宜性	整个系统行为能否被分解成自治但相互作用的代理人的决定和行动？
	他们的决定和行动是否受到多个力量的影响？
	系统可能成为多层级、非线性和动态的系统吗？
	是否有简单的理论或实验证据为该模型奠定基础？

续表

步骤	活动/问题
②明确边界条件，建立概念模型	明确模型的范围（代理人类型、目标类型、代理人行为类型、更大的环境） 识别有助于构建概念图的理论 识别概念图中的关键变量 从简单的模型开始，然后逐渐扩展
③将概念模型转换为计算形式	运用三个关键元素：代理人、环境和时间尺度 将理论转化为控制代理人运动、沟通和行动的行为规则 将时间模拟为强迫并行（forced parallel）
④实施模型	决定是否使用现有平台或从零开始构建 如需要，比较并选择一个平台 编程、调试并测试该程序
⑤验证模型	检查程序，确保它精准地转换自概念模型，且没有错误 通过修改模型进行模型校准，以匹配理论预测、典型事实或实证训练数据 将模拟结果与理论或实验测试数据进行比较，以检验模型的外部有效性
⑥使用模型开展实验	设计虚拟实验（确定关键元素、关键元素值或运行值的范围和运行次数） 将参数设置为符合理论或者真实世界情况的值 进行实验，收集输出数据
⑦发表模型和结果	为他人复制该模型提供足够的细节 准备共享源代码 讨论实际意义和统计意义

下面是基于代理人的建模可帮助解决的一些人机交互样本问题：

• 沟通交流中的注意力管理。工作中自然、非正式的交流很重要，但交流对发起人的帮助往往以被打断一方的利益为代价[珀洛（Perlow），1999年]。为平衡自然交流的效益和成本而设计的干预措施常常产生了无法预见的后果。例如，增加干扰成本的定价系统能够将交流量减少至最优水平以下[如克劳特（Kraut）等人，2002年]或显示当某人是否可以被打断时的意识显示系统却增加而不是减少了打断[如福格蒂（Fogarty）和拉伊（Lai），2004年]。基于代理人的模型能帮助预测替代干预措施的长期影响。

• 在线贡献的反馈机制。维基百科（Wikipedia）等在线生产社区需要高质量的贡献。以质量提升为目的的干预措施常常对贡献者产生意料之外的后果。例如，让新成员通过水平测试能够提升成员水平和积极性，但会减少加入社区的成员数量[德兰纳（Drenner）等人，2008年]，而给予贡献者纠错反馈可能将其注意力从任务转向自身，因而影响他们的表现[克鲁格（Kluger）等人，1996年]。基于代理人的模型能够帮助社区领导者做出权衡。

再次重申，上述示例中贯穿了几个常见主题，这些主题使得以上示例适合采用基于代理人的建模。首先，现象是自下而上产生的，个体自主地做出决定且结果（无论系统或沟通模式成功与否）由个体行动和互动共同决定。其次，多个力量驱动个体行为，意味着模型需要结合多个理论以有效地呈现现实情况。最后，无法根据个体行动凭直觉预测系统级的规律，因为影响行为的多个力量可能朝相反方向作用或相互抵消。

这些示例包含了对正在研究的现象相对成熟的理论性和实证性的理解。这种理解应该经过了探索阶段，拥有足够的文献为模型奠定基础。理想的情况是，存在多个理论命题或实证结果，无论哪个结果都无法单独解释观察到的现象，但结合在一起有可能对现象加以解释（泰伯尔和蒂姆波尼，1996年）。例如，在模拟起始条件对社区的成功产生哪些影响时，基于代理人的模型能够依赖丰富的临界质量（critical mass）[马库斯（Markus）文献，1987年]、网络外部性（network externalities）[如夏皮罗（Shapiro）和范里安（Varian），1999年]文献、组织生态学（organizational ecology）[汉南（Hannan）和弗里曼（Freeman），1989年]文献和群体投入（group commitment）[如马蒂厄（Mathieu）等人，1990年]文献。如果缺乏理论或理论无法提供细节来明确功能或参数，那么最好能有其他方式收集新的实证数据来构成模型的细节。

步骤2：明确边界条件，建立概念模型

基于代理人的模型，像数学和统计模型一样，是简化的现实。至关重要的一点是应清晰地定义模型的边界，以捕捉所研究现象的本质。许多多用户系统的本质复杂，涉及角色各不相同的代理人、各类人为现象，以及代理人、人为现象及其环境之间的复杂联系。例如，维基百科的工作有270种不同的语言，依赖于成千上万志愿编辑们的贡献，他们承担着从创建新文章到撰写政策的各种任务[包（Bao）等人，2012年，韦尔瑟（Welser）等人，2011年]。编辑们被分成数百个名为"维基项目（WikiProjects）"的子群组，在由一家非营利组织运作的技术基础设施上开展协作。这些内容最终会被数千万互联网用户看到。如果你打算构建基于代理人的模型来了解维基百科的协作原理，你应该在哪里划定界限呢？除了编辑和文章，应该对维基百科的读者或其他代理人，如修复破坏行为的机器人（自动程序）进行显性建模吗？像维基项目或支持维基百科基础设施的维基媒体基金会（the Wikimedia Foundation）这些的更高层级的社会实体呢？

这些不是无关轻重的决定，答案也并非简单明了。简单与现实间的权衡，简约与准确间的取舍，这些都让基于代理人的建模应接不暇。基于代理人的模型除了需要足够全面和完整，以做到准确，还要简明地体现现实情况，以做到有用（吉尔伯特，2008年）。复杂的模型能够更加准确地进行预测，但调试起来更难，也许会变

得令人费解，以至于读者甚至开发者都很难理解模型特征的变化如何导致了结果的出现。因此，正确的决定需要达到一种平衡，在剔除不必要的东西的同时捕捉主要现象。这种平衡在很大程度上是一种主观判断（戴维斯等人，2007年）或"模拟的艺术（the art of simulation）"（哈里森等人，2007年）。没有放之四海而皆准的正确答案；选择哪个答案取决于研究人员的个人偏好和研究风格。

有些建模师倾向于简单。简单的模型特别适合理论构建，以谢林（1971年）的种族隔离模型为代表。如果按照代理人层面的简单规则能够产生意想不到的系统级模式，那么简单的模型也可以非常强大。另一方面，简单的模型常常缺乏准确的预测来指导实践，因为这些模型没有包含驱动现象的所有重要力量或机制。基于代理人的建模需要具有合理水平的复杂性，从而为设计提供有用的指导。即使是构建复杂的模型，正确的做法也是从简单模型开始，逐渐扩展以提升精确度。

一旦建立起边界，研究人员就能够识别他们想要在模型中捕捉的重要概念及其相互关系。泰伯尔和蒂姆波尼（1996年）建议采用"处理复杂模型时，在纸上列出概念清单"的做法（第15页）。概念清单应明确定性的概念，大致提出如何实施这些概念。研究人员应思考多个学科的理论，从而为模型奠定基础，因为社会行为和过程无法被清晰地分解成完全匹配人为的学科划分的独立的子过程[爱泼斯坦（Epstein），1999年]。个体行为能够受到经济、心理、政治和技术因素的驱动，因此研究人员不应受学科边界的束缚，让后者妨碍自己识别现象的重要方面。

步骤3：将概念模型转换为计算形式

下一步是通过将理论关系转换为假设、代理人属性和行为规则，来运作概念模型。吉尔伯特（2008年）识别出明确基于代理人的模型的三个关键元素：代理人、环境和时间尺度。代理人可以是人、动物或物体。模拟人类的代理人能够参与以下活动：

• 感知环境，包括附近其他代理人或物体的存在；

• 做出一系列行为，如在空间内移动、交流（向其他代理人发送消息和从其他代理人那里接收消息）、针对环境行动或与环境交互[如加入组织或向一个企业维基（a corporate wiki）贡献信息]；

• 记住自身先前的状态、行动或后果（如出于学习的目的）；

• 遵守政策，或采取策略来决定下一步行动的策略。

在图形工厂模拟中，代理人对环境的感知包括意识到搭档本地参与者和远程参与者的存在，以及他们所生产的图形。代理人无法移动，但能够通过发送和满足形状请求进行交流。代理人没有记忆，无法从过去的行为中学习。尽管他们的目标是尽可能多地完成订单，但并没有采取复杂的策略。

在更加复杂的模型中，代理人能够做出较为复杂的行为。例如，在一个用于研究交互记忆的模型中，代理人拥有自身和其他代理人专业领域方面的知识[雷恩（Ren）等人，2006年]。交互记忆能够让代理人有效地搜索信息，并将任务分配给具有专业知识的代理人。

时间尺度是将理论转换为代理人行为的另一个关键元素。代理人行为出现的顺序能够严重影响模拟的结果，因为早期代理人的输出能够改变后期其他代理人所体验的环境。例如，模拟在线讨论小组时，研究人员必须考虑帖子发布后是否立即向所有其他代理人广播，还是先将帖子暂存在资料库，直至所有代理人完成当前一轮的活动再发出。之所以出现这种选择，是因为并行处理在计算上成本很高，但有些成本较低的建模可作为并行处理。例如，研究人员能够缓冲环境中的所有互动（如社区近来发布的消息），等所有行为完成后再向所有代理人展示新的互动（即新消息）。按照基于代理人的建模技术术语，可按照阶段性的事件来组织代理人行为，将时间模拟为"强迫并行"。这一技术也称为"模拟同步执行（simulated synchronous execution）"（吉尔伯特，2008年）。流程图是模型设计中的一个有用工具，显示了行动发生的顺序，以及规则适用或一个行动被选采取的条件。

步骤4：实施模型

实施步骤常常被错认为是基于代理人的建模中的核心环节。实施之所以重要，是因为建模师必须准确地将概念模型转换为计算机代码，使得程序有效率地运行，而且没有错误。不过实施并没有概念模型那样重要。没有有效的概念模型，无论你从模拟中获得什么数据都将徒劳无功，即"无用输入，无用输出"。

实施基于代理人的模型通常面临两个选择：利用NetLogo[维伦斯基（Wilensky），1999年]等现有模拟平台，或从零开始使用Java、Python或C++等通用计算机语言编写代码。这个选择决定了建模师与模型交互时将使用的用户界面。迈尔斯（Myers）和同事（2000年）已经确定了评估用户界面软件的标准。在选择基于代理人的建模工具时，特别重要的标准包括软件门槛（即学习该系统和建立初始系统的难度）、天花板（软件能够完成多少工作）、最小阻力路径（即软件是否帮助用户生成适合的模型）和稳定性（即软件更新是否过快，以致用户无法获得丰富的经验）。

每种做法都有利有弊。选择哪种做法取决于模型的复杂程度、研究人员的时间轴安排和编程能力，以及在多大程度上需要良好的用户界面和可额外安装的功能插件，如网络分析和可视化。对于初学者，我们建议采用NetLogo、Repast或Mason等平台，当模型简单，能够使用标准模块进行构建，或研究人员的编程技术有限时，更应如此。即使是经验丰富的程序员通过使用平台也能节省大量的时间和精力。另一方面，如果模型复杂，需要具备现有平台中没有的功能，则很难迫使平台符合自己的目的。如果是这样，从头开始建模也许就成了唯一的选项。第一作者的模拟交互记忆系统的模型开发经历属于这种建模方式。模型的关键元素是交互记忆的概念，交互记忆储存了其他代理人的专业知识（雷恩等人，2006年）。现有平台没有内置模块，无法通过修改内置模块模拟交互记忆系统的工作原理。因此，我们使用Java建立自己的模型。这花费了多年的努力（接近三年时间，包括模型验证），但这样做我们能够捕捉想要研究的核心概念。

我们可以从多个来源获得基于代理人的建模平台的详细介绍和比较。吉尔伯特（2008年）从用户基础、执行速度、支持图形界面和系统实验、易学性方面对四个平台（Swarm、Repast、Mason和NetLogo）进行了比较。他报告说"NetLogo最易上手，操作最简单，但可能不是最适合大型和复杂模型的平台……Repast的优势在于它是最新的平台……但它的用户基础明显较小，这意味着能够提供建议和支持的社区较少"（第49页）。我们对这两个平台的使用感受与吉尔伯特的评估一致。另外，我们推荐使用Repast来构建对计算要求较高的大型和复杂模型。

步骤5：验证模型

下一个步骤是确保模型能有效地体现现实情况。这包含三个过程：检验、校准和验证。模型检验（Model verification）指检查基于代理人的模型是否符合技术规范，是否正确实施且无错误（吉尔伯特，2008年）。模型校准（Model calibration）指调整模型的规则或参数，以生成匹配实际数据或典型事实（即实证研究结果的简化表现）、具有合理精度的结果[卡利（Carley），1996年]。模型验证（Model validation）指将模型预测与未在校准过程中使用的数据样本进行比较，看看两者的匹配程度如何（吉尔伯特，2008年）。验证检验确保内部有效性，即或所实施的模型与概念模型相对应，校准和验证确保外部有效性，即或模型与现实世界相对应（泰伯尔和蒂姆波尼，1996年）。三个过程都比较耗时，因此研究人员在规划项目时必须预留足够的时间。无论研究人员在开发模型时多么认真细致，模型总会存在错误。有些错误显而易见，因为错误导致模型无法运行或生成异常结果。有些错误较难发现，因为模型可以运行，生成的结果也看似合理。对于这些错误，需要进行更加仔细的检查和更加严密的检测。有时检验没有发现错误，但在校准或验证时研究人员很难生成符合理论预测或实证数据的结果，这才发现存在错误（尽管有时也需要对理论进行修正）。

一旦你对一个模型的内部有效性有了信心，就可以继续通过校准和验证技术来评估它的外部有效性。后两项工作常常被混为一谈。两者都是检验模型的输出是否匹配现实世界的数据，但校准指对模型进行迭代"调整"，使输出匹配（一部分）

数据。验证是指运行模型，以评估它与新样本数据的匹配程度。为了避免过度拟合，最好将数据分为两部分：一部分用于模型校准，另一部分用于模型验证（类似于机器学习中的训练和测试集）。

对于校准和验证，研究人员常常着重通过比较模型预测和现实世界数据或其他竞争模型的预测，对输出的有效性进行评估（泰伯尔和蒂姆波尼，1996年）。[①]首要标准是显示模型能够复制研究试图解释的系统及规律（吉尔伯特，2008年）。复制可通过相关性（correlations）、方差分析（analysis of variance）、线性或非线性回归（linear or nonlinear regression）或均值比较测试（tests for comparison of means）等多个标准进行评估（泰伯尔和蒂姆波尼，1996年）。卡利（1996年）介绍了评估结果有效性的四个等级：模式有效性（pattern validity）要求模拟结果的模式与真实数据的模式相匹配，点的有效性（point validity）要求每次所取的模型输出变量的均值与真实数据相同，分布有效性（distributional validity）要求模型输出的分布特点与真实数据相同，值的有效性（value validity）对匹配精度的要求最高，即模型输出与真实数据实现逐点匹配。具体选择哪个等级的有效性由研究人员根据研究目的自行决定。

步骤6：使用模型开展实验

一旦模型通过验证，就可使用模型开展虚拟实验，生成现实中尚不存在的模拟数据。在这一步，人机交互研究人员和从业者将体验基于代理人的建模的价值。他们能够在很大范围和间隔尺寸内改变参数，这大大地超过了实地研究或实验室实验的典型控制水平。一旦建立好模型，运行虚拟实验的成本微乎其微。更重要的是，研究人员能够观察和分析中间变量以揭示引起结果模式的机制或过程，开启公认的"黑盒"。

与实验室实验类似，虚拟实验通过运行带有不同参数组合的模型会，为实验设计中的每个单元生成数据。要获得有意义的结果，需要认真设置参数，以匹配实际情况，并明确每个条件需要模拟多少数据点。最好是使用理论或实验性证据，定性或定量地限制参数的范围。还可以抽取参数空间样本，以覆盖合理范围（吉尔伯特，2008年）。例如，南（2011年）建立了一个基于代理人的模型，以模拟组织中的IT使用情况，他使用了奥里克沃斯基（Orlikowski）（1996年）开展的案例分析中的数据来设置初始条件。另外，还应开展反事实分析（counterfactual analysis）或

---

① 另一种不常见的模型验证称为模型配准（model alignment）或简称"对接（docking）"，指研究人员比较两种或两种以上模型，看各模型能否生成同样的结果。一个很好的例子是，阿克斯特尔及其同事（1996年）将文化传播模型（the cultural transmission model）与糖域模型（the Sugercape model）相配准。他们呼吁在建模师之间进行更广泛的对接。

"假设"实验（"what-if" experiments），探究如果参数设置为不同于现有实证观测的值可能会发生什么。

实验结束后，研究人员应进行敏感性分析（sensitivity analysis）或稳健性检查（robustness checks）（戴维斯等人，2007年），以评估模拟结果对关键假设和模型内置参数的敏感程度。敏感性分析是指放宽假设或系统性地改变功能和参数，以查看模拟结果的稳健程度，或了解模型生成该结果的条件（吉尔伯特，2008年）。如果放宽关键约束条件或改变关键参数，结果依然保持稳定，那么研究人员将对果更有信心。敏感性分析还可用于帮助开展模型检验。这种做法特别适合实验参数几乎没有理论或实验性证据作为支撑的情况。一个建议是扩展参数空间，以识别和报告模拟结果不再成立时的"边界条件"。

步骤7：发表模型和结果

类似于工业中的可用性研究，如果你的目的仅仅是构建基于代理人的模型为系统设计提供依据，那么任务已经完成。但如果你是在同行评审刊物工作的学者，那么还有更多的工作要做。由于许多评审人员并不熟悉这一方法，而且模型的细节比实证研究的细节更难描述，发表使用基于代理人的模型的研究可能存在难点。在这一部分，我们将介绍自己在评审和发表模拟论文方面的一些经验教训。

教训1 —— 以简明直白的英文撰写，提供足够的模型细节。这个建议说起来容易做起来很难。良好的写作对于发表任何论文都至关重要，而对于模拟论文来说尤其如此，原因是你必须同时吸引领域和方法论专家，而读者们对该方法的熟悉程度有着天壤之别。即使是复杂程度中等的模型，如我们下面介绍的模型，也可能包含数十条规则、近100个变量和构建在某个平台上的1300行代码。你需要在读者无须阅读原始程序的前提下，提供有关模型工作原理的足够细节。一些常见的错误有：未包含决定代理人行为的全部规则（如只说代理人的意见受到相邻代理人的影响，但未说明影响如何发生），未明确行为发生的顺序（如是代理人首先表达观点，然后被影响或决定换组，还是顺序相反），或未清晰描述虚拟实验的初始条件（如最初有多少代理人、新代理人加入的速度、每个条件的运行次数）。评估是否有足够细节的概测法是，经验丰富的建模师应能够根据模型描述起草该程序的伪代码。如果篇幅允许，也可以介绍伪代码、关键功能形式以及显示行动顺序的流程图。

教训2 —— 准备分享你的代码。无论是利用平台还是从零开始编程，都要编写清晰的代码并形成细致的记录，便于普通程序员轻松阅读和理解。有些评审人员可能要求查看你的代码，其他研究人员也可能有兴趣确认或扩展你的模型。无论私下还是公开，都有多种方式可以分享模型。利用平台的好处能够轻松地分享模型。例如，NetLogo为用户提供了Modeling Commons（模型共享功能），用于分享模型和查找他人的模型。

教训3——留心报告模拟结果的样本规模。样本规模由每个实验条件的运行次数决定。由于模型建立后很容易复制实验，因此对统计意义的报告不足。我们曾收到来自一名评审人员的意见就形象地说明了这一点："你是不是可以进行1000组模拟，使得所有的统计结果都显著？"我们的建议是除统计显著性外，还应报告效应量（如采用率或一天访客数的增加百分比）。

遵循路线图：使用基于代理人的建模，为在线社区的设计提供依据

这部分将介绍我们如何遵循以上七个步骤构建了一个为设计在线社区提供依据的模型。首先提出研究问题，即话题广度、消息量和讨论审核等设计选择如何相互作用，影响了在线社区的成功。我们相信，基于代理人的建模适合解决这一问题。在线社区是自下而上的社会结构，其成功取决于每个成员的积极参与和互动情况。成员的属性（如兴趣、知识、社区经验）和动机（如寻求信息、情感支持、名声、娱乐、归属感）各不相同[赖丁斯（Ridings）和格芬（Gefen），2004年；瓦斯科（Wasko）和法拉吉（Faraj），2005年]。2006年我们开始项目时，已经通过调查和面谈对用户参与在线社区的动机有了相当的了解[赖丁斯和格芬，2004年；布莱恩特（Bryant）等人，2005年]。我们还能够将模型建立在经济学和心理学的成熟理论之上，这些理论主要涉及每个加入群体和参与集体行动的决定，以及感知到的效益和成本对行为的影响。基于代理人的建模是一个实用工具，能将这些理论整合在一起，让我们了解建立成功的在线社区面临哪些挑战。

我们根据自身的实证研究和文献，决定模拟个人的参与动机这一核心概念。我们选择动机的期望理论（the Expectancy Theory of motivation）[弗鲁姆（Vroom）等人，2005年]及其扩展理论之一，集体努力模型（the Collective Effort Model）（卡劳和威廉，1993年）作为理论基础。这些理论假定，人们对群体的贡献程度取决于他们认为通过努力将为自身带来所看重结果的程度。不过，这两种理论都没有具体说明激励人们的收益类型。有关在线社区的研究已识别出不断驱动人们参与的六大收益：（1）信息；（2）通过帮助他人满足利他或表达需求；（3）群体认同；（4）与群体成员形成的关系；（5）娱乐、乐趣和其他形式的内在动机；（6）声誉和其他形式的外在动机（如雷恩等人，2007年；赖丁斯和格芬，2004年；罗伯茨等人，2006年；瓦斯科和法拉吉，2005年）。

我们采用其他理论作为期望理论的有益补充，以实现上述六大收益。我们借鉴了群体认同理论（group identity theory）[霍格（Hogg），1996年]和人际关系

（interpersonal bonds）理论[布尔沙伊德（Berscheid），1994]计算社会收益，借鉴资源基础理论（resource-based theory）[巴特勒（Butler），2001年]和信息过载理论（information overload theory）[琼斯（Jones）等人，2004年]计算信息收益。群体认同理论和人际关系理论认为，如果成员觉得在心理上依附于群体或群体成员，则会为群体投入和做出贡献[普伦蒂斯（Prentice）等人，1994年]。信息过载理论认为人类的信息处理能力有限，过多的信息或不相关信息令人反感[罗格斯（Rogers）和阿伽瓦拉-罗格斯（Agarwala-Rogers），1975年]。

基于代理人的建模的价值在这里得到了凸显，它能将多种理论结合在一起。首先，动机的背后存在多种原因，每个原因通常由一个单独的社会科学理论来解释。例如，信息过载理论侧重信息收益如何影响动机，而群体认同理论关注心上理上依附社区的动机性影响。因此，动机的构建需要多种理论。其次，每一个设计选择，在通过不同的理论透镜时，都会对动机产生不同的影响。群体规模的影响就是一个例子。资源基础理论发现，大的群体规模是衡量资源可用性的一个指标，因此能够带来信息收益。然而集体努力模型（卡劳和威廉，1993年）显示，由于责任稀释，大群体中的成员往往贡献更少的时间和资源。当透过人际关系（弗兰克和安德森，1971年）的透镜来看时，会发现大的群体规模会降低贡献动机，原因是在这样的群体中成员很难与他人建立关系。而基于代理人的模型将这些影响整合在一起，能够让我们更好地了解潜在的设计选择如何通过多种路径影响成员的动机和贡献。

边界条件方面，我们将成员、成员间的互动以及各种设计选择如何影响成员的体验作为边界条件。尽管主要研究社区间竞争的组织生态（汉南和弗里曼，1989年）理论与该模型具有相关性，但为了限制模型范围，使模型的开发易于驾驭，我们忽略了这些理论。还有些因素我们也没有考虑，如执行设计选择的成本，主要原因是我们的目标是评估各种设计的有效性，部分原因是成本建模是一个复杂的过程（如设计的背景各有不同）。

图2显示了我们的概念模型。成员行动（如阅读和发布消息）由参与产生的收益和成本决定。阅读和发布行为改变着社区动态（如消息数量和质量），以及成员数量和成员间的关系；这些反过来影响着成员所体验到的收益和动机。设计干预，如发布消息的成本和审核机制也影响着社区动态。

接着我们将概念模型转换为代理人的属性和行为规则。代理人参与的两个行为是阅读消息和发布消息。遵循期望值理论（the expectancy-value theories）的类效用逻辑，我们假定代理人（1）在参与的期望收益大于期望成本时，登录读取消息，（2）在贡献的期望收益大于期望成本时，发布消息。有关如何我们计算成员收益的详细介绍可以参见任和克劳特（印刷中）。例如，该模型假定基于身份的社会收益是代理人利益与所在群体利益相似程度的函数，基于关系的社会收益是与代理人反复互动的其他代理人数量的函数。在该模型中，代理人在模拟的一天时间里采取行动，我们将时间模拟为强迫并行。在被模拟的社区里，所有活跃的代理人都有机会在任何人进入第二天前做出读取和发布的决定。前一天发布的消息在第二天被分发给所有代理人，并用于更新他们的收益期望。

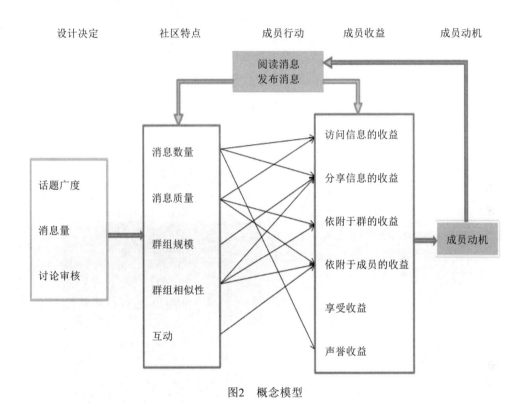

图2　概念模型

在模拟的一天中，代理人可做三个决定。他们首先决定阅读多少消息。我们计算了一名代理人某一天查看的消息，它与过去从阅读消息中获得的收益量与阅读成本的差成正比，以可阅读的消息总数为上限。接下来代理人决定是否发布消息，发布消息比阅读消息的成本更大。如果代理人决定发布消息，还需要再做三个决定：（1）开始一个新的话题还是回复现有帖子；（2）消息的主题；（3）回复哪个消息。根据从新闻组（Usenet Group）得到的实验证据，我们假定代理人开始一个新话题和回复现有话题的可能性相同。消息的主题是代理人的兴趣、代理人近期查看消息的主题以及（若为回复）所回复消息的主题的联合函数。理论和实验证据[约翰逊（Johnson）和法拉吉，2011年；费舍尔（Fisher）等人，2006年]指出，社区成员间的互动存在三种常见模式：（1）偏好依附（preferential attachment），即成员回复受欢迎的消息或帖子；（2）互惠原则（reciprocity），即成员回复那些过去曾给他们回帖的人；（3）兴趣匹配（interest matching），即成员回复那些与自身兴趣相符的消息。因此我们假设该模式中的代理人根据以下各项的平均值来选择是否回复一条消息：（1）该消息收到的回复数量；（2）该消息的发帖人回复该代理人的次数；（3）该消息的主题和该代理人兴趣的匹配程度。

我们首先在多代理人建模环境NetLogo上建立了模型（维伦斯基，1999年），图3是该模型的界面。研究人员可通过左上角的按钮指定初始成员、消息、社区类型和运行时间。右边窗口显示了社区的成员。数据图跟踪了成员进入、退出以及参与者和贡献者数量等统计数据。我们花费了一年半的时间设计、建立和验证这一模型。我们模拟的在线社区增长为拥有数千名成员，包括潜水者和活跃贡献者，以及数千条消息的社区。后期我们使用Repast重新实施该模型，以实现更快的运行速度。过去在NetLogo上运行540次常常需要花3天的虚拟实验在Repast上只花了数小时。

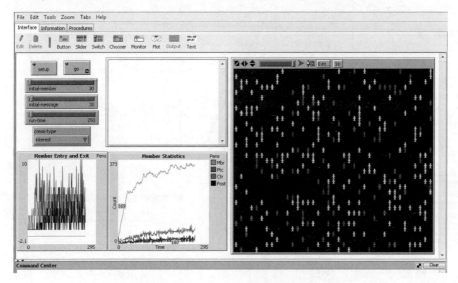

图3　NetLogo上运行的在线社区模型的界面

我们完成了所有三个步骤，确保模型的有效性。以往的研究显示，描述在线社区的三个统计数据[每名成员的发帖数、每个帖子的回复数和每名成员的交流伙伴数（出度）]保持幂律分布（a power-law distribution）[费舍尔等人，2006年，史密斯（Smith），1999年]。我们使用了3个典型事实校准该模型，构建了2个新闻组群数据集，使用一个包含12个群的数据集校准该模型，使用另一个包含25个群的数据集验证该模型。

校准是一个迭代的过程。每次运行后，我们都检查了模拟数据和真实数据之间的错配情况，重新检查模型假设，并依据理论推理、实验证据或模型中的过程如何运行的相关知识对模型进行调整。经过10次微调迭代，该模型复制了所有三个数据的幂律分布。接着我们模拟了一个包含25个新闻组群的数据集。我们使用了模式验证，将该模型的三个统计数据模式（每名成员的发帖数、每个帖子的回复数和每名代理人的出度关系）与真实数据生成的模式相比较。我们还计算了实验数据序列和模拟数据序列的皮尔逊相关系数（Pearson correlations），系数范围在0.90～0.96，证实两者非常匹配。

我们使用该模型来探索3个设计决定：社区应鼓励开展何等广泛的讨论主题？消息量的最佳水平是多少？社区应该采用哪种类型的讨论审核机制（如有）？我们设计了全析因实验（a full-factorial experiment）来模拟3种话题广度，分别是1个话题、5个话题和9个话题；3种水平的消息量，分别是平均每天10条消息、15条消息和20条消息；以及3种类型的审核，分别是无审核、社区级审核（删除离题消息）和个性化审核（个性化算法显示匹配成员兴趣的消息子集）。我们对随机构建的5个群组在每种实验条件下进行了365天的模拟。所有的群最初都有3930名代理人和30条消息，随着时间的推移都有新成员加入、老成员退出。

我们检查了话题广度、消息量和审核对社区管理者容易看到的两个结果的影响：每天新发帖数和平均每名成员登录会话数，前者是社区活动的指标，后者是成员的投入程度指标。我们进行了方差分析（ANOVA），以检查话题广度、消息量和审核的影响。我们还检查了成员分别在实验第100天、第150天、第200天、第250天和第300天获得的收益。

该模型引出了若干合理但非显然的发现：（1）相比话题较窄的社区的成员，话题较广的社区的成员投入更多或访问频率更高，尽管后者的发帖数并不比前者多；（2）社区级审核使得成员投入更多，但并没有增加内容贡献；（3）对于广泛话题集中和消息量大的社区，个性化审核好于社区级审核。模拟显示，成员在信息收益和关系收益间进行了重要的权衡，这在一定程度上能够解释为何出现上述结果。例如，更多的讨论话题增加了与成员兴趣匹配的消息的数量，因而增加了信息收益；但另一方面，由于更多的话题减少了两名成员分享共同话题的机会，因而降低了关系收益。

为了确保结果的可靠性，我们通过放宽关键假设和改变关键参数进行了一系列敏感性分析。结果并没有出现大的差异。我们改变的部分关键参数是：一天发布新消息的可能性（从20%变为70%）、被认定为积极贡献者的标准（从前5%变为前20%）和个性化的准确率（从60%变为100%）。

从设计影响来看，模拟结果要求大家重新考虑对狭窄焦点的有效性（the effectiveness of a narrow focus）[马洛尼-克利齐马（Maloney-Krichimar）和普里斯（Preece），2005年]和社区级审核（普里斯，2000年）根深蒂固的信念。虽然这些实践对于有些社区仍然有用，但我们的研究只是提出了有关在线社区设计的权变视角。没有一个设计是适合所有在线社区的通用版优化设计。最佳的选择取决于社区的特点（话题广度和消息量）和设计者希望实现的特定目标（让成员忠诚于社区，或提高成员的贡献度）。

结束语

总之，在本文中，我们以笔者有关在线社区设计的模型为例，介绍了使用基于代理人的建模将多个社会科学理论综合在一起，为多用户系统的设计提供依据的路线图。我们鼓励人机交互研究人员考虑，或建立自己的基于代理人的模型，或使用现有模型，将之作为了解和解决多用户系统设计难题的一个新途径。研究人员和设计者能够合作开展"全周期研究（full-cycle research）"[查特曼（Chatman）和弗林（Flynn），2005年]，交替开展基于代理人的建模和实地实验，采用两种方法加以互补，利用前者整合多种理论，形成新的预测，利用后者对根据模拟结果完成的重新设计进行测试。一旦开发好基于代理人的模型并完成模型验证，就可以不断扩展该模型，以加入新的理论或研究新的设计选择。基于代理人的模型还可以作为试验台，帮助设计者探索设计空间，选择符合其设计目标的功能。我们还可以预见未来有可能将基于代理人的模型作为协作平台，让不同学科的研究人员携起手来，共同应对重大的设计挑战。

练习

1. 在本文列出的行为之外，列举一些可能适用于基于代理人的建模的社会行为。
2. 决定代理人行为的规则从何而来？

本文作者信息、参考文献等资料请扫码查看。

人机交互中的社会网络分析

Derek L. Hansen

Marc A. Smith

引言

社会网络分析（SNA）是对社会关系集合的系统性研究。它包括了社会行动者之间隐性或显性的联系。社会网络分析学者认为，世界是由"关系"（例如，联系、关联、交换、成员资格、链接、边缘）连接在一起的"实体"（例如，人、组织、构件、节点、交点）组成的。社会网络分析关注的是实体之间产生的关系数据，而非关于个体的属性数据。网络分析学者关注的是多种联系集里形成的模式。就个体而言，社会网络分析关注的是"你认识谁"，而不是"你知道什么"或"你是谁"。在群体层面，社会网络分析阐释的是每个个体如何联结形成新的宏观结构，就像密集相连的子群一样。社会网络分析学者使用图论的数学知识，计算这些网络以及其中的社会参与者的特性并使其可视化。

很多信息系统都支持人与人之间的交互，而人机交互（HCI）就旨在改善人们与这些信息系统的交互方式。社会网络分析可以通过多种方式来解决人机交互相关的问题，并提供理论和方法来更好地理解和评估计算机支持的协同工作（CSCW）创新（如社会媒体系统）的传播和影响。网络分析可以用来捕捉新技术部署之前、其间和之后用户群体的社会结构。关系和工作流程的模式变化虽不易被用户数量和资源使用率等常见指标捕捉，但我们却可以用网络数据集来衡量它。通过网络的视角，我们可以将简单的人口增长和人口中重要社会结构的发展区分开来。有些系统更为成功可能是因为吸引了少量形成密集连接网络的用户，而不是吸引了大量创造稀疏网络连接的用户[参见本书中的任（Ren）和克劳特（Kraut）部分]。初始阶段吸引用户是人机交互关注的另一个问题，而网络分析方法有助于解决这一问题。例如，社会网络分析能够帮助识别现有网络中占据战略位置的潜在影响者，而这些人能够最有效地招募新用户。

只要人们互动、交易和交往，就会形成社会网络。虽然社会网络的出现远早于互联网，但是在如今像脸书（Facebook）和领英（LinkedIn）这样的社交网络服务的支持下才形成了大型、分布式和实时的社会网络。用户使用这些服务时会生成数据，而这些数据非常有基础和应用研究价值。数字信息系统应用普及之前，社会记录很难生成，因为过去用纸笔收集数据，数据集往往是主观的、小规模的且有时限的。如今，许多法律、金融、教育、娱乐和个人通信系统就可以生成分析人际关系网所需的材料。社会网络无处不在：邮件、即时消息、短信、通话记录、超链接、信息论坛帖子和回复、维基页面编辑、推特、"Pin"、视频通话、多人游戏等。这些活动会产生网络数据，我们可以以空前的规模和速度捕获这些数据，推动计算社会科学的新发展[克莱因伯格（Kleinberg），2008年]。在线互动的网络分析可以让CSCW相关的社区管理员、营销人员和设计师获得新思路，并基于此采取行动[汉森、施奈德曼（Shneiderman）和史密斯，2010年]。

社交媒体网络地图有助于人们更好地理解消息集合以及诸多信息系统中作者之间的联系。我们一般很难发现用户子群之间的差异，但是网络地图却能将其区分开来。我们可以通过计算每个参与者的网络指标以突出处于关键位置的少数人，如网络中心者或桥接者。网络可视化和计算指标能有效展示和总结连接人群的形态。

图1是推特上讨论"全球变暖"的用户之间的连接网络。这些推特的发布时间都是在2012年11月11日的13:46到18:41（UTC时间）。图里的这些交点按照Clauset-Newman-Moore聚类算法分群。每个群体单独呈现在一个框中，与其他所有聚类分开。图的布局采用Harel-Koren快速多尺度算法。每个焦点的大小取决于该用户的关注者值。该网络地图的视觉属性多方面展示了每个用户及其联系。节点大小代表人物重要程度，颜色代表成员与其所在子群中用户的连接比跟其他群体的用户连接更紧密。这些用户相互回复或关注，就形成了一个相互联系的大网络。根据连接的相对密度，连接的群体又细分为聚类或子群。对网络及其相关内容进行分析后，就可以标记不同的群体，以确定他们的目标或方向。在这个网络中，否认气候变化的人和讨论气候科学的人是分开的。两个群体之间很少有共同关注者、回复或提及联系。

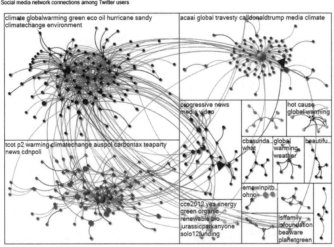

图1　推特上讨论"全球变暖"的用户之间的连接网络，他们之间的联系是基于相互关注、回复或提及（边）。节点颜色代表不同聚类，关注者较多的网络中心者节点更大。每个群体的标签来自每个聚类中用户最常用的发推标签

社会网络分析简史

　　社会网络自古就有，但社会网络分析却是一种较新的方法论，其历史大致可分为三个阶段：基础阶段、计算阶段和网络数据泛滥阶段，参见林顿·弗里曼（Linton Freeman）关于社会网络分析发展的书籍全面了解社会网络分析的历史（2004年）。

　　最早的基础阶段始于18世纪，一直持续到20世纪70年代，这一时期的研究主要是定义术语和建立数学图论基础。著名数学家莱昂哈德·欧拉（Leonhard Euler）的早期工作证明图论表示法可以用来解决数学难题。20世纪50年代和60年代，保罗·埃尔德什（Paul Erdős）和阿尔弗莱德·瑞利（Alfréd Rényi）研究出了生成随机图的正式机制，实现了网络特性的统计检验。同时，奥古斯特·康特（Auguste Comte）和格奥尔格·齐美尔（Georg Simmel）等社会学家认为，社会学研究的重点应该是社会关系模式，而非个人及其属性。在20世纪30年代，雅各布·莫雷诺（Jacob Moreno）、劳埃德·华纳（Lloyd Warner）和埃尔顿·梅奥（Elton Mayo）等作者使用形式数学方法来描述、分析和可视化网络。当时这些网络被归为"心理地理学""社会计量学"和"社会关系图"。20世纪60年代，斯坦利·米尔格拉姆（Stanley Milgram）在美国进行了著名的"六度分隔理论"研究。实验要求随机参

与者把连锁信交给马萨诸塞州的一名股票经纪人（1967年）。实验发现完成整个链条的平均人数少得令人意外，只有6人。这说明，即便在非常庞大的社会网络中，两个个体之间的联系也可能十分紧密。20世纪70年代，社会学家马克·格兰诺维特（Mark Granovetter）向人们展示了社会网络方法的价值。他的研究证明，在找工作时，"弱联系"（如熟人关系）比"强联系"（如家人和亲密的朋友）更有帮助（1973年）。之后更有研究表明，在了解新信息、市场营销和政治等方面，"弱联系同样能发挥大作用"。

社会网络分析的第二个主要发展阶段为20世纪70年代至90年代中期。人们在这一时期开始开发和系统地使用计算工具和方法。随着计算机的出现，人们有了新的分析和可视化网络的方式，社会网络分析也在这一阶段成为了一种系统性的方法论。林顿·弗里曼开发了早期网络分析工具[例如，他和史蒂文·博加提（Steven Borgatti）以及马丁·埃弗里特（Martin Everett）共同开发的UCINet]，同时确定了衡量一个人在特定网络中重要性的客观"中心性指标"（我们稍后会在本文中解释）。乔治·霍曼斯（George Homans）提出了在网络中确定子群（如聚类）的新方法，而哈里森·怀特（Harrison White）则提出了确定网络中地位相同的人的方法（通过"结构对等性"）。1976年，社会学家巴里·威尔曼（Barry Wellman）成立了国际社会网络分析组织（INSNA），自此之后，该组织聚集了各领域的社会网络研究员。威尔曼称，社会网络分析不仅仅是一种方法，还是解释社会行为的核心范式。它尤其适用于当前的"网络个人主义"时代。因为我们的工作、社区和家庭关系都不再像过去一样紧密相连、界限清晰了（2001年）。到20世纪90年代中期，社会网络分析法在多个领域都大受推崇，包括组织行为学[如罗纳德·伯特（Ronald Burt）和罗伯·克罗斯（Rob Cross）的研究]、社会心理学[如阿历克斯·巴弗拉斯（Alex Bavelas）的研究]、通信网络[如诺希尔·康垂克特（Noshir Contractor）的研究)]和流行病学。不过，这个时期社会网络分析研究领域的巅峰之作应该是斯坦利·沃斯曼（Stanley Wasserman）和凯瑟琳·福斯特（Katherine Faust）所著的《社会网络分析：方法与应用》一书（1994年）。该书被奉为"社会网络分析圣经"，它详细地把几十年的研究成果构建成一个连贯的数学框架，确定了核心指标和方法。如今，我们的社会网络分析工具和研究人员仍在使用这些指标和技术。

当前的社会网络分析关注的是互联网级别的大量网络数据。我们每天使用手机、社交网站、开展商业交易，这个过程中记录了大量的实时社会网络数据，社会网络分析不再局限于学术领域，企业、政府和非营利组织都在使用社会网络分析方法寻找罪犯、排名网站、推荐书籍、寻找网络红人以及重组组织。拉达·阿达梅克（Lada Adamic）、阿尔伯特·拉斯洛·巴拉巴希（Albert-László Barabási）、伯纳多·休伯曼（Bernardo A. Huberman）、乔恩·克莱因伯格（Jon Kleinberg）、马克·纽曼（Mark Newman）、史蒂夫·斯托加茨（Steven Strogatz）和邓肯·瓦茨（Duncan Watts）等研究人员提出了解释网络生成和动态的理论模型（如纽曼、巴拉巴希和瓦茨，2006年；纽曼，2010年），展示了信息和影响的扩散形式，并开发了在网络中发现聚类（即社区）的技术。同时，弗拉基米尔·巴加特利（Vladimir Bagatteli）开发了Pajek，吉瑞·莱斯科韦茨（Jure Leskovec）开发了斯坦福网络分析平台（SNAP）。这些工具开创了社会网络分析的新规模。NodeXL和Gephi等其他工具适合社会网络分析新手做中小规模网络的可视化。计算社会科学家充分利用这一机会，从脸书、即时消息服务和其他社会媒体渠道挖掘数据，以彻底证实前人的研究结果，如米尔格拉姆的"六度分隔理论"（本文后面会详述）。此外，内森·伊格（Nathan Eagle）、亚历克斯·桑迪·彭特兰（Alex Sandy Pentland）和大卫·拉泽（David Lazer）首创了用移动设备获取的数据推断朋友关系网的方法（2009年）。在这个时期，技术在我们的社会生活中发挥着越来越大的作用，社会网络分析技术必将继续蓬勃发展。

社会网络分析和人机交互

网络分析是人机交互领域一个相对较新的方法和理论框架。因为社会技术的蓬勃发展和网络分析与可视化工具的日益普及，近年来网络分析的影响不断扩大。在这一章中，我们将重点介绍如何使用社会网络分析来设计、评估和理解CSCW系统以及社交媒体系统。我们将首先介绍人机交互研究员和实践者使用社会网络分析可以实现的5个目标，然后再讨论社会网络分析可以有效解决的具体问题。

人机交互研究员和实践者使用社会网络分析的目标

更好地设计和应用新的CSCW系统

在落实新的CSCW系统之前，可以开展社会网络分析来描述系统预期用户群体的社会结构。了解目标用户群的社会网络属性有助于明确求和挑战，以便采用更优的初始设计和应用策略。研究表明，绘制大型组织成员的社会网络关系图能够帮助设计社会和技术策略，实现更有效的信息流动[如克罗斯、帕克（Parker）、普赛克（Prusak）和博加提，2001年]。例如，工具能够识别重要的桥接者，也可以鼓励没有联系的群体增加联系。我们在落实新的CSCW系统时，可以使用社会网络分析来识别和培养网络上推广力最大的人，借助他们的影响力实现快速有效的采用[肯普（Kempe）、克莱因伯格和塔多斯（Tardos），2003年]或者帮助其他人了解如何使用一项新技术[伊夫兰（Eveland）、布兰查德（Blanchard）、布朗（Brown）和马托克斯（Mattocks），1994年]。

此类分析的数据来源可以是网络调查[马斯登（Marsden），2005年]，也可以是现有的通信交流数据（如电子邮件、通话记录、即时信息、短信）。这些数据来源的网络能够描述现有的社会结构，并确定新的CSCW系统影响评估的基线（目标3）。此外，对于在网络中有独特和重要地位的个人，还可以对其进行识别、访问或观察，这也是综合情境探究过程的一部分[拜尔（Beyer）和霍尔茨布拉特（Holtzblatt），1997年]。

了解和改进当前的CSCW系统

对现有CSCW系统的数据进行社会网络分析可以展示网络中不同位置的用户如何使用当前的功能。例如，推特上"取消关注"某人的原因在一定程度上可以从相关人员的社会网络结构中推断出来[基夫兰·斯瓦因（Kivran Swaine）、戈文丹（Govindan）和纳曼（Naaman），2011年]。所以，要想改进未来CSCW系统的社会和技术设计，就要对用户交互模式有所了解。例如，对技术支持留言板论坛进行网络分析有助于确定那些重要角色，如"回答问题者"[韦尔瑟（Welser）、格雷夫（Gleave）、费舍尔（Fisher）和史密斯，2007年]。社区管理员可以加强与这些人的关系，鼓励他们在网上保持活跃。

对于连有意义的样本内容都无法读取的大型社区，社会网络分析可以帮助社区管理员了解社区中的情况。例如，借助网络分析技术，研究人员在数十万"《迷失》百科①"编辑者中，确定了一个被称为"理论家"的用户子群[韦尔瑟、安德伍德（Underwood）、考斯利（Cosley）、汉森和布莱克（Black），2010年]。设计师知道这个子群的存在后，可以开发满足子群特殊需求的工具，如系统性对比竞争理论的页面模板。同样地，研究人员在维基百科的"突发新闻"文章中也发现了独特的社会结构，并了解到如何通过协调和设计来改进此类工作[基冈（Keegan）、格尔（Gergle）和康垂克特，2012年]。最近，多个研究都建议用行业网络分析和社交互动模式来改进虚拟现实游戏[杜切诺（Ducheneaut）、伊（Yee）、尼克尔（Nickell）和摩尔（Moore），2006、2007年]。其他研究表明，在同一个论坛上，不同用户的网络结构也不尽相同[扎菲里斯（Zaphiris）和萨瓦尔（Sarwar），2006年]。基于相同群体内其他用户的历史，识别子群的网络技术可以为不同用户群体提供个性化的界面和服务。教育研究者发现学生会使用不同的社交功能与小群体和整个班级互动，而这种互动方式会影响系统设计和教学策略[哈森维特（Haythornthwaite），2001年]。一些研究可以展示子群（例如，保守派和自由派博主或读者）的分离，这样的研究可以用于设计推荐帖子的功能来增加想法的交汇融合[蒙森（Munson）和雷斯尼克（Resnick），2010年]。

---

① 粉丝创建的美剧《迷失》资讯网站。

评估CSCW系统对社会关系的影响

社会网络分析可以评估CSCW系统对现有人口社会结构的影响。在一定程度上，CSCW系统本来就是为了影响使用者的社会关系：企业内部网可以帮助员工找到内部专家，在线交易市场会把买家和卖家匹配起来，在线社区网站想要围绕专门话题开发可持续的社区，而合作实验室旨在推动科研合作。衡量总体和个人网络指标的变化有助于系统地评估此类系统的有效性，例如，对于维持分散职业社区之间弱联系的CSCW系统，它的影响就是可以评估的[皮克林（Pickering）和金（King），1992年]。而且研究证明，企业内部社交网站使用的增多与亲密关系、企业公民意识、建立全球联系的兴趣、认识他人和获得专业知识成正相关[斯坦菲尔德（Steinfield）、迪米科（DiMicco）、埃里森（Ellison）和兰珀（Lampe），2009年]。特定功能或社会干预的影响也可以被评估，例如，要评估在线"破冰"活动的影响，可以研究活动前后的网络变化（如网络密度）。虽然这一领域的大部分工作都是关于在组织内构建社会网络，以更好地创造、共享和创新知识[如克罗斯、帕克和博加提，2000年；博加提和福斯特（Foster），2003年；穆勒-普罗特曼（Müller-Prothmann），2006年]，但同时教育研究者还使用了网络数据，以确定使用在线课程管理系统的学生是否需要额外的支持[道森（Dawson），2010年]。

评估数据的来源可以是离线网络调查、长期收集的现有通信（如电子邮件）或系统使用数据（如朋友或关注关系）。在开展大规模评估时，除了进行社会网络分析，还可以同时使用其他多种方法。例如，可以使用社会网络分析确定个人在网络中的地位，然后从中选择采访对象（例如，具有高、中、低网络中心性的人，或者来自不同子群的人）。

使用社会网络分析方法设计新的CSCW系统和功能

社会网络分析对新的CSCW系统和功能的开发大有助益。如今，越来越多的研究原型和创新产品都利用社会网络分析指标和技术来强化功能。例如，社交网站上推荐潜在朋友的工具可以使用网络属性来识别最有可能的人选[陈（Chen）、盖尔（Geyer）、杜根（Dugan）、穆勒（Muller）和盖伊（Guy），2009年]。即便早期研究表明用户往往不相信他们自己的朋友是最优秀的专家[麦克唐纳（McDonald），2003年]，我们还是可以利用社会网络分析来识别技术支持小组[张（Zhang）、阿克曼（Ackerman）和阿达梅克，2007年]和组织[埃里克（Erlick）、林（Lin）和格里菲斯·费舍尔（Griffiths-Fisher），2007年；佩雷（Perer）和盖伊，2012年]里的专家。早期的研究表明，社会结构和时态模式可以用来开发情境意识工具[费舍尔和多里什（Dourish），2004年]，近期的研究使用了社会网络分析来识别推特上不同新闻机构关注者的政治倾向[戈尔贝克（Golbeck）和汉森，2011年]，这种技术可以用于提供个性化新闻或异见看法。利用网络分析和可视化了解大型数据集（如关于某个话题的出版文献）的工具也已经开发出来[周（Chau）、基特（Kittur）、洪（Hong）和法鲁索斯（Faloutsos），2011]。还有研究人员提出了一个新功能，来展示在Citeseer上使用相似查询功能的研究人员的网络图，以识别潜在合作者和研究团体[法鲁克（Farooq）、加诺（Ganoe）、卡罗尔（Carroll）和贾尔斯（Giles），2007年]。还有一些近期研究探寻的是在推特这样的有向社会网络系统中，推动"半透明社会"在理论和实践上对设计的影响。在这种系统中，用户只能看到社交空间的一部分，而在聊天室和讨论论坛中，所有人都对其他人可见[吉尔伯特（Gilbert），2012b]。相关研究还提出了新的信息传播策略，如利用社交网站和半匿名性开展"掩饰性病毒营销"[汉森和约翰逊（Johnson），2012年]。这些例子让我们领略到了社会网络分析在增强当前CSCW系统中数不胜数的应用以及它如何推动该领域的研究日益成熟。

回答基本的社会科学问题

对CSCW系统的数据进行网络分析，可以解决关于社会关系性质的基本问题。此类研究是"计算社会科学"的一部分。计算社会科学是一个新兴领域，主要通过计算技术来为核心社会科学问题提供新颖的解决方案。因为社交媒体自动捕获了海量的数据，所以我们现在有机会开展大规模的假设和理论检验。例如，吉瑞·莱斯科韦茨和埃里克·霍维茨（Eric Horvitz）分析了1.8亿微软即时消息用户的数据，发现用户之间的平均路径为6.6，非常接近米尔格拉姆最初的"六度分隔理论"（2008年）。而最近研究发现，脸书上用户的平均路径略低于5 [乌甘德（Ugander）等人，2011年]，另外一项关于脸书的研究[巴克什（Bakshy）、罗森（Rosenn）、马洛（Marlow）和阿达梅克，2012年]支持并扩展了格兰诺维特的弱联系重要性理论（1973年）。其他一些研究则根据社交媒体互动[吉尔伯特（Gilbert）和卡拉哈利奥斯（Karahalios），2009年；吉尔伯特，2012a]或手机使用模式[伊格、彭特兰和拉泽，2009年]预测人与人之间联系的强度。这些数据让我们降低了向用户收集原始数据的需求，让我们可以进一步对社会网络进行大规模研究。还有一些研究关注的是在线社区持续增长或消失的原因，如初始网络结构[凯拉姆（Kairam）、王（Wang）和莱斯科韦茨，2012年]。

社会网络分析回答的问题

许多领域都采用社会网络分析来解决一系列的问题，这些问题大相径庭，但是都着重于对社会结构的理解以及此类结构对相应结果的影响。社会网络分析旨在回答几类特定的问题，如下所列。

关于个人社会行动者的问题

网络分析师关注的往往是在特定社会网络中扮演重要、突出或独特角色的个人，分析师会使用"中心性指标"和"等价性指标"来解决相应问题，其中包括：

- 网络中最受欢迎的个人是谁（例如，网络中心者）？
- 哪些个人影响力最大？
- 谁是用户子群之间的桥接者？
- 如果有人试图破坏网络，应该把谁移出去？
- 根据独特的网络模式是否可以识别不同的社会行动者？谁扮演这样的社会角色？

关于整体网络结构的问题

很多问题都是关于整体网络结构的，例如脸书所有用户的网络或者一个组织所有员工的网络。这些问题关注的不是个体在网络中的地位，而是整体地位的分布。分析师使用"社区发现算法"（如网络聚类算法）和各类"聚合网络指标"来回答此类问题，包括：

- 一群社会行动者之间的联系是否紧密（即网络有多密集）？
- 个人网络属性或社会角色的分布情况如何？例如，网络中是不是只有一小部分"中心者"，多数都是"孤立者"？是否有"足够的"人担任某些社会角色？
- 是否存在高度关联的用户子群（即聚类，小团体）？如果有的话，有多少？这些子群之间又有什么关系？它们之间有什么不同？
- 什么样的网络属性或标志（即重复出现的网络模式）跟研究的社会结果有关系？例如，高效群体、团队、企业和市场的网络结构是什么样的？

关于网络动态和网络流的问题

还有一些问题探究的是网络随时间的变化（即网络动态），或信息、对象和属性在网络中的流动方式（如信息扩散、技术扩散），包括：

- 社会关系的结构随着时间如何改变？例如，使用CSCW系统会让网络联系变得更为紧密还是分散？
- 特定个体、社会角色或聚类的重要性随着时间如何改变？例如，采取干预措施，把分离的子群聚集在一起，是否能达到预期效果？
- 信息如何通过网络（如推特）传播？如何推动或最小化信息的传播？还有哪些属性通过网络传播？
- 新技术的应用如何通过社会网络传播？谁最能影响技术采用？

开展社会网络分析

社会网络分析有许多类型，但是它们都遵循同样的关键步骤，即：确定分析目标、收集数据以及使用各种网络分析软件程序做数据分析和可视化。这是一个需要不断重复的过程[汉森、罗特曼（Rotman）、邦西诺（Bonsignore）、米利克-弗雷林（Milic-Frayling）、罗德里格斯（Rodrigues）、史密斯和施奈德曼，2009年]。分析师认识到数据集的局限性后要调整他们的目标。探索性可视化有助于确定需要开展的定量分析，而且还需要额外的数据来验证或驳斥初步结果。

确定目标和研究问题

人机交互研究人员使用社会网络分析来实现各种高层次的目标，下面可能还包括许多子目标和研究问题。分析师一定要提炼出几个关键目标，将其转化为具体的研究问题，以免浪费过多时间在漫无目的地研究数据上。虽然如此，但在人机交互领域，社会网络分析和某些定性研究一样，往往是探索性的，分析师可能只有在看到结果后才能意识到自己在寻找什么。一般来说，分析师在完成初始数据的初步分析后，要进一步明确问题，再做另一轮的数据收集，之后进行最终分析。

收集数据

接下来是收集所需的数据，以实现预期目标或回答提出的研究问题。下面详细阐释网络数据来源、网络的不同类型以及网络数据的表示方式。

网络数据来源

由于具体的数据需求不尽相同，收集数据可能很困难也可能很容易，而对于较难收集的数据类型往往会有更大的灵活度。表1展示了网络数据的主要来源。

表1　网络数据的主要来源

数据来源	注释	收集难易程度
原始系统使用数据（例如，数据库或XML文件）	如果你可以访问CSCW系统的元数据（例如，你托管此类数据），你可以用自定义的方式直接查询数据	中到高
网络问卷调查	网络问卷调查要求人们主动描述与他人的关系[例如，列出（或选择）你经常询问技术性问题的人]。问卷调查可以是书面形式，也可以使用更常见的专门网络问卷调查软件（如网络精灵），这种软件可以根据现有数据库或手动输入的姓名生成员工名单	高

续表

数据来源	注释	收集难易程度
应用程序编程接口（API）	脸书、推特和YouTube等多数主要的社会网站都有API，允许程序员请求数据。你可能需要先注册，而且你只能获得它们提供的这部分数据	中到高
屏幕抓取	如果某个站点没有API，你可以开发自定义屏幕抓取软件，或使用现有工具（如VOSON），但是可能会受到法律限制（如该站点的隐私政策）	中到高
网络分析导入工具	一些网络分析工具能让用户从第三方网站（如脸书、推特）导入数据。这些工具可能是导入向导（NodeXL）、插件（Gephi）或者独立网络数据捕获工具（NameGenWeb，脸书应用程序）	低
现有数据集	现在可以免费使用的网络数据集越来越多，如安然（Enron）电子邮件网络、亚马逊相关项目和博客网络	低

网络的不同类型

网络有不同的类型，网络的特定类型决定着分析、可视化和解释数据的适当方式，而网络的类型是由其代表的根本现象决定的。例如，推特上的关注关系网络和脸书上的朋友关系网络并不一样，因为脸书朋友关系必须是双向的（如果你是我的朋友，我肯定也是你的朋友），而推特上的关注关系不一定是双向的（我可以关注你，你并不一定要关注我）。

以下是描述网络类型的一些关键术语解释：

·有向和无向：有向网络指两个节点之间的连接不一定是双向的，例如，通信网络（如，我发送邮件给你；你回复我的论坛帖子）、交易网站（如，我卖给你东西）以及感知网络或关注网络（如，我关注你的状态更新）。无向网络是双向网络，如朋友关系网络（如在脸书上，一个人未经同意不能成为另一个人的好友）和隶属关系网络（如，我们同属于一个组织或都编辑同一个维基页面，所以我们相互连接）。

·有权和无权：有些边是有值的，例如，电子邮件网络中的边是基于一个人发送给另一人的消息数"加权"的，而维基协同编辑页面网络的加权是基于两个人共同编辑过的页面数。有些边是二元的，要么存在，要么不存在，例如，脸书朋友关系和推特关注关系是无权的。

• 多路复用网络：包括多种类型的边，例如，如果一个网络通过邮件、电话和面对面地交流将人们联系在一起，那这个网络包括3种不同类型的边。这种网络可以作为单个多路复用网络或3个不同的网络进行分析和可视化。

• 单峰和多峰网络：社会网络叫作单峰网络，因为其中只包括一种节点，例如，所有节点都代表人，或者所有节点都代表组织。相比之下，多峰网络包括多种类型的节点，例如，有的网络可能包括相连组织里的人，有的网络可能包括因为共同编辑过维基页面而相连的人。如果网络中只有两种节点，我们称之为双峰网络，是多峰网络下的一个子集。很多双峰网络也叫二部网络，因为其中一种节点（即人）跟另外一种节点（如组织）相连，但是同一种节点之间（如人与人之间）没有连接边。这种二部网络可以转变为单峰网络，例如，人与组织的网络可以转变为人与人的网络，其中有权边把人与人连接起来，有权边代表的是这些人之间的共同组织数。相反，如果有权边代表的是属于共同组织的人的数量，那就会产生一个组织与组织的网络。

• 部分网络：在现实中，在整个网络（例如，所有脸书用户）上收集数据既不现实也无意义，所以，分析师就以各种方法创建了部分网络。一种方法是创建"自我中心网络"，其中包括一个节点（"中心节点"）和与该节点直接连接的所有节点（"邻居节点"）。如果把邻居节点间的所有连接关系包括进来，这个图就叫作1.5度网络，如果中心节点的"朋友的朋友"也加入进来的话，这就是一个2.0度网络，以此类推。其他方法包括在大型网络上抽样（莱斯科韦茨和法鲁索斯，2006年），或者找到一些网络边界，如组织中的成员资格。

要注意的是，一个单一的社交技术系统中必然包括多种类型的网络，例如，脸书中既包括朋友关系网络（单峰的、无权的、无向的），也包括"被圈的人"的网络（单峰的、有权的、无向的）、"留言板"网络（单峰的、有权的、有向的）和"人与群体"网络（多峰的、无权的、无向的）。至于要关注哪些网络，还要看具体研究的目标。

网络数据的表示方式

网络数据的表示方式主要有三种：边列表、矩阵和图（如图2所示）。"边列表"（也叫"邻接表"）中的一行代表网络中的每个边。在有向网络中，第一列是"源"节点，第二列是"目的"节点，其他列中可以描述边的类型和/或边的权重。在邻接矩阵中，我们用行和列的标题来表示节点，矩阵值对应边的权重（如果无权，则为1或0）。最后，在网络图中，交点（如圆或其他形状）就代表节点，很直观，连接顶点的线条代表边。还可以应用视觉属性来代表边权重（线的宽度或不透明度）、方向性（线条带箭头）和节点类型（不同的形状）。

图中除网络数据外，往往还包括描述节点和/或边的附加属性数据，例如，关于每个人性别、年龄、组织角色、成员期限等数据。网络图可以自定义设置，以了解此属性数据在网络上的映射形式。例如，较大的节点可以用来表示在线社区中资历较老的的成员，而且分析可以发现，较大节点之间连接更紧密，但与较小节点（较新的成员）的连接并不紧密。

边列表

节点1	节点2
布莱恩	马克
德瑞克	马克
德瑞克	阿迪亚
马克	本
莫伦	德瑞克
莫伦	阿迪亚

（a）

矩阵

	布莱恩	马克	德瑞克	阿迪亚	本	莫伦
布莱恩	0	1	0	0	0	0
马克	1	0	1	0	1	0
德瑞克	0	1	0	1	0	1
阿迪亚	0	0	1	0	0	1
本	0	1	0	0	0	0
莫伦	0	0	1	1	0	0

（b）

图

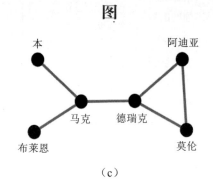

（c）

图2　网络数据的三种表示方式

在实际操作中，大多数网络分析工具都可以导入和读取几种常见的网络文件格式，包括GraphML（.graphml）、Pajek（.net）、Graphlet（.gml）、GraphViz（.dot）和标准文本文件（.txt或.csv）。

数据分析和可视化

在理解和描述社会结构时，可以使用多种分析技术。各个领域的研究人员组成了不断发展壮大的社区，他们积极地发表研究，开发出了新的网络分析方法、指标、模型、统计技术和算法。在本节中，我们将介绍一些最常用的网络分析技术，并将它们分为几个主题，如果读者想要全面了解这一领域，可参阅本文中提到的补充资料。

网络分析工具

开展社会网络分析需要使用专门的软件计算网络指标和可视化网络图。此类工具也一直在不断更新，表2中列出了5种最常用的工具，排序基于工具的复杂程度。

表2 常用的社会网络分析工具

工具名称	说明	所需专业知识	是否开源	最大网络规模
Gephi	独立网络分析，主要用于可视化，可通过插件扩展	适合新手	是	数十万用户
NodeXL	包括复杂的图形可视化、社交媒体数据导入器，可以通过公式和宏扩展，但指标相对较少	Microsoft Excel插件，适合新手	是	数万用户
Pajek	包括全面的网络指标和统计测试，需要高强度的短期学习	适合分析复杂的大规模数据集	是	数百万用户
R	开源统计软件包，包括igraph、sna、network和statnet，用于社会网络分析。包括全面的网络指标和统计测试	需要高强度的短期学习	是	数百万用户
UCINet	包括全面的网络指标和统计测试。适合经验丰富的社会网络分析研究人员，但不需要编码	适合社会网络分析研究人员	否	数万用户

节点相关指标：关注树

分析师往往想描述个人在特定社会网络中的重要性，但是一个人的重要性可能体现在不同方面，例如说，有的人很受欢迎，有的人是分离群体间的桥接者，还有的人虽然本身联系不多，但是却跟受欢迎的人联系在一起，这些人各不相同，但都重要。

网络分析师开发了一套量化指标，叫作"中心性指标"，来代表这些不同类型的重要性。表3中列出了常见中心性指标，其中几个采用了两个社会行动者之间"距

离"的概念，也就是两个节点之间最短路径上的边数（即测地距离）。这些指标有
不同的版本，还有适合有权和/或有向网络的专门版本。这些核心指标是使用所有主
要网络工具包计算得来的。

表3　常见中心性指标

中心性指标	说明	直观解释
度（入度和出度）	连接节点的边数。对于有向网络，传入链接的数量叫入度，导出链接的数量叫出度	衡量受欢迎程度（即一个人的朋友数量）。入度可以衡量接收的消息，出度衡量发送的消息
中介中心性	所有其他节点之间的最短路径数，且一个特定节点处于该路径上，即一个节点"介于"其他节点之间的频率	衡量移除一人后网络流的受扰程度，有助于识别"桥接者"
接近中心性	到其他所有节点的平均距离的反面，即一个节点到其他节点的最近"距离"	衡量把信息从一个人传播给网络中其他所有人所需的时间
特征向量	衡量节点的重要性，同时考虑邻居节点的重要性，通过计算每个长度的直接连接和间接连接的加权和得来	不仅衡量直接连接的数量（即度），还衡量所连接的人的重要性

　　这些指标加上统计和可视化技术可以用来确定个人参与者的"结构特征"。例
如，有些用户的入度很高（例如推特上的新闻机构），他们能够直接接触到大量受
众，可以发挥网络中心者的作用。有些用户在推特上的关注者较少，但在特定话题
的子群中关注较多（例如，"CSCW2012"标签），他们就是话题中心。中介中心
性较高的用户往往可以发挥"桥接"作用，横跨于毫无关联群体之间的"结构洞"
（伯特，1995年）上，将他们连接起来。如果用户的推特被很多中心者转发，那这
个用户的特征向量中心性就很高，这也可以显示出哪些人才是幕后的影响者。跟其
他用户没有直接联系的用户叫作孤立用户。网络分析师还会区分网络核心（即图中
连接密集的"中心"群体）和边缘（即外围）的群体。

　　有时候，识别网络中有相似结构特征或地位的人员群体是有帮助的。这些人
往往担任着类似的社会角色，例如，韦尔瑟、格雷夫、费舍尔和史密斯使用独特的
结构签名确定了Usenet新闻组技术支持团队中的关键个人，他们称之为"回答问题
者"（韦尔瑟等人，2007年）。这些个人的出度很高（也就是说他们回答了许多问
题），跟孤立用户（只有一个联系的人）的关联很强，实在反常，而且他们的密切

关系很少（即与同一个人的多次交流）。这些初步看法是根据可视化得到的，之后进行回归分析来预测和确定担任这些角色的人（通过信息内容分析确定），他们的看法也得到了验证，准确度很高（R2=0.72）。等价方法也可以用来确定社会角色，根据个人与网络中其他人的关系找到其中相似的个人[沃斯曼和福斯特（Faust），1994年]。例如，如果员工都跟公司中的一位经理有关联，跟公司中的其他人都无关联，那员工很可能都是在专业性的岗位上。

聚合网络指标：关注森林

除了描述网络中个人的角色外，网络分析师还开发了一种语言和一套指标来描述整个网络，这样可以横向或纵向地对比网络。整个网络的可视化往往很有用，因为可以展示出网络的整体结构，如网络的核心或边缘、网络聚类（见下一节）和其他模式。但是，很多图太大，很难实现有意义的可视化，而且图的某些属性很难可视化（如最长测地距离），所以聚合网络指标的计算很有必要。

描述整个网络的特性也有一套不同的指标。例如，概括统计（例如，平均值、标准差）可以描述属性数据，聚合网络指标（例如，密度、直径）可以描述网络数据。此外，概括统计展示的只是数据的一面，就像平均值一样，它无法展示生成它的分布的细节，图密度指标也无法让人了解生成它的网络的细节。基本指标包括顶点和边的数量、连通分量（即通过某条路径相互连接的顶点聚类）的数量及其大小（以顶点数量衡量）。常见聚合网络指标如表4所示。

表4 常见聚合网络指标

指标	说明	直观解释
密度	网络中的边数除以可能存在的边数	网络中的相互连接量
直径	网络中所有对的最长测地距离（即最长的"最短"路径）	连接两个社会距离尽可能远的个人需要的跳数
平均测地距离	网络中所有对的平均测地距离	网络中两人之间的平均跳数（即分离度）
网络中心性	每个节点的中心性与中心性最高的节点之间的差异和除以可能存在的最大差异和	衡量一个网络的层次性，即一个或几个关键的社会行动者周围网络的中心性（0代表网络中每个人都相互连接，1代表"星型"网络，其中一个关键人物将其他人连接在一起）

除了聚合网络指标，网络分析师往往还会研究节点相关指标（如度）的分布。这有助于发现异常值，并全面了解网络的情况。例如，如果一个网络的中心集中在几个关键的个人周围，但是整体连接并不密集，那这个网络的度就呈严重偏态分布，有几

个高度个人，很多低度个人。相比之下，在连接更为密集的网络中，多数人都是相互连接的，每个人的度都相似，那这个网络的度就呈恒定（即平坦）分布。

网络聚类和模体：关注丛林

网络由较小的组件构成，这些组件本身也有用，也要进行分析。有些节点连接紧密，形成了小团体或网络聚类（示例如图1），而识别这些紧密联系群体的算法有很多名称：社区发现算法、网络聚类算法、n-团体、n-宗派、k-丛、k-核、派系、区块和分割点[汉尼曼（Hanneman）和里德尔（Riddle），2005年；纽曼，2010年]。其他一些周期性结构也叫网络模体，它展现的是一些独特的模式，例如，扇形（一个人与其他孤立的节点连接）、隧道形（连接节点的是长长的独立链）和结构洞（没有连接的位置，有绝佳的机会建立连接）（波特，1995年）。更细化来说，三元组（3个节点的组合）是网络的组成部分，网络分析师可以统计三元组，并描述不同类型三元组的分布（汉尼曼和里德尔，2005年）。

识别和量化这些网络结构能够得出重要的结果，因为网络拓扑结构往往能反映出社会分歧、政治观点和其他相关行为。例如，研究表明，自由派和保守派博主之间存在明显的分歧[阿达梅克和格兰斯（Glance），2005年]，而推特用户中有不同的子群对州长选举感兴趣，他们关注的视角有国家层面的，也有地方层面的[希姆博伊姆（Himelboim）、汉森和鲍瑟（Bowser），2012年]。在线社区管理员可以使用网络聚类识别潜在冲突和/或解决冲突的机会，系统设计者则可以发现不同人群使用各种协同特征的方式。

网络动态和信息流

到目前为止，我们一直把网络视为静态的、不变的实体。但是，社会网络一直在不断变化，而且信息和其他内容会持续在网络上发布，就像病毒营销活动一样（莱斯科韦茨、阿达梅克和休伯曼，2007年）。网络动态和信息传播分析相关的技术和指标一直是非常活跃的研究领域，尤其是在科技中介网络领域。

早期，人们使用技术研究疾病通过社会网络的传播；现在，这种技术的应用扩展到了其他领域，例如对幸福的研究[福勒（Fowler）和克里斯塔基斯（Christakis），2008年]、对肥胖的研究（克里斯塔基斯和福勒，2007年）、对信息的研究（哈森维特，1996年）以及对创新的研究[罗杰斯（Rogers），1995年]。而且推特和脸书使得信息流动越来越快，研究人员可以研究空前规模的信息传播[郭（Kwak）、李（Lee）、朴（Park）和文（Moon），2010年；巴克什等人，2012年]。解释信息传播的理论模型正是基于这些观察建立的[参见克莱因伯格（2008年）了解相关介绍和更多信息]。Google+的Ripples以及类似的推特的可视化工具都可以紧密追踪CSCW系统中的内容流。如此一来，研究人员就可以更好地理解某些想法的传播方式，并进行测试，以确定信息传播增加的原因。

信息在网络中不断流动，网络结构本身也会发生变化。因为人们会交新朋友，与老朋友断绝关系，员工会找到工作，或被解雇，而且用户也会改变自己的沟通对象。例如，从邮件交流中可以推断出，网络拓扑结构和组织结构决定着社会网络的变化[科辛内斯（Kossinets）和瓦茨，2006年]。研究人员可以以不同方式研究网络的变化，包括对比不同时间点的网络指标（Barabasi，2010年）和使用计算模型模拟网络的持续变化。此外，研究人员还可以使用专门的网络可视化工具研究网络随时间的变化[安（Ahn）、泰伯-梅蒙（Taieb-Maimon）、索潘（Sopan）、普莱桑（Plaisant）和施奈德曼，2011年]。动态分析特征也日渐成为一种网络工具，这样边和节点上都可以加上时间戳，以便"回看"网络的增长。

网络可视化

可视化能帮助人们更好地理解社会网络，为人们提供思路和灵感。节点的颜色、大小和位置等视觉特性可以突出重要的节点、子群和整体网络属性。但是，成功的网络可视化并非易事，首先要进行一个迭代过程，筛选出节点和边，将网络指标映射到相应的视觉属性（如大小和颜色）上，按照特定方式布置节点，以展示内在结构和网络模体（例如，力导布局），并标记重要节点和边（汉森等人，2009年）。

理想情况下，网络会实现"网络涅槃"[邦西诺、邓恩（Dunne）、罗特曼、史密斯、卡彭（Capone）、汉森和施奈德曼，2009年]，并达成以下目标：

- 每个节点都可见；
- 每个节点的度数都可数；
- 每一条边从头到尾都可追踪；
- 聚类和异常值都可识别；
- 不必要的边的交叉都已移除。

Gephi和NodeXL等工具有一系列的特征和内置的布局算法有助于实现这些目标。这些工具适用于大多数包含几百或几千个节点的网络，但是用它们分析更大的和/或连接更密集的网络还是相当困难。目前，研究人员在探究网络可读性指标的使用（邓恩和施奈德曼，2009年）、网络可视化和统计叠加的综合技术（佩雷和施奈德曼，2008年）以及图形摘要技术（邓恩和施奈德曼，2012年），这样的技术可能在未来会让我们从更大网络的可视化中获得新的见解。

什么是良好的工作

现在不同的行业都在开展社会网络分析，而好的分析工作要满足一系列的不同期望和标准。社会网络分析在人机交互领域的应用也日益广泛，所以就必须要有适当的指标和有效的统计技术来验证主张，而不是简单地只做网络可视化。以下是一些适合多数社会网络分析项目的最佳实践：

· 研究不同类型的网络时，要使用相应的网络指标。例如，如果分析有向网络，就要报告入度和出度，而不是只有度。同样地，如果是有权网络，那就要尽量使用考虑权重的指标，如果无法使用，研究者应说明使用基本无权指标的原因以及由此带来的限制和影响。

· 不要得出超出你数据支持的结论。网络数据，尤其是从CSCW系统收集的数据，只是复杂社会关系的极简版本而已。

· 自定义网络可视化来证明论点（参阅上面的网络可视化部分了解详细信息）。请记住，不同的网络布局算法会突出不同的网络属性，所以进行网络可视化的同时还要使用网络指标和统计技术。

· 将网络属性映射到相应的结果或对比网络时，要使用合适的统计技术。这一点不属于本文内容，但是分析网络数据时，一定要使用相应的统计技术，这一点十分重要。例如，研究人员往往会对比网络和基线网络模型（有很多），以证明有些特征出现的频率高于预期。请参阅巴茨（Butts）（2008年）了解更多内容。

· 参考经典作品，例如本文中引用的文章，来寻找适合自己的方法和技术示例。CSCW会议、ICWSM会议和CHI会议上往往会发表高质量的人机交互作品，而《社会网络》《社会结构期刊》和《链接》杂志上有关于使用最新方法做社会网络分析的文章。

作者与社会网络分析的渊源

Derek L. Hansen

我最初了解到网络理论是在研究生时期，当时我在安阿伯市（Ann Arbor）的Borders书店（Borders的第一家店）浏览书籍，无意间发现了邓肯·瓦茨的《六度分隔：一个相互连接的时代的科学》（*Six Degrees: The Science of a Connected Age*），当晚就在书店读了一半。我当时就意识到这本书能帮助我理解网络社区中的互动，而这正是我研究的重点。之后我去马里兰大学iSchool教学后，我就开始跟本·施奈德曼和马克·史密斯合作，评估和开发新创建的NodeXL网络分析工具。作为人机交互研究者，我们认为自己的要做的就是开发工具，让更多的人可以开展社会网络分析，实现网络分析的"民主化"。研究人员可以使用NodeXL回答广受关注的社会科学问题，在线社区管理者等实操人员也可以使用这个工具去进一步了解自己的社区，以采取相应的行动。我的学生们现在已经可以迅速地利用"网络思维"开展有趣的网络可视化和分析，讲述重要的故事，实在令我惊讶。关系数据的分析过去一直不被关注，无人问津，但现在已经今非昔比了。它现在和其他分析传统定性和定量数据的方法一样，都是关注的重点，而且确实应该如此。我认为社会网络分析在未来的前景很光明，而且现在研究人员将其与其他方法结合起来，来确定他们应该采访的人或者相似网络聚群中用户讨论的突出主题。作为人机交互研究者，我非常期待协同系统设计者能够使用社会网络分析这个工具来评估、理解和设计更好的系统。

Marc A. Smith

我多年来一直对科技的社会应用很感兴趣，从用拨号调制解调器接入公告板系统的时代就感兴趣了。我是一名社会学家，我想了解社交媒体，并且可视化其中可能存在的复杂关系、结构和变化。

我使用一系列可视化技术做网络分析，来了解社交媒体的形态和结构。我认为这就像是一种标签或关键字集体照，我拍下很多群体的很多照片，然后寻找整个网络中的模式、子群和群体中的关键人物。我对比同一主题的不同网络或者对比不同的主题。我发现社交媒体中有许多不同类型的网络，这些网络中有不同的角色，而战略位置的关键人物承担着这些角色。我现在能够讲述社交媒体主题的规模、形态以及其中的关键人物和子群的情况。例如，美国的政治讨论两极分化十分严重，其中有密集但是相互分离的群体，但在其他国家的政治讨论中，这种模式并不明显。商业讨论跟政治话题往往没有关联，即便讨论吸引了很多人，但是关于品牌的讨论却很少，提到这些品牌的人往往也相互毫无连接。相比之下，一些产品形成了群体，群体间联系紧密。社区中往往是少数人占据中心和桥接的位置，中心的人更经常发言，而且连接更多。桥接者的连接一般比中心者更少，但是他们有的连接能从自己的聚类中延伸到很多其他的聚类中。

练习

在社会网络分析中，许多事物和关系都可以用节点和链接来表示。描述一个嵌入在CSCW系统中的网络（例如，Facebook的涂鸦墙网络；Twitter的关注网络，Instagram的"喜欢"网络）的节点和边的含义，以及网络的类型（有指向/无指向；

加权的/未加权的；单路/多路复用；单模/多通道；部分/完成）。

根据以上选择的社会网络，描述可从以下途径获得的可操作的见解：

•计算节点特定的度量（例如，Betweenness Centrality）；

•计算综合网络度量（如密度）；

•识别网络中的集群（如子组）；

•测量网络动态和/或网络中的信息流。

本文作者信息、参考文献等资料请扫码查看。

研究伦理与人机交互

Amy Bruckman

人机交互中的研究伦理是什么？

请大家思考这些人机交互研究中的伦理问题：

• 我可以给无家可归的人提供报酬，用于让他们回答关于如何使用手机的问卷调查吗？对于处于极端贫困中的人，即使是一张很小的代金券，是不是都会对他们具有潜在的强迫性？他们的理性决策能力会不会因为经济上的窘迫而降低？［丹特克（LeDantec）与爱德华（Edwards），2008年］

• 如果我想研究人们在脸书（Facebook）上的行为，我需不需要担心这是否符合脸书的服务条款？［吉尔伯特（Gilbert），卡拉哈利奥斯（Karahalios）等人，2008年］

• 如果我记录的数据是用来帮助人们对如何照顾有特殊需要的儿童做出基于证据的决定，我该如何平衡该数据的价值与人们对监视的恐惧？［海耶斯（Hayes），肯兹（Kientz）等人，2004年；海耶斯（Hayes）与阿博德（Abowd），2006年］

当人机交互扩展到人类生活的方方面面，其研究伦理的问题也变得越来越复杂。现在的人机交互研究，也早已经不是最初在实验室进行的，通过给志愿者诸如代金券、现金或课程学分的报酬来让他们完成特定任务的研究了。因此在人机交互研究中，我们越来越需要谨慎对待其中的伦理问题。此外，随着人机交互的研究的课题和方法的迅速扩展，我们更需要重新思考"人类受试者研究"（human subjects research）的基本范式。

在本文中，我将首先简要回顾一些如何有道德地对待人类受试者的核心概念，然后重点讨论这些概念在人机交互研究中或重要或独特的细微差别。最后，我想强调互联网给此类研究带来的挑战。

研究伦理包括理解法律、政策和伦理之间的复杂关系。制度性的政策和程序中所规定的标准通常要高于仅仅合法的标准，而道德标准又高于政策或法律所允许的标准。法律随着政治边界而变化，政策随着制度边界而变化，而伦理则随着文化边界发生变化。在本文中，我将主要关注美国大学的研究。

研究者制造了三大风险：

· 第一，他们对研究对象造成潜在伤害。

· 第二，他们对研究环境造成潜在扰乱（研究人员经常如此；参见本书《解读民族志》）。这也可能降低受研究群体与研究人员合作的意愿。

· 第三，如果发生有违道德伦理的行为，他们会给所在机构带来后果严重的风险。

在极端情况下，美国政府曾在一段时间内暂停了所有大学对人类受试者的研究[马尼尔（Manier），1999年；韦斯（Weiss），1999年]。如果一项研究没有得到应有的监管，那么其他所有的研究都必须重新经历审查，这是因为该机构的审查程序已经备受质疑。这种极端行为很少见，但美国卫生部和人类研究保护办公室（OHRP）保存的关于违反规定行为的"决定信"的数据库是非常值得一看的（人类研究保护办公室，2012年）。这对大学来说风险很大。

以人类为实验对象的研究历史

在第二次世界大战期间，纳粹德国的研究人员对人类进行的恐怖实验，是现今都不被允许在动物身上进行的实验。在纽伦堡战争审判（1949年）揭示了这些暴行之后，《纽伦堡守则》（*Nuremberg Code*）作为回应被起草。这确立了受试者应自愿同意，并可随时终止参与的基本原则。此外，实验必须"产生有益于社会的丰硕成果"，并应避免不必要的风险。

然而，以人类为受试者的研究伦理仍然存在着问题。其中最引人注目的是塔斯基吉（Tuskegee）梅毒实验，在没有告知这些受试者他们疾病的情况下，对400名非洲裔美国男性梅毒患者进行了长达40年（1932—1972）的监测[内华达拉斯维加斯大学（UNLV），2012年]。尽管人们在1947年发现盘尼西林可以治愈梅毒，这项研究依然持续了几十年[疾病预防控制中心（CDC），2011年]。这一暴行的曝光，促成了相关的委员会以及《贝尔蒙特报告》（*The Belmont Report*）[贝尔蒙特（Belmont），1979年]。《贝尔蒙特报告》至今仍然是有关人类受试者的研究伦理原则的主要声明。其中有三个主要原则：

（1）尊重实验对象：把人当作独立自主的行动者，而不是达到目的的手段。

（2）仁慈：不伤害，并且尽可能地将利益最大化，将伤害最小化。

（3）正义：把研究的负担和利益平均分配给全社会。

第一条原则借鉴了伊曼努尔·康德（Immanuel Kant）的绝对命令（或者定言命令），即必须"你要如此行动，即无论是你的人格中的人性，还是其他任何一个人的人格中的人性，你在任何时候都同时当作目的，绝不仅仅当作手段"①（康德，1964年）。对康德来说，这就是道德的本质。在研究伦理学的背景下，这意味着把研究参与者视为道德意义上的人，而不是作为获取数据的手段，他们的自主性和需求至关重要。

第二条原则在措辞上有一定的误导性，因为"不伤害"过于绝对。即便是走过一个房间都是有风险的——你可能会被绊倒。但是，如果受试者被绊倒（而且并不是这个研究造成的），这并不意味着这个研究是不道德的。而人们是能因为参与伦理研究而受到伤害的。那么评估一项拟议研究的伦理的困难之处在于权衡它可能造成的危害和能带来的益处。一位机构审查委员会（Institutional Review Board，IRB）的成员曾经给我讲过一个故事，他所在的机构审查委员会拒绝了一项研究提议，该研究除了参与日常生活之外，没有其他风险。但理事会认为该研究的设计太过薄弱，对研究无益。在这种情况下，微小的风险性胜过毫无利益，所以该研究提议被拒绝。所以一项研究的伦理与研究价值是密不可分的概念。

因为要比较迥异的事物，权衡一项研究的收益和风险变得更具挑战性，而且通常这种收益和成本通常落在不同的个体身上。贝尔蒙特的第三条原则——正义，要求我们通过在社会上平均分配利益和风险来解决这个问题。在实践中，正义原则在诸多方面都是三者中最被忽视的。例如，经济收入较低的人更有可能同意参与有风险的研究，以换取金钱补偿。因为有给孕妇或她们的胎儿带来额外的风险顾虑，孕妇常常被排除在研究之外，即使在没有这种额外风险的情况下，也是如此。未成年人被定义为18岁以下的人，也有可能被排除在研究之外，这常常仅是因为要征求他们父母的同意会给调查人员带来额外的工作。为了开始应对这些挑战，一些人类受试者研究的审查委员会现在要求研究人员对排除孕妇和未成年人等群体提供明确的理由。

美国大多数大学将这些规定（人类研究保护办公室，2001年）应用于他们进行的所有研究，尽管从法律上来讲，这些规定只适用于接受联邦资助的研究工作。美国公司只有在接受联邦研究资助的情况下才受这些法律的约束。有些公司有自己的人类受试者审查委员会，有些则没有。法律并没有要求公司必须设立审查委员会，而且这些审查委员会也不需要符合政府标准。

接受联邦资助的美国大学则必须有一个机构审查委员会（IRB）。机构审查委员会成员必须来自不同的学科，必须包括一名非科学家和一名非大学附属社区的成员。成员通常承担相对较重的服务工作量，并且需要广泛了解各学科的问题，绝大多数问题都在他们自己的专业领域之外。寻求与人类受试者合作的研究人员必须首

---

① 李秋零《康德著作全集》版本，英文对照耶鲁大学出版社2002年版Allen Wood译本。

先获得人类受试者研究的认证，通常是通过参加短期课程（通常在网上提供）。协作机构培训计划（CITI PROGRAM）是一个提供这种培训的组织。下一步，研究者要向机构审查委员会提交一份关于做有人类受试者研究的提案以供审查。一些机构审查委员会会根据政策要求对提交的每个方案至少进行一次修改，以清楚地记录该方案实际上已经过审查，而不是简单地在未经审查的情况下获得批准。虽然机构审查委员会的主要工作是保护受试者，但它们的第二个合法职能是保护其机构免受法律责任和官方制裁。

不断进化的机构审查委员会

机构审查委员会最初是在医学和心理学研究的基础上创建的。在这种背景下制定的政策和程序并不总是能够适用于像人机交互这样的新研究领域。在不了解研究领域的情况下，是无法权衡研究的益处和风险的。在20世纪80年代和90年代，许多机构审查委员会对计算和互联网的知识有限。机构审查委员会由具有不同背景和知识的人组成，随着时间的推移，每个理事会很熟悉他们反复看到的某些类型的研究。审查人机交互的研究经验较少的机构可能比定期审查此类研究提议的机构（如佐治亚理工学院的机构审查委员会）在审查中遇到更多困难。每一个机构审查委员会在某些特定领域都比其他领域有更多的经验和舒适感。换句话说，机构审查委员会是一个建构知识的实践社群。精通社会技术系统（sociotechnical systems）的人机交互研究人员将发现他们的知识有助于帮助他们理解机构审查委员会。

随着计算机的普及，大多数机构审查委员会已经积累了人机交互研究的经验和知识。如果你的机构审查委员会对你的研究领域有些陌生，那么你可以要求向理事会做一个简短的介绍，帮助他们更好地了解情况。如果你的机构审查委员会似乎对人机交互研究设置了不合理的障碍，最好的办法就是加入他们——自愿成为机构审查委员会的一员，并从内部改变他们的文化。许多教员已经采取了这一办法，例如，密歇根大学的理查德·尼斯贝特（Richard Nisbett）和卡内基梅隆大学的罗伯特·克劳特（Robert Kraut）。他们能够在保持高道德标准的同时极大地推进所在大学的人机交互研究（克劳特，2012年；尼斯贝特，2012年）。基于潜在的政治化因素，加入机构审查委员会，对于已经获得终身教职教员更为可取。

你也可以邀请一个考虑问题信息周全的研究生作为学生代表加入机构审查委员会。这对学生来说是一个极好的学习机会，在过去的15年里，一系列来自计算机学院的学生为佐治亚理工学院（Georgia Tech）的机构审查委员会做出了巨大的贡献。

后来尼斯贝特等人参加了由国家研究委员会（NRC）组织的一个理事会，该理事会起草了一份呼吁改变我们对人类受试者的保护方式的报告草案。由这份报告引起的讨论仍然在进行。官方改革进程缓慢，因为这需要广泛利益攸关的群体持续的努力。

机构审查委员会的成员代表承受了服务研究社群的重担，并努力紧跟他们需要了解的广泛知识领域。因为担任这一职务，他们要承担重大法律责任，所以他们所在的大学通常会为他们提供特别保险①[博尔达斯（Bordas），1984年]。这是一项富有挑战性且往往吃力不讨好的工作，因此他们通常会对任何让他们的工作变得更容易的事充满感激。

在和机构审查委员会接洽时，谦逊和真诚的态度是必不可少的。如果你真诚地关心伦理，并将内部审查委员会视为合作解决难题的伙伴，他们就更可能接受你的提案。许多内部审查委员会成员在提案提交之前都会主动讨论提案的细枝末节。理想情况是理事会成员和申请人之间积极协作和相互支持。

对于人机交互专业人士来说，在考虑入职某个大学时，咨询和了解有关该机构的机构审查委员会的问题是具有战略意义的。尽管兼备耐心和相关知识，任何经过深思熟虑的提案在机构审查委员会的审批中大都会无往不利。但是，对于一个机构快速而简单的提案，在另一个机构审批中可能会遭遇挑战性且耗时。

在新兴技术的背景下，平衡研究的收益和成本尤其具有挑战性。2001年，麻省理工学院媒体实验室（MIT Media Lab）的研究人员帕斯卡·切斯奈斯（Pascal Chesnais）向机构审查委员会申请研究过滤垃圾电子邮件的问题。虽然现在看起来匪夷所思，但在当时，不请自来的垃圾邮件还不普遍。切斯奈斯的工作本可以对垃圾邮件过滤这一新领域做出早期贡献。不幸的是，麻省理工学院机构审查委员会拒绝了切斯奈斯的这项研究申请。机构审查委员会成员认为，如果一个人使用切斯奈斯的电子邮件过滤器，它会影响这个人是否能收到所有他人发来的邮件。参与研究的志愿者当然可以考虑他们是否可以接受这种风险，并就参与与否做出明智的决定。然而，理事会还推断，这种过滤会影响到所有可能给志愿者发送电子邮件的人。如果我试图给你发邮件，但你却没有收到我的信息，那么我就受到了研究带来的负面影响；但是，我没有选择参与研究。因此，理事会的理由是，所有可能向志愿者发送邮件的人也需要表示同意。在与机构审查委员会争论了一年多之后，切斯奈斯放弃了他的研究。

在当时，这项技术是新的，切斯奈斯走在了他的时代前面。他提出的研究既有潜在的风险，也有潜在的好处。正如我们所看到的，研究伦理在于平衡风险和利益。人们还没有很好地理解电子邮件过滤的必要性，因此风险/收益的天平倾向于那些未经证实的风险。任何曾经因为垃圾邮件过滤器的失误而未能收到重要电子邮

---

① 国家机构雇用的机构审查委员会成员可以受到主权豁免原则的保护。确切的法律因州而异。详细讨论见博尔达斯（1984年）。

件的人都明白：这个风险是真实存在的。在接下来的几年里，当我们的邮箱都被色情、恶意软件和诈骗广告所淹没时，这项研究潜在利益的本质才变得清晰起来。机构审查委员会的决定是不幸的，但其推理并非毫无根据。切斯奈斯既要承认风险，又要针对即将流行的垃圾电子邮件和该研究可能带来的好处提出更有说服力的论点。

过程

对于任何研究者来说，第一步就是确定你是否真的在做人类受试者研究。根据定义，人类受试者是"研究人员（无论是专业人员还是学生）对其进行包含以下内容的研究的活生生的个体：通过干预或与个人互动获得的数据或可识别的私人信息"。研究是指"系统的调查，包括研究开发、测试和评估，旨在发现或促进普遍性知识"。根据这些定义，诸如简单分析互联网上的公开信息并不是人类受试者研究。如果你没有做人类受试者研究，你就不必正式地遵守人类受试者研究的程序和规定；但是，你仍然应该注意你的研究是否以合乎伦理的方式进行。

通常情况下，如果你在做人类受试者研究，那么获得人类受试者研究证书是研究人员在美国的大学获得人类受试者研究许可的第一步。这个证书通常通过阅读在线材料并通过一个简短的测验确保理解无误就可以取得。接下来研究人员要提交一份研究提案，由大学的内部审查委员会审查批准。

提交给机构审查委员会的提案包括研究说明和需经过受试者阅读并签署的同意书。在同意书中必须阐明参与该研究的一切风险、一切利益以及受试者可以随时撤回参与同意的声明等。检查你所在机构审查委员会的确切要求是很重要的。同意书的目的是帮助潜在的研究志愿者做出是否参与研究的决定。

机构审查委员会通常有一个定期会议日程表，以及每次会议需要考虑的材料接收截止日期。检查该日程表是很重要的，这样你就不会因为不经意地错过最后期限，而不得不花较长的时间来等待你的研究申请通过审查。

机构审查委员会的审查分为三个级别：豁免、快速审查和全面审查。当你向机构审查委员会提交申请时，通常可以要求你认为合理的审查类型；但是，机构审查委员会将做出最终决定。对于美国大学的研究，豁免类别研究包括"在既定或普遍接受的教育环境中进行的，涉及正常教育实践的研究"，对现有公共记录或受试者无须被明确身份的研究，以及其他研究。如果你所做的是人类受试者研究，你仍然需要向机构审查委员会提交一份申请表，并且由你所在机构的机构审查委员会决定你的提案是否能被豁免。研究人员是不能自行决定的。然而，在实践中，在应该能获得豁免对知情同意有要求的研究和甚至在技术上都不属于人类受试者的研究之间，界限往往很模糊。之前讨论的人类受试者研究的正式定义应被谨慎应用于所有研究，以帮助决定研究类型。

如果一个提案不能豁免审查，那么它也可能有通过快速审查的资格。快速审查意味着机构审查委员的某个成员工可以快速批准该提案，而无须将其发送给全体理事会成员。这能节省大量的时间，因为理事会全体会议通常每月（或间隔更长）只举行一次，而错过最后提交期限的研究提案可能得等待更长的时间。许多人机交互研究是符合快速审查条件的。快速审查包括"对个人或群体特征或行为的研究（包括但不限于对感知、认知、动机、身份、语言、交流、文化信仰或实践以及社会行为的研究）或采用调查、访谈、口述历史、焦点小组、项目评估、人为因素评估或质量保证方法的研究"。

在设计机构审查委员会协议时的一个重要考量因素是该研究是否可能涉及弱势群体。儿童和"自主性被削弱"的个人（包括有认知障碍的人）是不可以给出知情同意的，因为他们不能签订法律合同。取而代之的是，他们可能需要并得到一份与他们的阅读水平相适应的同意书然后再被要求同意。他们的父母或监护人必须代表他们签署知情同意书。对于这两种同意书来说，检查同意书的可阅读水平是必要的；许多字处理器都提供评估文件的可阅读水平的工具。一个常见的经验法则是，文件的可阅读水平应适合八年级（14岁）及以下的人群的阅读水平。

依照最严格的标准，同意书必须由志愿者、受试者和一位证人签字。研究的风险越低，这些要求也越有宽松的可能。在许多低风险研究中，机构审查委员会可能会不要求记录同意书。

如果机构审查委员会发现以下情况之一，则可以不要求研究者获得部分或所有受试者签字的同意书：

（1）同意书是将受试者和研究联系起来的唯一记录，研究的主要风险是因违反保密规定造成的潜在损害。且询问过每个受试者他们是否想要证明受试者与研究相关的文件，并以受试者的意愿为准；

（2）该研究对受试者造成伤害的风险不超过最低限度，并且不涉及需要在研究背景之外获得书面同意的程序。

在网络表格中点击同意并不是具有法律意义的同意，因此设置有"点击即接受"的基于网络的知情同意书的研究需要有放弃对知情同意书进行存档的文件。请注意，上述内容是指免除对同意文件的存档的要求。完全免除同意的要求更为罕见，但如果研究的风险较低，并且如果不免除同意就不能进行，则可以酌情处理。例如，我的一个在课后计算机俱乐部针对儿童如何学习的定性研究（qualitative study）获得了免除同意书的允许。在研究进行的几个月中，我们让这些来俱乐部的孩子带知情同意表格回家，并让他们的父母签字；但是，收回来的表格少之又少。

我们最终申请并获得了免除同意的声明。（根据规定，该研究也可以作为"正常教育环境"从而免于机构审查委员会审查。）

保持详细的研究记录是至关重要的。机构审查委员会可以对任何一项研究随机审核，以确保其是否符合这个研究所获批的研究提案，名副其实。

人机交互研究中实验对象的本质

传统人类受试者研究的范式通常假设研究中的互动是在专家研究者与对该研究领域没有专门知识的外行人间进行。受试者被视为弱势的一方，他们会因为对研究的贡献而得到适当补偿，并且为了保护他们起见，会在研究的书面记录中对受试者进行匿名处理。而这些假设越来越过时。受试者所处弱势的本质取决于研究的性质本身，在人们一开始想想人机交互研究之初，许多类型的人机交互研究根本就没有被考虑过。

在许多研究领域，受试者越来越了解我们的研究领域。举一个简单的例子，如果我们正在开发软件来让工作流程更加高效，那么我们可能会采用参与式设计方法（Ehn，2008年），受试者会作为设计合作伙伴与我们研究现场的工程师一起合作。在这种情况下，在设计中帮忙的专业人员可能会希望审阅所有基于该合作的出版物的草稿。在特定情况下，他们可能更愿意自己的付出得到认可和感谢，而不是在书面报告中被匿名。他们甚至可能想成为合著者（见本书《行而知之：研究人机交互的方法——行动研究》）。如果他们有重大的投入，抹去他们的个人信息就是否定他们的付出。因此，在某些情况下，匿名处理可能会造成伤害，而不是保护个人免受伤害。

与专业工程师合作的参与式设计似乎与人类学家对部落文化的研究或医学研究人员对新抗生素或医疗器械实验的相去甚远。然而，实际情况并非表面上那么不同。在医学文献有越来越多患者被视为合作伙伴，因为他们有承担管理个人护理的责任[玛米基娜（Mamykina）和迈纳特（Mynatt），2007年]。现在，患者常常会很投入地阅读与自己病情相关的资料，并且研究者也越来越鼓励他们不要盲目接受医疗机构的指示。互联网给他们带来了大量的信息（也包括虚假信息），当前公共卫生领域的思潮表明，如果患者在管理个人护理时采取主动，治疗的收效往往会更好。如果患者是管理他们自己护理的合作者，那么在某种意义上，新医疗系统研究的参与者就成为该研究的合作者。我们对谁是"普通人"以及他们在研究过程中可能扮演的角色的看法已经发生了演变。

我们对"研究对象"性质的基本看法发生了重大转变。对研究实践的后现代解释将这些转变置于更广泛的知识框架中。例如，人类学家雷纳托·罗萨尔多

（Renato Rosaldo）写道：

> 《孤独的民族志作家》（*The Lone Ethnographer*）关于文化隔层的主导性假想已经崩溃了。所谓土著人并没有"居住"在一个与民族志学者所"居住"的世界完全分离的世界里。现在很少有人只会待在原地。当人们扮演"民族志学者和土著人"时，更难预测谁会穿上缠腰带，谁会拿起铅笔和纸。越来越多的人同时做这两件事，越来越多的所谓土著人成为民族志的读者，他们时而欣赏，时而对其口头批评（罗萨尔多，1993年，第45页）。

对受试者具有批判性的看法使《贝尔蒙特报告》的第一条原则"尊重实验对象"成为新的焦点。认为受试者是无知的且无法理解或回应我们的研究陈述，这种概念从某种程度上讲，一直具有误导性，特别是在互联网时代更是如此。对于有文化和具有计算机知识的受试者来说，我们的学术著作越来越容易获得，而且我们的受试者越来越有可能既有能力又有兴趣参与到我们的研究成果中来。

因此，具有研究道德的研究者必须重新思考研究者和参与者之间的权力关系并为参与者提供更多的发声机会[博尔宁（Borning）和穆勒（Muller），2012]。受试者可能希望他们的名字出现在书面报告中。这一点在我和我的学生对在线内容创作者所做的研究中尤其明显，特别是他们有理由为自己的创作感到自豪。因此，我们的大多数同意书都包含以下声明：

> 有时，我们受访者会为他们在网上的创作感到自豪（如创意项目），并希望在我们公开报告中列出他们的真实姓名。如果您希望我们尽可能使用您的真实姓名，请在下面签名。如果我们觉得在我们的报告中有任何可能使您感到难堪的内容，我们将不能使用您的真实姓名。对大多数人来说，使用化名（我们编造的名字）是更好的选择，所以您不需要在这里签名，但如果您愿意，您可以在这里签名。

如果受试者不签名，我们就照常给他们匿名。只有他们签名，我们才会使用他们的真实姓名，签名行旁边会出现"选填"一词，以防人们在没有阅读内容的情况下匆匆签名。

上述措辞有些细微差别。对人的尊重意味着我们尊重受试者的意愿，如果他们希望被署名的话，就给他们署名。然而，关于什么是追求声名的最佳时机，人们并不总是能够做出正确的选择，例如，我们时常会看到一些人不介意在电视真人秀节目中被拍到自己被捕的画面。人们有时会过分看重公众的认可，从而为自我宣传做出不明智的决定。在这种情况下，"对人的尊重"的价值与最大限度地减少伤害的价值相冲突。我之所以建议我们重新思考研究者和受试者之间的知识和权力差异，并不意味着这些差异不存在——有时研究者确实知道的更多。法律责任也是一个需要考虑的问题。即使个人要求使用他们的名字，但如果对某个受试者的描述对其造成伤害，大学也可能为之承担责任。因此，是否应受试者的要求而公布其真实名字，最终还是得由研究人员来判断。

如果我们的受试者了解该研究领域且知识渊博，他们可能有能力并且有兴趣在研究结果发表之前对其草稿做出回应。因为他们可能会获得研究成果的副本，并且无论如何都会在这些成果公布后发表意见，所以在成果发表前，趁着这些意见仍然可能被考虑在内的时候征求大家的意见，是符合每个人的利益的。这与定性研究更相关，因为定性研究会对个人和群体进行描述性记录，而不是仅仅简单地进行汇总统计。受试者通常不会及时发送评论意见，因此给受试者合理的时间并且明确截止日期是很重要的。

实际上，这个过程往往是不成问题的，并且能提高研究的质量。受试者通常能够纠正研究者的错误观念。然而，在某些情况下，这个过程可能变得相当复杂。个人可能会抵制他们认为不讨喜的解释。这种阻力使研究人员面临两个困境。第一个困境是认识层面的：我如何知道谁是对的？这个受试者是仅仅出于防卫，还是我真的误解了情况？这可能是一个没有正确答案的问题。正如罗萨尔多所指出的，我们所倾听到许多声音往往意味着它们无法无缝地融入连贯的、单一的、主要的叙述（罗萨尔多，1993年）。研究者有双重的道德义务来生产准确的研究结果，并尽量减少伤害。理想情况下，获取更多数据有助于解决偏差。或者，也可以直接承认研究存在多种不可调和的观点。

第二个困境是务实层面的：我将来是否想再次与这些受试者合作？这个报告会危及一段重要的合作关系吗？发表不准确的报告违反了职业道德，但有时策略性地省略有助于解决这种困境。如果一条有争议的或不讨人喜欢的信息与正在讨论的研究问题没有严格的相关性，那么我们可以放心地忽略它。例如，在一篇关于在线社区论文的早期草稿中，我将一名常规用户描述为在现实生活中有"社交困难"。虽然该评论提供了理解此人及其参与在线社区的背景，但对于我们研究有关使用该系统的问题并非必要，所以最终被省略了。

互联网研究的伦理挑战

在互联网上做研究为研究人员带来了一系列令人惊讶的复杂而又有趣的伦理挑战[埃斯（Ess），2002年；埃斯和委员会（Ess and Committee），2002年；贝里（Berry），2004年；克劳特，奥尔森等人（Kraut，Olson，et al），2004年]。第一个挑战甚至是要确定你是在何时开始做"人类受试者研究"。根据机构审查委员会的定义，从技术上讲，访问发布在互联网上的免密信息不属于人类受试者研究。该信息已发布，可免费用于任何用途，无须机构审查委员会审查。根据规定：

人类受试者是指一个活着的个体，调查者（无论是专业人员还是学生）会对其进行包含以下内容的研究：

"通过干预受试者或与受试者进行互动得到的数据或可识别的私人信息。"

如果信息是在网上发布的，那么你就没有与作者进行互动，而且信息也不是私有的。然而，如果你决定问作者一个关于他们在网上所发布信息的问题，那么你就已经与作者进行了互动，并且确实参与了人类受试者研究。

然而不幸的是，这成了研究者进行高质量的研究的阻碍。通过向内容创造者提问，研究质量必然得到提高。然而，这样做需要研究者做大量额外的工作，如拟订人类受试者研究协议、等待批准和获得受试者的同意。这也难怪许多研究者选择不提出任何问题，并写出令人抓狂的不完整的论文，如"我们推测，用户参与这种行为模式，可能是因为……"实际上根本没有猜测的必要，因为只要花时间获得批准去问这些用户，他们往往可以给出答案。

一旦人们真的开始将互联网内容创造者作为人类受试者进行互动，另一个复杂的情况就会出现：他们的在线帖子是可能通过搜索引擎就可以找到的。那么这就在需要保密的人类受试者数据和他们的真实身份之间建立了联系。当然，如果受试者希望用真实姓名来识别自己，这就不是一个问题。然而，如果他们希望匿名，那么我们就进退两难。对于涉及争议性主题和对参与者有重大风险的研究，解决方案是不引用参与者的任何在线帖子。

一个聪明的方法是在书面报告中把同一个人描述成两个不同的人——不在引用的访谈内容和受试者之间建立联系。或者，如果主题是不具争议的，那么可以使用"轻伪装"，在这种情况下，尽管一些比较执着的人仍然能够揭开受试者的真实身份，但不经过一些努力，受试者的身份并不明显（布鲁克曼，2002年）。我所在的实验室的研究协议对这种可能性做出了警告：

为了保护您的私密性，您的名字将不会出现在任何出版物中；而是使用化名（假名）。然而，如果引用您在网上发表过的内容（例如博客、论坛帖子等），这种伪装可能不堪一击——一个有决心和技术的人可能会打破这种伪装。由于许多在线网站向全世界开放，搜索引擎（如谷歌）将其编入了索引。这样一来，一个人可以将一句引用的话挑出来，然后使用搜索引擎来查找实际页面，从而打破化名的伪装。我们并不期望这项研究会暴露敏感信息，但如果真的暴露了，我们将省略那些可以在搜索引擎中被找到的直接引文。

在书面报告中将受试者伪装起来通常需要省略或更改可辨识的细节和名称。在一些研究中，可以省略其使用的在线网站名称；然而，这在许多情况下是不切实际的。对于非常大的网站或竞争对手很少的网站，网站可能是显而易见的。在基于设计的研究中，由于研究人员在研究他们创建的在线服务，也不可能将网站伪装起来。将受试者伪装起来是为了达到适当的平衡。在需要伪装的地方，通过尽可能少的伪装来提高研究的质量；然而，通过更多的伪装，能最大化地保护参与者的隐私。

服务条款

到目前为止，我已经讨论了免密在线信息。如果需要登录到某个服务器来访问数据，那么可以说您必须遵守该站点的服务条款（TOS）。服务条款可以设定允许研究的条件，也可以完全禁止研究。

遵守服务条款永远是一个安全的选择。然而，一些研究人员认为，这并不总是必要的或适当的。首先，服务条款的某些条款可能在法律上无效或不合理。公司通常会在法律免责声明中加入一些条款，这些条款在法庭上是站不住脚的，也经不起道德审查。例如，谷歌在2012年对其隐私政策所做的修改因不符合欧盟（EU）隐私法而引发争议。服务条款规定，"通过使用我们的服务，您同意谷歌可以根据我们的隐私政策使用此类数据"。如果隐私政策不符合欧盟法律，欧盟公民该如何对待该协议？

更重要的是，研究界的独立性和学术诚信受到了威胁。想象一下，一个正在重塑商业和文化的大型互联网网站决定为研究设置较大的障碍。网站的规定是否意味着这方面的人类经验是学术研究的禁区？此外，一家公司可能只允许研究人员按照自己的条件访问，并且只允许进行对公司有利的工作（或出版物）。互联网研究者越来越依赖于企业的仁慈来获得研究所需的数据，那么学术界的知识独立性将受到这种状况的挑战。

所以，如果一个网站的服务条款可能是无效的，并且你不接受该公司具有控制与它相关评论的权力，是不是就可以忽略这个互联网网站的服务条款？这样做可能会产生的实际后果（您可能被拒绝进一步访问）或法律后果。我谨慎的回答是，有时忽略服务条款可能是可允许的，但我只有在仔细思考（并有可靠的法律建议作为依据）之后才会这样做。我们也应该对这样做的理由在出版物中加以解释。

研究界尚未解决的难题是，学术手稿的审稿人应该如何处理这个问题。在某些情况下，会议和期刊会拒绝不符合服务条款的文章。相同的文章，不同的审查员可能会有不同结果。这样的不一致是不幸的。如果会议委员会和专业协会制定明确的标准并始终如一地加以实施，这种情况就会得到改善。

更为常见的情况是，审查者经常为一项研究的伦理是否在他们的权限内而挣扎。在我参加的一次项目委员会会议上，一位项目委员会成员认为，有关研究已经通过了作者所在机构的审查委员会的审查，这就足够了。毕竟，研究人员得到了认可，他们的方法是合乎伦理的，并相应地进行了研究。这种态度将极大地简化摆在评审人员面前的任务；然而，它是建立在这样一个假设之上的，即机构伦理评审在各地都做得很好。如果要求评论者在研究中反复检查伦理问题，那么他们需要明确的标准来指导他们。诸如计算机协会（ACM）（计算机协会，1992年）和电气和电子工程师协会（IEEE）（电气和电子工程师协会，2012年）等组织的道德规范可供备选，但这些规范有时过于笼统，无法在应对具体的挑战时提供帮助，同时这些规范也可能更新滞后而无法解释新出现的问题。在许多研究团体中，项目委员会在双重伦理检查中到底应该扮演什么角色，仍是亟待解决的问题。

在网上招募受试者

对任何研究来说，招募受试者和数据抽样都是影响研究结果质量的关键过程。在线招募受试者引入了另一个挑战，即研究人员有可能在征集参与者的过程中扰乱研究环境。在学术界开始对互联网用户感兴趣的早期，一些网站的成员开玩笑说，研究人员的数量可能超过该网站的用户。在乔治亚理工学院的CS 6470课程"网络社区设计"中，学生们对在线网站的成员进行参与式观察和访谈。尽管我们竭尽全力指导学生如何在邀请受试者接受访谈的过程中不惹恼网站成员，但仍然有学生偶尔被要求离开网站，因为网站成员认为他们的访谈请求恼人。因为参与研究的邀请既占用了人们的时间，又使人们产生了一种自我意识，而这可能会扰乱正常网络行为。在网络社区课程中，学生学到了一条普遍适用的经验法则，即任何在线参与者只能看到一次或最多两次研究参与邀请。收效是，发送给特定个人的具有针对性的问询往往比大家都能看到的广播信息更有效。

如果研究人员被视为不属于该网站的人，那么研究人员的存在和参与研究的邀请更有可能被视为具有破坏性。例如，两名还是学生的研究人员试图研究离婚援助论坛，但他们没有受到欢迎，因为他们自己的婚姻很幸福。尽管他们所有的交流在语气和内容上都很得体，但由于缺乏离婚的个人经历，他们并未被接纳。在涉及离婚或健康援助等敏感的话题中，这种情况更有可能发生。有关此话题的详细讨论，请参见（布鲁克曼，2012年）。

在网上招募受试者时，研究人员需要意识到，这些响应者可能是任何地方的任何人。响应者是个儿童吗？他们能说流利的英语并且完全理解他们的志愿服务吗？明确询问人们的年龄是很重要的。允许成年人通过"点击接受"网络同意书取代同意书文件的机构审查委员会协议，通常不允许对未成年人采取相同的流程。在我们的协议中，我们使用纸质的父母同意书和儿童同意书，并且必须在他们签字后扫描或传真给我们存档。

越来越多的研究依赖于众包参与者，例如Amazon Mechanical Turk的工人。在这样的网站上，人们为工人完成的简单任务支付少量的钱（通常是几美分）。在美国，工人获得的报酬往往低于法定最低工资，有时还得不到合法完成工作的报酬。对这些工人的忽视可以说与尊重人的基本原则背道而驰[西尔贝曼（Silberman）、罗斯（Ross）等人，2010年；贝德森（Bederson）和奎因（Quinn），2011年]。在使用众包劳动力作为研究对象来源或协助处理研究数据时，需要考虑这些因素。

记录短暂的互动

到目前为止，本文讨论的内容都是在线存档的。当我们考虑研究人员如何记录短暂的交流时，这些问题就会改变（并且可能变得更有争议）。一些研究领域（特别是语言学）认为，在公共场所记录未确认身份的人的谈话是合乎道德的。以此类推，聊天室和其他短暂的通信形式可能被视为类似的情况，特别是如果从数据中删除用户名[赫林（Herring），1996年]。然而，这样的记录经常让互联网用户感到愤怒，因为这违反了他们对保护隐私的期望[哈德森（Hudson）和布鲁克曼，2004年]。隐私权的理念是取决于"合理期望"的，但随着新技术的出现，新的期望也应运而生且正在不断演变，研究人员和公众在对期望的认识上的分歧可能是无法调和的。

未经同意在聊天室或虚拟世界中记录人们的活动是否合乎伦理？这是否属于未表明身份的人员在公共场所的活动？一种折中的解决方案是，未经允许，不得记录在线互动的痕迹；但是，参与观察者可以在未经允许的情况下对自己的经历进行实地记录并在书面报告中对遇到的其他人进行匿名处理。但这种办法未免不切实际，因为只要参与观察者出于研究目的提出有关环境的明确问题，那么就需要得到知情同意。以参与观察者身份进行的普通谈话和以研究为目的的访谈之间的界限其实并不明显。

在某些情况下，请求知情同意的过程可能比研究本身对网络环境的扰乱要更大。在实时通信媒体中尤其如此。例如，假设你想研究一个实时聊天室。你能通过输入命令让参与者选择加入或退出研究吗？在我们的聊天室研究中（哈德森和布鲁克曼，2004年），我们研究了这个问题，发现很少有人选择加入，或者选择退出，事实上，在大多数情况下，结果就是研究人员被赶出聊天室，因为他们邀请大家参与研究的过程惹恼了聊天室成员。人们普遍认为研究人员的出现对实时活跃用户基数大的聊天室干扰性较小。实时活跃用户每增加13人，研究人员被赶出聊天室的概率就下降50%。在发出研究参与邀请的过程本身就具有干扰性的情况下，如果研究的风险很低，研究人员可能具有一个能令人信服的理由放弃同意。

2012年，大多数在线交互都被存档，无论是以实时还是半实时的模式。相对少数的研究人员在研究如大型多人在线（Massively Multiplayer Online）游戏的实时环境，在这种环境中，研究人员可能希望记录短暂的交流。然而，展望未来，随着研究人员越来越多地使用移动跟踪系统上的数据，如全球定位系统（GPS）和越来越强大的射频识别技术（RFID），新的伦理问题可能由此产生。例如，基于位置的数据可以在各种法律案件（特别是离婚诉讼）中发挥作用，而这些数据的创建和存储会产生真正的责任和风险。数据收集的过程如此隐蔽，这会在公民对隐私的期望和一些专家所判断他们有权期望的隐私之间形成一个鸿沟。正如我们可以提出在聊天室使用化名的人是否等同于在公共场所未明身份的人的问题，我们也可以对如何看待在商场里携带射频识别标签的人发出同样的疑问。挑战是相似的，但答案并不完全清晰。

设计伦理

人机交互研究包括创造新的物品和重塑体验。邵文（Shaowen）和杰弗里·巴泽尔（Jeffrey Bardzell）引用帕帕内克（Papanek）的话，评论说"设计是干预，是一种有意创造变化的行动。正如设计理论家帕帕内克所定义的，设计的任务是'通过改变人类的环境和工具，进而改变人类自身'"。巴泽尔指出，"人机交互越来越多地涉及社会变革问题，这些问题超出了交互的直接性质。在这样做的过程中，人机交互承担了科学和道德关怀"（巴泽尔和巴泽尔，2011年）。巴蒂亚·弗里德曼（Batya Friedman）提出了一个"价值观敏感型设计"（Value-Sensitive Design）模型，审视一个人的价值观和设计中固有的价值观，是设计过程中的一个明确步骤（弗里德曼，1996年；弗里德曼、卡恩等人，2006年；博尔宁和穆勒，2012年）。

事实上，所有的设计都有内在的价值。例如，像文字处理器这样看似无害的东西。珍妮特·霍夫曼（Jeanette Hofmann）详细介绍了文字处理软件的设计是如何嵌入不同概念的，其中不仅考虑到用户的技术娴熟程度，还考虑到作为一个书写者意味着什么以及谁应该在书写。早期的文字处理器假设，书写者是一位在输入高管写的文件的秘书。像"王安文字处理机"（WangWriter）这样的系统则假定秘书学习指令的能力有限。基于这种设想的系统尽管降低了出错的可能，但也不太可能迅速完成任务。相比之下，像"完美文书"（WordPerfect）和"文字之星"（WordStar）这样的系统则假定这位秘书是专业人员，有时间和能力学习复杂的指令，在经历了一段重要的初始学习曲线之后，他的生产力会更高，并且能获得更广泛的能力。直到"施乐星"（Xerox Star）系统上发明了文字处理器，才出现了直接在使用键盘工作的知识工作者的概念。自相矛盾的是，"施乐星"系统假定这位知识工作者也同时是一位业余的计算机爱好者，学习命令的时间有限。对于打字员和书写者的能力和目标的假设塑造了这些工具，而这些工具反过来又塑造了那些工具使用者的生活（霍夫曼，1999年）。设计伦理使研究者不得不去回答这样一个难题：我们正在创造一个什么样的世界？

这一主题超出了本文的范围，不便详述，但请参阅本书的《行而知之：研究人机交互的方法——行动研究》，了解关键观点。这个话题变得越来越重要，因此怎么强调其重要性都不为过。

结论

任何领域对人类受试者的伦理研究都涉及平衡潜在利益与危害。新技术使我们更难确定潜在利益的性质（如垃圾邮件过滤器的需要性）和潜在危害的性质（如侵犯某人的隐私）。传统的人类受试者研究试图通过在书面报告中匿名处理来保护处于弱势的研究参与者。然而，在越来越多的情况下，我们的参与者可能希望他们的工作得到认可和赞扬。对他们进行匿名反而会造成伤害。此外，我们的参与者越来越有资格和兴趣回应我们对他们的描述。

仅仅分析互联网上的免密数据在技术上并不构成人类受试者研究。然而，为了能大大提高研究结果的质量而通过采访、调查或与在线内容的创造者进行互动，则构成了人类受试者研究。不花时间询问用户，就推测他们的心意是不合适的。

人机交互人类受试者研究中的一些问题仍然没有得到解决。偶尔忽略网站的服务条款可以吗？我们如何保持学术独立性，不受公司对研究数据访问控制的影响？是否可以在公共场所记录未明身份的人的活动，即使人们发觉之后会因此感到愤怒？研究论文的评审员是否应该再次检查研究的伦理，或者当地的机构伦理审查是否足够？如果评审员应该检查所提交作品的伦理，应该用什么标准？既然各国的法律和道德标准各不相同，甚至一个国家内的机构也不相同，那么应该采用谁的标准呢？解决这些问题需要个人和专业团体的领导。而新兴技术将不可避免地带来尚未命名的新挑战。

随着时间的推移，人机交互的研究伦理以一种非常积极的方式发展。监管者对计算机和人机交互都有了更好的了解，道德规范也在不断发展，以应对新技术带来的挑战。与此同时，人机交互研究已经也以新的方式渗透到日常生活中，这使得监管的必要性更加明显并为研究界所接受。最后，在人机交互的活跃发展的背景下，我们对"人类受试者研究"的基本概念正在演变，这也将影响到其他领域。

实用的参考文献

由罗伯特·克劳特（Robert Kraut）领导的美国心理学协会（APA）研讨会发表过一篇关于心理学研究中的研究伦理的优秀综述文章（克劳特，奥尔森等人2004

年）。许多定性研究论文对研究伦理也有发人深省的讨论。我推荐欧文·塞德曼（Irving Seidman）（2006年）的《定性研究下的访谈》（*Interviewing as Qualitative Research*）中关于伦理的章节。

在研究伦理中有一些最令人印象深刻的正面的例子，这些研究者无一不以体贴和尊重弱势群体，从而成功地与他们合作。例如，克里斯托弗·勒丹特克（Christopher LeDantec）在研究无家可归者对通信技术的使用时，充分理解无家可归者和研究人员之间的权力关系，并在他的研究设计中将其考虑在内，这是值得我们学习的（丹特克和爱德华，2008年）。同样，吉莉安·海耶斯（Gillian Hayes）在了解自闭症儿童及其家庭的需求方面，也做出了令人瞩目的成就。她使用录音技术作为干预方式，帮助看护者了解自闭症儿童某些行为爆发的原因，并且在如何谨慎地处理隐私问题上付出了巨大的努力。在学校环境中记录数据时，并未参与研究的其他学生和教师可能会在不知情的情况下出现在研究记录中。一般来说，我们收集的数据是为了能做出基于证据的护理决策，然而这一研究的益处可能会因为人们对监视的恐惧而遇到阻碍。为了应对这些挑战，需要谨慎地制定有关数据收集、存档和使用的规则（海耶斯、肯兹等人，2004年；海耶斯和阿博德，2006年）。这些都是处理棘手情况的优秀例子。

虽然这些例子都强调了那些需要额外留心的情况，但在另一方面，研究人员可能会认为有时情况可能比他们想象得复杂。例如，吉姆·哈德森（Jim Hudson）和我被允许完全不用对一项有欺骗性的研究征得知情同意，而我们也没有在研究报告中汇报聊天室参与者对被研究的感受。在我们的研究过程中肯定有人因此恼火。但是，我们说服了我们的机构审查委员会，让他们相信这项研究的好处要大于用户的负担（哈德森和布鲁克曼，2004年）。

最后，埃里克·吉尔伯特（Eric Gilbert）对农村和城市脸书用户的社交网络的比较研究，向我们展示了如何在极具限制性服务条款的网站上进行研究。为了遵守脸书的服务条款，吉尔伯特让受试者到实验室登录脸书，并向研究人员展示他们的脸书。直接从脸书上抓取信息是违反脸书服务条款的，但用户一旦登录，就意味着他们自愿透露信息（吉尔伯特、卡拉哈利奥斯等人，2008年）。

我在研究伦理中的参与

我开始是出于迫不得已才对研究伦理问题感兴趣。我的博士论文《驼鹿穿越》（*MOOSE Crossing*）是一个面向孩子们的以文字为基础的虚拟世界。当我开始研究人们在这种情况下通常如何处理研究伦理时，发现并没有先例。我所做的事情是前所未有的。我不得不与我的机构审查委员会合作，来寻找一个合理的方法。

那个时候，我所在机构的审查委员会通常过分谨慎，并且他们对于合理的隐私期望的定义太过广泛。我记得他们要求我把研究提案提交到机构审查委员会董事会全体会议。我吓坏了！直到我向董事会解释说，我不是教孩子们上网，这场谈话才有了转机。参与者必须是已经有了上网途径的孩子，并且我会为他们提供一个（相对）安全的在线活动。

最初发生这场对话是在1993年。二十年后（2013年撰写本文时），我发现我们仍在为这些问题而挣扎。我所在的学校最近要求我参加机构审查委员会的进修课程。在线课程包含了一节关于互联网研究的新课程，内容主要是说目前还没有人搞清楚这些问题！面对这些不确定性，研究人员必须理解核心伦理原则，并就如何在任何特定情况下应用这些原则进行合理的论证。

练习

1. 根据IRB规则，豁免研究和加速研究有什么区别？

2. 如果IRB审核既没有被豁免也没有被加速，你将研究哪些人群？

3. 在您的机构中，获得 IRB 申请反馈的最短周转时间是多少？ 委员会多久开一次会？ 是否有一个单独的委员会来审查内侧和行为应用程序？ 有单独的表格吗？医疗应用程序会问哪些与行为应用程序无关的问题？

本文作者信息、参考文献等资料请扫码查看。

结语

Wendy A. Kellogg & Judith S. Olson

我们的研究领域最初起源于将认知心理学应用于单一用户界面中，之后逐渐大量衍生出各种实践和环境，成为人机交互研究的载体。书中内容见证了人机交互领域的多样性发展，尽管如此，本书并没有完全代表当前所有运用中的研究方法。从人机交互发展到现在的30年来看，一本书已经不足以反映出所有重要的方法，这是相当难以置信的。这也是该领域健康和蓬勃状态的标志，预示着学术界将围绕该领域展开讨论。我们认为这是一个好的趋势。

本书中介绍的有关方法在很多方面存在着差异，例如，在其最初产生的学术领域。这些差异会在很多关键领域对我们的研究人员造成影响，包括如何提出问题、如何思考问题以及如何开展研究。正因为此，我们才呼吁读者通篇阅读，而不是只读那些他们非常熟悉或感兴趣的章节。从中呈现出来的差别是十分有趣并且引人深思的。

在通读整书之后，一个明显的差异之处就是不同方法对于整个思维体系的切入点存在巨大差别。什么构成了数据？数据是"自然存在"于世界当中，等待研究人员去发现，还是研究人员在特定情境下根据用户的经验分享获得认识，从而产生了数据？人机交互中好的理论的构成要素有哪些？高质量的工作应当旨在产生或评估理论，还是应当形成某种程度的抽象化或泛化，从而在所研究的具体情况之外发挥效用？如果都不是，人机交互这一领域应如何积累知识？这一问题可以一直追溯到人机交互的最初阶段，以及具有不同观点的早期人机交互研究者之间进行的形成性讨论。其中，有些人将人机交互作为应用学科，通过对人类认知和行为的工程性近似模拟（Card, Moran, & Newell, 1983年；Newell & Card, 1985年）来使其发挥最大作用；有些人采取解释性立场，认为对于用户和情境的理解需要具体情况具体分析，并认为从一种使用情况无法泛化出适用于另一种情况的有意义的结论（Whiteside & Wixon, 1987年）；还有些人尝试寻找中间地带，强调技术产物本身是具象化的人机交互理论，并重点关注任务分析和使用情境。这些关于认知方式到底是什么的思考，包括数据和理论如何构成，以及如何将研究人员与其用户之间的关系概念化等，在书中各文均有涉及。

认知方法还有另一个明显的对比，这就是好的研究工作所承载的责任有所不同。经典的人机交互方法采取理论构建方式，控制各种变量和/或模型。它们具有Gaver（在本书《科学与设计》中）所说的认识论责任——研究人员必须认真地解释他们如何认识到自己（声称）所知的内容。扎根理论则尝试在研究人员通过迭代分析而不断加深认识的同时，通过数据来合成一种理论；由于是采用数据来构建抽象内容，因此这种方法必须对数据负责。民族志和行动研究也具有认识论责任，但通过实验性研究会形成完全不同的表述。这两种研究不是消除替代性解释以支持其表述内容，而是将表征和揭示参与互动的质量和研究人员的素质作为认知工具，以此建立可信度。设计研究和系统构建具有Gaver所说的美学责任——它们必须表明能够针对所研究的具体问题而采用不同方式来"发挥作用"。最终，研究是否能满足责任的要求将决定研究的质量及是否实现了目标。如果我们错误理解了研究中采用的认知方式，或者把认知方式用在不适合的责任框架中，我们就可能错过研究中所包含的深入洞见。如上文所述，本书的主要目标是介绍我们不熟悉以及缺乏或没有接受过训练的方法和方法论。当然，有时研究人员需要理解的内容较为复杂或耗时，例如，Dourish（在本书《解读民族志》中）指出民族志中的概念性陈述大部分存在于整个领域，而不是单独的一项研究工作。

或许不同的认知方式之间最显著的差异在于运用这些方式的研究人员实际的做法：即通过开展有关活动来产生并分析数据，以及他们如何与用户以及使用情境互动。对于数据的类型和数量、获得的数据质量和分析规模，所采用的方式千差万别。民族志使研究人员以参与者的身份深入沉浸到特定环境中，以理解并丰富描述其亲身体验为目标。行动研究需要与某一社区进行互动交流，其目标是通过系统性的问询来寻求社会变迁。许多其他的认知方式，诸如社会网络分析、基于传感器的分析、眼动分析或多代理模拟等，通过从真实的或算法的用户身上获得数据并对其进行分析来建立对其的理解。这些方法加上日志分析和众筹，可能会涉及规模庞大的数据集，需要采用新方法对其进行分析。还有一些其他方法包括具体的控制（实验室实验）或部署[田野（或实地）试验、系统建构]，也可作为了解人以及人与技术互动的方式。

人机交互的认知方式在认识论、方法论、方法和语言等方面存在很多不同，这些不同对这个领域有着直接的影响，使得人们在理解和评估已发表的各项研究时面临着挑战。当然，各种方法能够互补，实际上采用多种方法已经成为常见做法。我们所考虑的问题在于：我们究竟能够向前走多远（以及应当向前走多远）。例如，通常人们会把调研、日志分析和访谈合在一起。将访谈和观察性数据与扎根理论方法结合在一起也是常见的。总而言之，将那些在知识贡献中可以共享或有很多重合的方法结合在一起是常见情况。但那些不协调的组合会如何呢？传感器和眼动追踪数据能够与多代理模拟和复杂分析结合起来以创造更智能化的人机合作关系吗？民族志可以众筹吗？或者更现实一点，一种知识传统所提供的方法可以改良吗，或可以通过借鉴其他认知方式来扩展吗？在很多领域，答案恐怕是"不一定的"；但在人机交互这种多重领域，我们还无法确定。

另一个需要思考的关键问题是本书中所介绍的不同视角可以在多大范围内实现调和，或者相互之间进行更丰富的联动交流。例如，次级社区在进行认知模拟、民族志方法学、通过设计进行研究、代理模拟和社交网络分析时都各有不同。在我们看来，人机交互要想使统一的知识学科与实践做法保持紧密一致，最好在不同的认知方法之间形成某种程度的共享知识。当然，人机交互一直都具有更高的目标，那就是了解人以及人们生活的环境，了解技术如何与人和环境互动以及在何种程度上调整技术以使其适应人，而不是让人适应技术。根据我们的经验，在某些研究领域中的研究者可能有时不会轻易接受某些基于他们所不熟悉的认知方式的研究。这实在有些遗憾，因为任何认知方式的洞见都可能为基于另一种形式的工作提供灵感。如果我们会说彼此的语言并分享充足的见解该有多好，那样多样性的研究工作对我们就有更大的意义。

从目前的情况来看，人机交互的未来是很有前景的；具有极强天赋和创新能力的第三代研究人员正在塑造着未来。我们满心期待着认知方式的列表得到进一步扩大。在这一领域有一个有趣的动向，那就是现象学方法的重新复苏和发展，这在有关工作中已经提到过，诸如Harrison，Sengers，and Tartar（2011年）对"第三种范式的人机交互"的特征（以及Williams & Irani，2010年），以及对女性主义视角的人机交互所涉及的内容进行了深入探讨（Bardzell & Churchill，2011年；Bardzell & Bardzell，2011年；Bardzell，2010年）。随着人机交互中的新认知方法得以开发和推广，它们可能会带来我们所熟悉的紧张形势，我们可将其定性为范式迁移（Kuhn，1963年）。但是人机交互存在一个问题，那就是这一领域需要广泛的各类方式和方法。旧的范式不会消失；它们会继续在那些它们所适用的问题中发挥作用。虽然那些喜欢探索新方法的人对此必然不太喜欢，但是人机交互依然是一个年轻的、不断发展的并对各种变化保持开放的领域。对于这样一个迅速扩大发展的领域，要获得并保持对其的全面了解是一项挑战，会对新手和资深研究员带来同样的影响。我们希望，本书各篇文章的介绍能够提供一些实质性的初步探索，为日后建立共识做出贡献。

请扫码查看参考文献。